定向钻井技术与作业指南

魏学敬 赵相泽 编著

石油工业出版社

内 容 提 要

本书主要讲述定向钻井过程中的基本工艺技术及施工中常用的测量技术。全书共分12章，主要内容有定向井基本概念、定向井专用工具、定向井设计与计算、定向井轨迹控制理论与技术、定向测斜仪操作规程、定向井测量技术、双驱导向钻进技术、水平井钻井技术、套管开窗侧钻技术、定向井井下复杂与事故处理等。

本书适应于钻井工程技术人员、技术工人阅读参考，也可作为高职高专石油钻井技术专业学生的选修课教材和定向钻井工程技术人员的培训教材。

图书在版编目（CIP）数据

定向钻井技术与作业指南／魏学敬，赵相泽编著．
北京：石油工业出版社，2012.5
ISBN 978-7-5021-8974-7

Ⅰ．定…
Ⅱ．①魏…②赵…
Ⅲ．定向井－油气钻井－指南
Ⅳ．TE243-62

中国版本图书馆 CIP 数据核字（2012）第 042745 号

出版发行：石油工业出版社
   （北京安定门外安华里2区1号 100011）
   网 址：www.petropub.com
   编辑部：(010)64523583 发行部：(010)64523620
经 销：全国新华书店
印 刷：北京中石油彩色印刷有限责任公司

2012年5月第1版 2015年3月第2次印刷
787×1092毫米 开本：1/16 印张：23.25
字数：590千字

定价：96.00元
（如出现印装质量问题，我社发行部负责调换）
版权所有，翻印必究

前　言

定向钻井目前已成为陆地和海上油田开发的主要手段。在地面上难以建立井场和安装钻井设备进行钻井的地区，要勘探开发地下的油气资源，唯一的办法就是从该地区附近打定向井。在海洋或湖泊等水域上勘探开发石油最好是建立固定平台，或采用移动式钻井平台，或从岸边打定向井、丛式定向井。当在钻达油气层所经过的地层中有难以穿过的复杂地层时，用绕障定向井可以绕过这些复杂地层。在发生断钻具、卡钻以及井喷着火等恶性事故的情况下，采用侧钻井、救援井是处理此类事故的有效方法。近年来，各类水平井、大位移井、多分支井和二维及三维多目标井的出现和发展，更是把定向井的应用推进到了优化油藏开发方案，增加产量，提高采收率的范围。定向井在石油勘探与开发中得到了广泛的应用。

与直井相比，水平井能够在储层面积一定的情况下扩大渗流面积，在保证产量的情况下减少钻井进尺、节省材料费用，是提高产量和油气藏采收率的有效手段之一。水平井技术在油田开发中具有明显优势，突出表现在它可以开采常规直井难以开发的低渗低效油藏、高黏稠油油藏及其它各种不同类型的油藏，能够较好地缓解水锥进、气锥进，增大泄油面积，提高最终采收率。侧钻水平井主要用于开发老油田；多分支井主要用于开发多油层油藏；阶梯式水平井主要用于二次或多次穿过一层或多层油藏。

本书作者在从事定向井钻井技术服务和钻井技术培训过程中，发现现有有关定向井钻井的图书偏重于理论，主要是轨迹控制，对井下工具的使用、测量仪器的使用等介绍比较少，为了让更多的基层技术人员和技术工人掌握定向井钻井的实用技术，我们对十几年从事定向钻井的经验和资料进行归纳总结，编写完成《定向钻井技术与作业指南》，希望对从事定向钻井的相关人员具有参考借鉴作用。本书部分内容来自中原油田内部培训资料，同时编写时考虑了定向井钻井知识的系统性和完整性，于是本书非常适用油田井队工人培训。

本书在编写过程中参考了大量图书和资料，对其作者表示衷心感谢。同时还要感谢石油工业出版社章卫兵主任的鼓励和支持。由于编者长期在钻井基层单位工作，对定向井钻井的理论可能存在理解不到位的地方，书中不当之处，敬请批评指正。

魏学敬　赵相泽

2011年12月　于中原油田

目 录

第一章　绪论 ··· 1
　第一节　定向钻井技术的起源与现状 ··· 1
　第二节　定向井应用领域 ·· 3
　第三节　定向井的类型 ·· 6
　第四节　定向钻井技术发展应用分析 ··· 9
　第五节　定向钻井技术发展前景和发展趋势 ··· 14
第二章　定向井基本概念 ··· 16
　第一节　井眼轨迹的基本概念 ··· 16
　第二节　磁偏角的校正 ·· 24
　第三节　子午线收敛角的校正 ··· 27
　第四节　重力线收敛角的校正 ··· 31
第三章　定向井专用工具 ··· 33
　第一节　定向接头 ··· 33
　第二节　无磁钻铤 ··· 35
　第三节　螺杆钻具 ··· 40
　第四节　中空螺杆钻具 ·· 48
　第五节　稳定器 ··· 53
　第六节　PDC 钻头伴侣 ·· 58
　第七节　键槽破坏器 ··· 59
第四章　定向井设计与计算 ··· 60
　第一节　定向井设计计算方法 ··· 60
　第二节　测斜数据计算方法规定 ··· 66
　第三节　定向井轨道设计原则 ··· 69
　第四节　设计方法 ··· 71
　第五节　设计实例 ··· 77
第五章　测量技术 ·· 81
　第一节　测量的性质和特点 ··· 81
　第二节　测量仪器分类和应用范围 ·· 82
　第三节　测量仪器的基本原理 ··· 83
　第四节　氢氟酸瓶测斜仪器 ··· 91
　第五节　磁罗盘测量仪器 ·· 91
　第六节　有线随钻测斜仪 ·· 99
　第七节　电子多点测斜仪 ·· 105

  第八节 陀螺测斜仪 …………………………………………………………… 109
  第九节 MWD 无线随钻测斜仪 ………………………………………………… 115
  第十节 电磁波式无线随钻测量仪器 …………………………………………… 126
  第十一节 声波随钻测斜仪 ………………………………………………………… 130
  第十二节 旋转导向钻井技术 ……………………………………………………… 131
  第十三节 随钻测井系统（LWD）………………………………………………… 135
第六章 双驱导向钻井技术 …………………………………………………………………… 155
  第一节 概述 ………………………………………………………………………… 155
  第二节 造斜能力特性分析 ………………………………………………………… 155
  第三节 钻井参数优选 ……………………………………………………………… 168
  第四节 现场应用 …………………………………………………………………… 169
第七章 直井段轨迹控制技术 ………………………………………………………………… 176
  第一节 井斜原因分析 ……………………………………………………………… 176
  第二节 井斜控制技术 ……………………………………………………………… 179
  第三节 其他防斜钻井技术 ………………………………………………………… 184
  第四节 直井段常用钻具组合及丛式井防碰措施 ……………………………… 186
  第五节 井斜的处理 ………………………………………………………………… 187
  第六节 垂直井段实例 ……………………………………………………………… 189
第八章 定向井轨迹控制理论与技术 ………………………………………………………… 197
  第一节 定向造斜 …………………………………………………………………… 197
  第二节 增斜段控制技术 …………………………………………………………… 203
  第三节 稳斜段控制技术 …………………………………………………………… 204
  第四节 降斜段控制技术 …………………………………………………………… 205
  第五节 方位漂移规律分析 ………………………………………………………… 206
  第六节 轨迹控制模式 ……………………………………………………………… 208
  第七节 丛式井的防碰计算 ………………………………………………………… 216
  第八节 方位扭转角计算 …………………………………………………………… 219
  第九节 二维水平井铅垂靶的入靶计算 ………………………………………… 223
第九章 定向井常用定向方法及测斜仪操作规程 …………………………………………… 226
  第一节 定向井常用定向方法 …………………………………………………… 226
  第二节 电子多点测斜仪操作规程 ……………………………………………… 230
  第三节 45 型有线随钻测斜仪操作规程 ……………………………………… 232
  第四节 P-MWD 无线随钻测斜仪操作规程 …………………………………… 242
  第五节 SDI MWD 无线随钻测斜仪操作规程 ……………………………… 251
  第六节 KEEPER 陀螺测斜仪操作规程 ………………………………………… 259
  第七节 磁性单点照相自浮测斜仪测量规程 …………………………………… 262
  第八节 650MWD 系统仪器操作 …………………………………………………… 264
第十章 水平井钻井技术 ………………………………………………………………………… 279
  第一节 概述 ………………………………………………………………………… 279

第二节	水平井段轨道设计	282
第三节	水平井井眼轨道控制	288
第四节	着陆控制	293
第五节	水平井段控制技术要点	298
第六节	钻井液、钻进参数和测量	299
第七节	应用实例	304

第十一章 套管开窗侧钻技术 …… 318
  第一节 概述 …… 318
  第二节 锻铣开窗侧钻工艺 …… 318
  第三节 磨铣开窗工艺技术 …… 322
  第四节 小井眼裸眼段井下安全施工措施 …… 328

第十二章 定向井井下复杂与事故 …… 330
  第一节 概述 …… 330
  第二节 影响定向井安全的因素 …… 334
  第三节 造斜率低原因分析及措施 …… 337
  第四节 方位偏差大原因分析及措施 …… 338
  第五节 钻出新井眼原因分析及措施 …… 339
  第六节 黏附卡钻原因分析及措施 …… 341
  第七节 坍塌卡钻原因分析及措施 …… 346
  第八节 砂桥卡钻原因分析及措施 …… 347
  第九节 沉砂卡钻原因分析及措施 …… 348
  第十节 缩径卡钻原因分析及措施 …… 349
  第十一节 键槽卡钻原因分析及措施 …… 350
  第十二节 落物卡钻原因分析及措施 …… 351
  第十三节 钻具事故原因分析及措施 …… 352
  第十四节 复杂井的通井划眼操作 …… 359
  第十五节 井漏原因分析及措施 …… 360

参考文献 …… 363

第一章 绪 论

定向钻井被称之为"使井筒按特定方向偏斜,钻遇地下预定目标的一门科学和艺术"。虽然近年来这项技术日趋科学化,但其真正的科学和艺术奥秘仍待人们去探索。

第一节 定向钻井技术的起源与现状

美国定向钻井技术的起源可追溯到19世纪后期。那时没有考虑稳定钻具控制井筒轨迹。后来井筒测试发现,那些"垂直井"远非是垂直的。

起初认为非垂直井有一系列的缺点,是出于如下考虑:

(1) 需要更多的进尺才能钻遇生产层。斜井比垂直井耗时长、成本高。

(2) 在斜井筒内不能确定生产层的真实垂直深度,因此下一步钻井井位不易确定。

(3) 井筒形状弯曲,造成钻具磨损程度增加,易发生故障。井筒弯曲也使以后的打捞工作难以进行。

(4) 如果井筒穿过租界,经营者就会因侵犯别人租地而受到起诉,事实上曾有过几起这类案例。这样就导致在钻井合同中列出"偏斜条款",该条款规定许可倾斜度不大于5°。因此,钻井中必须控制井筒轨迹曾经成为一项规定。

20世纪30年代初,在加利福尼亚亨廷滩油田计划完钻了第一口有记录的实例定向井。在那时,一般是在近海栈桥上竖立井架,开发浅海滩下的油田,后来一位具有创新精神的钻井承包商改变这种做法,他在陆地上立井架钻丛式井,井筒延伸到海床之下。这就是今天所谓定向钻井的开端。

定向井是指按照预先设计的井斜方位和井眼的轴线形状进行钻进的井,或者说,凡是设计目标偏离井口所在铅垂线的井都属于定向井。定向井是相对于直井而言的,并且是以设计的井眼轴线为根据区分的。直井的井斜角为零度,没有井斜方位角。尽管实钻的直井都有一定的井斜角,甚至有的井斜角很大,但仍然属于直井。定向井又可分为二维定向井和三维定向井,也是以设计的井眼轴线形状为根据划分的。凡是井眼形状只在某个铅垂平面上变化的定向井,都称为二维定向井。它们的井斜角是变化的,而井斜方位角是不变的。三维定向井则既有井斜角的变化,又有井斜方位角的变化。实钻的二维定向井井眼轨迹虽然既有井斜角的变化,又有井斜方位角的变化,但仍然属于二维定向井。

最早采用定向钻井大都是在井下落物周围的侧钻。如果井底落物不能打捞出来,钻井人员必须在其周围进行侧钻。早在1895年就曾使用特殊的工具和技术达到这一目的。

后来定向钻井得到了进一步的推广应用。1934年在东得克萨斯康罗油田完钻了一口定向救险井。钻井位置距失控井一定距离,定向钻井与失控井相交,然后向井内泵入重质液体压死失控井。

钻进救险井需要准确地控制方向和监测。"单点测斜仪"进行方向监测可使操作人员相当准确地绘制出井筒轨迹。偏斜工具如造斜器可以按照要求的方向定向。早期的单点测斜仪依靠磁性罗盘，这种罗盘会受到钻具和套管的局部磁场影响，引用了非磁性接箍和陀螺监测仪提高了在这种条件下的使用精度。

二次世界大战末，石油需求量增长刺激人们到边远海域进行勘探。海底储藏着大量的油气资源，但海洋钻井费用高昂遏制了人们的勘探活动。从一座中心平台钻定向井可减少许多单井平台。没有定向井许多海上油田都不能经济的开发。海上开发促使大量采用定向钻井，降低成本的持续努力促使产生出新工具和新技术提高效率。在过去的20年间进行了许多技术革新，其中包括计算机编制钻井方案、井下螺杆和涡轮钻具的广泛使用、水平井钻井技术和随钻测量技术（MWD）。

我国的定向钻井技术始于1956年，当时在苏联专家的帮助下，在玉门油田打了一批定向井。20世纪60年代，在苏联专家撤离后，我国完全依靠自己的力量，在四川钻出了许多高难度的定向井和水平井，曾达到相当高的水平，与当时世界先进水平的差距并不大。在当时，我国是世界上第二个钻成水平井的国家。但在20世纪60年代中期以后，我们与世界先进水平的差距拉大了。70年代到80年代初期，在江汉、胜利和渤海等油田，定向钻井仍在继续，钻了一批小斜度定向井。从1985年到2000年的15年，我国连续三个五年计划，集中了国内大油田、石油高校和研究院所的力量，对定向井、丛式井、水平井和侧钻水平井等关键技术进行了重点攻关，取得了极其显著的成果，大大缩短了与世界先进水平的差距。期间，我国海上油田发挥对外合作的优势，在大位移井技术方面也取得了重大突破，1997年创造了大位移井的几项世界纪录。进入新世纪以来，我国的定向钻井事业正面临着新的发展机遇。

20世纪80年代以来的20多年，是国内外定向钻井技术高速发展的时期。在该时期，起主导作用的是硬件的发展：在测量仪器方面，使用了磁通门和加速度计，出现了电子测量仪和随钻测量仪；在造斜工具方面，开始出现了由弯外壳螺杆钻具组成的滑动导向钻井系统，进而出现了多种形式的旋转导向钻井系统，从而显著地提高了定向钻井的技术水平，

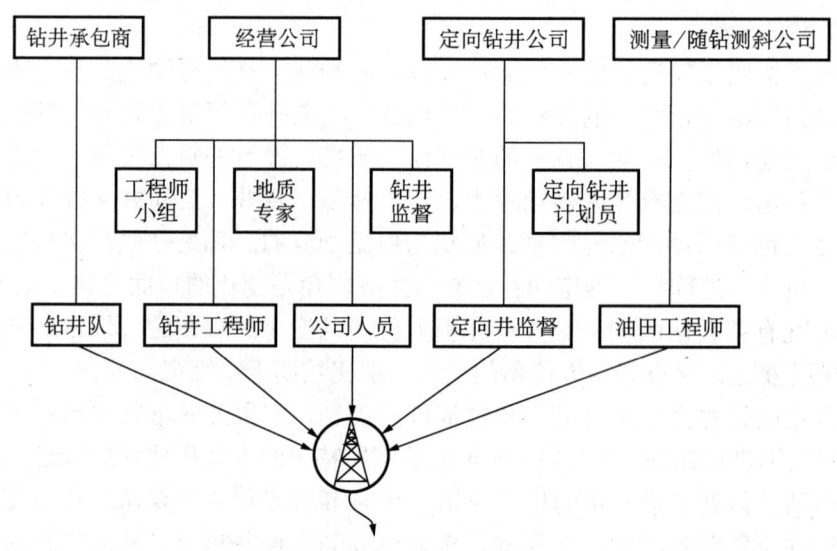

图 1-1 定向钻井的钻井和计划人员配备

大大提高了定向钻井的质量、速度和效益。

目前，我国定向钻井技术与国外先进水平的差距也主要在于硬件方面。应该说，在定向钻井技术的理论研究方面，我们并不落后，甚至在某些方面是领先的。

尽管钻井技术取得了多方面的进步，但是工作人员仍急需要进行适当地培训，积累使用这项技术的经验以达到最大的经济效益。定向钻井服务公司已经达到所要求的专业水平，经营公司很可能邀请这些公司进行井的设计，并派出定向技术人员监督现场施工。定向技术人员负责按照既定的轨迹定向钻进，成功地中靶。定向钻井的所有人员配备如图1-1所示。除了在井场工作的人员外，还包括了设计阶段和监督钻井进度的人员。

第二节 定向井应用领域

定向钻井目前已成为陆地和海上油田开发的主要手段。定向井在石油勘探与开发中得到了广泛的应用。在地面上难以建立井场和安装钻井设备进行钻井的地区，要勘探开发地下的油气资源，唯一的办法就是从该地区附近打定向井。在海洋或湖泊等水域上勘探开发石油，最好是建立固定平台，或采用移动式钻井平台，或从岸边打定向井、丛式定向井。当在钻达油气层所经过的地层中有难以穿过的复杂地层时，用定向井可以绕过这些复杂地层，称为绕障定向井。在发生断钻具、卡钻以及井喷着火等恶性事故的情况下，采用侧钻井、救援井是处理此类事故的有效方法。近年来，各类水平井、大位移井、多分支井和二维及三维多目标井的出现和发展，更是把定向井的应用推进到了优化油藏开发方案，增加产量，提高采收率的范围。另外，在非石油勘探开发领域，例如煤层气、卤水、地热、天然气水合物、固体矿产等的勘探和开采，以及地下核试验的采样等，定向钻井技术也有着非常广泛的应用。

一、地面环境条件的限制

当地面上是高山、森林、城镇等，在地面上难以建立井场和安装钻井设备进行钻井的地区，要勘探开发其地下的油气资源，需要从该地区附近打定向井；油气资源埋藏在农田、牧场等地下，为了少占耕地或防止污染环境，需要打定向井；油气资源埋藏在湖泊、沼泽、河流、沟壑、海洋之下，难以安装钻机或者安装钻机和钻井作业费用很高时，为了勘探和开发它们下面的油田，最好是钻定向井。如图1-2所示。

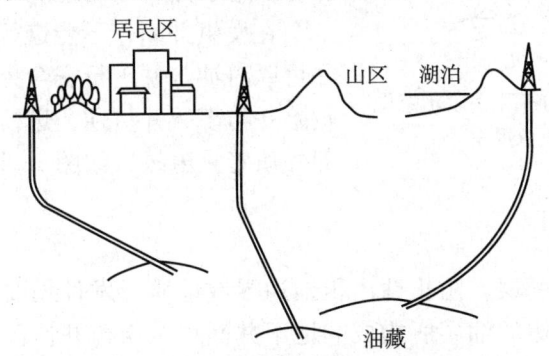

图1-2 地面环境条件的限制示意图

二、避开地质障碍的钻井

有些石油储层与盐丘构造有关。盐丘的局部可能直接覆盖在储层上,以至于钻垂直井钻遇油层必须穿过盐层。钻穿盐层会出现冲蚀严重、循环漏失和溶蚀等问题,最好的方法是避开盐丘钻定向井。对于断层遮挡油气藏,定向井比直井可发现和钻穿更多的油层,如果垂直钻穿斜度大的断层面有滑移的可能,采用定向钻井可能避免这一问题,如图1-3所示。

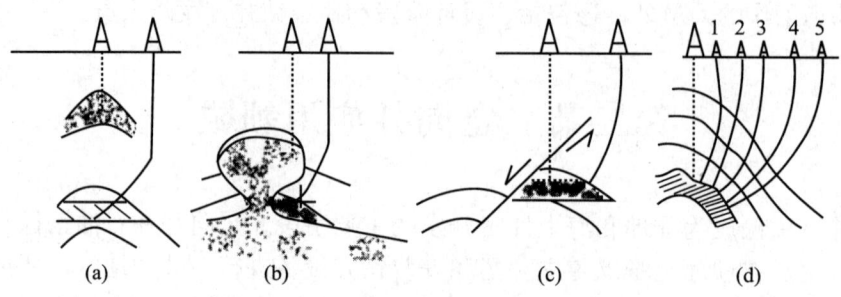

图1-3 地下地质条件的要求示意图
(a)复杂岩层;(b)盐丘;(c)断层;(d)高陡构造

三、处理井下事故的特殊手段

在钻井时,井下落物可能卡在井底。这种情况可能是由于钻具发生断脱或者进行倒扣时,钻具下部掉入井内。如果井下落物不打捞出来,就不能继续钻进。在旋转钻井早期,就已经意识到在落物旁侧钻比报废井眼重新开钻要便宜得多。

在落鱼顶部打水泥塞,并候凝牢固。在此基础上造斜钻出新井眼。最先使用造斜器在落鱼周围造斜,但目前大多使用井下马达带弯接头造斜。使用随钻测斜技术或者导向工具,可以使弯接头按照要求的方向定向。随钻测斜和制导工具可连续监测井筒轨迹。一旦在落鱼周围侧钻成功,井眼可继续向下延伸中靶,如图1-4(a)所示。侧钻也可以用于重钻井和重新完成井。如果原井不能钻遇预定地层或者开发枯竭,原井筒可以回填,然后侧钻开发新层。如果在下入套管井段造斜,必须在套管上开窗侧钻。这种方法也可以用于探井,利用同一井眼侧钻不同层位。

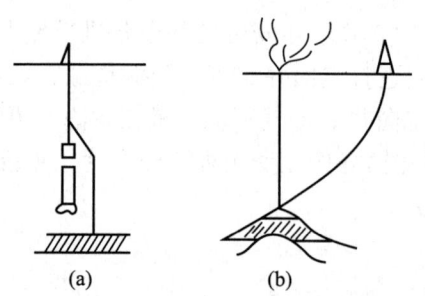

图1-4 处理井下事故的特殊手段示意图
(a)侧钻井;(b)救援井

在发生井喷,不能进行压井的情况下,钻救险井可以对油气井进行安全控制。往往在地面钻一口救险井与事故井贯通,进行引流或压井,从而可处理井喷着火事故,如图1-4(b)所示。

四、控制直井钻井

为了垂直地钻遇目的层,防止钻出租地边界或地质开发计划要求,为了更合理地开发油气田,要求所钻的井眼的油层所构成的地下井网尽量与布井情况相符,必须使用定向技术。稍微偏离设计井眼轨迹可以采取改变某些钻井参数或者改变下部钻具组合(BHA)来纠正。偏离严重需要使用井下马达和弯接头来纠斜或者采用侧钻。定向井的斜井段也可能出现类似的问题。

五、海洋开发钻井要求

在过去20年间，定向钻井的主要应用之一是开发海上油藏。墨西哥湾、北海和其他地区海下蕴藏着大量的油气资源，建大量单独的钻井平台钻垂直井显然是费用高昂和行不通的。开发大油田的常规方法是在海床上安装钻井平台，在平台上钻定向井。精心设计井底位置以便达到最高的采收率。所有必需的采油设施都可集中安装在平台上，然后用管线和油罐把油输送出去。在北海恶劣的气候条件下，钻井和采油平台要高出海面500ft，距最近陆地100mile。从一些大的平台可以钻50多口定向井（图1-5）。

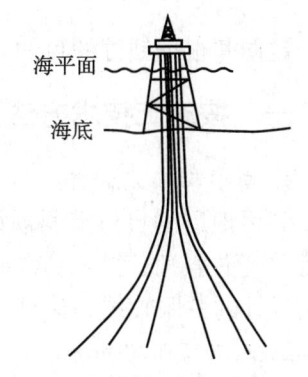

图1-5 从固定平台上钻开发井

六、水平井钻井的要求

一般定向井井斜达60°左右。井斜度增加会出现许多钻井问题，会大大增加钻井成本。但是，大斜度井和水平井有许多优点，其中包括：

（1）增加平台的泄油面积；
（2）防止气锥和水锥问题发生；
（3）增加生产层的穿透厚度；
（4）提高采收率与技术效率；
（5）由于钻穿多条垂直裂缝提高了裂缝性油藏的生产能力。

钻水平井投资极高，只有油井生产能力增加才能证明经济上是合算的。在钻井前，必须估价潜在的经济效益和风险。水平井钻井和完井必须改变常规钻井方法及安装特殊的钻井设备（图1-6）。水平井眼（短半径钻井）同样也能解决一定的地层问题（图1-7）。

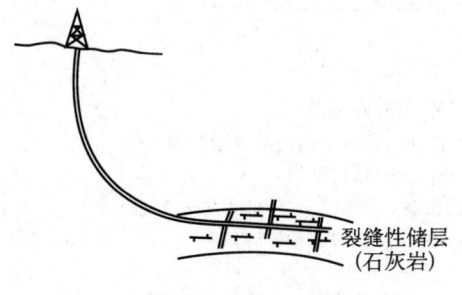

图1-6 钻穿多条垂直裂缝示意图

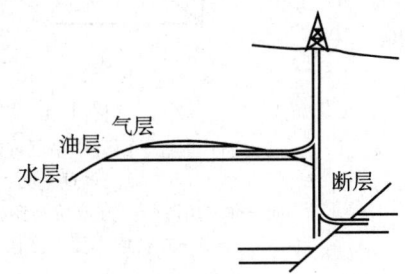

图1-7 短半径钻井示意图

七、提高油藏采收率的需要

对于薄油层，定向井和水平井比直井的油层裸露面积要大得多。另外，侧钻井、多底井、分支井、大位移井、侧钻井、水平井、径向水平等定向井的新种类，显著地扩大了勘探效果，增加了原油产量，提高了油藏的采收率。

第三节　定向井的类型

定向井根据钻井的目的、钻井工艺技术及施工方法的不同，有多种分类标准。

一、按施工技术方法分类

1. 自然弯曲定向井

利用地层的自然造斜规律进行井眼轴线设计，在常规钻井施工过程中，只通过移动井位或改变井斜角、井斜方位角，必要时利用井斜控制理论辅以一般的增斜、降斜措施，即可按设计的井眼轴线钻达目的层的井，称为自然弯曲定向井，又称为初级定向井。

2. 人工弯曲定向井

采用造斜工具和技术措施克服地层自然造斜的影响，或者利用地层自然造斜规律与造斜工具相结合，使井眼轴线按设计的井眼轨道钻进、弯曲并钻达目的层的井，称为人工弯曲定向井，又称为受控定向井。

二、按设计井眼轴线形状分类

1. 二维平面定向井

井眼轴线形状只在某个铅垂平面上变化的定向井，称为二维平面定向井。二维平面定向井的井斜角是变化的，而井斜方位角是不变的，如图1-8（a）所示。

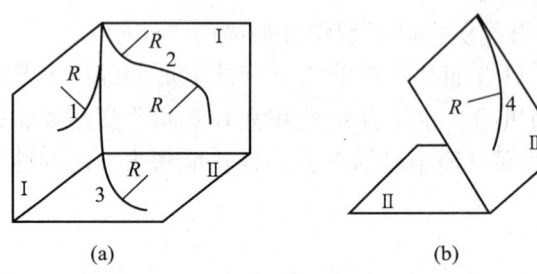

图1-8　二维、三维定向井示意图
(a) 垂直平面和水平面内的井眼轨道；(b) 倾斜平面内的井眼轨道
Ⅰ—垂直平面；Ⅱ—水平面；Ⅲ—倾斜平面；
1—井斜角改变，方位角不变；2—井斜角改变，方位角不变和反方向改变；
3—井斜角不变，方位角改变；4—井斜角、方位角同时改变

2. 三维定向井

设计井眼轴线可以在三维空间内，也可以在三维空间的某个倾斜平面上变化的定向井，称为三维定向井。三维定向井既有井斜角的变化，又有井斜方位角的变化，如图1-8（b）所示。

二维和三维定向井按井眼轨迹形式的不同又可分为曲线型、直线与曲线的组合型等多种形式，如图1-9所示。

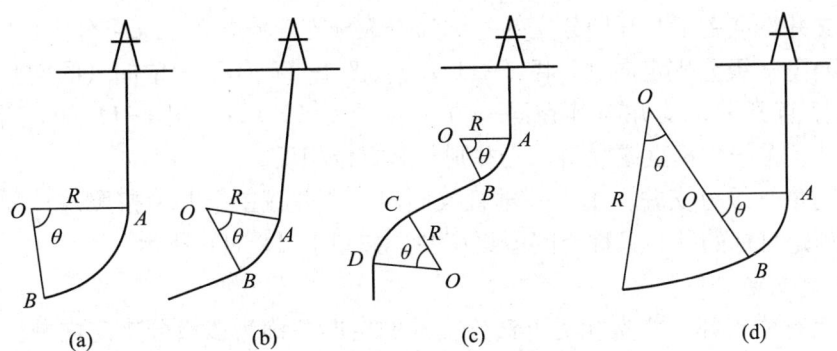

图 1-9 直线与曲线不同组合的井眼轴线示意图
(a) 垂直线—曲线型；(b) 斜直线—曲线—斜直线型；
(c) 垂直线—曲线—斜直线—曲线—垂直线型；(d) 垂直线—曲线—曲线型

三、按设计最大井斜角分类

1. 低斜度定向井

低斜度定向井设计井眼轨道中的最大井斜角不超过15°，此类井由于井斜角小，钻进时井斜方位不易控制，井眼轨迹控制难度较大。

2. 中斜度定向井

中斜度定向井设计井眼轨道中的最大井斜角在15°～45°，此类井在钻进时井斜角、井斜方位角较易控制，井眼轨迹控制难度相对较小，是目前应用最多的一种定向井，又称常规定向井。

3. 大斜度定向井

大斜度定向井设计井眼轨道中的最大井斜角在46°～85°，井的斜度大、水平位移大增加了井眼轨迹控制的难度和钻井成本。

4. 水平井

水平井设计井眼轨道中的最大井斜角在86°～120°，此类井在井斜角达到设计要求后，还要沿近似水平方向钻进一定长度，如图1-10所示。水平井钻进难度相对较大，多数需要特殊设备、钻具、工具、仪器以及特殊工艺。

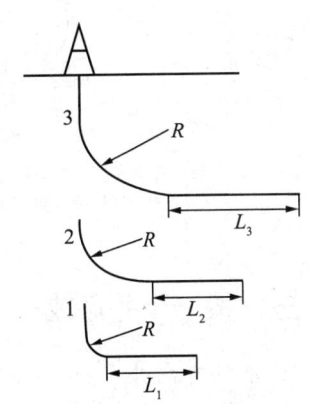

图 1-10 水平井示意图
1—短半径水平井；2—中曲率半径水平井；
3—长曲率半径水平井

四、按井底结构分类

1. 单底定向井

只有一个井底的定向井称为单底定向井。

2. 多底定向井（或井下分支定向井）

主干井（首先完成的井，又称主井）完成后，再从主干井内钻出其他分支井的定向井，称为多底定向井，又分为一级分支定向井和多级分支定向井。

1) 一级分支定向井

所有分支井均从主干井开始分支的井称为一级分支定向井。它又可分为：

(1) 平面型一级分支定向井，图 1-11（a）、图 1-11（b）为单向（同向）羽状井，主干井倾斜或垂直开井，支井与其在同一方位；图 1-11（c）、图 1-11（d）、图 1-11（e）为双向羽状井，主干井垂直或倾斜，支井则与其方位相反。

(2) 空间型一级分支井，主干井垂直或倾斜，支井在主干井上按照设计顺序向几个方向弯曲钻达预定目标的井，又称空间型集束井，如图 1-11（f）所示。

2) 多级分支定向井

主干井上有分支井，分支井上再钻分支井的定向井称为多级分支定向井。主干井和分支井可在一个平面上，如图 1-11（g）所示，也可在不同平面上。

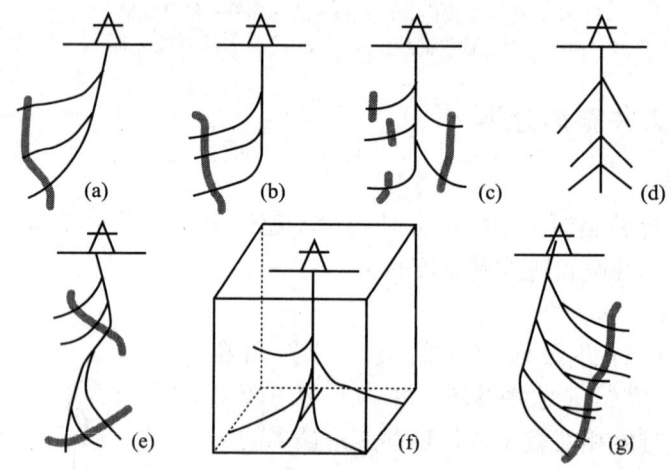

图 1-11 多底定向井结构分类示意图

(a) 主井倾斜的单向羽状井；(b) 主井垂直的单向羽状井；(c) 主井垂直的双向羽状井；
(d) 主井垂直的双向羽状井；(e) 支井不对称的双向羽状井；(f) 空间型集束井；
(g) 多级分支定向井

五、按一个井场或一个钻井平台所钻井的数量分类

1. 单一定向井

在一个井位上只钻一个井眼的定向井称为单一定向井。

2. 双筒井

用一台钻机交叉作业，同时钻出井口相距很近的两口定向井称为双筒井。

3. 丛式井

凡在一个井场或一个平台上有计划地钻几口或几十口定向井，这些井统称为丛式井。

六、按钻井的目的分类

救援井、煤层气分支水平井、多目标井、修井、绕障井、连通井、多底井等。随着定向钻井技术的发展，定向井的种类还在不断增多。如：水平多底井、水平径向井、丛式水平井、连通井、大位移井和同层分支水平井等，使定向钻井技术得到了进一步的完善。

第四节 定向钻井技术发展应用分析

一、水平井钻井技术

水平井钻井技术综合了多种学科的一些先进技术成果,是近20年来发展最快、推广应用最广的一项重要的钻井技术。随着世界科学技术的进步,水平井钻井工艺技术和设备仪器也在不断改进,水平井设计的施工难度越来越大,轨迹控制的精度要求越来越高,水平段要求延伸的更长且在储层中的穿行率更高。该技术今后必将继续作为勘探开发的重点技术而得到进一步发展。

1. 水平井钻井技术现状

水平井钻井技术自20世纪80年代开始大规模的加速发展,主要分布于美国、加拿大、中国等近70个国家。由于水平井钻井技术近年来的快速发展,目前已变成一项成熟的常规钻井技术,在钻井总数中占有相当大的比例(图1—12)。

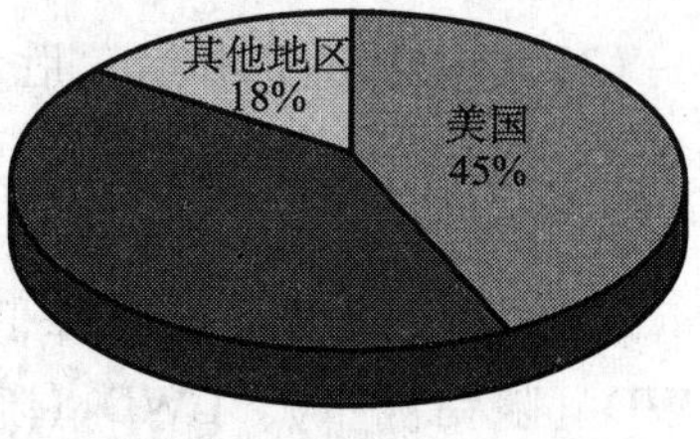

图1—12 全世界水平井比例数

国外水平井技术指标:
(1)Maersk油气公司在Dan油田钻的MFF—19C水平井测深达9031.5m,水平段长6020.7m;
(2)1999年3月,Maersk油气公司在卡塔尔AlShaheen海上油田应用Ensco—97钻机和Sperry—Sun的定向钻井和可调稳定器钻成了CA—14A井,该井的水平段长达6377.9m,测深7785m,垂深仅990m;
(3)加拿大阿尔伯特一油田的H1、H2、H3丛式水平井平均井深597m,平均垂深仅162m,是世界上最浅的水平井;
(4)丛式井口数最多的,海上平台为96口,人工岛为170口。

我国水平井的应用在逐年增加,中国石油天然气集团公司2007年前8个月已完成水平井施工610口,2008年突破700口。

截至2006年底,中国石化累计完成水平井840口,先后将水平井技术应用到全国21个油田,并在全国16个油田推广了这项技术,使其产业化见到良好效果。中国石化历年完成的水平井数量如图1—13所示。

中国石化通过应用地质导向、超薄油层水平井技术等一系列新技术,已实现了由水平井单井设计到区块整体挖潜的突破,实现了薄油层水平井的技术突破。以FEWD(随钻地层评价)为"核心"技术的超薄油藏水平井钻井配套技术,在开发超薄油藏水平井方面达到了国内领先水平,钻井成本由原来直井的3~5倍降为1.2~2.0倍,油气产量是直井的3~9.3倍,应用规模逐步扩大,为难动用储量的开发提供了重要保障。

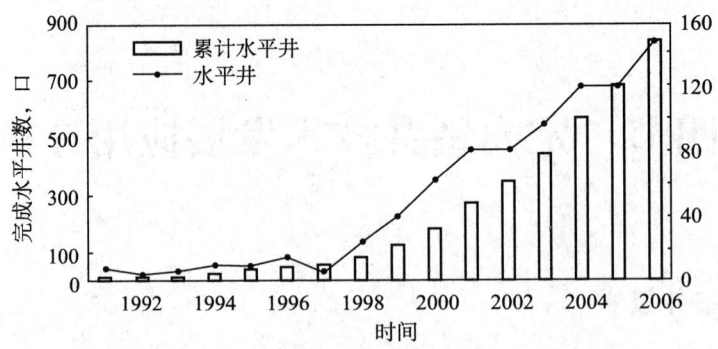

图 1-13 中国石化历年完成的水平井数

国内水平井技术指标：

(1) 最深的水平井：新疆塔里木油田的河东 1-2 井，完钻井深达到 6476m，水平段长 400m；

(2) 水平段最长的水平井：由中原油田 5012 队在卡塔尔施工的 DK586 井，水平段长 1632.51m；

(3) 最大的丛式井组：胜利油田的河 50 丛式井组，该井组的 42 口井中，有 41 口是定向斜井。

2. 水平井钻井技术发展趋势及重点

国外水平井钻井成本降低得益于信息化、智能化相关技术的发展和普遍应用，如：MWD（随钻测量）、LWD（随钻测井）、SWD（随钻地震）、DDS（钻井动态数据采集）、GST（地质导向技术）、FEWD（随钻地层评价）等随钻测量技术、井下动力钻具、旋转导向控制技术等，而国外水平井的高效益得益于其多学科的钻井综合设计和施工。国外水平井钻井技术正在向集成系统发展，其应用正向综合应用方向发展，该技术已用于油田的整体开发。

通过我国水平井技术的长足发展，在今后几年内，FEWD、LWD 随钻地质测量评价技术将得到更广泛的应用，深层水平井钻井技术将得到新的发展，井间剩余油开发、开窗侧钻水平井将得到更普遍应用。

二、多分支井钻井技术

多分支井钻井技术是指在一口主井眼中钻出若干进入油气藏的多分支井眼，该技术的众多优势使其得到世界各国的高度重视，近年来快速发展，显示出良好的经济效益和应用前景。

1. 国外多分支井钻井技术现状

1997 年英国壳牌等公司在阿伯丁举行了多分支井技术进展论坛，并按照复杂性和功能性建立了 TAML 分级体系，将多分支井的完井方式分为 1~6 级和 6S 级共 7 个等级。世界上第一口 TAML 五级多分支井是壳牌公司 1998 年在巴西近海 Voador 油田从半潜钻井平台上钻的一口反向双分支注水井；同一年壳牌公司在加利福尼亚州一口陆上井成功地安装了一个六级完井的主—分井筒连接部件。据不完全统计，贝克休斯、哈里伯顿、斯派里森、威德福等公司现已研制成功了近 20 套多分支井系统，并钻井数千口。

截至 2006 年底，世界上已钻多分支井 8000 余口，其中，一级多分支井 5000 多口，二级多分支井 2000 多口，三级多分支井 616 口，四级多分支井 351 口，五级多分支井 104 口，六级多分支井 25 口（图 1-14）。

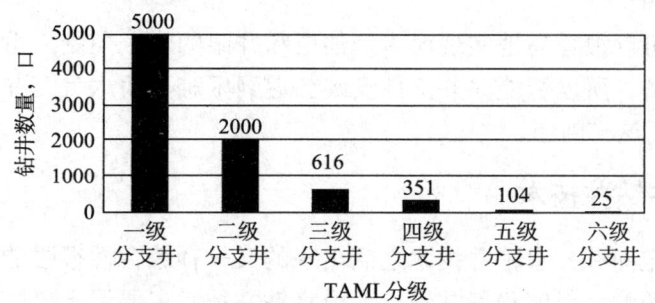

图 1-14　世界多分支井钻井数量统计

国外多分支井的技术指标：

（1）Baker Hughes 公司创出分支水平井水平段最长记录为：两多分支井水平段总长 4500m，三多分支井水平段总长 8319m。

（2）美国德州 Galveston 油田所钻的 78 口井中共有 535 个主分支（1egs），每口井约 6～8 个主分支，共约 30.5×10⁴m。主分支井中最多达 12 个侧分支（1ateral），如图 1-15 所示。

2. 国内多分支井钻井技术现状

通过几年的攻关研究并引进先进工具，国内多分支井钻井技术已趋成熟，目前完井水平达到 TAML 五级，

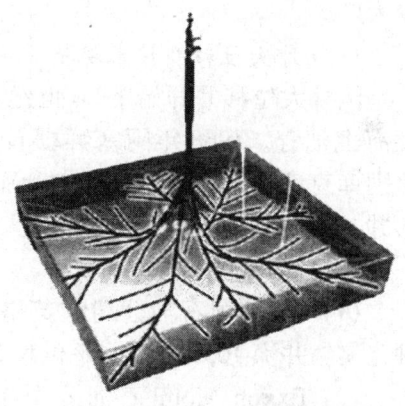

图 1-15　Galveston 油田的分支

实现了多分支井固井、射孔完井。我国已完成了自行设计的鱼骨状多分支井钻井。2006 年 9 月至 2007 年 5 月，胜利油田先后完成了 5 口鱼骨状水平多分支井。

国内多分支井技术指标：

（1）国内分支最多的多分支井为长庆安塞油田杏平 1 井的 7 分支水平井，是累计水平段最长的一口多分支井，主水平井完钻井深 2768m，主水平段长 1203m，水平段总长度 3503m，全井累计进尺 5068m，多分支井段油层钻遇率 87.7%；

（2）国内完钻最深的分支井是塔河油田 TK908DH 四级多分支井，两分支完钻井深分别达到 5234.55m 和 5239.64m，两分支水平段分别为 449.84m 和 500m，创国内多分支井井深最深纪录和垂深最深（4597m）纪录。

3. 多分支井钻井技术新进展

1）六级多分支井完井技术

六级多分支井技术是当今蓬勃发展的高新钻井技术。发展六级多分支井技术的目的是通过使用复杂的采油系统来降低总的油田开采成本，它主要用于开发稠油油藏、低渗透油藏、裂缝性油藏等，同时六级多分支井技术较其他级别的多分支井技术有其更大的技术优势。

2) 膨胀管技术与多分支井技术相结合

先进的完井技术还可以引入当代高新技术，如可膨胀筛管和可膨胀实体管技术，可以使连接部下方的井眼最大化，使多分支井具有更大的优势。

3) 智能完井技术

智能完井技术可以很容易地实现对多个油层和井眼的生产控制。由于过去的五级完井系统采用了跨式设备，所以智能完井部件安装会遇到困难，而六级完井系统具有贯眼进入能力，成功地解决了这一问题。

三、大位移井钻井技术

大位移井是在定向井、水平井技术之后出现的又一种综合性很强的工艺井，它具有很大的水平位移和很长的大斜度稳斜井段。大位移钻井技术主要用于以较少的平台开发海上油气田和从陆上开发近海油气田，在英国北海 WatchFarm 油田和美国加州近海油田等应用较为广泛。

1. 国外大位移井技术现状

国外大位移井开始于 20 世纪 20 年代，在美国加州亨廷顿海滩从陆地上钻大位移井开发海上油气。1968 年阿塞拜疆首先完成位移 2040m 的石油岩 1531 井。几十年来，已在美国库克湾、墨西哥湾、澳大利亚近海、挪威北海、英国陆上及海区、中东等完钻了大位移井。

大位移井的钻井指标：

(1) BP 英国石油公司在英格兰 Wytch Farm 油田钻成世界上第一口过万米的大位移井，实钻井深 10556m，水平位移 10114m，最大垂深 1605m，完井周期 173 天；

(2) Exxon Mobil 石油公司在俄罗斯库页岛的 Chayvo 油田钻成 Z-11 井，实钻井深 11282m，水平位移 10730m，是目前世界上水平位移最大的一口井；

(3) Amoco 公司在加拿大 Wabasca 油田完成的一口井，水平位移 2988.3m，垂深 411.9m，水垂比 1:7.25，是目前为止水垂比最大的大位移井；

(4) BP 阿莫克公司把大位移井和多分支井的原理结合在一起，在 Wytch Farm 油田打出了世界上第一口大位移多分支井——M15 井。

世界排名前 10 位的大位移井如表 1-1 所示。从表中可以看出，目前世界上水平位移超过万米的大位移井已达到 5 口。

表 1-1 世界排名前 10 位的大位移井

序号	位移 m	测量井深 m	作业公司	井号	油田	地区
1	10730	11282	Exxon mobil	Z-11	Chayvo	俄罗斯库页岛
2	10728	11278	BP	M-16Z	Wytch Earm	英国
3	10585	11184	Total finaelf	CN-1	Ara	安哥拉
4	10114	10658	BP	M-11Z	Wytch Earm	英国
5	10089	11134	Exxon mobil	Z-2	Chayvo	俄罗斯库页岛

续表

序号	位移 m	测量井深 m	作业公司	井号	油田	地区
6	9963	10995	Exxon mobil	Z-1	Chayvo	俄罗斯库页岛
7	9243	10183	Exxon mobil	Z-4	Chayvo	俄罗斯库页岛
8	8937	9557	BP	M-14	Wytch Earm	英国
9	8438	9275	RWE Dea	Dieksand6	Mitteplate	德国
10	8427	9375	Exxon mobil	Z-6	Chayvo	俄罗斯库页岛

2. 国内大位移井技术现状

我国大位移井钻井起步较晚。1991年完成张17-1井,井深3919.8m,水平位移2279.8m。1997年大港油田完成9-1大位移定向井,斜深与垂深之比达1.46。海上大位移井速度发展快,水平高,效益好。1997年6月,中国海洋石油总公司与美国菲利普斯石油公司合作,采用美国哈里伯顿等公司的工具、仪器、技术,在南海完成了西江24-3-A14井,完钻井深9238m,垂深2985m,水平位移8062.7m,水垂比2.7。

国内大位移井的钻井指标:

(1) 2007年10月,大港油田第一口大位移先导试验水平井埕海一区庄海8Ng-H1井顺利完钻,全井水平位移达3481.72m,水垂比为2.73,创造了中国石油公司独立完成的水垂比最大纪录;

(2) 张海502FH井是滩海勘探开发公司实施埕海油田开发的一口大位移分支水平井,该井创造了国内陆地油田位移最大的记录,其井身结构如图1-16所示。该井最大完钻井深5387m,水平位移4128.56m,垂深2844.15m,最大水垂比为1.45:1,最大井斜角96.1°,水平段长602m。

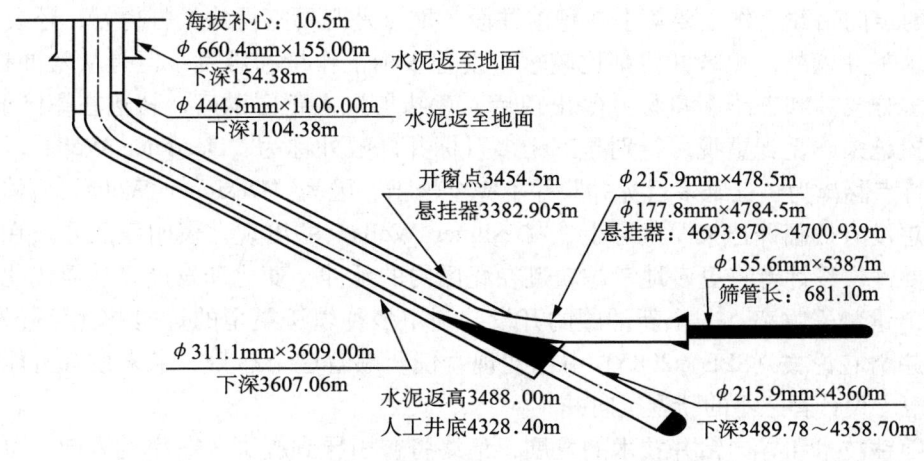

图1-16 张海502FH井的井身结构图

3. 国内外大位移井钻井技术的新进展

近几年,大位移井钻井技术的进展表现在:现代高新钻井技术(随钻测井技术MWD、旋转导向钻井系统SRD、随钻环空压力预测PWD等)在大位移井中的集成应用,三维多目标大位移井的出现，水平位移 10000m 超大位移井的钻成等方面。大位移井钻井的关键技术是：减扭降摩、轨道设计、井壁稳定、井眼净化、钻井液优化和固控、下套管和固井作业、定向钻井优化、测量、钻柱振动及钻机设备配置。随着近几年大位移井钻探的实施，大位移井钻井研究的重点和难点主要集中在以下几个方面：轨道设计、定向控制、水力参数优选与井眼净化、套管漂浮技术与随时循环下套管技术的应用等。

第五节　定向钻井技术发展前景和发展趋势

（1）油气资源供应的紧缺形势和目前油气生产遇到的问题，为定向钻井技术提供了广阔的发展空间。

目前油气开发遇到的主要问题可概括为 3 个方面：一是新老油田如何提高采收率，新油田如何优化布井方案，老油田如何开采出更多的剩余油；二是海上油田如何开发更能降低成本，提高产量；三是一大批低渗油藏、稠油油藏、裂缝油藏、薄油藏、边际油藏等特殊油藏如何开发更为有效。定向钻井技术在解决这些问题中都是大有可为的。

（2）中靶精度和轨迹符合率将大大提高。轨道设计曲线、轨迹控制模式和轨迹计算方法，将趋向于三者高度统一。

造斜工具和随钻测量、随钻定向技术的发展，已经大大提高了中靶精度和轨迹符合率。在未来的发展中，轨迹符合率必将列为定向井轨迹质量的重要评定项目。轨迹符合率高，意味着轨迹优化，有利于采油作业。目前轨道设计曲线可以有 4 种，但是轨迹控制模式却只有一种"恒装置角模式"，理论上只能钻出恒装置角曲线，无法准确钻出其他 3 种曲线设计的轨道。轨迹符合率的进一步提高，必然要求轨迹控制模式与轨道设计曲线的高度统一。

（3）未来定向钻井工作的重心将由靶前井段向靶区井段转移。工作重心的转移，有可能引出新的定向井类型。

目前的定向钻井工作主要集中在靶前井段，重点是既要打得快、打得好，还要准确中靶。除了水平井以外，靶区井段都比较短，没有多少工作量和难度。但是从发展趋势看，水平井、多分支井和三维多目标井等出现后，意味着进入靶区以后，轨迹在靶区的延伸、发展和布置越来越受到重视。特别是三维多目标井，国外称为"Designer Wells"，国内根据其轨迹特点翻译为"三维多目标井"并不完全恰当。因为"Designer Wells"所体现的重要设计思想没有被翻译出来。实际上，"Designer Wells"的出现，表明靶区井段在油藏开发中的重要性，设计者将更多地考虑轨迹在靶区内的延伸、变化和发展，从而优化开发方案，提高产量和采收率。一个新油藏的开发，利用多种轨迹类型的定向井优化开发方案，这种发展趋势在论文（SPE 92085）中已初现端倪。顺着这个趋势，未来很有可能出现一种完全适应于设计者意愿的新型定向井。

（4）随钻技术和导向钻井技术的发展，最终将被引导到提高采收率的方向，可能会出现剩余油导向钻井技术。

目前正在发展的各种随钻技术（随钻测量、随钻测井、随钻地层评价、随钻地震等）和各种导向（轨迹导向、地质导向等）钻井技术，一方面极大地提高了轨迹控制能力，另一方面使得井下信息的实时获得量大大增加，极大地提高了地下的透明度。考虑到老油田剩余油的开采有着巨大的潜力和吸引力，随钻技术和导向钻井技术必然会向着开发剩余油的方向努力，利用某种原理，引导钻头向着剩余油富集的位置和方向钻进。

定向钻井技术在石油勘探开发中已经发挥了重大作用，今后还将发挥更大的作用。

第二章 定向井基本概念

第一节 井眼轨迹的基本概念

所谓井眼轨迹,实指井眼轴线。一口实钻井的井眼轴线乃是一条空间曲线。为了进行轨迹控制,就是了解这条空间曲线的形状,就要进行轨迹测量,这就是"测斜"。测斜仪器在每个点上测得的参数有三个,即井深、井斜角和方位角,这三个参数就是轨迹的基本参数。

(1) 井深。指井口(通常以转盘面为基准)至测点的井眼长度,也有人称之为斜深。井深是以钻柱或电缆的长度来测量。

井深常以字母 L 表示,单位为米(m)。井深的增量称为井段,以 ΔL 表示。二测点之间的井段称为测段。一个测段的两个测点中,井深小的称为上测点,井深大的称为下测点。井深的增量为下测点井深减去上测点井深。

(2) 井斜角。过井眼的轴线上某测点作井眼轴线的切线,该切线向井眼前进方向延伸的部分称为井眼方向线。井眼方向线与重力线之间的夹角就是井斜角。井斜角表示了井眼轨迹在该测点处倾斜的大小。井斜角常以希腊字母 α 表示,单位为度(°)。一个测段内井斜角的增量总是下测点井斜角减去上测点井斜角,以 $\Delta\alpha$ 表示。如图 2-1 所示,A 点的井斜角为 α_A,B 点的井斜角为 α_B,AB 井段的井斜角增量为:

$$\Delta\alpha = \alpha_B - \alpha_A$$

(3) 井斜方位角(方位角)。某测点处的井眼方向线投影到水平面上,称为井眼方位线,或井斜方位线。以正北方位线为始边,顺时针方向旋转到井眼方位线上所转过的角度,即井斜方位角。现场通常叫做方位角,本书中井斜方位角和方位角表达同一概念。注意,正北方位线是指地理子午线沿正北方向延伸的线段(图 2-2)。

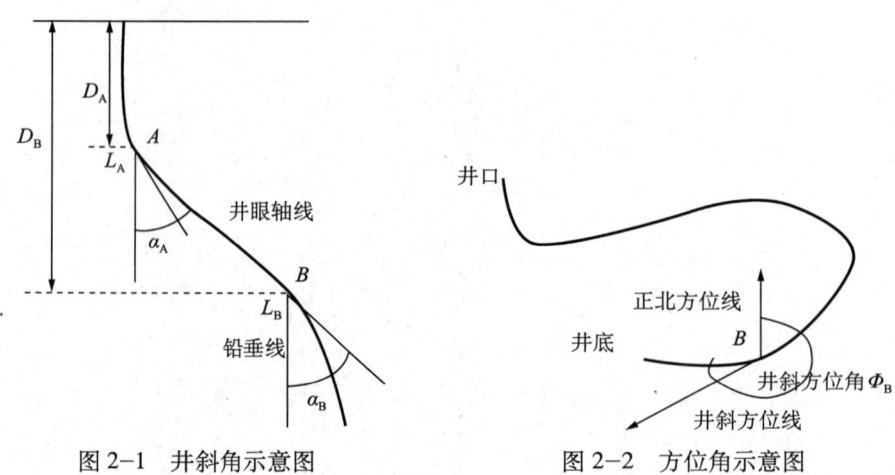

图 2-1 井斜角示意图　　图 2-2 方位角示意图

井斜方位角常以字母 Φ 表示，单位为度（°）。井斜方位角的增量是下测点的井斜点的方位角减去上测点的方位角，以 $\Delta\Phi$ 表示。方位角的值可以在 0°～360° 范围内变化。

如果 A 点的井斜方位角为 Φ_A，B 点的井斜方位角为 Φ_B，AB 井段的井斜方位角增量为：$\Delta\Phi = \Phi_B - \Phi_A$。

方位角还有另一种表示方式，称为"象限角"，如图 2-3 所示。它是指井斜方位线与正北方位线或正南方位线之间夹角。象限角在 0°～90° 之间变化。书写时需注明所在的象限，如 N67.5°W。

需要注意的是我们都是以南北轴（S、N）为起点，以东西轴为结束点。150°转换即 E60°S 是错误的，应该是 S30°E。

(4) 垂直深度。简称垂深，是指轨迹上某点至井口所在水平面的距离。垂深的增量称垂增。垂深常以字母 D 表示，垂增以 ΔD 表示。如图 2-1 所示，A、B 两点的垂深分别为 D_A、D_B，AB 井段的垂增 $\Delta D = \Delta D_B - D_A$。

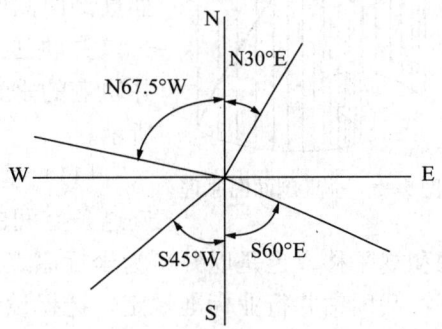

图 2-3 井斜方位角示意图

(5) 水平位移。简称平移，指轨迹上某点至井口所在铅垂线的距离，或指轨迹上某点至井口的距离在水平面上的投影。此投影线称为平移方位线。水平位移常以字母 S 表示。如图 2-4 所示，A、B 两点的水平位移分别为 S_A、S_B。有时候将水平位移称作闭合位移。而我国油田现场常特指完钻时的水平位移为闭合距。

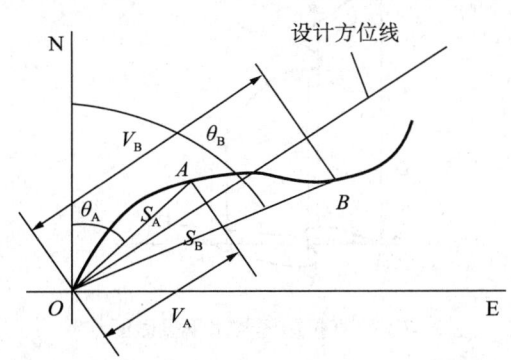

图 2-4 水平位移及闭合方位角等示意图

(6) 闭合方位角。指平移方位线所在的方位角，即以正北方位为始边顺时针转至平移线上所转过的角度，常以字母 θ 表示。如图 2-4 所示，A、B 二点的平移方位分别为 θ_A、θ_B。

闭合方位角又被叫做平移方位角。而我国油田现场常特指完钻时的平移方位角为闭合方位角。

(7) N 坐标和 E 坐标。是指轨迹上某点在以井口为原点的水平面坐标系里的坐标值。此水平面坐标有两个坐标轴，一是南北坐标轴，以正北方向为正方向；一是东西坐标轴，以正东方向为正方向。A、B 二点的水平坐标分别为 N_A、E_A 和 N_B、E_B。水平坐标可以有增量，以 ΔN、ΔE 表示。

(8) 视平移。亦称投影位移，是水平位移在设计方位线上的投影长度。视平移以字母 V 表示。如图 2-4 所示，A、B 二点的视平移分别为 V_A、V_B。显然，当实钻轨迹与设计轨迹偏差很大时甚至背道而驰时，视平移可能成为负值。

(9) 水平投影图。相当于机械制图中的俯视图，也相当于将井眼轨迹这条空间曲线投影到井口所在的水平面上。图中的坐标为 N 坐标和 E 坐标，以井口为坐标原点。所以只知道一口井轨迹上所有各点的 N、E 坐标值就可以很容易画出该井轨迹的水平投影图。

(10) 垂直剖面图。可以这样来理解垂直剖面图的形式原理（图 2-5）：设想经过井眼

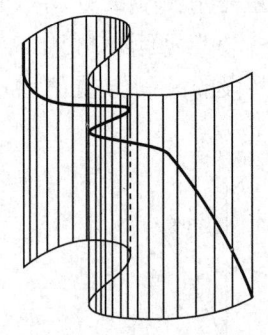

图 2-5 垂直剖面图原理

轨迹上每一个点作一条铅垂线,所有这些铅垂线就构成了一个曲面。这种曲面在数学上称作柱面。此曲面有一个显著的特点,就是可以展平到一个平面上。当此柱面展平时就形成了垂直剖面图。

实际的垂直剖面图并不是按照先作柱面然后展平的办法得到。垂直剖面图的两个坐标是垂深和水平长度。实际上,只要计算出一口井轨迹上所有测点的垂深和水平长度就可以很容易画出该井轨迹的垂直剖面图。垂直剖面图与水平投影图的关系如图 2-6 所示。

(11) 垂直投影图。相当于机械制图中的侧视图,即将井眼轨迹这条空间曲线投影到铅垂平面上。参看图 2-7 图中的坐标为垂深和视平移,也是以井口为坐标原点,但是经过井口的铅垂平面有无数个,应该选择哪个呢?我国钻井行业标准规定,选择设计方位线所在的那个铅垂平面。这样的垂直投影图与设计的垂直投影图进行比较,可以看出实钻井眼轨迹与设计井眼轨迹的差别,便于指导施工中轨迹控制。

显然,只要计算算出一口井轨迹上所有各点的垂深和视平移就可以很容易画出该井轨迹的垂直投影图。

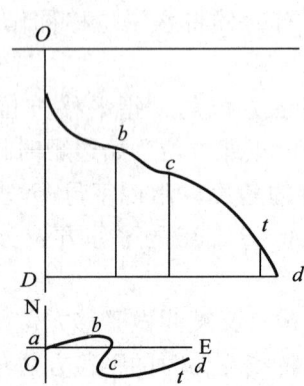

图 2-6 垂直剖面图与水平投影图关系

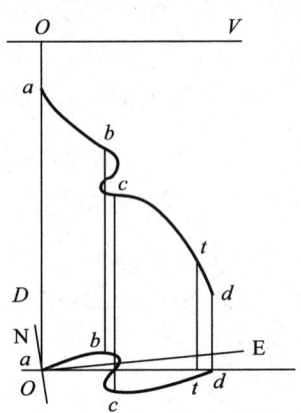

图 2-7 垂直投影图与水平投影图

(12) 三维坐标图示法。人们用类似工程制图中的轴侧图形式(图 2-8),来表示井眼轴线在空间的形状,力图给人以立体感。但实际上,对我们的井眼轴线来说,轴侧图并不能给人以立体感,甚至想象不出井眼轴线在空间的形状。这是因为井眼轴线不同于机器的零部件,不像机器零部件那样有棱有面。井眼轴线的形状复杂、结构简单的特点,使得井眼轴线在三维坐标图中没有立体感。

如果在三维坐标图中增加一些辅助平面,就可以想象井眼轴线在空间中的形状,如图 2-9 所示。显然要作许多辅助面是很麻烦的,而且三维坐标图也不能表示出井深参数的真实值,所以这种图示法在工程上是不适用的,只在特殊需要时才使用。

(13) 井眼曲率。指井眼轨迹曲线的曲率。井眼曲率也称为全角变化率,又称狗腿严重度(简称为狗腿度),都是同一个概念,是指单位长度井段内狗腿角的大小。井眼弯曲的程度:井段长度不变,狗腿角越大,则井眼前进方向变化的越快,井眼弯曲越厉害,井眼曲率越大。井眼曲率计算方法:有公式计算法、查图法、图解法、查表法和尺算法等 5 种。后 4 种皆来源于公式计算法。公式计算法又可分为三套。

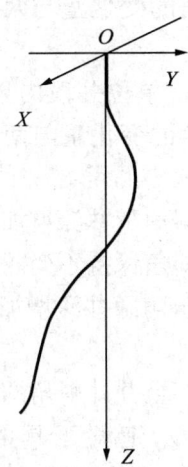

图 2-8 轴侧图表示法

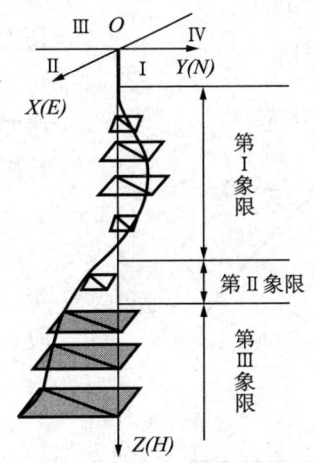

图 2-9 带辅助面的轴侧图

第一套公式的图解法（图 2-10）：
①作水平射线 OA；
②作 $\angle BOA = \alpha_C$（两测点平均角）；
③以一定长度代表单位角度，量 $OB = \Delta \Phi$（两测点方位角差）；
④自 B 点向 OA 作垂线，垂足为 C 点；
⑤按步骤（3）中的比例，$CA = \Delta \alpha$
⑥连接 A、B，并量 AB 长度，按步骤（3）比例换算成角度，此角度及狗腿角 γ。

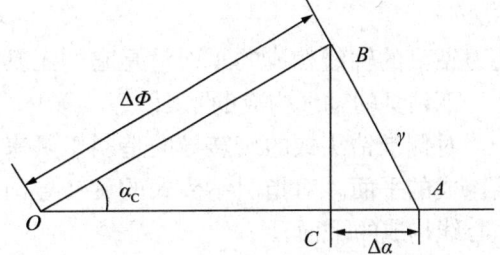

图 2-10 第一套公式的图解法

第一套公式推导严密，具有普遍性，适合于各种形状井眼。按照中国钻井普遍采用这个公式，其余两个公式就不再做介绍。

全角变化率计算公式:

$$G_{ab} = \frac{30}{\Delta L_{ab}} \sqrt{(\alpha_a - \alpha_b)^2 + (\Phi_a - \Phi_b)^2 \sin^2 \frac{\alpha_a + \alpha_b}{2}} \qquad (2-1)$$

式中　G_{ab}——测量点 a 和 b 间井段的全角变化率，（°）/30m；
　　　ΔL_{ab}——测量点 a 和 b 间的井段长度，m；
　　　α_a——测量点 a 处的井斜角，（°）；
　　　α_b——测量点 b 处的井斜角，（°）；
　　　$\Delta \Phi_{ab}$——测量点 a 和 b 间的方位变化量（a 和 b 两测量点方位角 Φ_a 和 Φ_b 终边的夹角），（°）。

计算中，如果 $\Delta \Phi_{ab}$ 即（$\Phi_a - \Phi_b$）的绝对值大于 180°，当（$\Phi_a - \Phi_b$）> 0 时，则 $\Delta \Phi_{ab} = \Phi_a - \Phi_b - 360°$；当（$\Phi_a - \Phi_b$）< 0 时，则 $\Delta \Phi_{ab} = \Phi_a - \Phi_b + 360°$。

（14）造斜点。在定向井中，开始定向造斜的位置叫造斜点。通常以开始定向造斜的井深来表示（图 2-11）。

（15）井斜变化率。单位井段内井斜角的变化值。通常以两测点间井斜角的变化量与两测点间的井段的长度的比值表示。

（16）方位变化率。单位井段内方位角的变化值。通常以两测点间方位角的变化量与两测点间的井段的长度的比值表示。

（17）增斜段。井斜角随井深增加的井段。

（18）稳斜段。井斜角保持不变的井段。

（19）降斜段。井斜角随井深增加而逐渐减小的井段。

（20）最大井斜角。全井井斜角的最大值。

（21）造斜率。表示造斜工具的造斜能力。用 (°)/10m、(°)/30m 或 (°)/100m 表示。

（22）工具面。在造斜钻具组合中，由弯曲工具的两个轴线所决定的那个平面。又叫造斜工具面。

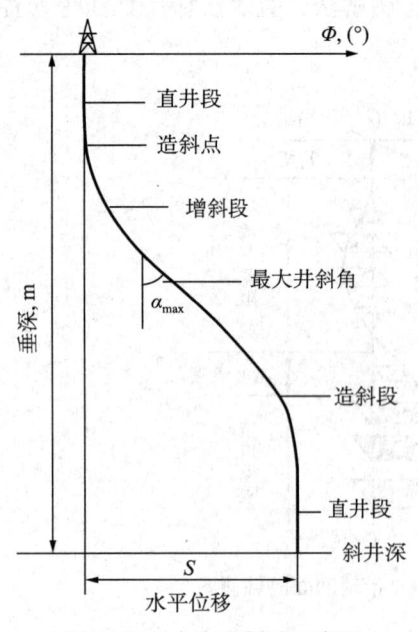

图 2-11 定向井剖面示意图

对弯接头+井底动力钻具来说，弯接头的轴线与动力钻具的轴线构成的平面就是它的工具面。对弯外壳螺杆钻具来说，工具面是指弯曲点上、下钻具的轴线构成的平面。

对侧推钻头式的旋转导向造斜工具来说，工具面是指工具的中心线与支撑块伸出方向线构成的平面。对指引钻头式的旋转导向造斜工具来说，工具面是指工具的中心线与钻头中心线构成的平面。

综上所述，我们看到所有造斜工具的工具面有一个共同的特点：都是一个直角三角形。为了叙述方便，将不再特指某种造斜工具，而是将造斜工具"抽象化"，如图 2-12 所示。

工具面三角形的一个直角边是工具的中心线，另一个直角边是钻头相对于井眼轴线的偏离方向线，或是作用于钻头的侧向力方向线，我们把这个方向线称为"工具面向线"。根据图 2-12 中的工具面三角形，工具面向线也可以定义为：处在工具面上、垂直于工具中心线、指向离开工具中心线的有向线段。

需要说明的是，在英文中只有"tool face"这个术语，可以直译为"工具面向"，即工具的面对方向。英文中没有与"工具面"和"工具面向线"对应的术语。这两个术语是我们为了讲清楚有关概念而提出来的。工具面向是一个非常重要的概念。如果以工具中心线为轴，转动工具面向，就可以使造斜工具向不同的方位造斜。

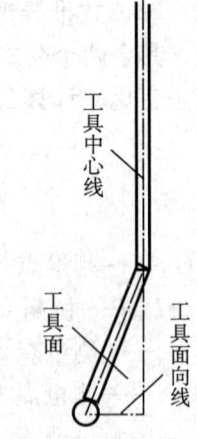

图 2-12 抽象化造斜工具

（23）工具面角。是表示造斜工具下到井底后，工具面所在的位置参数。有两种表示方法：一种是以高边为基准，一种是以磁北为基准。高边基准工具面角，简称高边工具面，是指高边方向线为始边，顺时针转到工具面与井底圆平面的交线上所转过的角度。现场经常把工具面角叫做工具面，这也是一种习惯。

在垂直井眼中（图2-13），井底圆与水平面平行，所以工具面向线处在水平面上，工具面向线的方向可以用地理方位表示。按照我们给方位角定义，地理方位角是以正北方位线为基准，顺时针转过的角度，即图中的 ϕ_f 角。由于测量中通常使用磁性测量仪，所以用磁北方位代替正北方位。显然，在垂直井眼中，表达工具面向的角度 ϕ_f，即为磁北模式的工具面角。ϕ_f 的变化范围为 $0°\sim360°$。

在倾斜井眼中，如图2-14所示，井底圆是倾斜的，在井底圆上不能准确地表示地理方位，不能使用磁北模式工具面角表达工具面向。在这种情况下，需要采用高边模式的工具面角表达。

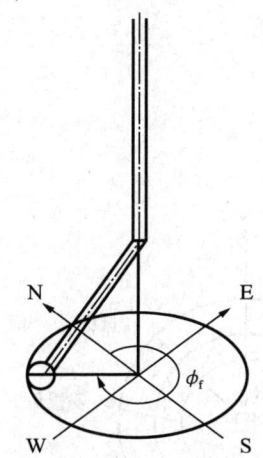

图2-13　垂直井眼中的工具面角

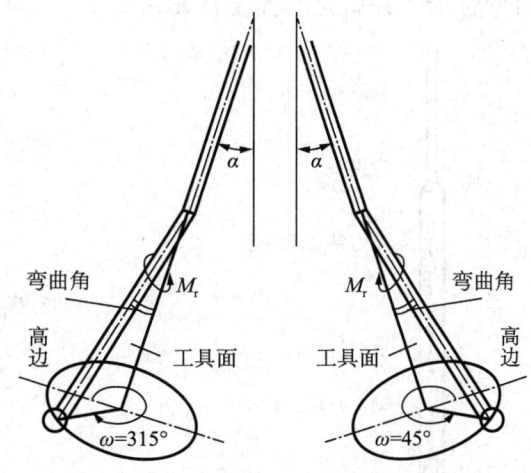

图2-14　倾斜井眼工具面角示意图

倾斜的井底圆有一个最高点，有一个最低点。自井底圆圆心指向最高点的方向线，称为高边方向；指向最低点的方向线，称为低边方向。显然，如果高边方向线投影到水平面上，就会与井底的井斜方位线完全重合。

在井底圆平面上，以高边方向线为基准，顺时针旋转到工具面向线所转过的角度，称为"高边模式的工具面角"，即图中所示的 ω。高边模式的工具面角以高边方向为 $0°$，低边方向为 $180°$，变化方位为 $0°\sim360°$。

由于工具面与井底圆的交线，正好与工具面向线重合，所以高边模式的工具面角也可以定义为：以高边方向线为基准，顺时针旋转到工具面与井底圆的交线所转过的角度。

定向井的井底是一个呈倾斜状态的圆平面，称为井底圆。井底圆上的最高点称为高边。从井底圆心至高边之间的连线所指的方向，称为井底高边方向。高边方向上的水平投影称为高边方位，即井底方位。所有这些定义都是指的同一个角度 ω，只是说法不同而已。

在倾斜井眼中，并非只用高边模式表示工具面角。当井斜角很小时，高边方向不是很清晰，此时可以使用磁北模式。倾斜井眼中磁北模式的工具面角可以定义为：以磁北方位线为基准，顺时针旋转到工具面向线在水平面上的投影线上所转过的角度。

在倾斜井眼中使用磁北模式会有一定误差，但当井斜角很小时误差可以忽略。磁北基准工具面等于高边工具面角加上井底方位角。

（24）反扭矩。在用井底动力钻具钻进时，都存在一个与钻头转动方向相反的扭矩，该扭矩被称为反扭矩。

（25）反扭角。使用井底马达带弯接头进行定向造斜或扭方位时，动力钻具启动前的工具面与启动后且加压钻进时工具面之间的夹角。反扭角总是工具面逆时针转动（图2-15）。影响反扭角的因素：

（1）动力钻具扭矩的大小：扭矩越大，反扭角越大。扭矩与钻具结构、钻井液排量、钻压、地层等因素有关。

（2）钻柱尺寸和钢材性能。反扭角与钻柱长度成正比，与钻柱断面的极截面惯性矩（扭转惯性矩）成反比，与钻柱钢材的弹性模量成反比。

（3）钻柱与井壁摩阻系数：摩阻系数越大，摩擦扭矩就越大，反扭角就越小。摩阻系数与钻井液性能、井壁光滑程度有关。

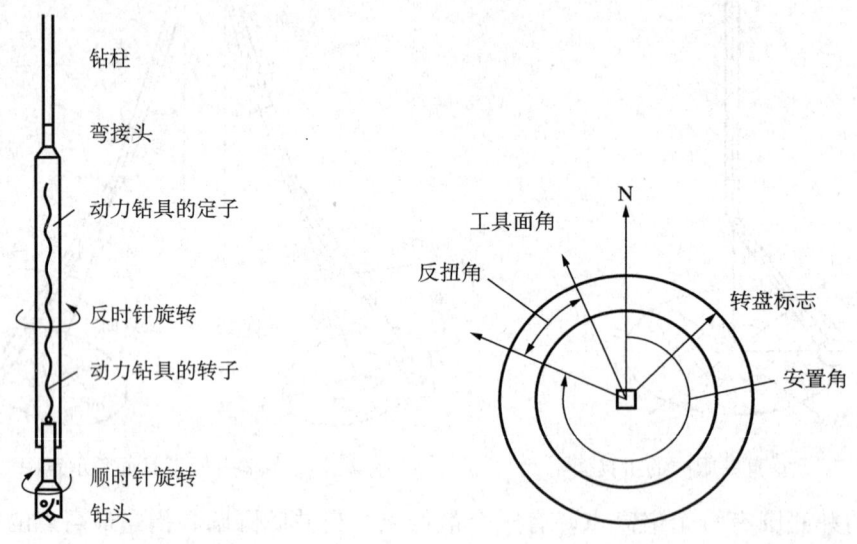

图2-15 反扭角示意图　　图2-16 反扭角、工具面角与安置角示意图

（4）装置角影响反扭角的规律（图2-17）：

a. 装置角在0°~180°范围内时，装置角使反扭角减小。减小的量在0°~95°范围内逐渐增大，在95°~180°范围内逐渐减小。

b. 装置角在180°~360°范围内时，装置角使反扭角增大。增大的量在180°~265°范围内逐渐增大，在265°~360°范围内逐渐减小。

c. 装置角在0°（360°）和180°时，对反扭角的影响最小；在大约95°和大约265°时，对反扭角的影响最大。

d. 在相同的井深、相同的装置角下，井斜角增大，装置角对反扭角的影响也增大。

Dyna钻具反扭角经验取值如表2-1所示。

（26）安置角。是安置工具面角的简称。在定向时，当启动井下动力钻具之前，将工具安置的位置，以工具面角表示。即为安置工具面角。安置角在数值上等于定向角加反扭角（图2-16）。

（27）定向角。是定向工具面角的简称。在定向造斜时，当启动井下马达之后，工具面所处的位置，用工具面角表示，即为定向工具面角。定向角可用高边工具面角表示，也可用磁北工具面角表示。

表 2-1 Dyna 钻具反扭角经验表

装置角	井斜角, (°) 反扭角, (°) 井深, in	2~5	5~10	10~15	15~20	20~25	25~30	30~35	>35
95°	<1000	45	40	35	30	25	20	15	10
	1000~2000	60	45	40	35	30	25	20	15
	>2000	85	75	70	50	30	20	20	15
265°	<1000	65	65	80	85	90	100	100	100
	1000~2000	65	75	85	90	95	100	100	105
	>2000	70	80	90	95	100	105	105	105
直井中的反扭角（井斜角小于 2° 的都看做直井）									
造斜点深度, in	0~500		500~1000		1000~1500		1500~5000		>5000
反扭角, (°)	20		25		35		50		10°/1000in

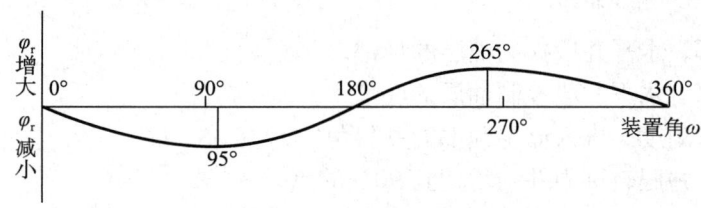

图 2-17 装置角对反扭角的影响

（28）二维定向井。二维定向井是指设计井眼轴线仅在设计范围线所在的铅垂平面上变化的井。

（29）三维定向井。三维定向井是指在设计的井身剖面上，即有井斜角的变化又有方位角的变化。三维定向井常用于在地面井口位置与设计目标点之间的铅垂平面内，存在着井眼难于通过的障碍物，设计井需要绕过障碍物钻达目标点，因此又叫三维绕障井。

（30）水平井。通常人们把进入油气层井眼的井斜角不低于 90°的井段称为水平井段。能沿油层走向形成这种水平位移的特殊定向井归纳为水平井。

（31）目标点。设计规定的必须钻达的地层位置。普通定向井通常以地面井口为坐标原点的空间坐标系的坐标来表示。

（32）水平靶。指的是靶平面是在水平面上。如图 2-18 所示，图（a）为单靶井，图（b）为多水平靶。

（33）靶区半径。允许实钻井眼轨迹偏离设计目标点圆心水平距离称为靶区半径（图

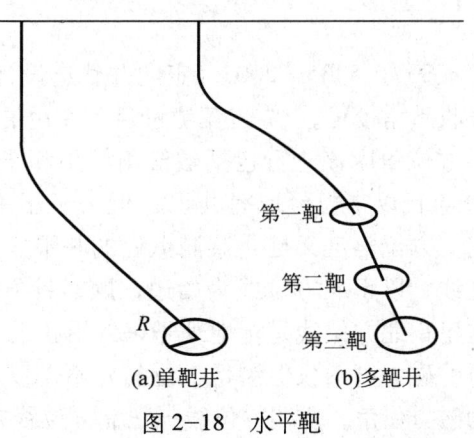

图 2-18 水平靶

2—19)。所谓靶区,就是在目标点所在的水平面上,以目标点为圆心,以靶区半径 R 所作的一个圆。靶区半径的大小,根据勘探开发的需要或钻井的目的而定。

(34) 铅垂靶。是指靶平面为铅垂平面。图 2—20 所示为一水平井的靶区。靶面是铅垂平面上以靶点为中心的一个矩形平面。水平井的第一靶点为 E 点,第二靶点为 d 点。水平井的两个靶构成了一个立方体的靶区,第一把通常称为"窗口"。垂直靶的控制参数是窗口的宽度和高度。

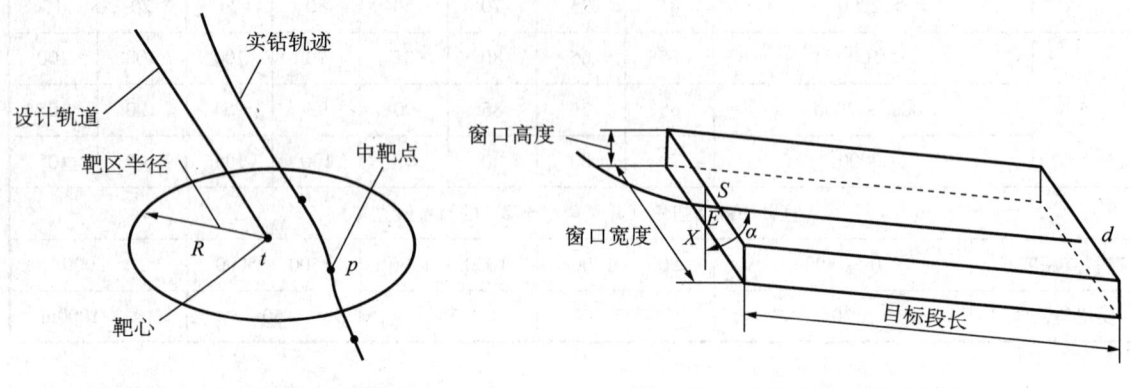

图 2—19 水平靶中靶示意图　　　　图 2—20 水平井铅垂靶示意图

(35) 储层顶部。水平井段控制油层的顶部。
(36) 储层底部。水平井段控制油层的底部。
(37) 设计入口角度。进入储层顶部的井斜角度。
(38) 着陆点。井眼轨迹中井斜角达到 90°的点。
(39) 入口窗口高度。入靶点垂直方向上下误差之和。
(40) 入口窗口宽度。入靶点水平方向左右误差之和。
(41) 出口窗口高度。出靶点垂直方向上下误差之和。
(42) 出口窗口宽度。出靶点水平方向左右误差之和。
(43) 着陆点允许水平偏差。着陆点允许水平方向前后的误差。

第二节　磁偏角的校正

SY/T 5435—2003《定向井轨道设计与轨迹计算》规定:"方位角应进行磁偏角和子午线收敛角校正。"方位角测量目前使用的大部分是磁性测斜仪器,当使用磁性测斜仪时,井斜方位角应该进行包括磁偏角校正和子午线收敛角校正。关于磁偏角的校正,自 20 世纪 80 年代以来已经取得共识;但关于子午线收敛角的校正,这还是第一次通过标准明确规定。方位角定义是:某测点处的井眼方向线投影到水平面上,称为井眼方位线,或井斜方位线。以正北方位线为始边,顺时针方向旋转到井眼方位线上所转过的角度,即方位角。这里正北方位线是指地理子午线沿正北方向延伸的线段。但是目前在定向井施工中广泛应用的磁力测斜仪器测得方位角并不是以正北方位线为基准,而是以地磁方位线为基准,称为磁方位角。磁北方位线与正北方位线并不重合,两者之间有个夹角,称为磁偏角。所以,此类仪器测得方位角还需要进行校正，换算成以正北方位线为基准的真方位角（图 2-21）。

在定向井测斜仪器的设计、制造和有关计算中，还涉及磁倾角。在确定下部钻具组合中无磁钻铤的使用长度时，还要涉及地磁场的水平磁场强度。另外，随着地磁学的发展，古地磁学在石油地质中的应用已占有重要地位。因此，定向井工程技术人员有必要更多地了解关于地磁的基本知识。

一、有关地磁的基本知识

中华民族的祖先早在 3000 多年前就发现了磁石和地磁现象。指南针就是利用地磁现象指引方向的伟大发明。北宋时期沈括在《梦溪笔谈》中已经明

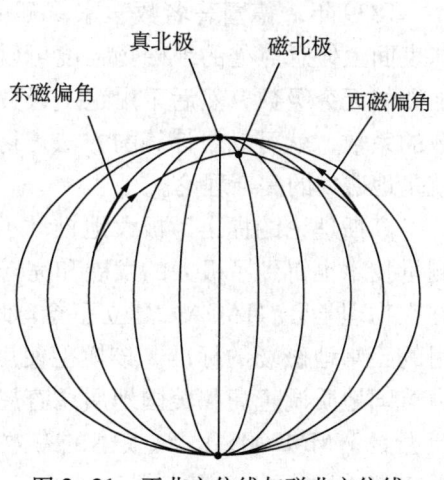

图 2-21　正北方位线与磁北方位线

确地指出了磁偏角的存在。现在，地磁学在航海、气象、天文学、国防、通信等方面以及国民经济和日常生活中，都已得到非常广泛的应用。

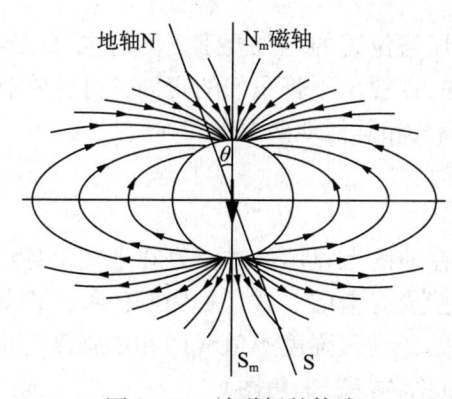

图 2-22　地磁场的构成

我们的地球具有磁场，称为地磁场。地磁场近似于一个放置在地心的偶极子形成的磁场。如图 2-22 所示，这个偶极子的磁轴 N_mS_m 与地轴 NS 有一个夹角 θ（约为 11.5°），显然，磁北极与磁南极和地理北极与南极是不重合的。图 2-22 中的偶极子箭头所指方向表示偶极子的磁矩方向。地磁场的磁力线从磁南极出发，最后回到磁北极。

地磁场分为稳定磁场和变化磁场两大部分。地磁场是不同来源的磁场叠加起来构成的，其中最重要的部分来自地球内部的偶极子磁场和非偶极子磁场，这是稳定磁场的主要部分。地磁场还有一小部分来自固体地球的外部，包括大气层的电离层和磁层的流动、太阳的活动等。这一部分是变化磁场的主要部分，另一部分又构成了稳定磁场的一部分。稳定磁场是地磁场的主体，占地磁感应强度的 95% 以上，变化磁场仅占 2%～4%。所以，稳定磁场有时又称为基本磁场。

相对于变化磁场而言，稳定磁场是稳定的。但实际上，稳定磁场并不是绝对稳定的，而是缓慢变化的。相对于地球发展的历史而言，这种变化可以说是相当剧烈的，而且磁北极和磁南极的位置也在不断变化，并具有一定的周期性，甚至出现磁北极与磁南极互相颠倒（称为"磁场反转"）。古地磁学研究表明，近 450 万年间，曾有过 25 次磁场反转。地磁场的这种缓慢变化，被称为地磁场的长期变化。了解这点非常重要，因为正是由于地磁场具有长期变化特点，所以磁北方位不能作为定向井坐标系的基准。

地磁感应强度的单位是特斯拉（T）。地磁场是一个弱磁场，地磁感应强度实际上很小。地球表面上的平均磁感应强度只有 0.5×10^{-4}T，所以使用特斯拉单位太大，通常使用纳特（nT），$1nT=10^{-9}T$。地磁要素可以通过数学模型进行计算得到，本书不予以介绍。

1839年，德国著名数学家、测量学家高斯（Gauss）认为地磁场起源于地球内部，地球表面上任意点处的地磁场强度可以表示为该点的经纬度的函数，并把这种函数分析为球函数的无穷级数，然后采用这个级数的有限项，通过一定数量的地面观测值来确定有限级数的系数，就可以用计算的方法求得地磁场强度。这种方法称为地磁场的球谐分析法，这就是地磁场的高斯理论。

高斯理论的提出，极大地推动了地磁学理论的发展。随着现代科学技术的发展，地磁测量技术也得到了极大的发展和完善。经过若干代科学工作者的努力，1965年国际地磁和高空物理学会（IAGA）建立了全球地磁场模型，称为WMM1965.0模型，并作为全世界通用的正常地磁场的标准。该模型使用年限为1965—1975年之后，每隔5年修正模型一次，由英国地质调查局和美国地质调查局每5年联合发布一个新的世界地磁模型。目前最新的模型是WMM2005.0，该模型的有效使用年限为2005.0—2010.0，即2005年1月1日零点至2010年1月1日零点。

世界地磁模型的建立，除了英、美两国地调局的工作外，也是世界各国共同努力的结果。因为模型中高斯系数的确定需要地球上各地大量的地磁观测数据。WMM2005.0模型在建立过程中就用到了188个观测台站的数据，其中有10个在我国境内。哪个地区观测台站越多，模型在哪个地区的应用精度就越高。

有了世界地磁模型，就可以利用模型计算地球上任何位置的地磁要素，同时也可以绘制任何地区的地磁图，为地磁要素的应用带来了极大的方便。不管我们的定向井井位在什么地方，都可以利用世界地磁模型计算我们需要的磁偏角和其他地磁要素。

二、地磁图

把地磁要素值在地图上显示出来，就是地磁图。在地图上显示的方法是在地图上标出各个测点的地磁要素值，并把地磁要素值相等的点连接成光滑的曲线，称为等值线。例如磁偏角等值线图、磁倾角等值线图、水平强度等值线图、垂直强度等值线图和总强度等值线图等。定向井工程中最常用到的是磁偏角等值线图（俗称等磁偏角图）。

地磁图分世界地磁图和国家地磁图。由于基本磁场长期变化，地磁图也应该随时间的变化而更新，一般每5年更新一次。图2-23所示为1970年的我国大陆磁偏角等值线图。从图上可以很容易查算某地的磁偏角值。对于不在等值线上的地方，可以用直线插入法近似查算磁偏角值。例如，1970年北京地区的磁偏角大约等于西偏5.7°，即−5.7°。

三、地磁异常

在地球表面上，有些地区的地磁要素相对基本磁场而言具有较明显的变化，称为地磁异常。地磁异常在我们定向井施工中也会经常遇到。

产生地磁异常的原因是：在地壳岩层中，有些岩石受到地磁场的作用而被磁化，产生磁场，从而导致磁异常。特别是在含有磁铁矿的地区，地磁异常会非常明显。地磁异常按照范围大小，可分为区域磁异常和局部磁异常。

相对于基本磁场而言，磁异常值一般是很小的，在定向井工程中可以不考虑。但是在磁异常特别严重的地区，最好进行专门测量，使用实测的地磁值。需要注意的是，地磁异常地区不能采用磁性测斜仪器进行测量，需要用陀螺测斜仪器进行测量。地球磁场分为3

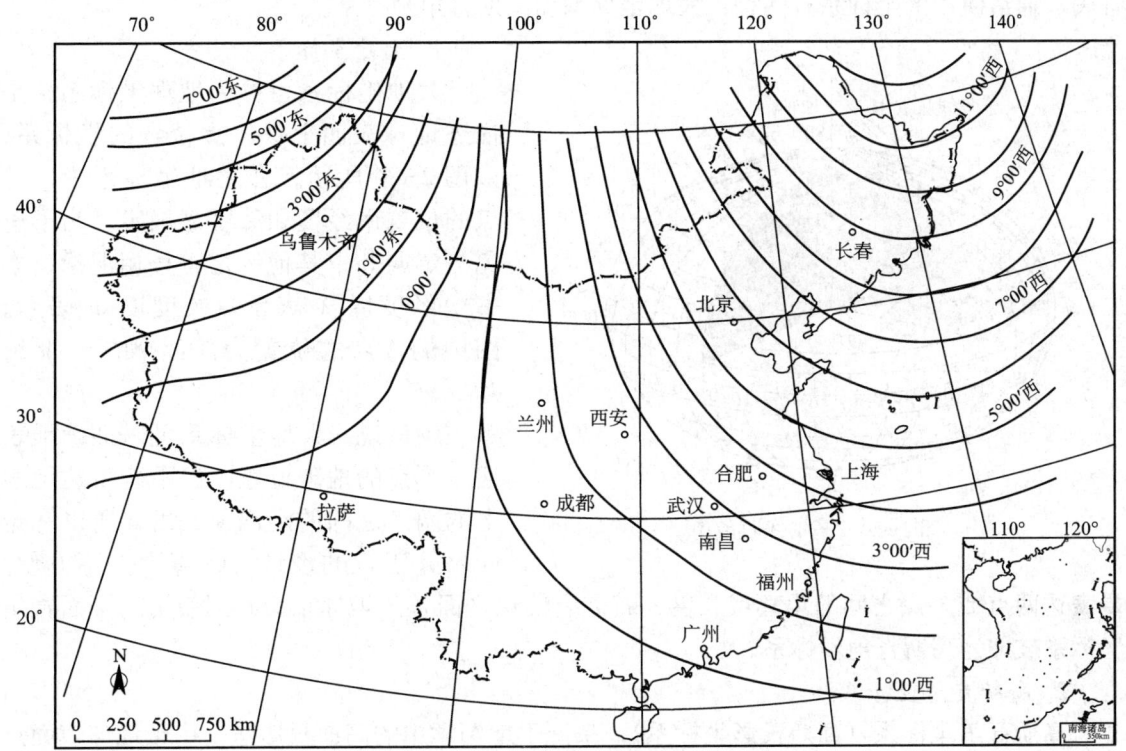

图 2-23 中国地磁偏角等值线图

个区,所用无磁钻铤长度也有规定,具体见第三章定向井专用工具。

目前广泛使用的磁性测斜仪是以地球磁北方位为基准的。磁北方位与正北方位并不重合而是有个夹角,称为磁偏角。磁偏角又分为东磁偏角和西磁偏角。东磁偏角指磁北方位线在正北方位线的东面,西磁偏角指磁北方位线在正北方位线的西面。用磁性测斜仪测得的井斜方位角称为磁方位角,并不是真方位角,需要经过换算求得真方位角。这种换算称为磁偏角校正。换算的方法如下:

$$真方位角 = 磁方位角 + 东磁偏角$$

$$真方位角 = 磁方位角 - 西磁偏角$$

第三节 子午线收敛角的校正

定向井轨道设计和轨迹计算、绘图中所用的平面直角坐标系,其纵坐标轴与正北方位线之间互不平行,存在收敛角的问题。所以,在进行井斜方位角校正时,还应进行子午线收敛角校正。

一、子午线收敛角的概念

要理解子午线收敛角的概念,需要从定向设计与计算中使用的坐标着手。在定向井轨迹设计时,井口位置和目标点位置是以坐标值给定的。而给定的坐标值又与使用的坐标系有关。通常使用的坐标系有两种：大地坐标系和高斯直角坐标系。

1. 大地坐标系

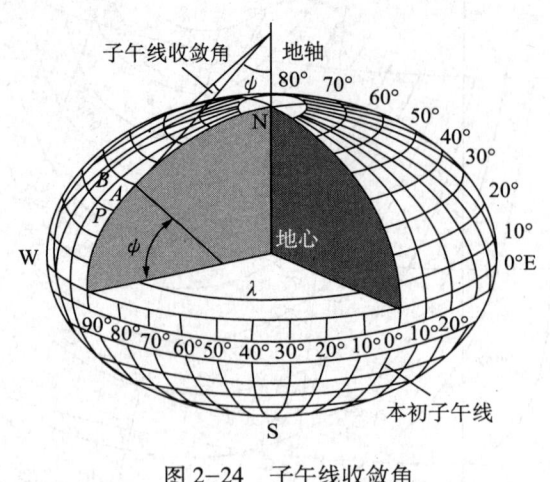

图 2-24 子午线收敛角

大地坐标系也称为地理坐标系，是描述地球表面上任一点位置的坐标系，如图 2-24 所示。在大地坐标系中，某点的位置用经度和纬度来确定。为了避免与定向井中其他约定符号相混淆。本书中经度以 λ 表示，纬度以 ψ 表示。图中的 A 点的位置为西经 90°，北纬 40°。

应该说，大地坐标系可以准确地表达一个点的地理位置，但不能表达地表上的两点之间的距离或长度，所以在定向钻井工程的设计与计算中并不方便。

要表达两点或多点之间的距离或长度，就需要使用平面直角坐标系。我国使用的平面直角坐标系被称为高斯直角坐标系。

2. 高斯直角坐标系

高斯直角坐标系（高斯投影坐标系），来源于地图学中的高斯投影法。由于地球表面是球面，不可能展平到平面上，所以要想把球面上各点的位置和相互之间的距离在平面上表示出来，就要使用投影的方法，这就是地球学中使用的投影法。地图投影方法很多，我国采用的是高斯—克吕格投影法。

高斯—克吕格（Gauss-Kruger）投影，又称高斯投影，在地图投影学中属于椭圆柱横切等角投影，如图 2-25 所示。设想在地球外面横向套着一个椭圆柱，椭圆柱的横截面形状与地球子午圈包围的平面完全相等，则此椭圆柱与地球横向相切，相切的这条子午线称为中央子午线。把地球表面上的点或线投影到椭圆柱表面上，再把椭圆柱表面展平，就构成了高斯—克吕格投影。

经过高斯—克吕格投影后，地球表面上的经纬线变成了如图 2-26 所表示的形状。其中，中央子午线和赤道线的投影图在图上为直线。显然，这样的投影结果，其线条会有变

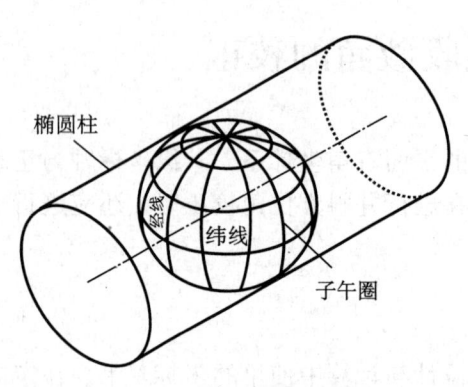

图 2-25 高斯—克吕格投影方法

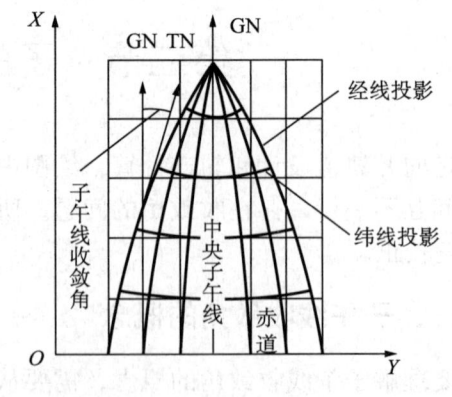

图 2-26 高斯投影坐标系

形，而且距离中央子午线越远，投影的变形就会越大。为了减小投影变形，每隔 6°或 3°（根据投影误差控制要求选取）为下一个投影带。在定向井工程中通常使用的是 6°投影带。在一个投影带内，以中央子午线和赤道线的焦点为原点，建立平面直角坐标系。纵坐标以 X 表示，正方向为中央子午线的北方向；横坐标以 Y 表示，正方向为赤道线的东方向，这样一来，子午线以西的横坐标是负值。为了在一个投影带内横坐标值不出现负值，人为地将坐标原点向西移动 500km，这样的坐标系就是高斯投影坐标系。

定向井轨道设计给定的井口和目标点的位置，既可以用大地坐标系表示，也可以用高斯投影坐标系表示。例如，某定向井井口和目标点的位置用大地坐标系表示为：

井口位置：$\psi_0=37°35'02.798''$ ；$\lambda_0=118°55'03.149''$ 。

目标点位置：$\psi_t=37°35'11.224''$ ；$\lambda_t=118°55'05.737''$ 。

若用高斯投影坐标系表示，则：

井口坐标为：$X_0=4\ 163\ 140.193$m；$Y_0=20\ 669\ 380.084$m。

目标坐标点为：$X_t=4\ 163\ 390.193$m；$Y_t=20\ 672\ 380.084$m。

需要特别注意的是 Y 坐标的数字：小数点以左的 6 位数字是真正的坐标值，小数点以左第 7、8 位（有时可能只有第 7 位，没有第 8 位）则表示投影带的序号。显然，全球共有 60 个 6°投影带，序号从本初子午线起，以东经 1°~6°为第一投影带，向东序号增大。上述坐标 Y_0 和 Y_t 中的"20"表示为 6°带的序号为第 20 个投影带，该投影带的中央子午线为 117°（20×6°−3°）（东经）。

二、子午线收敛角的定义

如图 2—24 所示，地球表面上同一纬度上的任意两点 A、B 各有各的子午线，而且子午线是互相不平行的。在各点所在的子午平面（该点子午线所在的平面）内，作与地球表面相切的切线，必然与地轴相交于一点。这两条切线之间的夹角就是 A、B 两点间的子午线收敛角。但这样的定义在定向井工程中无法使用。

如图 2—26 所示，在高斯直角坐标系中，任意一点都有其坐标北方向，而且都与中央子午线的北方向相同，此坐标北方向称为"网格北（grid north）"，用 GN 表示。同时，任一点还有其"真北方向（true north）"。真北方向是沿子午线向北前进的方向，即过该点作子午线投影的切线方向，以 TN 表示。除了中央子午线上的点以外，高斯平面上任一点的网格北方向 GN 与真北方向 TN 都不重合。GN 与 TN 之间的夹角，称为高斯平面子午线收敛角。显然高斯平面上的任何一点，都有其子午线收敛角。定向工程中使用的正是这个子午线收敛角。

三、子午线收敛角校正

1. 井斜方位角校正的方法

井斜方位角的测量通常使用磁性测量仪器，测得的方位角是以磁北方位为基准的。当使用非磁性测量仪器（例如陀螺仪）时，测得的方位角是以真北方位为基准的。但是，由于定向井轨道设计和轨迹计算都是使用高斯投影坐标系，是以网格北方位为基准的。所以需要把测量的磁北为基准的井斜方位角转换成以网格北方位为基准的井斜方位角。这项工作称为"方位角校正"，国外称为"方位参照系转换（Azimuth Conference System

Conversion)"。

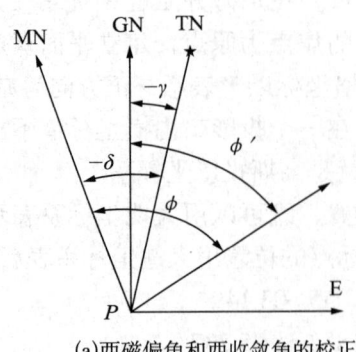
(a)西磁偏角和西收敛角的校正

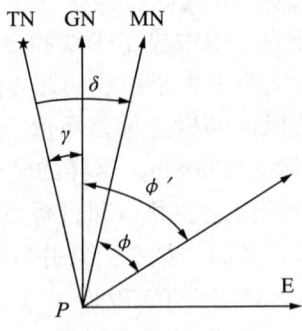
(b)东磁偏角和东收敛角的校正

图 2-27 方位角校正方法

当使用磁性测斜仪时，井斜方位角校正包括磁偏角校正和子午线收敛角校正。这两个校正应结合起来一起完成。如图 2-27 所示，方位角校正的具体方法可用下式表示：

$$\phi' = \phi + \delta - \gamma \tag{2-2}$$

式中　ϕ'——经过方位校正之后用于轨迹计算的方位角，(°)；
　　　ϕ——测量仪器测得的井斜方位角，(°)；
　　　δ——磁偏角，东磁偏角为正值，西磁偏角为负值，(°)；
　　　γ——高斯子午线收敛角，东收敛角为正值，西收敛角为负值，(°)。

当使用非磁性测量仪仪器（例如陀螺仪）时，只进行子午线收敛角校正，校正公式为：

$$\phi' = \phi - \gamma \tag{2-3}$$

例如，我国某油田于 2006 年 6 月 5 日测量的一口定向井，其井口坐标为：$X=4163140.193$m，$Y=20669380.084$m。轨迹测量数据需进行方位角校正。

首先计算子午线收敛角。Y 坐标前两位数字表明，该井口位于高斯投影 6°带的第 20 投影带，其中中央子午线为东经 117°。经过坐标换算，可求得该井口的大地坐标（1980 年西安坐标系）：$\varphi=37°35'02.798''$，$\lambda=118°55'03.149''$，该井口处的子午线收敛角：$\gamma=+1.169835\ 92°$（若用简易公式计算，则可得：$\gamma=+1.17237501°$），近似取 $\gamma=+1.17°$。

根据该井井口的大地坐标，利用 WMM2005.0 世界地磁模型编程计算，可求得该井轨迹测量时的磁偏角为西偏 $6.42478942°$，近似取得 $\delta=-6.42°$。

该井井斜方位角较正式为：

$$\phi' = \phi + \delta - \gamma = \phi + (-6.42°) - (+1.17°) = \phi - 7.59°$$

对该井所有测点的井斜方位角均按照上述公式进行校正之后，然后才能进行轨迹计算。

2. 不进行方位角校正会导致多大的偏差

SY/T 5435—2003《定向井轨道设计与轨迹计算》，在轨迹计算中有一条很重要的规定："井斜方位角应进行磁偏角和子午线收敛角校正。"关于磁偏角的校正，自 20 世纪 80 年代以来已经取得共识，但关于子午线收敛角的校正，这还是第一次通过标准明确规定。那么，如果不进行校正，会造成多大的偏差呢？

推导可以看出：

（1）如果不进行方位角校正，则计算的北南位移 N'_t、东西位移 E'_t 都将有很大变化。与进行方位角校正相比，井底位移偏差可用下式 $\theta'_t = \theta_t + \Delta$ 计算：

例如前述的算例，水平位移为3000m，校正角 $\Delta = -7.62°$，井底位移偏差将达到398.69m，如果只校正磁偏角，不校正子午线收敛角，也有61.26m的井底位移偏差。

（2）校正与不校正方位角，并不影响闭合距的计算值，但会大大影响闭合方位角的计算值。注意：Δ 是有正负号的，当校正角 Δ 为正值时，闭合方位角顺时针方向增加 Δ；当校正角 Δ 为负值时，闭合方位角反时针方向减小 Δ。

第四节　重力线收敛角的校正

由于地球是个椭球体，所以不仅存在子午线收敛角，而且存在重力线收敛角。如图2-28所示，图中以子午圈上各点曲率不同为例进行分析，井眼轴线上各点重力线的方向（垂深方向）并不平行，而是有一个收敛角 ε，其中 b 点的重力线收敛角为 ε_b，t 点的重力线收敛角为 ε_t。

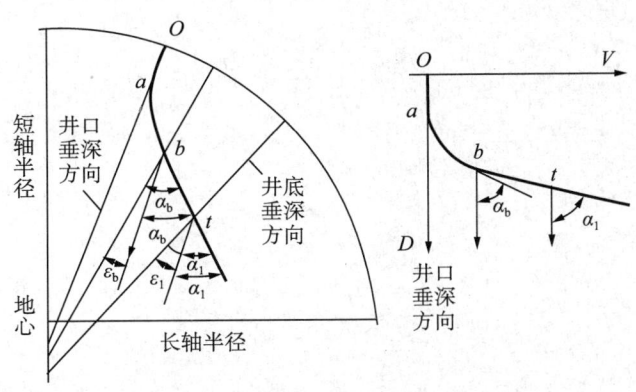

图2-28　关于重力线收敛角的讨论

定向井中，在测斜计算和工程绘图时，以井口 O 点处的重力线方向作为垂深 D 的方向，但是在测量井斜角时，以测点所在处的重力线方向为垂深方向。例如，b 点测量的井斜角为 α_b，可是实际计算时采用的 b 点井斜角应该是 α'_b；即 $\alpha'_b = \alpha_b - \varepsilon_b$。也就是说，所有测点的井斜角都多了一个重力线收敛角。

由于重力线收敛角的存在，目前流行的计算方法计算的垂深值都偏小，而水平位移值则偏大。可是，垂深究竟偏小到什么程度？水平位移究竟偏大到什么程度？轨迹计算中应该如何处理？下面我们就来讨论这些问题。

由于重力线收敛角的存在，目前流行的计算方法计算的垂深值都偏小，而水平位移值则偏大。可是，垂深究竟偏小到什么程度？水平位移究竟偏大到什么程度？表2-2是推导出的结果，供大家参考。例如：目前水平位移达到10728m的M-SPZ井，垂深偏差已超过9m。

表 2-2 重力线收敛角引起井底坐标的偏差

纬度，(°)	平均曲率半径，m	总垂深，m	总水平位移，m	垂深偏差，m	水平位移偏差，m
20	6361737.128	3000	3000	0.70735397	0.70735397
		3000	10000	7.85948853	2.3578656
		3000	15000	17.68384920	3.53676984
40	6374386.577	3000	3000	0.705950280	0.705950280
		3000	10000	7.84389202	2.35316761
		3000	15000	17.64875704	3.52975141
60	6388832.265	3000	3000	0.70435407	0.70435407
		3000	10000	7.82615632	2.34784690
		3000	15000	17.60885172	3.52177034

第三章 定向井专用工具

第一节 定向接头

一、定向接头类别

目前国内常用的定向接头有两种：定向直接头和固定弯接头，定向直接头用于弯壳体螺杆定向钻进，而固定弯接头则用于直壳体螺杆定向钻进。固定弯接头是由接头毛坯车制成的特种接头，它的外螺纹部分的轴线与主体轴线成一角度 γ，在水眼中，短边方向装有定向键块（图3-1）。因其具有制造简单、使用方便、成本低廉等特点，目前使用较为普遍。常用的固定弯接头按弯曲度分常见的有：1°、1°30′、2°、2°30′、3°等。

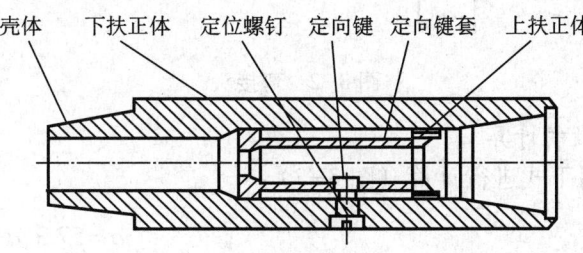

图 3-1 直接头

二、技术规格

固定弯接头技术规格如表3-1所示。

表 3-1 固定弯接头规格

外径 mm	内径 mm	连接螺纹		弯曲角度 (°)	长度 mm	备注
		内螺纹	外螺纹			
$7^3/_4$	80	520	521	1～2.5	760	衬套内径50mm
$6^1/_4$	70	4A10	431	1～3	50	衬套内径50mm
$4^3/_4$	57	310	331	1～2.5	45	衬套内径35mm

三、基本结构

1. 直接头的基本结构

直接头的基本结构包括壳体、扶正套、定向键和定位螺钉，如图3-1所示。

2. 固定弯接头的基本结构

固定弯接头的基本结构包括壳体、扶正套、定向键、定位螺钉，如图3-2所示。

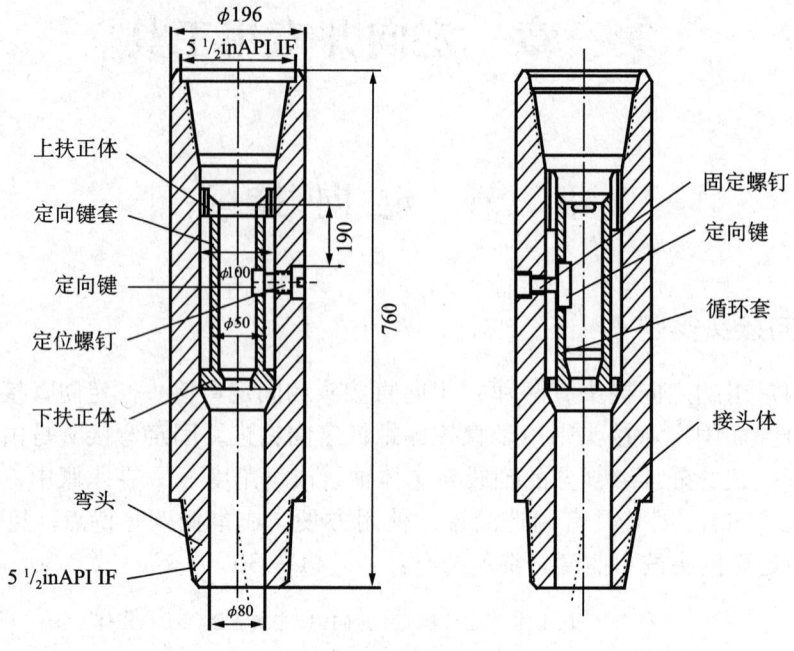

图 3-2 弯接头

3. 弯接头弯曲度数的计算

弯接头弯曲度数用下式进行计算（图3-3）：

$$\alpha = 57.3(a-b)/d \tag{3-1}$$

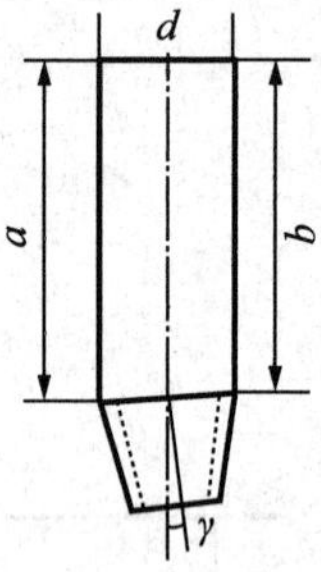

式中 α ——弯曲角度，（°）；
　　a ——长边长度，mm；
　　b ——短边长度，mm；
　　d ——外径，mm。

四、弯接头造斜率

图 3-3 弯接头计算

弯接头配合动力钻具在中原油田经过实践钻进，造斜规律如表3-2所示。

表 3-2 弯接头造斜率

弯接头角度（°）	ϕ215.9mm 钻头、ϕ158mm 动力钻具造斜率（°）/30m	ϕ311.1mm 钻头、ϕ197mm 动力钻具造斜率（°）/30m
1	2.5	1.75
1.5	3.5	2.5
2	4.5	3.5
2.5		5

第二节 无磁钻铤

一、作用

由于所有磁性测量仪器在测量井眼的方向时,感应的是井眼的大地磁场,因而测量仪器必须是一个无磁环境。然而在钻井过程中,钻具往往具有磁性,具有磁场,影响磁性测量仪器,不能得到正确的井眼轨迹测量信息数据,利用无磁钻铤可实施无磁环境,并且具有钻井中钻铤的特性。

二、工作原理

无磁钻铤工作原理如图3-4所示。

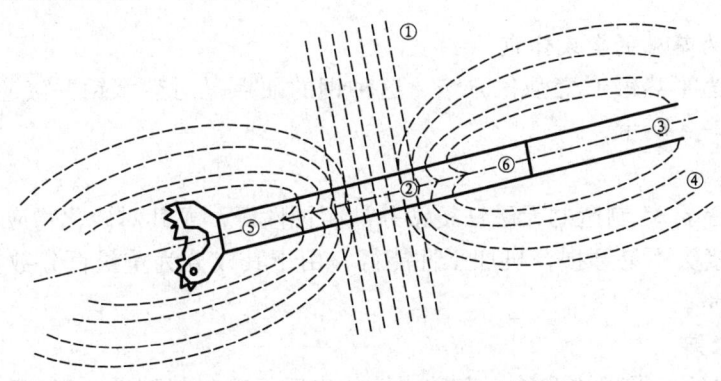

图3-4 无磁钻铤的作用原理示意图
①地磁场线;②磁性测量仪;③钢钻铤;④干扰磁场线;⑤钻头接头;⑥无磁钻铤

无磁钻铤上下的干扰磁场线对测量仪器部位没有影响,因而无磁钻铤为磁性测量仪器创造了一个无磁环境,保证了磁性测量仪器测到的数据为真实大地磁场信息。

三、无磁钻铤材料

1. 蒙乃尔合金

(1) 化学成分及机械性能如表3-3所示。

(2) 蒙乃尔合金的特点:

蒙乃尔合金虽然具有不易腐蚀的优点,但是由于镍含量高而存在价格昂贵及易磨损的缺点:

表3-3 化学成分及机械性能

化学成分,wt%							机械性能				
碳	锰	镍	硅	铜	钛	铝	抗张强度 MPa	屈服强度 MPa	延伸率 %	布氏硬度	导磁率
0.15	0.8	66.7	0.06	27.8	0.6	3.1	1034.48	786.21~834.48	20	300	≤1.01

2. 铬—镍钢

这种钢约含18%的铬和镍（表3-4），易于塑性变形导致螺纹过早损坏，特别对需要上紧扭矩高的大钻铤更为不利。

表3-4 非磁性铁合金化学成分

合金名称	化学成分, wt%									
	碳	硅	硫	磷	氮	铬	镍	钼	锰	钛
铬镍合金	0.06	≤1	0.03	0.045	0.2	15～18	13～15	2.5～3	2	
铬镍锰合金	0.065	0.5	0.004	0.04	—	14～16	10～12	0.2	10～12	—
铬锰合金	≤0.07	0.65	0.003	0.03	0.2～0.3	11～14	2	≤1	18	
Nipponel 1280	0.01	—				18	34		0.8	2.0

3. 以铬和锰为基础的奥氏体钢

其制造方法为半热锻形变强化方法。这种钢的缺点是对盐水钻井液应力腐蚀很敏感。其化学成分如表3-4所示。

4. 铍铜合金

用铍铜巴氏合金25制造的无磁钻铤钻井液腐蚀性好，尤其对硫化物应力破坏抵抗性更好。磁化率低，接头不易磨损，机加工性能好，由于其成分为重量百分数铜占98%，铍占2%，所以价格很贵。

5. SMFI 无磁钢

SMFI NM 钻铤采用高抗腐蚀、高磁特性的优质无磁材料制造。SMFI NM DC 无磁材料化学成分如表3-5所示。

表3-5 SMFI 无磁材料化学成分

化学成分, %					
C	Si	Mn	Ni	Cr	Mo
≤0.06	≈0.5	17～19	≤2.50	≈12	≈1.15

6. 国产锰铬镍钢

这种钢含锰16.59%，含铬13.12%，含镍1.91%，相对导磁率μ_r小于1.01，化学成分如表3-6所示。

表3-6 铬锰镍合金钢化学成分

化学成分, %								
C	Mn	Si	S	P	Cr	Mo	Ni	N
0.049	16.59	0.66	0.0072	0.016	13.12	0.58	1.91	0.17

四、技术规格

无磁钻铤的技术规格如表 3-7 所示。

表 3-7 无磁钻铤技术规格

外径 mm	内径 mm	连接螺纹	质量，kg	
			长度 7620mm	长度 9144mm
120.65	57.15	NC35	531	662
120.65	57.15	NC38（$3^1/_2$IF）	531	662
127.00	71.44	NC38（$3^1/_2$IF）	606	755
152.40	57.15	NC44	939	1169
152.40	71.44	NC44	852	1061
158.75	57.15	NC44	1034	1245
158.75	71.44	NC46（4IF）	947	1178
165.1	71.44	NC46（4IF）	1130	1407
165.1	57.15	NC46（4IF）	1043	1298
174.45	71.44	NC50（$4^1/_2$IF）	1141	1421
177.8	71.44	NC50（$4^1/_2$IF）	1335	1663
177.8	71.44	NC50（$4^1/_2$IF）	1249	1554
184.15	71.44	NC50（$4^1/_2$IF）	1359	1690
196.85	71.44	NC56	1580	1967
203.20	71.44	$6^5/_8$REG	1701	2116
209.55	71.44	$6^5/_8$REG	1826	2265
228.60	71.44	NC61-90	2217	2760
241.30	76.20	$7^5/_8$REG	2468	3064

五、无磁钻铤长度的选择

目前使用的测量仪器，按照测量方位的原理可以分为两大类：一类是陀螺测量仪，以真方位为基准；另一类是磁性测量仪，以磁北方位为基准。陀螺测量仪由于不能经受振动，不能用于随钻测量，而仅仅用于套管内开窗和井下磁干扰特别严重时进行测量。目前广泛用于井底定向和随钻测量定向的是磁性测量仪。由于钻柱属于铁磁材料，对磁性测量仪器有很大干扰，所以在钻柱上要使用一定长度的无磁钻铤，为磁性测量仪创造一个无磁性干扰的测量环境。

除了无磁钻铤材料的选择外，一个重要问题是无磁钻铤长度的确定。无磁钻铤长度的确定取决于测量仪器受到的磁性干扰的大小。下面我们先进行定性分析。

1. 影响无磁钻铤长度的因素

1) "井铁"质量的影响

钻柱上所有铁磁物质都属于井铁。井铁质量越大、距离测量仪器越近,则对测量仪器的磁性干扰越大。如图3-5所示,两种钻具组合的无磁钻铤两端都有"井铁",但质量不一样。上端钻柱很长,井铁质量很大,两种组合基本上相同。但下端井铁质量差别较大,有动力钻具的组合,对井斜方位测量的干扰更大一些,需要的无磁钻铤长度更长一些。

2) 井斜角的影响

井铁对井斜方位角测量的影响随着井斜角的增大而增大。所以井斜角越大,需要的无磁钻铤长度越长。

3) 井斜方位角的影响

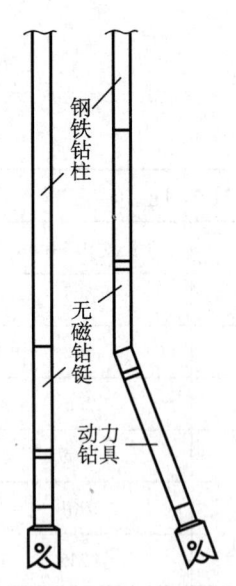

图3-5 井铁与无磁钻铤

井铁对井斜方位角测量的影响在不同井斜方位角下是不同的。井斜方位越靠近南北方向,井铁的影响越小;井斜方位越靠近东西方向,井铁的影响越大。

4) 地磁水平磁场强度的影响

在地球的不同纬度处,磁力线的方向不同,地磁水平磁场强度也不同。水平磁场强度越弱,井铁的影响相对就越强,就需要更长的无磁钻铤。地球上纬度越高,地磁水平磁场强度就越小,需要的无磁钻铤长度就越长。研究者把地球表面上的地磁水平磁场强度分成3个区,如图3-6所示。Ⅰ区水平磁场强度最大,需要的无磁钻铤长度最短;Ⅲ区水平磁场强度最小,需要的无磁钻铤长度最长;Ⅱ区处于两者之间。

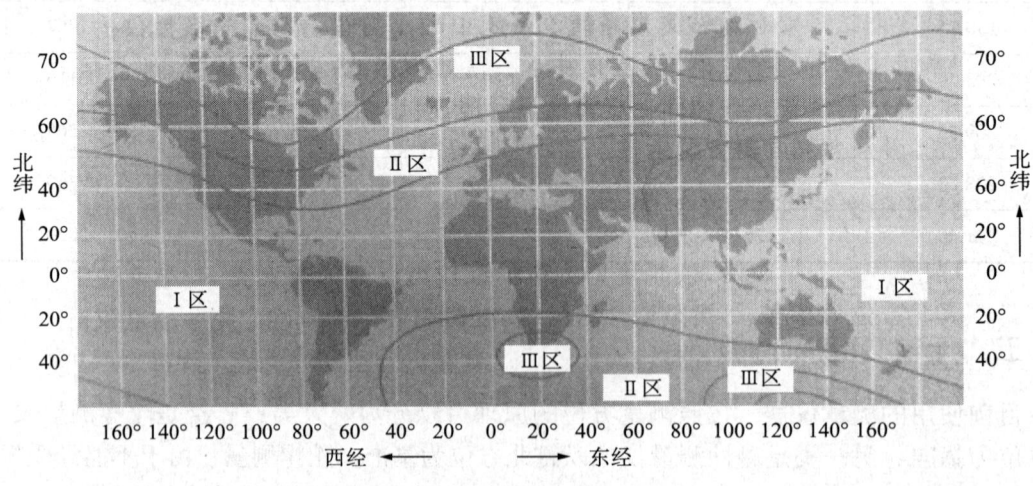

图3-6 地磁水平磁场强度分区

2. 查图法选择无磁钻铤长度

为了方便现场工作,研究者考虑将上述因素作成图表,现场技术人员可直接使用查图法选择无磁钻铤长度。查图的方法和步骤如下:

(1) 先根据井位在图3-6中确定地磁水平磁场强度的区。由图可见,我国都处在Ⅰ区。

（2）在图 3-7 中，选择使用区的图表。

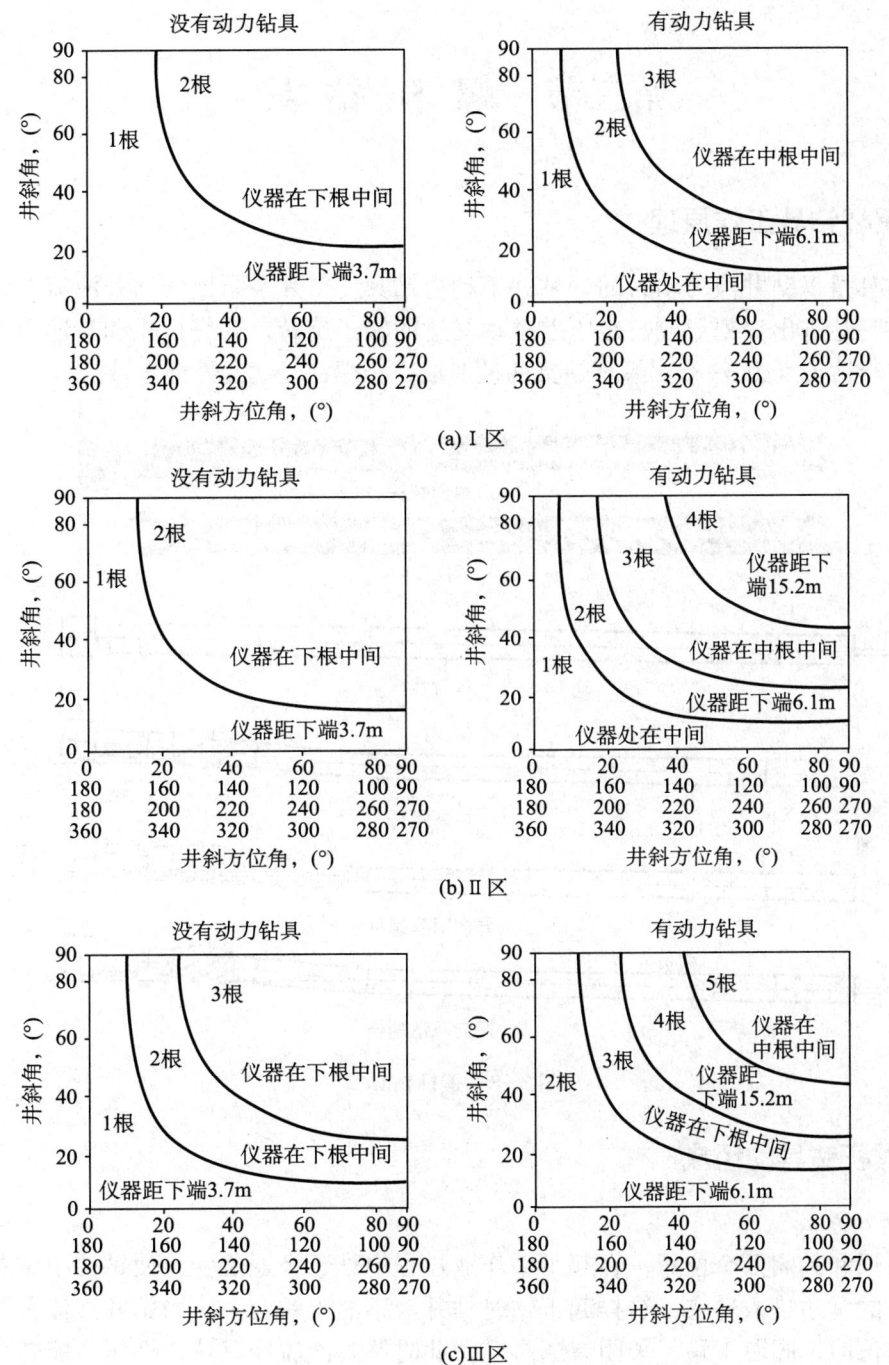

图 3-7 无磁钻铤选择

（3）在使用区图表中，根据是否有井底动力钻具选择图形。

（4）根据井斜角和井斜方位角的正交点，在图中确定无磁钻铤长度和测量仪器处在无磁钻铤长度中的位置。

无磁钻铤长度的选择，仪器应该处于无磁钻铤什么位置可参考行业标准 SY/T 5619—1999《定向井下部钻具组合设计方法》。

第三节 螺杆钻具

一、螺杆钻具工作原理

螺杆钻具是以钻井液为动力的一种井下动力钻具。钻井泵泵出的钻井液流经旁通阀进入马达，在马达进出口处形成一定压差推动马达的转子旋转，并将扭矩和转速通过万向轴和传动轴递给钻头（图 3-8）。螺杆钻具的性能取决于螺杆马达的性能参数。

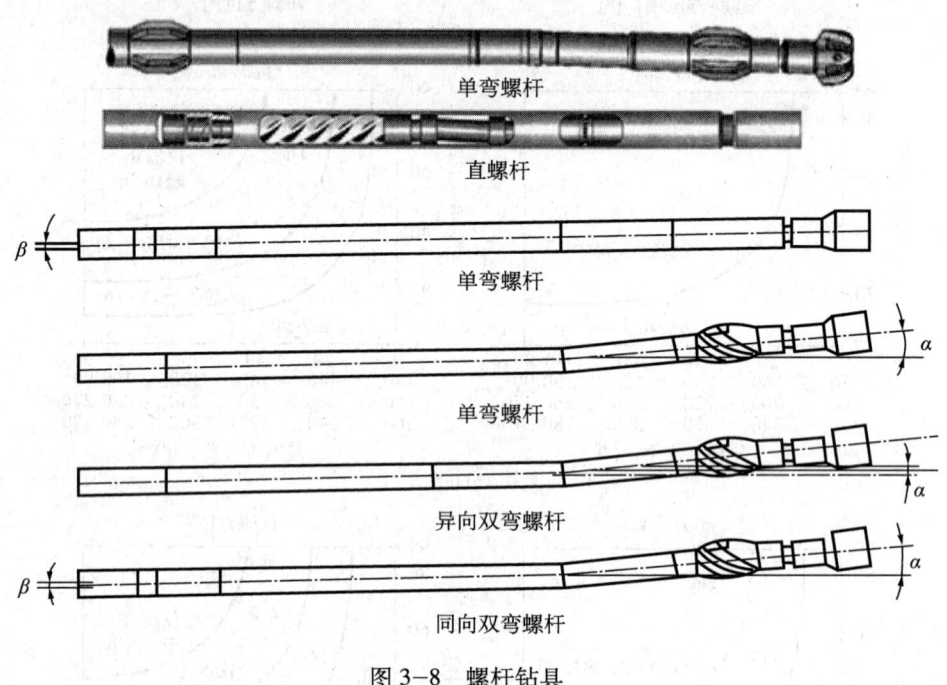

图 3-8 螺杆钻具

二、螺杆钻具的组成

1. 旁通阀总成

它有旁通和关闭两个位置，在起下钻作业过程中处于旁通位置，使钻柱中钻井液循环绕过不工作的马达进入环空，这样起下钻时钻井液不溢于钻台上。当钻井液流量和压力达到标准设定值时，阀芯下移，关闭旁通阀孔，此时钻井液流经马达，把压力能转变成机械能。当钻井液流量值过小或停泵时，所产生的压力不足以克服弹簧力和静摩擦力时，弹簧把阀芯顶起，旁通阀孔又处于开启位置（图 3-9）。

2. 马达总成

它由定子和转子组成。定子是在钢管内壁上压注橡胶衬套而成。橡胶内孔是具有一定几何参数的螺旋。转子是一根有镀铬硬层的螺杆（图 3-10）。

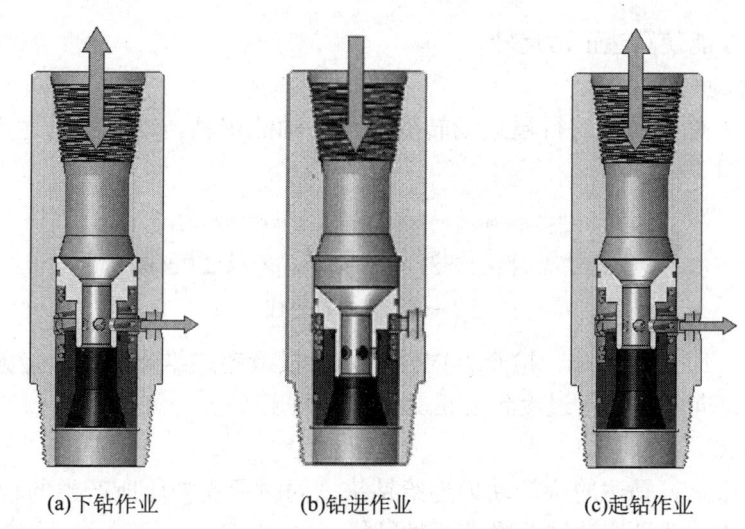

(a)下钻作业　　　(b)钻进作业　　　(c)起钻作业

图 3-9　旁通阀总成示意图

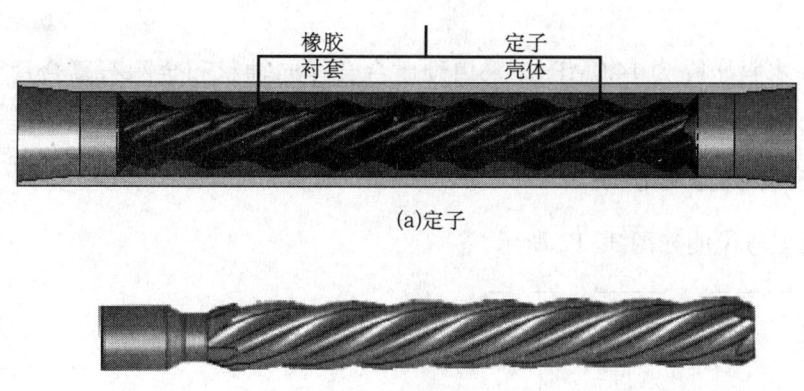

(a)定子

(a)转子

图 3-10　马达总成示意图

转子与定子相互啮合，是用两者的导程差而形成的螺旋密封线，同时形成密封腔。随着转子在定子中的转动，密封腔沿着轴向移动，不断地生成与消失，完成其能量转换，这就是螺杆马达的基本工作原理。

马达转子的螺旋线有单头和多头之分（定子的螺旋线头数比转子多1）。转子的头数越少，转速越高，扭矩越小；头数越多，转速越低，扭矩越大。

马达定子一个导程组成一个密封腔，也称为一级。如果每级额定工作压降为0.8MPa，最大压降为额定工作压力的1.3倍，则四级马达额定压降应为3.2MPa，最大压降为4.2MPa。压降超过此值马达就会发生泄漏，转数很快下降，严重时会完全停止转动，甚至造成马达损坏，使用应特别注意。

马达的输出扭矩与马达的压降成正比，输出转速与输入钻井液量成正比，随着负载的增加，钻具的转速有所降低，因此在地面只要根据压力表控制压力，根据流量计控制泵的流量，就可以控制井下钻具的扭矩和转速。每种规格的马达都有其推荐的最大和最小流量值。如果流量过大，转子会超速运转，定子和转子会出现提前损坏，如果流量过小，马达将停止运转。因此在选择转子喷嘴尺寸时，应确保马达密封腔流量始终保持或高于最小推荐流量值，这样才能使马达正常运转。

3. 万向轴总成

万向轴的作用是将马达的行星运动转变为传动轴的定轴转动，将马达产生的扭矩及转速传递给钻头（图 3-11）。

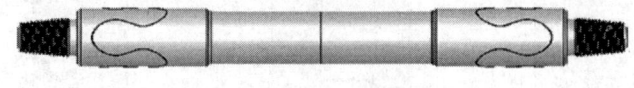

图 3-11 万向轴总成

钻具使用后，应立即拆卸，检查万向轴，如磨损量超过维修标准，应及时更换有关易损件，否则会因万向轴的使用过度致使钻具无法正常工作。

4. 传动轴总成

传动轴的作用是将马达的旋转动力递给钻头，同时承受外压所产生的轴向和径向负荷。例如渤海公司制造的钻具传动轴总成有两种结构：

（1）钻头水眼压降为 7.0MPa，采用硬质合金径向轴承和中间有一组推力轴承的传动轴总成。

（2）钻头水眼压降为 14.0MPa，采用硬质合金径向轴承和金刚石复合片（PDC）的平面止推轴承，其寿命更长、承载能力更高。

三、螺杆钻具型号说明

螺杆钻具型号说明如图 3-12 所示。

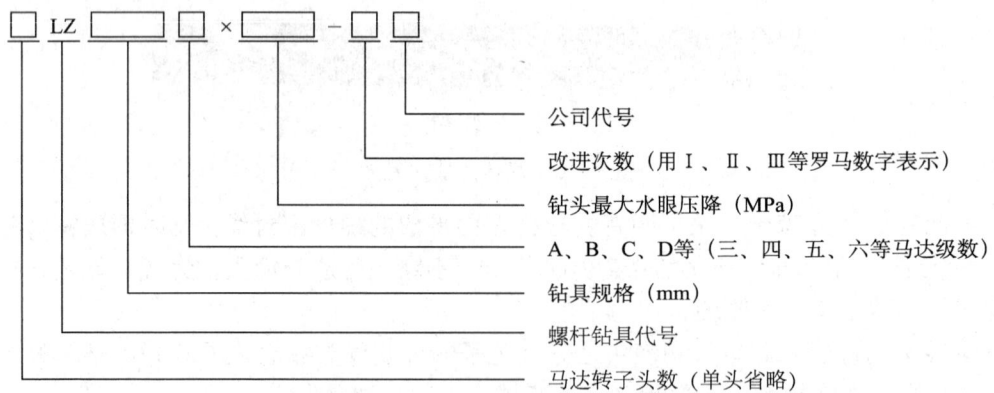

图 3-12 螺杆钻具型号说明

例：5LZ165×7.0BH

表示为转子头数与定子头数比为 5：6 的、外径为 ϕ165mm 螺杆钻具，钻头水眼压降为 7.0MPa。

四、可调弯壳体螺杆

目前的可调弯壳体可调角度范围有 0°～2°、0°～3°、0°～4°。

调节度数的时候需要选装定位套，让两端度数对齐来，就是显示的目前状态螺杆弯度，如图示中的 0 度和 1.5 度。可调弯螺杆如图 3-13 所示。

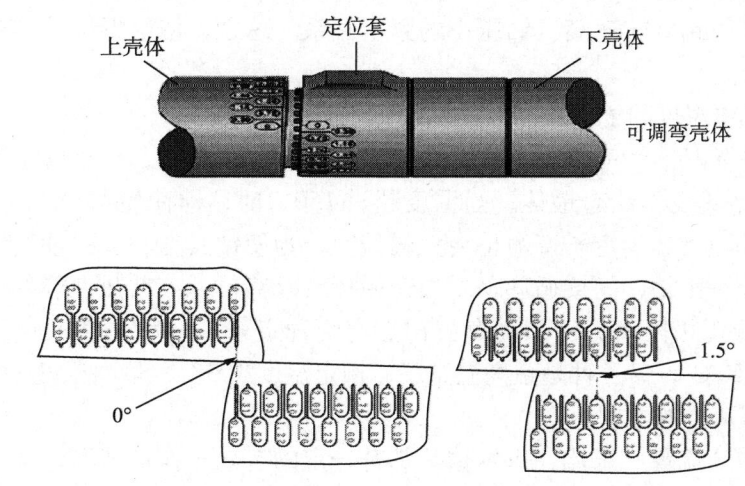

图 3-13 可调弯螺杆

五、螺杆钻具使用注意事项

（1）井场钻井技术人员和司钻必须了解钻具的结构原理和使用参数。按使用手册的要求合理使用钻具。

（2）根据整个井眼的钻井作业计划，由钻井工程师根据任务结合地层结构、井眼直径、深度及机械转速选定所用钻头与钻具组合。现场施工必须严格按制定的钻井作业计划执行。

（3）对钻井液的要求：

螺杆钻具的马达为容积式，决定钻具性能的因素是马达的输入流量和作用于两端的压力降，而不是钻井液的类型。钻井液的物理化学性能除个别有损钻具寿命外，一般不影响钻具性能，应注意考虑钻井工艺的需要。但钻井液所含的各种硬颗粒必须予以限制，因为它会加速轴承、马达的磨损而降低钻具的使用寿命，建议固相含沙量不超过1%（事实证明：若含沙量达到5%，钻具寿命会降低50%）。同时注意钻井液中不要混有各种气体，因为混有气体的钻井液在钻具中压力的变化下容易产生"气蚀作用"，加速钻具的损坏，尤其是定子橡胶更容易受到气蚀，必须予以足够的重视。

（4）钻头的要求：

①在钻头水眼设计中，除了钻头水眼造成的压降外，要使钻井液流经钻头底部时别再形成其他较大的压力损失，尤其是钻头水眼压降已达到该型号钻具规定的压降时更应注意。这对牙轮钻头不必担心，但是PDC钻头冠部液体通道的设计，就必须考虑通道过流面积是否可造成额外的压力损失问题，同时并能保证岩屑及时排出及钻头冷却所需压力。

②牙轮钻头：这类钻头在螺杆钻具配合使用时，更适用于钻井周期不长的作业，如：定向造斜、侧钻等。

③PDC钻头不仅适用于预定向造斜，更适用于定向造斜，还适用于钻井周期较长的作业，如打直井等。在较长周期的钻井作业中，最重要的因素就是钻头与钻具作为一个整体，不要由于其中哪一部分出了问题，而造成不必要的起下钻。

④提高钻具和钻头的使用寿命，也是一个重要因素。改善传动轴的稳定性，例如加稳

定器，对提高钻具寿命发挥钻头性能是有帮助的。考虑钻头金刚石的几何尺寸、布置方位、钻压负荷与要求井下钻具转速高、钻压小的紧密关系。总之，使用螺杆钻具要对所匹配的钻头进行认真选择。

（5）对井底环境温度的要求：

温度过高对钻具马达性能十分不利，会使所有不利因素加剧。使用油基钻井液，井底温度低于95℃，钻具工作状态最佳。当温度超过150℃时，即使使用最佳的油基钻井液，甚至使用水基钻井液，钻具定子寿命也会大幅缩短。为使钻具在较高的油基钻井液下正常工作，可以采用分段下钻，间接循环，以加速循环或改善钻井液散热性能的办法，保证实际定子工作温度低于极限值。例如渤海公司生产两种定子：一种是普通定子，额定温度95℃，最高温度120℃；另一种是耐高温定子，额定温度105℃，最高温度150℃。

（6）对钻井液流量的要求：

螺杆转速与钻具流量成正比。每种钻具都有一定的有效工作量范围，建议按推荐参数进行选择，否则会降低钻具的工作效率和使用寿命。

（7）钻井液压力与钻压的特点：

钻具进行空运转时，若保持钻井液流量不变，钻具与钻头压降为一个常数，该值随钻压逐步增加，钻井液循环压力逐渐上升，该压力的增量与钻压或钻进所需扭矩的增量成正比，当达到最大推荐值时，产生最佳扭矩。继续增加钻压，当循环钻井液在马达两端产生的压降超过最大设计值时，钻具将发生泄漏，正常工作时，表压随钻压增减而升降。如果泵压突然增加几兆帕，继续增加钻压，泵压不再增加，这说明钻具发生了泄漏，此时钻具定子与转子间密封破坏，钻井液通过破坏的马达密封腔从钻头水眼中流出。当因故障卡钻时，钻井液在钻具制动情况下，仍可以继续循环流过钻具。一旦钻具发生制动，应迅速将钻具提离井底降低钻压，因为钻井液长时间流过不转的马达会使螺杆钻具严重损坏。

另外，要使钻具获得最佳工作效率，应将钻具两端的压差控制在推荐参数范围内。

（8）螺杆钻具在钻井中对应的转盘速度：

转盘以高于80r/min的速度使马达旋转会损伤定子的合成橡胶。高转盘速度可以使转子和传动机构产生离心力增大，引起定子、传动机构、径向轴承和内连接螺纹磨损增大。转盘速度与弯外壳角度的关系如表3-8所示。

表3-8 转盘速度与弯外壳角度的关系

弯外壳角度，(°)	转盘速度，r/min	弯外壳角度，(°)	转盘速度，r/min
0	80	1.50	40
0.25	70	1.75	NR①
0.50	70	2.00	NR
0.75	60	2.25	NR
1.00	50	2.50	NR
1.25	40	3.00	NR

①弯外壳角度超过1.50°，不推荐开动转盘复向钻进。

六、螺杆钻具的使用方法

在选择钻具及其组合方案时，应制定钻井作业计划，充分考虑井眼轨迹、钻头类型、规格、地层结构和水力计算等细节。

（1）钻具下井前的检查：

①首先要检查单（双）弯方向，找出弯曲方向记号，检查弯曲方向和键所在的方向是否一致；

②检查动力钻具的度数和编号；

③测量动力钻具扶正块的外径、本体外径和间隙（图3-14）；

④测量动力钻具的长度及扣型。

（2）用钻头装卸器把钻头装上，只许用链钳转动钻具传动轴头，而且只能逆时针旋转，以防止内部螺纹松扣。

（3）吊起提升短节，把钻具放入转盘中，把旁通阀置于转盘中易于观察的位置。用卡瓦把钻具卡牢，卸去提升短节。

（4）检查旁通阀：用锤柄或木棒向下压旁通阀芯，从上部向旁通阀注满水，此时旁通阀不漏，水面无明显下降，然后挪走木棒，阀芯应由复位弹簧复位，所注水应从侧面各孔均匀流出，即可认为正常。

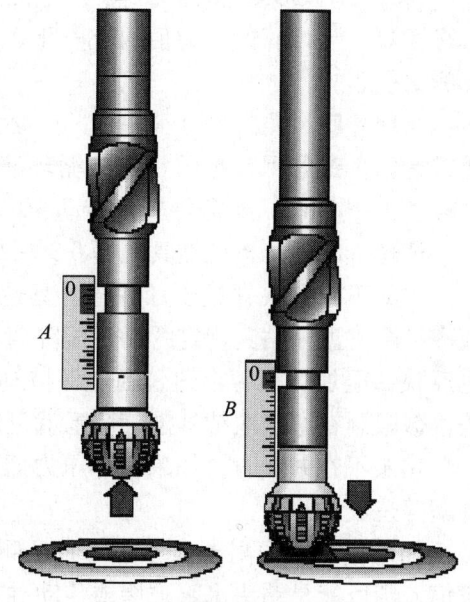

间隙=A-B

图3-14 测量马达间隙示意图

（5）接方钻杆并下放，使旁通阀位于钻杆下方便于观察的地方，开动钻井泵，逐渐提高排量直到旁通阀关闭。上提钻具，看钻头是否转动，此时旁通阀处于"关闭"位置。

不应有钻井液从旁通孔流出，检查的目的仅是看钻头是否旋转，不必持续很长时间，操作过程中应避免钻头与井口防喷器、井口管线接触碰撞。停泵后注意观察旁通阀是否再次打开，使钻井液从旁通阀排出。泵未完全停止之前，不要指导旁通阀提到转盘以上，防止污染钻台。

（6）卸下方钻杆，按设计的钻具组合，分别把弯接头、无磁钻铤、稳定器等接好。将弯接头拧入旁通阀之前，如果用斜口管鞋座造斜，应检查造斜键，保证斜口管鞋座处于正常的工作位置，并保证与接头的弯向刻线对准。

在所有钻具组合及钻杆连接过程中，注意防止黏扣错扣。为防止操作中移扣，建议装卸过程中应牢记：钻头接头相对于壳体的旋向为俯视反时针方向。违反此项规定，如反向转动转盘或用转盘旋紧马达以上的扣等，就会造成钻具内部零件的松扣或脱扣。

（7）把钻具及其组合下到井眼里。

尽管钻具本身外形简单，且有足够的刚性，司钻下放钻具时，仍需控制下放速度，否则易被井眼中的砂桥、井眼台肩、套管鞋所损坏。遇有这样的井段，往往需开动钻井泵，慢慢地扩大井眼再通过。

如果用弯接头或弯壳体，钻头侧面就更容易碰上井壁的硬岩层和套管鞋等，因此要周期性地转动钻具组合，以消除侧钻的影响。

对于深井和高温井，下放钻具时建议周期性地进行中途循环，这样可以防止钻头堵塞，或因高温造成钻具定子损坏。

在井内，钻井液若不能迅速通过旁通阀阀口流进钻柱中，应减慢下井速度，或不时停下来灌钻井液，下钻时，注意不可顿钻或将钻具直接放进井底。

(8) 开动钻具：如果钻具处于井底，必须提起 0.3～0.6m，开动钻井泵时记下立杆压力表读数，与计算的压力值对比一下，如果超过水力计算的压力数值也是正常的，这是钻头侧钻引起的。

清理井底，尤其是打斜井，井底必须足够"干净"，因为井底堆积或沉淀的岩屑影响转速或造斜。最好用正常的钻井液循环清理，清理时也可慢慢转动钻具或钻具分次转动，每次转动 1～3min，每分钟转盘转动 30～40 转。依次地把堆在井底的物体清理干净。

清理干净后，再把钻具上提 0.3～0.6m，校对压力值，记录下来。

重新下入井底并逐步加井压，马达扭矩增加，立杆压力表压值升高，这个升高的压力值应符合各型号钻具规定的马达压降值，此压力表增大的数值反映了马达的负载是否正常，也反映钻压加的是否合适。因此保持马达转矩基本稳定，钻压基本稳定，只要把立杆压力表读数限制在所选取钻具推荐范围就可以了，它能使司钻及时了解钻具工作情况。

钻头不在井底时，如果循环压力低于计算值，可能是旁通阀处于"开位"或钻杆损坏，井漏等造成的。

如果循环压力高于计算值，而且侧钻造成压力升高的因素已排除，循环压力仍高于计算值，则可能是钻头水眼被堵或传动轴被卡死，此时循环压力要比计算压力高得多。

(9) 起钻。

钻具起钻过程是常规操作。起钻时，旁通阀处于开位，允许钻柱中的钻井液泻入环空。但是钻具本身不能排除钻井液，通常在起钻前在钻柱上部注入一段加重钻井液以利于顺利排出。

(10) 在钻具提出到旁通阀位置后，卸下旁通阀口上各部件，先用清水从旁通阀顶部进行冲洗，然后使用木棒或锤柄等将阀心按下、松开使其移动无阻。清洗完毕，拧上提升短节，提出钻具。

(11) 装好钻头装卸器，卡牢钻具外壳，反转钻头（俯视反旋）将马达中残存的钻井液从旁通阀排出，卸下钻头。

(12) 卸下钻具，从传动轴孔中冲洗钻头，将传动轴水帽及轴承清洗干净，然后平放钻具，正常维护保养待用。如暂停使用或长时间搁置不用，建议向钻具内注入少量矿物油防锈（注：不允许加入柴油）。

七、故障分析

钻井液循环压力变化反映在立管压力表上，它可以帮助现场人员辨别井底发生的情况和问题，事实证明：正确的判断可以节省大量起下钻所耗费的时间和成本。综合考虑钻具使用过程中的各种因素，将故障原因分析、判断及处理方法归纳入表 3-9。

表 3-9 故障分析

异常现象	可能原因	判断及处理方法
压力表压力突然升高	送钻不均匀、钻具施压等原因造成螺杆钻具阻力过大	把钻具上升 0.3～0.6m，核对循环压力，逐步加钻压，压力表随之逐步升高，均正常，可确认是阻力过大
	马达传动轴卡死，钻头水眼被堵	把钻头提离井底，压力表读数仍很高，只能取出钻具检查或更换钻头
压力表慢慢地增高（不指随钻井深度增加而增大的正常压降）	钻头水眼被堵	把钻具提离井底，再检查压力，如果压力仍然高于正常循环压力，可以试着改善循环流量或上下移动钻杆，如无效取出修理、更换
压力表压力缓慢降低	循环压力损失变化	检查钻井液流量
	钻杆损坏	稍提钻具，压力表读数仍低于循环压力，提出井眼检查
没进尺	地层变化	适当改变钻压和循环流量（注意必须在允许范围内）
	马达阻力过大	压力表读数偏高，钻具提离井底，检查循环压力，从小钻压开始，逐步增大钻压
	旁通阀处于"开位"	压力表读数偏低，稍提起钻具，起停钻井泵两次仍无效，则需要提出井眼，更换
	万向轴损坏	常伴有压力波动，稍提起钻具，压力波动范围小些，只能取出钻具，检查更换
	钻头损坏	更换新钻头

八、螺杆优选

1. 直螺杆

实践证明：填井侧钻，不让混原油的井，深部降斜或扭方位，五段制定向井深部降井斜或扭方位及直井段打斜反扣都要用直螺杆加牙轮钻头。

2. 1°单弯单扶和双扶螺杆

1°单弯单扶和 1°单弯双扶螺杆应用效果很理想，一般情况下，均用 1°单弯双扶定向或钻进稳斜段。对深部、大井斜定向井，采用 1°单扶单弯加 PDC 钻头，定向至 15°以上即可启动转盘。在启动转盘复合钻进时，增斜率（3°～8°）/100m。

3. 1.25°或 1.5°单弯螺杆

用 1.25°单弯双扶螺杆定向或 1.25°单弯单扶自然造斜，造斜率都很高，能满足快速增斜的需要。但是，由于 1.25°或 1.5°单弯螺杆弯度大，钻头偏移量大，复合钻进时螺杆心子受变应力大，很易断心子。为减少螺杆心子断裂，尽量避免使用 1.25°或单弯螺杆。

第四节 中空螺杆钻具

一、中空螺杆钻具结构

中空螺杆钻具结构如图3-15所示。其工作原理是中空转子螺杆钻具上接钻柱，下接钻头。启动钻井泵并达到一定排量，高压钻井液流经旁通阀，推动阀芯向下运动，压缩弹簧，关闭旁通孔。小部分钻井液进入分流孔，其余流入马达，中空转子与定子形成的共轭密封腔沿轴向连续下移，钻井液循序向下推进。高压钻井液由马达入口向出口移动中，消耗自身水功率对中空转子做功，钻井液压力能转换为中空转子旋转机械能。万向轴将中空转子平面行星运动转换为旋转运动，并将中空转子的转矩和转速传递给传动轴。传动轴再传递给钻头，实现破岩钻进。

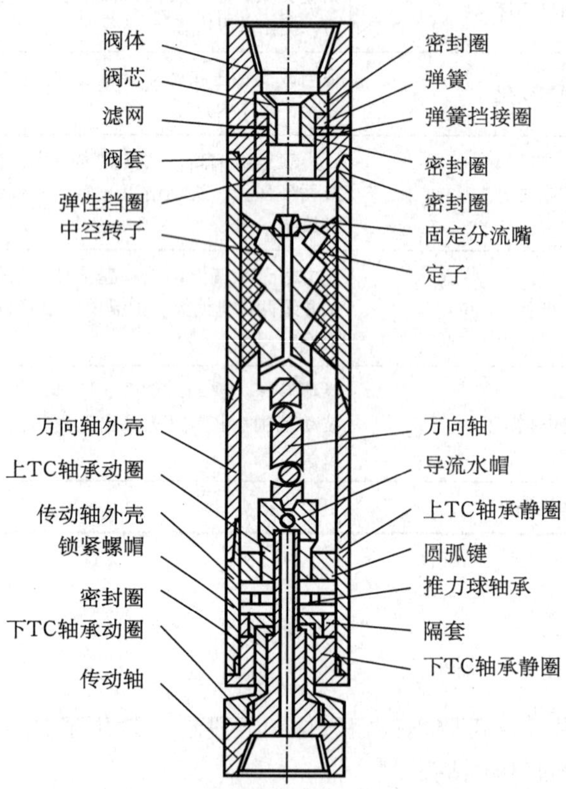

为了增加钻头的水马力和钻井液的上返速度，将转子加工成为带喷嘴的中空转子。

此马达的总流量应等于流经马达密封腔流量和流经转子喷嘴流量的总和，每种规格的马达都有其推荐的最大和最小流量值。如果流量过大，转子会超速运转，定子和转子会出现提前损坏，如果流量过小，马达将停止转动。因此在选择转子喷嘴尺寸时，应确保马达密封腔流量始终保持或高于最小推荐流量值，这样才能使马达正常运转。

在钻井液密度、喷嘴尺寸和马达流量为定量时，流经转子喷嘴的流量和流经马达密封腔的流量总是随负载变化而变化的。钻头离开井底，马达负载近似为零，此时流经转子喷嘴流量最小，而流经马达密封腔的流量最大。钻头钻进，使马达压差不断增加，使流经转子喷嘴流量增加，而此时流经马达密封腔流量减少。

图3-15 中空螺杆钻具结构示意图

中空喷嘴直径按下式进行计算：

$$d = \sqrt[4]{\frac{898\rho Q_z^2}{\Delta p}} \quad (\text{mm}) \tag{3-2}$$

$$\Delta p = \Delta p_{st} + \Delta p_{op}$$

$$Q_\mathrm{m} = \frac{n \cdot q}{\eta_\mathrm{v} \cdot 60}$$

$$Q_\mathrm{z} = Q - Q_\mathrm{m}$$

式中　Q_z——转子喷嘴的流量，L/s；

　　　Δp——马达压降，MPa；

　　　ρ——钻井液密度，kg/L；

　　　Q——中空转子马达的总流量，L/s；

　　　Q_m——马达密封腔流量，L/s；

　　　η_v——容积效率，小数（取 0.90）；

　　　Δp_st——马达启动压降，MPa；

　　　Δp_op——马达工作压降，MPa；

　　　n——马达转速，r/min；

　　　q——中空转子马达的每转排量，L/r。

二、实例

1. 在塔木察格地区钻井应用

针对塔木察格地区存在的钻井速度低、钻井周期较长、钻头先期失效等技术难题，经多方调研分析后，优选出 5LZ172、7LZ172 中空螺杆复合钻进工具，通过现场实践应用取得了良好的使用效果，不仅能有效提高全井平均机械钻速，还可延长螺杆和钻头使用时间，降低了钻井成本，提高了经济效益。

塔木察格盆地位于蒙古国东方省东南部，属于中生代沉积盆地。该地区蕴含着丰富的油气资源，其主要富集在南屯组以下的铜钵庙组和布达特组地层。地层古老各向异性较强，中下部地层可钻性差，造成该区块平均机械钻速低、钻井周期较长、钻头先期失效、经济效益较差等钻井难题。为提高机械钻速、钻头使用寿命，我们从优化螺杆钻具入手，经多方调研和分析发现，目前的复合钻进工具普通单弯双扶螺杆（5 头 0.75°）在现有技术条件下，很难满足二开上部、中部地层及 PDC 钻头钻进所需的高转速、高泵压、大排量的施工要求。根据现场快速钻进施工需要，我们对动力钻具进行了优选，优选出 5LZ172 中空螺杆。这种钻具是在马达转子的中心钻有通孔用于分流，从而可在不增大马达转速的同时增大了螺杆钻具的总排量，满足了现场大排量施工的工艺要求，通过现场实践应用取得了良好的使用效果，不仅能有效提高全井平均机械钻速，还可延长螺杆和钻头使用时间，降低了钻井成本，提高了经济效益。

1）塔木察格地区地质概况

塔木察格地区地层岩性一般为上软下硬。钻进至南屯组以后，地层岩石可钻性差、研磨性强、硬度高。地层可钻性级值为 1～10 级；铜钵庙组地层可钻性级值为 6～10 级，其中砾石层可钻性级值高达 10 级，兴安岭和布达特群地层可钻性级值为 7～9 级。对于该区块深部井段，在高温高压的作用下，岩石可钻性变差。一些泥岩、泥质砂岩也由常压下的脆性向塑性或弹塑性转化，破碎这种地层特别困难。在纵向上砂泥岩互层且存在砾石层，钻进困难且跳钻严重，影响钻头和钻具使用寿命。

塔木察格盆地获得油流或者见到油气显示的井绝大多数都是在铜钵庙组，由于本区块地层二开存在长井段的井壁坍塌，造成超长井段划眼、卡钻及处理困难，钻具易疲劳失效断钻具，造成钻时极慢、井斜控制困难、严重跳钻、频繁的钻具失效等复杂情况，严重影响着钻井周期，钻探技术面临瓶颈无法突破，制约了油田的开发，加大了钻探成本投入。塔木察格地质分层如表3-10所示。

表3-10 地层及岩性描述

地质分层				深度 m	厚度 m	主 要 岩 性 描 述
系	群	组	段			
第四系	贝尔湖群			20.00	20.00	地表为灰黑色腐殖土，其下为灰色砂砾层和灰色黏土层
新近—古近系				70.00	50.00	主要为绿灰色泥岩、粉砂质泥岩与杂色砂砾岩呈不等厚互层
白垩系	扎赉诺尔群	青元岗组		370.00	300.00	中上部为紫红色泥岩与灰色泥质粉砂岩、粉砂岩呈不等厚互层，下部为灰色泥岩与杂色砂砾岩呈不等厚互层
		伊敏组	二三段	2071.00	1701.00	主要为灰色泥岩、粉砂质泥岩与粉砂岩呈不等厚互层，夹黑色煤层
			一段			
		大磨拐河组	二段	2537.00	466.00	主要为深灰、黑灰色泥岩及灰色粉砂岩、泥质粉砂岩呈不等厚互层
			一段			
		南屯组	二段	3085.00	548.00	上部岩性主要为灰色、浅灰色泥岩夹粉砂岩、砂岩和砾岩
			一段			
侏罗系		铜钵庙组		3183.00	98.00	由下部的砂砾岩段和上部的页岩段组成
		兴安岭群				岩性主要为一套杂色含凝灰质砂砾岩、蚀变火山岩、蚀变和轻变质的砂泥岩和似砂状结构火山碎屑岩
		布达特群（基底）		3400.00	217.00	

铜钵庙组分布广泛，各井均有显示。岩性下部为一套灰色含凝灰质砂岩、砂砾岩与绿灰色凝灰质含砾泥岩，灰色凝灰质泥岩，杂色块状角砾岩、砾岩及火山岩呈不等厚互层；中部为较深湖相沉积，岩性为棕灰—深灰色泥、页岩夹灰白、灰色粉砂岩；上部为浅湖相沉积，岩性为灰白、灰色块状砂砾岩、凝灰质砂岩、粉砂岩夹灰、深灰色泥岩、页岩。

2）中空螺杆工具在各地层的使用

(1) 上部地层使用。

上部地层分为青元岗组、依敏组、大磨拐河组。岩性以大段泥岩为主，夹层多，软硬交错频繁。成岩性较差，水敏性强，极易吸水膨胀和缩径。

最优钻进思路：采用高转速、高泵压、大排量施工参数。

采用普通螺杆复合钻进虽能达到高泵压施工，但不是排量受限就是钻头转速受限，因此我们尝试用中空螺杆钻具复合钻进。

钻具结构：MWH461-4+0.75°中空单弯双扶螺杆+7in钻铤；

钻进方式：转盘钻进方式；

钻井参数：钻压30～60kN，转速110r/min，排量45～50L/s，泵压17～18MPa；

钻进技术指标：平均机械钻速31m/h。

优点分析：二开上部地层，采用中空螺杆复合钻进方式施工，不仅能最大限度强化施工参数（即采用高转速、高泵压、大排量、适中钻压），而且与普通螺杆相比，有以下优点：

(1) 通过提高环空返速，提高冲刷和清洁井壁的能力，解决了起下钻困难问题；

(2) 可提高钻头水马力，能有效解决上部地层大段泥岩钻头泥包问题，提高了机械钻速；从现场多口井中空螺杆使用情况看，通常上部地层采用中空螺杆施工机械钻速能提高27%左右。

(2) 下部地层使用。

地质分层和岩性特征：地层分为南屯组、铜钵庙组、兴安岭和布达特组。地层岩性主要由黑色泥岩、凝灰质砂砾岩、蚀变和轻变质的砂泥岩和似砂状结构火山碎屑岩组成，岩性致密，地层硬度高，研磨性强，无法使用PDC钻头。

若采用普通螺杆钻具钻进方式，由于受螺杆马达水眼流量限制，排量大将造成施工泵压过高，影响螺杆钻具使用寿命。另外由于螺杆钻具额定转速高达170r/min，再加上转盘转速67r/min，复合转速达237r/min。高转速影响了牙轮钻头使用寿命。

最优钻进思路：采用高效牙轮钻头+0.75°双扶单弯螺杆钻具复合钻进。施工中利用中空螺杆钻具的特性，通过最优排量优选螺杆钻具转速，使之与牙轮钻头额定转速相匹配，延长高效钻头使用寿命和提高其使用效率，达到提高下部地层机械钻速目的。

钻具结构：高效牙轮钻头+0.75°中空单弯双扶螺杆钻具+7in钻铤；

钻进方式：复合钻进；

钻井参数：钻压100～140kN，转速67r/min，排量30L/s，泵压15～16MPa；

钻进技术指标：钻头钻速217r/min（150+67），平均机械钻速3.0～3.2m/h，钻进用主要钻头为HJT537GL牙轮钻头，平均使用寿命80～110h，钻头压降可增加1.5MPa。

优点分析：下部地层，采用中空螺杆钻具复合钻进方式施工，能在最大限度优化施工参数（即采用大排量、尽可能低的转速、适中泵压和钻压）的基础上，达到下部地层施工机械钻速最大化。从现场多口井中空螺杆钻具使用情况看，通常下部地层采用中空螺杆钻具施工，机械钻速和使用普通螺杆钻具相比最大能提高29%左右。地层施工主力钻头平均使用寿命最长能延长将近一半的时间。

2. 中空螺杆使用成功实例

(1) 塔21-66井在上部地层241.42～1067.56m井段我们采用了武汉地质大学M-WH461P-4 8½in4刀翼PDC钻头+中空螺杆，更换大直径水眼，开双泵大排量60L/s、高泵压（15MPa以上）、高转速80r/min+DN、低钻压2～5t复合钻进，机械钻速达到了53.65m/h，进尺826.14m，顺利钻穿伊敏组、大磨拐河组，解决了上部地层钻头泥包和易缩径问题。

(2) 塔19-123井在3027.13～3190.00m井段地层倾角较大，易缩径，严重制约了钻井参数的实施。使用江汉产 8½in MD537X 钻头 +5LZ172×7.0/0.75° 中空螺杆复合钻进，下钻到底后先开泵清洗了井底，磨合牙轮 30min 后采用 12～14t 钻压打钻直至完钻井深 3190m，进尺达到了 192.61m，纯钻时间 87.5h，平均机械钻速 2.53m/h，转盘转速 50r/min，立压 16.0MPa，排量 30L/s。

（3）塔 21-80 井在进入南屯组后钻遇 260m 砾石层，钻速变慢，采用江汉产 HJ517G 牙轮钻头 +5LZ172×7.0/0.75° 中空螺杆复合钻进，钻压 10～12t，转盘转速 50r/min，立压 12.5MPa，排量 32L/s，进尺达到 142.89m，纯钻时间 16h，机械钻速提高到了 8.93m/h。

（4）塔 21-25-1 井在进入铜钵庙组钻遇地层岩性主要为泥岩、凝灰质砂砾岩，钻时变慢，起钻下入江汉 HJT537GL 牙轮钻头 +5LZ172×7.0/0.75° 中空螺杆复合钻进，采用钻压 10～12t，转盘转速 50r/min，立压 15～16MPa，排量 35L/s 钻进，进尺达到 273.88m，纯钻时间 53h，机械转速 5.17m/h。

（5）塔 19-116 井进入基底后由于岩性主要为灰绿色凝灰岩及火山角砂砾岩，岩性致密坚硬制约了钻进时效。我们采用 HJ537G 钻头 +7LZ172×7.0/0.75° 中空螺杆复合钻进，从井深 2667.43m 处下钻入井，下钻到底先开泵清洗了井底，磨合牙轮 30min 后，采用 12～14t 钻压打钻，转盘转速 70r/min，立压 16.5MPa，排量 30L/s 直至完钻井深 2900m；复合钻纯钻时间 100.74h，机械钻速 2.31m/h，进尺达到了 232.57m。钻进中要求司钻送钻均匀，严防溜钻、顿钻，密切注意转盘扭矩变化和蹩跳现象。

三、使用中空螺杆钻具取得的显著效果

中空螺杆钻具在塔木察格区块应用过程中，充分发挥了其在上部可钻性较强地层高转速、大排量、高泵压和适中钻压的施工优势和深部地层增大排量、延长螺杆和牙轮钻头使用时间的优势，有效提高了全井平均机械钻速。2009 年 6 月始，区块 15 口井先后使用中空螺杆钻具施工，从现场施工情况看，相近井深、地层上部地层平均机械钻速较去年使用普通螺杆钻具提高 4～5m/h。深部地层螺杆使用时间由 30h 增至 65～70h，提高了牙轮钻头使用效率。平均机械钻速对比如表 3-11 所示。

表 3-11 使用中空螺杆钻具和普通螺杆钻具平均机械钻速对比表

时间	使用螺杆类型	井数口	平均井深 m	钻进层位	平均机械钻速 m/h
2008	普通螺杆	17	2700	青元岗、依敏组、大磨拐河组、南屯组	22
2009	中空螺杆	15	2700	青元岗、依敏组、大磨拐河组、南屯组	26

实践证明，中空螺杆钻具在塔木察格地区上部可钻性较好的地层使用，能有效提高上部地层机械钻速。在深部地层，中空螺杆钻具使用寿命要比普通螺杆钻具延长一倍多，中空螺杆钻具随着钻压的加大，转速逐渐降低的工作软特性，能有效延长牙轮钻头使用寿命。中空螺杆钻具排量的可调性，使其较普通螺杆钻具能更好地适应现场施工需要。

（1）中空螺杆钻具的应用能解决上部井眼的清洁问题，中空螺杆钻具排量大，转子可分流部分钻井液，在有效降低螺杆钻具压降的同时，大幅度提高钻头水马力。

（2）采用中空螺杆钻具，能最大限度地发挥钻井导向技术作用，同时增加钻井液排量，

有效地避免井眼形成岩屑床，防止钻井事故的发生。

（3）使用中空螺杆钻具，增加了上部复合钻进时的排量，保证上部水敏性强地层井壁稳定，同时使用低钻速、大功率螺杆，配合使用高转速钻头，比普通螺杆钻具使用寿命增加了35.5h。

（4）钻压增大使马达两端压降增大，转矩增大。但钻压增大，中空转子分流量增加，马达流量减少，转速显著降低。钻压增大至临界值，马达制动，中空转子、万向轴和传动轴承受最大制动力矩，严重损坏钻具。因此，钻井时施加钻压不能超过额定值。

（5）在进行复合钻进时，应严格控制转盘（顶驱）转速，如转速过快，会使马达和传动轴机构的离心力增大，使寿命缩短。螺杆外壳体的高速转动还容易造成壳体断裂。

第五节 稳 定 器

一、概述

稳定器用途最为广泛，不论是增斜、降斜，还是稳斜，都是不可缺少的工具之一。根据不同生产段的需要和水平井自身的特点，选用不同的稳定器形状及几何尺寸。综合考虑各种客观因素，确定稳定器在钻具组合中的最佳位置。

1. 稳定器的种类

按稳定器的结构可将稳定器分为以下几种类型：螺旋稳定器、直条稳定器、无磁稳定器、可换片稳定器、滚子稳定器、偏心稳定器、近钻头稳定器（双母稳定器）等。

2. 各种稳定器的特点

（1）直条稳定器有结构简单起钻较容易的特点，对井壁切削最严重，稳定效果不如螺旋稳定器好（图3-16）。

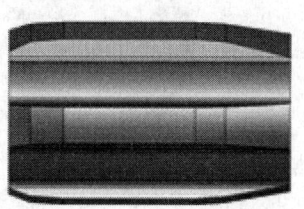

图3-16 直条稳定器

（2）螺旋稳定器稳定效果好，但起钻困难，易泥包。

（3）滚子稳定器扭矩最小，稳定效果好，方位不易右漂，但存在结构复杂、价格高、更换滚子困难等缺点。

（4）无磁稳定器用于无磁钻铤之间需要使用稳定器的情况下。

（5）近钻头稳定器（双母稳定器）直接接钻头，不需要配合接头，缩小了钻头到稳定器中点的距离。

3. 稳定器的用途及特点

井底钻具组合通过在不同部位接入稳定器，可以有效地改变钻具与井壁的触点，使得钻具成为增斜组合、稳斜组合、降斜组合等。稳定器与钻具组成不同钻具组合用以完成各井段的施工，其基本工作原理在水平井中同样得到了充分利用，水平井稳定器应具有如下几个方面的特点：

(1) 在大斜度或水平井段使用旋转方式钻进时必须具有更好的保径性能及耐磨性能。
(2) 在大斜度或水平段使用时，要有利于传递钻压、减少摩阻。
(3) 在钻具组合中能更好地起到单点支撑作用，有利于控制井身轨迹达到设计要求。
(4) 在各类地层中都有良好的扶正效果，并使井径扩大率控制到最小。
(5) 减少钻井液流动的环空阻力，保证井眼畅通，起下钻顺利。
(6) 在测量对磁性干扰有特殊要求的场合，稳定器应采用无磁材料。

二、水平井稳定器的结构

稳定器在水平井中的作用效果与其本身的形状和外形尺寸有密切关系。为了满足水平井钻井过程中控制增斜，稳斜或降斜等的需要，设计了短螺旋稳定器、球形稳定器，锥形稳定器、偏心稳定器和动力钻具稳定器。

1. PWZ 锥形稳定器

PWZ 型锥形稳定器主要用于近钻头的钻具扶正。设计扶正翼较短，取三棱螺旋状结构，螺旋槽在转动时能使钻井液以较小的阻力流过，有利于清洗井壁，扶正翼与本体间以 30°倒角过渡，螺旋条凸起表面及倒角背锥加密镶装硬质合金以增加其耐磨性。为在软地层中加强稳定效果并能有效地控制井径扩大率，螺旋体取圆锥外形增加了与井壁接触面积。

2. PWD 型短螺旋稳定器

PWD 型外螺旋稳定器为钻柱型稳定器，在钻具组合中通常加于 PWZ 之上，与一般螺旋稳定器相比，其主要特点是减少了扶正面积，可降低摩擦阻力，其他设计要求与 PWZ 基本相同（图 3-17）。

图 3-17　三瓣及五瓣螺旋稳定器

3. PWQ 球形稳定器

PWQ 形稳定器表面设计近似球形，主要是为了减小摩阻，容易通过造斜井段。在旋转钻井钻具组合中通常配接在 PWD 之上，用于稳直段。有时，该稳定器也替代 PWD 与 PWZ 配合用于增斜或降斜（图 3-18）。

图 3-18　三瓣及五瓣球形稳定器

4. PWL 型动力钻具稳定器

PWL 型动力钻具稳定器用于弯壳体动力钻具的近钻头扶正，主要作用为增斜。基于减少摩阻和便于钻压传递的考虑，PWL 型稳定器初始设计为五棱鼓形结构，由于在使用中发现因扶正条翼间距较大，条翼凸部与动力钻具的背弯不易准确对正，难以实现与井壁稳定地支撑，而凸、凹部位作为支点所产生的造斜效果却相差较大，为此在设计上做了如下的改进：将其中两扶正条间填平加工成一个宽条，其宽度约为原在单扶正条的 3 倍，宽扶正条安装在动力钻具的背弯方向，在井内支撑于下井壁。这一改进较好地解决了稳定扶正和有效控制造斜率的问题，在以后水平井的施工中得到了满意的效果。

5. PWP 型偏心稳定器

PWP 型偏心稳定器通常加接紧靠在动力钻具的上面，有利于增强动力钻具的刚性，从而使造斜率均匀一致并保证方位稳定。PWP 偏心稳定器的加入可与动力钻具组配成更有利于造斜的钻具结构。安装时应使其偏心距最大的部位与动力钻具弯向一致，使之与上井壁接触，从而迫使稳定器的背部成为钻具在下井壁的一个稳定支点。PWP 与近钻头稳定器相互作用，使动力钻具的倾斜、钻头偏移量和侧向力的方向都将更有利于井身轨迹沿增斜趋势延伸（图 3–19）。

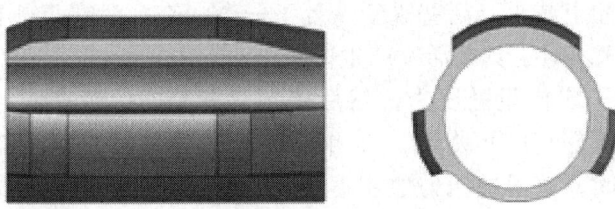

图 3–19 三瓣偏心稳定器

6. 可换套式稳定器

可换套式稳定器如图 3–20 所示。

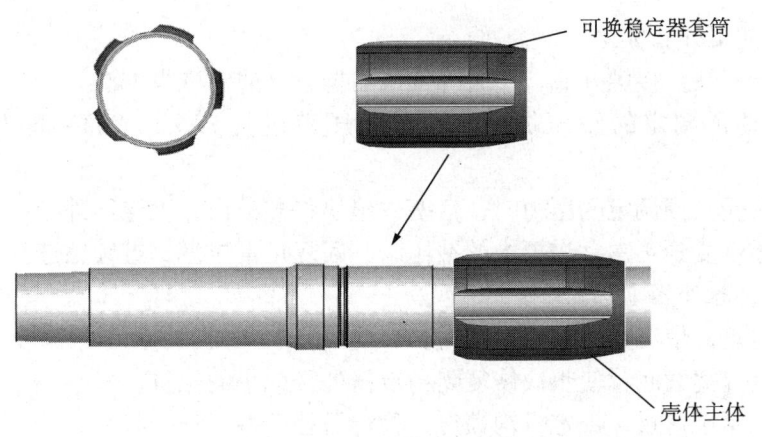

图 3–20 可换套式稳定器

7. 可调变径稳定器

在定向钻井中，常常使用不同尺寸的稳定器达到稳斜、增斜和降斜目的。为此，通常采取更换稳定器的方法，但需起下一趟钻，既浪费时间增加成本，又增加了劳动强度。井下可调稳定器的作用，就是不用起下钻来改变钻具组合，直接在井下改变稳定器外径的大小即可达到上述效果（图3-21）。

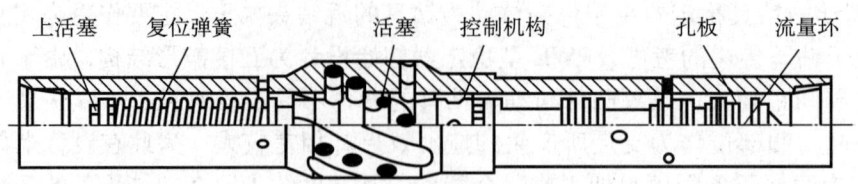

图3-21 AGS可调变径稳定器示意图

1）AGS可调变径稳定器的工作原理

AGS的每一个翼片有4个或5个活塞，如有5个活塞，就有5个活动斜面体，每一个斜面体调节3个活塞，每一个活塞有一个斜面，所有的斜面体是一起活动。当压差作用在活塞下部的斜面体上时，活塞向外伸展。活塞的伸缩，是通过凸轮筒控制的。活塞通过压差保持工作状态，当带有斜面的心轴通过作用在自身的压差向下移动时，斜面同时作用所有活塞，活塞从自由状态向外移动，并通过压差控制，在凸轮筒保持固定。当停泵消除压差时，内部弹簧回弹，心轴恢复原位，活塞收缩，并引导凸轮筒到达下一个位置。

重新开泵将引导AGS工具从自由状态到另一个工作状态，这时活塞通过压差在凸轮筒中保持固定。当压差如上减小，活塞重新恢复下一个状态。活塞将一直保持伸展状态，直到停泵时才收缩。钻压不对工具或活塞产生影响。

通过记录钻柱在一定排量的压力，然后停泵、开泵，记录在同样排量下的新的压力值，来确立AGS的位置（工作状态）。如果新的压力值高，这时活塞全部伸展，反之亦然。只有当信号清晰时，信号的压力值才不重要。当再一次停泵、开泵时，活塞又将从一种工作状态转到另一种工作状态。由于这种工具可以通过泵简单且快速的调节，所以能够对井斜进行精确地控制。在水平段，通过调节每一个立柱的进尺，可以精确地控制TVD（垂深）。一旦司钻、定向井工程师、MWD工程师建立交流，那么这种工具就非常简单和安全。

2）增大稳定器外径方法

（1）转动着将钻头接触井底，同时降低泵的排量（通常减少50%）。

（2）按工具预调定的钻压加压，调节加压范围为22.2～333.4kN（5×10^3～75×10^3lb）。

（3）当工具受到预调定的压力时，活塞式垫块将被推出，稳定器外径增大。

（4）待悬重恢复到正常钻进要求的钻压时，回复正常排量，继续钻进。

3）缩小稳定器外径方法

（1）降低排量，使工具锁定机构脱锁。

（2）将钻具提离井底，使垫块恢复到稳定器外径减小的位置。

（3）回复正常泵排量，锁定机构锁定，稳定器处于最小外径状态。

（4）下放钻具到井底，继续钻进。

工具下井后第一次将稳定器外径调大时，最好将施加的钻压加大22.2～44.5kN（5×10^3～10×10^3lb）以确保机构起作用。稳定器外径被调大后的泵压比稳定器处于最小外径的泵压要高1.03～1.38MPa（150～200psi）。掌握了这个规律，司钻将随时知道稳定器外径变化的情况。

在增大稳定器外径操作过程中，加压尚未达到调定值，却因扭矩过大，出现转盘憋停时，可将转盘摘去，继续加压直至工具的机构起作用，然后适当上提部分悬重，就可以重新启动转盘。为了避免这种情况出现，预调的加压值最好接近将钻进层段所选用钻头的最优或最大钻压。任何情况下，只要钻具提离井底，稳定器就会回复到最小外径状态。如果继续钻进需要增大稳定器外径，要重复增大稳定器外径的操作步骤。

三、稳定器在定向井及水平井钻具组合中的作用原理

稳定器在钻具组合中的安放位置不同，钻具组合所表现的性质就不同，一般地讲，近钻头稳定器离钻头越近，钻头的增斜力就越大，反之钻头的增斜力则越小。对于用两只以上稳定器的钻具组合来讲，一号稳定器和二号稳定器之间的距离在有效范围内越大，钻头的增斜力越大，反之钻头的增斜力越小。底部钻具组合如图3-22所示。

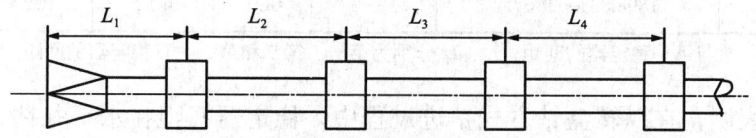

图 3-22　底部钻具组合示意图

L_1—钻头与第一稳定器的间距；L_2—第二与第一稳定器的间距；
L_3—第三与第二稳定器的间距；L_4—第四与第三稳定器的间距

稳定器的安放位置、外径对钻头的侧向力起着重要作用。当井径一定时，稳定器外径在有限范围内越大，钻头的增斜力越大。安放位置离钻头越远，钻头增斜力越小。

四、稳定器在定向井及水平井轨迹控制中的应用

表3-12给出了胜利油田部分井使用情况的统计分析，可以看出稳定器在钻具组合中影响造斜性能的一般规律。

表 3-12　稳定器间距与造斜率的相关关系

类别	井号	井段 m	钻压 kN	稳定器间距，m			造斜率 (°)/30m
				L_1	L_2	L_3	
增斜	埕科1	1791.2~2069.9	—	1.01	20.8		2.4
	永35-平1	1825.93~1893.6		1.01	26.5		4.68
	水平1	1742.84~2454.4		1.27	26.28		5.07
	水平2	2004.55~2033.6		0.91	19.38		3.1
降斜	水平20-1	2583.77~2667.8	160	9.93	18.71		-3.3
	水平20-1	2230.87~2285.6	80~100	9.93	18.71		-1.97
	水平20-1	2423.15~2448.8	80~120	4.11	27.49		-0.72
	草20-平2	1321.36~1419.8	120~160	7.5	—		-1.69

续表

类别	井号	井段 m	钻压 kN	稳定器间距, m			造斜率 (°)/30m
				L_1	L_2	L_3	
稳斜或稳平	埕科1	2230.26~2370	—	1.17	10.42	10.23	0.59
	永35-平1	1893.48~2017.3	—	0.91	4.4	13.83	0.16
	水平1	2302.32~2454.4	—	0.91	4.33	10.45	0.18
	草20-平1	844.11~890.32	120~160	0.95	4.35	10.11	0.33
	胜2-1-平1	1695.9~1839.8	140~180	1.28	4.8	10.5	-0.22
	胜2-1-平1	2042.76~2167.8	160	0.92	4.69	10.14	0.33
	水平2	1898.83~1967.4	—	0.91	4.52	10.55	-0.56

注：表中 L_1 为钻头与第一稳定器的间距，L_2、L_3 分别为第一、第二和第二、三稳定器的间距。

统计结果表明，在以转盘钻方式钻进过程中，稳定器间距在水平井钻具组合中对造斜率的影响基本上与普通井的规律相吻合：

(1) 当 $L_1 < 1.15m$，$L_2 < 10m$，$L_3 < 10m$ 时，该工具组合有稳斜、稳平作用。

(2) 当 $L_1 < 1.15m$，$L_2 \approx 20m$，工具组合有增斜效果，且造斜率随着 L_2 的增大而增大。

(3) 当 $L_1 > 4m$，$L_2 \approx 20m$，工具组合有降斜效果，且降斜率随着 L_1 的增大而提高。

应当指出，以上规律仅为胜利油田范围内部分水平井的统计结果，现场操作者的实际经验、操作水平以及地质情况对工具造斜性能的影响都是非常重要的，因此所提供的数据只能作为使用者在设计钻具组合时的参考。

第六节 PDC钻头伴侣

使用井下动力钻具配合高效PDC钻头钻进，钻头在井下的工作时间较长，随着井壁上的泥饼增厚，造成起钻困难，有时会出现倒划眼几天才能起出钻具，这样即延误时间，钻具在井下又不安全，极容易造成卡钻。为此急需要一种当钻头在井下长时间工作的情况下，保证起钻顺利的钻井工具和钻具组合。

目前，国内外主要在钻头上攻关，提高机械钻速达到提高整个钻井速度的目的。如何改善井眼条件，不需要在钻井过程中短起下钻就能实现起下钻井眼畅通，缩短起下钻时间，从而提高钻头的行程钻速，国内外均没有此类产品。为此，我们根据调研和分析，以及现场工艺实施的要求，研究并加工出与高效钻头相匹配的高效钻头伴侣，较好地解决了钻头在井下长时间工作后起钻困难的问题。

一、工具设计思路

高效钻头伴侣是根据现场工作实际和国内外发展趋势而研制的，要求不改变原钻井工艺过程，钻井队容易接受，操作维护方便，且具有防卡、防沉砂，大斜度定向井中防砂床形成、防井径缩小，稳定井壁，改善井眼条件等功能。

二、工作原理

该工具一组为3个，在钻柱上每150m左右安装一个。从井底开始，一般2~3个就可保证400~600m的井段起钻正常。如果钻头进尺多，可以多接。由于该工具是偏心的，在钻柱带动钻头旋转时，工具随着钻头的旋转而旋转，刮削钻头切削过以上井壁上的岩屑和井壁吸水膨胀的部分井壁，钻头在井底破碎，高效钻头伴侣在上面保证钻头上部井段井径不变，从而保证钻头起出时，起钻正常。

三、工具结构

该工具采用优质钢整体加工而成，上下为石油钻井通用411×410扣，中部为单翼螺旋120°，单翼螺旋体上下倒角，便于起下钻顺利，单翼螺旋体上镶装有硬质合金齿，可延长使用寿命，其结构如图3-23所示。

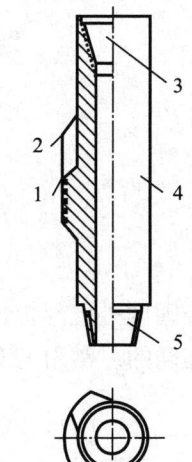

图3-23 高效PDC钻头伴侣结构示意图
1—硬质合金齿；2—单翼螺旋体；3—内螺纹；4—本体；5—外螺纹

第七节 键槽破坏器

键槽破坏器的几何形状与螺旋式稳定器相似，外形尺寸较稳定器小而较钻铤大。它与螺旋式稳定器不同的是上下斜台肩都用硬质合金焊条堆焊成锥形，具有切削、扩孔、破坏键槽的性能。

一、专门用于破坏键槽的钻具组合

专门用于破坏键槽的钻具组合采用钻头＋小尺寸钻铤（50~60m）＋键槽破坏器＋随钻震击器＋加重钻杆。对于长井段键槽的破坏，可采用钻头＋小尺寸钻铤1柱＋键槽破坏器＋小尺寸钻铤1柱＋挠性接头＋随钻震击器＋加重钻杆。

钻柱中小尺寸钻铤的外径应与钻进时钻杆的接头外径一样，下钻至预计键槽井段以上100m左右，控制下放速度，发现遇阻卡开始划眼，严格控制钻压，一般小于49kN（5t）。

二、随钻破坏键槽

在定向钻井中，从增斜井段开始，常常在井下钻具组合中使用键槽破坏器。根据已钻井眼的曲率大小和地层岩性，在容易形成键槽的"狗腿"井段，用键槽破坏器反复划眼，以防形成键槽。

第四章 定向井设计与计算

第一节 定向井设计计算方法

至今国内外已经提出的计算方法有20多种，而且所有这些计算方法还没有一种可以说是绝对准确的。常用的有直线法、折线法和曲线法：

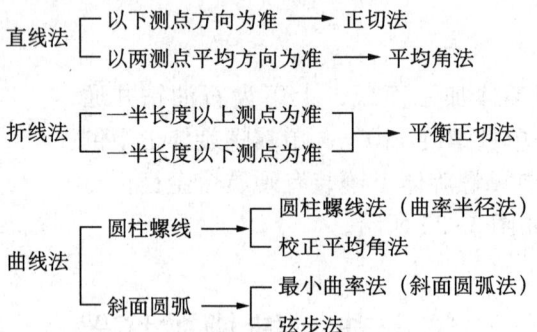

一、平均角法

平均角法是工作中常用的一种方法。假设：测段为一直线，其方向为上下两测点处井眼方向的"和方向"，即方向的矢量和。这种计算方法叫平均角法。平均角法计算简单，并且准确度较高，特别适用于现场（图4-1）。计算公式如下：

$$\alpha_c = (\alpha_1 + \alpha_2)/2$$

$$\Phi_c = (\Phi_1 + \Phi_2)/2$$

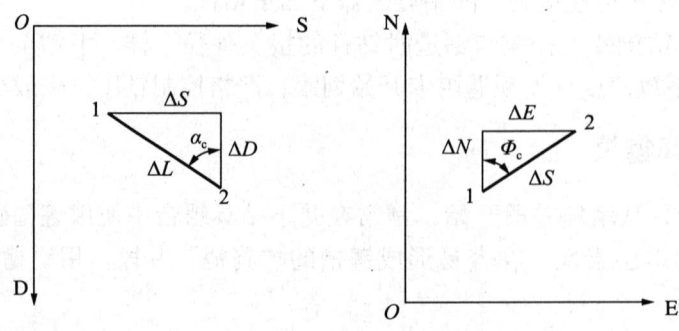

图4-1 平均角法几何图

$$\left.\begin{array}{l}\Delta D = \Delta L \cdot \cos\alpha_c \\ \Delta S = \Delta L \cdot \sin\alpha_c \\ \Delta N = \Delta S \cdot \cos\Phi_c \\ \Delta E = \Delta S \cdot \sin\Phi_c\end{array}\right\} \qquad (4-1)$$

式中　α_c——1点井斜角与2点井斜角的平均值，称平均井斜角，（°）；

Φ_c——1点方位角与2点方位角的平均值，称为平均方位角，（°）；

L——1、2点间的段长（斜深），m；

H——1、2点间的垂长（垂深），m；

S——1、2点间的水平位移，m；

N——S在北轴上的投影，m；

E——S在东轴上的投影，m；

ΔN、ΔE——分别为每一小段位移（S）在北轴、东轴上投影的叠加值，m。

故闭合距 A 和闭合方位 θ 分别为：

$$A_2 = \sqrt{N_2^2 + E_2^2}$$

$$\theta_2 = \arctan\frac{E_2}{N_2} \quad (N_2 > 0)$$

$$\theta_2 = \arctan\frac{E_2}{N_2} + 180° \quad (N_2 < 0)$$

$$D_2 = D_1 + \Delta D$$

$$S_2 = S_1 + \Delta S$$

$$N_2 = N_1 + \Delta N$$

$$E_2 = E_1 + \Delta E$$

例 4-1　已知井深140m时，井斜0.18°，方位359°，在井深170m，200m，230m和260m时，井斜和方位分别是0.37°，250°；0.64°、230°；0.43°；216.98°；0.28°，224.26°。通过带入以上公式，计算结果列于表4-1。

表4-1　平均角法计算结果

井深 m	井斜 (°)	方位 (°)	垂深 m	东轴位移 m	北轴位移 m	闭合位移 m	闭合方位 (°)	狗腿度 (°)
140	0.18	0	140	0	0.22	0.22	360	0.04
170	0.37	250	170	−0.14	0.17	0.22	321.59	0.56
200	0.64	230	200	−0.36	0.04	0.37	276.03	0.32
230	0.43	216	230	−0.56	−0.16	0.58	253.52	0.24
260	0.28	224	260	−0.68	−0.31	0.74	245.72	0.16

二、正切法

正切法又称下切点法，下点切线法。此法假设测段为一条直线，方向与下测点井眼方向一致。是所有方法中最简单，但误差最大的方法（图 4-2）计算公式如下：

$$\left.\begin{aligned}\Delta D &= \Delta L \cos\alpha_2 \\ \Delta S &= \Delta L \sin\alpha_2 \\ \Delta N &= \Delta L \sin\alpha_2 \cos\Phi_2 \\ \Delta E &= \Delta L \sin\alpha_2 \sin\Phi_2\end{aligned}\right\} \quad (4-2)$$

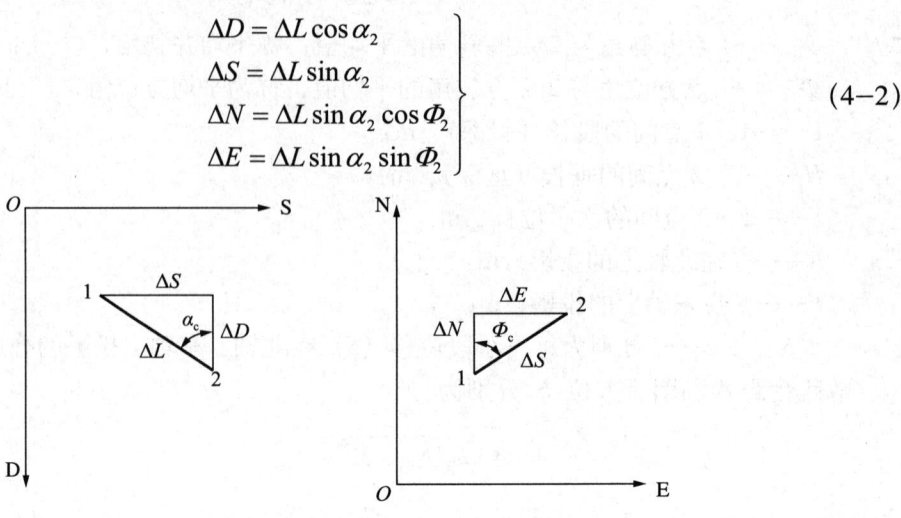

图 4-2 正切法几何图

三、平衡正切法

此法假设将一个测段分为两段，各等于测段长度一半的直线构成的折线。这种方法在国外用的比较多，如图 4-3 所示。计算公式如下：

$$\begin{aligned}\Delta D &= \frac{1}{2}\Delta L(\cos\alpha_1 + \cos\alpha_2) \\ \Delta S &= \frac{1}{2}\Delta L(\sin\alpha_1 + \sin\alpha_2) \\ \Delta N &= \frac{1}{2}\Delta L(\sin\alpha_1 \cos\Phi_1 + \sin\alpha_2 \cos\Phi_2) \\ \Delta E &= \frac{1}{2}\Delta L(\sin\alpha_1 \sin\Phi_1 + \sin\alpha_2 \sin\Phi_2)\end{aligned} \quad (4-3)$$

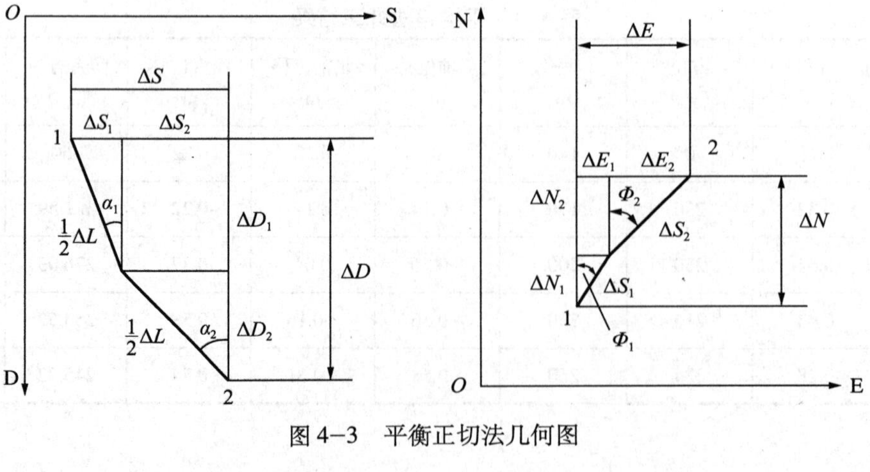

图 4-3 平衡正切法几何图

四、圆柱螺线法（曲率半径法）

1968 年，美国人 G.J.Wilson 提出了曲率半径法。假设测段为一圆滑曲线，该曲线与上下二测点处的井眼方向相切，而且该曲线的垂直投影图和水平投影图都是圆弧。Wilson 最初发表的公式使用了许多绝对值符号，使测段的坐标增量计算值全为正值，在计算测点坐标时却要判断是加还是减，所以不便于使用。

1976 年，美国人 J.T.CRAIG 和 B.V.RANDALL 对曲率半径法做了进一步描述，说曲率半径法的测段形状是一"空间曲线"，是"特殊的曲线"，并说此曲线是一个球或圆的一部分，即是圆弧。另外，还对公式的形式做了修正，取消了绝对值号，使之便于使用。于是应用更为广泛了。

曲率半径法存在一个明显的缺点，就是它的概念是含糊的，甚至可以说是错误的。

1975 年，我国郑基英教授提出了圆柱螺线法（图 4-4）。他的假设条件是：两测点间的测段是一条等变螺旋角的圆柱螺线，螺线在两端点处与上、下两测点处的井眼方向相切。圆柱螺线的水平投影图乃是圆弧，垂直剖面图也正好是圆弧。这样就与曲率半径法推导公式的假设条件完全相同。

由于圆柱螺线法概念清晰、明确，而且推导出的公式的表达形式也比较好。圆柱螺线法的公式表达形式与曲率半径法不同，但公式实质上是相同的。

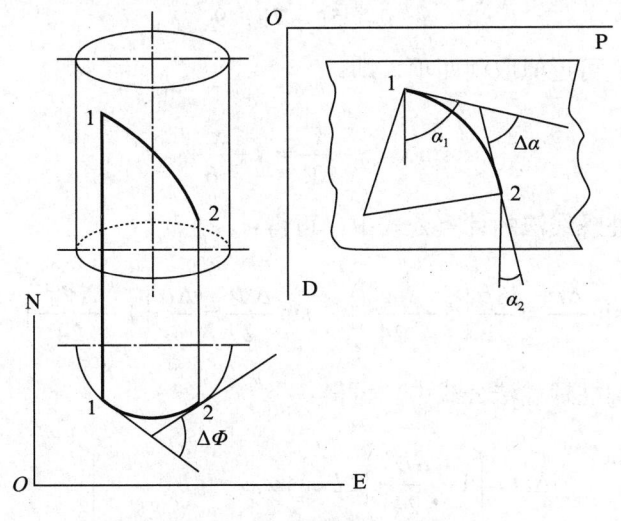

图 4-4　圆柱螺线法示意图

1）曲率半径计算公式

$$\left.\begin{aligned}
\Delta D &= \frac{\Delta L(\sin\alpha_2 - \sin\alpha_1)}{\Delta\alpha} \\
\Delta S &= \frac{\Delta L(\cos\alpha_1 - \cos\alpha_2)}{\Delta\alpha} \\
\Delta N &= \frac{\Delta L(\cos\alpha_1 - \cos\alpha_2)(\sin\Phi_2 - \sin\Phi_1)}{\Delta\alpha \cdot \Delta\Phi} \\
\Delta E &= \frac{\Delta L(\cos\alpha_1 - \cos\alpha_2)(\cos\Phi_1 - \cos\Phi_2)}{\Delta\alpha \cdot \Delta\Phi}
\end{aligned}\right\} \quad (4-4)$$

2）圆柱螺旋法计算公式

$$\left.\begin{aligned}\Delta D &= \frac{\Delta L \cdot 2\sin\frac{\Delta\alpha}{2}\cos\alpha_c}{\Delta\alpha} \\ \Delta S &= \frac{\Delta L \cdot 2\sin\frac{\Delta\alpha}{2}\sin\alpha_c}{\Delta\alpha} \\ \Delta N &= \frac{\Delta L \cdot 4\sin\frac{\Delta\alpha}{2}\sin\frac{\Delta\Phi}{2}\sin\alpha_c\cos\Phi_c}{\Delta\alpha \cdot \Delta\Phi} \\ \Delta E &= \frac{\Delta L \cdot 4\sin\frac{\Delta\alpha}{2}\sin\frac{\Delta\Phi}{2}\sin\alpha_c\sin\Phi_c}{\Delta\alpha \cdot \Delta\Phi}\end{aligned}\right\} \quad (4-5)$$

五、校正平均角法

三角函数 $\sin x$ 可以展开成马克劳林无穷级数的形式：

$$\sin x = x - \frac{x^3}{3!} + \frac{x^5}{5!} - \frac{x^7}{7!} + \frac{x^9}{9!} - \cdots\cdots$$

此级数收敛很快，可近似取前两项，即：

$$\sin x = x - \frac{x^3}{3!} = x - \frac{x^3}{6}$$

将此式代入到圆柱螺线法的计算公式中，可得：

$$\sin\frac{\Delta\alpha}{2} = \frac{\Delta\alpha}{2}\left(1 - \frac{\Delta\alpha^2}{24}\right) \quad \sin\frac{\Delta\Phi}{2} = \frac{\Delta\alpha}{2}\left(1 - \frac{\Delta\Phi^2}{24}\right)$$

将此两式代入到圆柱螺线法公式中，可得：

$$\left.\begin{aligned}\Delta D &= \left(1 - \frac{\Delta\alpha^2}{24}\right)\Delta L\cos\alpha_c \\ \Delta S &= \left(1 - \frac{\Delta\alpha^2}{24}\right)\Delta L\sin\alpha_c \\ \Delta N &= \left(1 - \frac{\Delta\alpha^2 + \Delta\Phi^2}{24}\right)\Delta L\sin\alpha_c\cos\Phi_c \\ \Delta E &= (1 - \frac{\Delta\alpha^2 + \Delta\Phi^2}{24})\Delta L\sin\alpha_c\sin\Phi_c\end{aligned}\right\} \quad (4-6)$$

令：

$$f_H = 1 - \frac{\Delta\alpha^2}{24}$$

$$f_A = 1 - \frac{\Delta \alpha^2 + \Delta \Phi^2}{24}$$

公式变为平均角法的形式，但多了两个系数 f_A 和 f_H。f_A 和 f_H，可以看作是校正平均角法的校正系数。

校正平均角法是从圆柱螺线法公式经过简化而推导出来的。校正平均角法的计算精度，几乎与圆柱螺线法完全相同。最大优点是方法简单，不存在特殊情况处理问题。当式（4-6）中括弧内的值等于 1 时，公式变为平均角法。所以，我国定向井标准化委员会规定，当使用电算进行测斜计算时，要使用校正平均角法。

六、最小曲率法

最小曲率法假设两测点间的井段是一段平面上的圆弧，圆弧在两端点处与上下二测点处的井眼方向相切。测段是一段圆弧，那么它的水平投影图和垂直剖面图一般来说不是圆弧，如图 4-5 所示，计算公式如下：

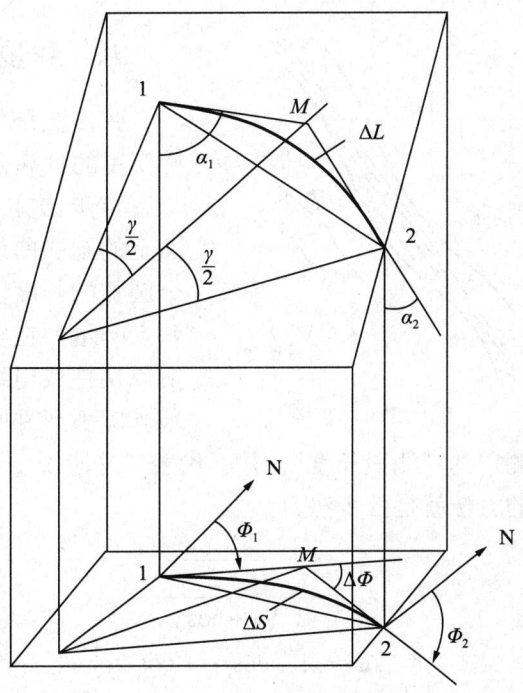

图 4-5 最小曲率法几何图

$$\left. \begin{aligned} \Delta D &= \frac{\Delta L}{\gamma}(\cos \alpha_1 + \cos \alpha_2) \tan \frac{\gamma}{2} \\ \Delta S &= \frac{\Delta L}{\gamma}(\sin \alpha_1 + \sin \alpha_2) \tan \frac{\gamma}{2} \\ \Delta N &= \frac{\Delta L}{\gamma}(\sin \alpha_1 \cos \Phi_1 + \sin \alpha_2 \cos \Phi_2) \tan \frac{\gamma}{2} \\ \Delta E &= \frac{\Delta L}{\gamma}(\sin \alpha_1 \sin \Phi_1 + \sin \alpha_2 \sin \Phi_2) \tan \frac{\gamma}{2} \end{aligned} \right\} \quad (4-7)$$

对于需要计算水平投影长度的，可用如下近似公式：

$$\Delta S = \Delta S' \frac{\Delta \Phi}{2 \sin(\Delta \Phi / 2)}$$

七、斜面圆弧法

1973 年，美国人首先提出圆弧法，并推导出了计算公式。可是这套计算公式太复杂了，计算一个测点需要 15 个步骤的运算，而且公式中尚有错误之处。

1976 年，美国又有人提出最小曲率法，其假设与圆弧法完全相同。但在推导公式时采取了完全不同的思路，得出了一套相当简单的计算公式，并得到了较广泛的应用。

石油大学（华东）韩志勇教授系统地推导了圆弧法公式，改正了原作者公式的错误，将方法定名为"斜面圆弧法"。

斜面圆弧法虽然没有在测斜计算中广泛应用,但推导的有关关系式,在定向井的其他方面得到深入的应用。

八、弦步法

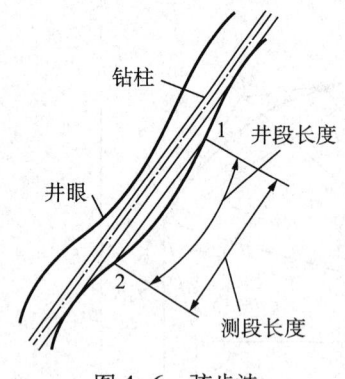

图 4-6 弦步法

弦步法是我国刘福齐同志首先提出来的,并且给出了准确实用的计算公式。

弦步法亦假设相邻两测点之间的井眼轴线为空间一平面上的圆弧曲线。弦步法认为,我们在测井时并不能测出这个圆弧的长度,而实际测出的是这段圆弧的弦的长度。如图 4-6 所示,在实际测斜时,由于钻柱或电缆被尽可能拉直,所以钻柱或电缆的轴线并不完全与井眼轴线重合,而是近似地与圆弧形井眼轴线的"弦"相重合。这就使得用钻柱或电缆测得的"测段长度",并不代表"井段长度",而是"弦长"。按照这个假设来计算井眼轨迹的方法就是弦步法。

$$
\left.
\begin{aligned}
&\lambda_X = \frac{\Delta L}{2}\sqrt{\frac{2}{1+\cos\gamma}} \\
&\Delta D = \lambda_X \left(\cos\alpha_1 + \cos\alpha_2\right) \\
&\Delta N = \lambda_X \left(\sin\alpha_1 \cos\phi_1 + \sin\alpha_2 \cos\phi_2\right) \\
&\Delta E = \lambda_X \left(\sin\alpha_1 \sin\phi_1 + \sin\alpha_2 \sin\phi_2\right) \\
&\cos\gamma = \cos\alpha_1 \cos\alpha_2 + \sin\alpha_1 \sin\alpha_2 \cos\Delta\phi \\
&\Delta S = \lambda_X \sqrt{\sin^2\alpha_1 + \sin^2\alpha_2 + 2\sin\alpha_1 \sin\alpha_2 \cos\Delta\phi} \\
&\Delta S = \lambda_X \sqrt{\sin^2\alpha_1 + \sin^2\alpha_2 + 2\sin\alpha_1 \sin\alpha_2 \cos\Delta\phi}\, \frac{\pi\Delta\Phi}{360\sin(\Delta\Phi/2)}
\end{aligned}
\right\}
\quad (4\text{-}8)
$$

第二节 测斜数据计算方法规定

我国钻井标准化委员会规定:手算用平均角法,电算用校正平均角法。对测斜数据还有以下规定:

(1) 测点编号:测斜时虽然是自下而上进行的,测点编号却是规定自上而下进行,第一个井斜角不等于零的测点作为第一测点,向下类推编号(图 4-7)。每个测点的参数皆以该点编号作为下标符号。

(2) 测段编号:也是自上而下编号。且规定第 $i-1$ 点与第 i 点之间所夹的测段为第 i 测段。所以,若有 n 个测点,就有 n 个测段。每个测段的参数的皆以该段的编号作为下标符号。

(3) 第 0 测点:根据测段编号的方法,第 1 测段应该是第 0 测点与第 1 测点之间所夹的测段。第0测点不是实测的,而是人为规定的。当第1测点的井深大于25m时,规定第0测点的井深比第1测点的井深小25m,而且井斜角规定为零。当第1测点的井深小于或等于25m时,规定第0测点的井深和井斜角均为零。

(4) 用于进行轨迹计算的测斜数据,必须是用多点测斜仪测得的数据。

(5) 当某个测点的井斜角等于零时,必须经过当地当年的磁偏角校正之后才能进行轨迹计算。

(6) 当某个测点的井斜角等于零时,该点的井斜方位角是不存在的。

为了计算的需要,规定:若 $\alpha_i=0$,则计算第 i 测段时,$\Phi_i=\Phi_{i-1}$;计算第 $i+1$ 测段时,$\Phi_i=\Phi_{i+1}$。

(7) 在一个测段内,井斜方位角的变化的绝对值不得超过180°。在具体计算时,还要特别注意平均井斜方位角 Φ_c 的计算方法(图4-8)。

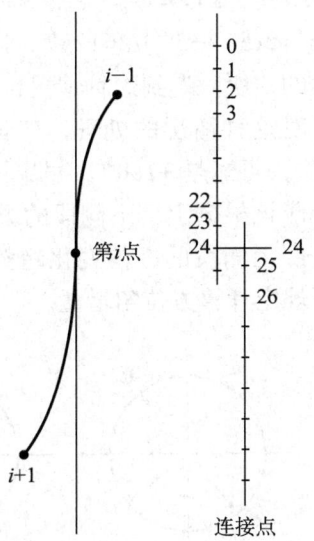

图4-7 测点与测段的编号

当 $\Phi_i-\Phi_{i-1}>180°$ 时,

$$\Delta\Phi_i=\Phi_i-\Phi_{i-1}-360°$$

$$\Phi_c=(\Phi_i+\Phi_{i-1})/2-180°$$

当 $\Phi_i-\Phi_{i-1}<-180°$ 时,

$$\Delta\Phi_i=\Phi_i-\Phi_{i-1}+360°$$

$$\Phi_c=(\Phi_i+\Phi_{i-1})/2-180°$$

图4-8 方位角变化

(8) 还有一种很特殊的情况,如图4-10所示,Φ_1 和 Φ_2 正好相差180°。此时的方位角变化也存在方向问题。方位角增量是取 +180°,还是取 -180°?尽管这是一种很少见的很特殊的情况,但总还是有可能碰到。如果不进行规定,仍按照常规处理,就可能出现错误。例如,如图4-10所示,在图4-9(a)中,$\Phi_1=35°$,$\Phi_2=215°$,$\Delta\Phi=215°-35°=180°$,$\Phi_C=(35°+215°)/2=125°$;在图4-9(b)中 $\Phi_1=215°$,

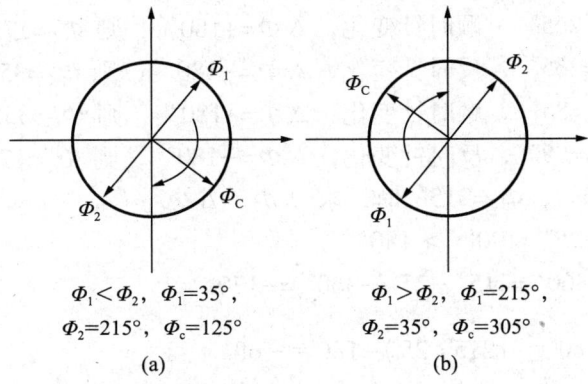

$\Phi_1<\Phi_2$,$\Phi_1=35°$,
$\Phi_2=215°$,$\Phi_c=125°$

(a)

$\Phi_1>\Phi_2$,$\Phi_1=215°$,
$\Phi_2=35°$,$\Phi_c=305°$

(b)

图4-9 方位角增量等于180°时必须处理的原因图解

$\Phi_2=35°$，$\Delta\Phi=35°-215°=-180°$，由图可知，平均井斜角应等于305°，但计算却得$\Phi_C=(215°+35°)/2=125°$，即两个测段计算的平均井斜方位角都等于125°，这显然是不正确的。所以遇到这种情况也应该进行处理。

对这种情况的处理，应该分为两步：第一步，判断方位变化的方向。方位角增量为180°，可能是+180°，即顺时针方向变化；也可能是-180°，即反时针方向变化。我们认为应该根据上、下测段的方位角变化趋势来判断。如果上、下测段的变化趋势不同，规定按照上测段的方位变化趋势判断，如图4-10所示。第二步，根据方位角变化方向，按如下规定计算方位角增量。

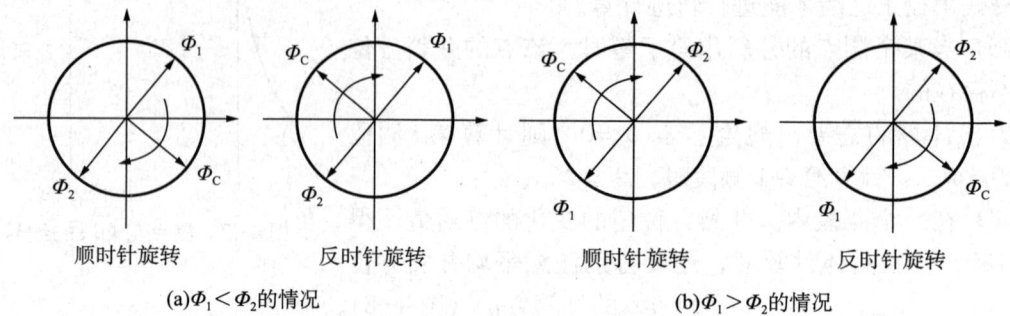

图4-10 方位增量为180°的处理办法

当井斜方位角增量正好等于180°时，井斜方位角增量$\Delta\Phi$和平均井斜方位角Φ_C的取值如表4-2所示。

表4-2 方位角增量等于180°时的处理方法

方位角测值	方位角变化方向	$\Delta\Phi$ 取值	Φ_C 计算公式
$\Phi_1<\Phi_2$	顺时针变化	+180°	$\Phi_C=(\Phi_1+\Phi_2)/2$
	反时针变化	-180°	$\Phi_C=\frac{1}{2}(\Phi_1+\Phi_2)+180°$
$\Phi_1>\Phi_2$	顺时针变化	+180°	$\Phi_C=\frac{1}{2}(\Phi_1+\Phi_2)+180°$
	反时针变化	-180°	$\Phi_C=(\Phi_1+\Phi_2)/2$

举例说明如下：

① $\Phi_1=85°$，$\Phi_2=265°$，顺时针变化，$\Delta\Phi=+180°$，则$\Phi_C=175°$；
② $\Phi_1=85°$，$\Phi_2=265°$，反时针变化，$\Delta\Phi=-180°$，则$\Phi_C=355°$；
③ $\Phi_1=265°$，$\Phi_2=85°$，顺时针变化，$\Delta\Phi=+180°$，则$\Phi_C=355°$；
④ $\Phi_1=265°$，$\Phi_2=85°$，反时针变化，$\Delta\Phi=-180°$，则$\Phi_C=175°$。

例4-2 当$\Phi_1=25°$，$\Phi_2=215°$时，求$\Delta\Phi$，$\Delta\Phi_C$。

∵ $\Phi_2-\Phi_1=215°-25°=190°>180°$

∴ $\Delta\Phi=\Phi_2-\Phi_1-360°=215°-25°-360°=-170°$

$$\Phi_C=\frac{1}{2}(\Phi_2+\Phi_1)-180°=\frac{1}{2}(215°+25°)-180°=-60°$$

例4-3 当$\Phi_1=355°$，$\Phi_2=15°$时，求$\Delta\Phi$，Φ_C。

∵ $\Phi_2-\Phi_1=15°-355°=-340°<-180°$

∴ $\Delta\Phi=\Phi_2-\Phi_1+360°=15°-355°+360°=20°$

$\Phi_C=\dfrac{1}{2}(\Phi_2+\Phi_1)-180°=\dfrac{1}{2}(15°+355°)-180°=5°$

提高井眼轨迹测斜计算准确性，除了选择规定的计算方法外，更重要的是要采取以下有效措施：

（1）提高测斜资料的精度。使用精度较高的测斜仪器，并尽可能使仪器轴线与井眼轴线相平行。

（2）适当加密测点，缩短测段长度。

第三节　定向井轨道设计原则

一口定向井的实施，首先要有一个轨道设计，才能以此设计为依据进行具体的定向井钻井施工。对于不同的勘探、开发目的和不同的设计限制条件，定向井的设计方法多种多样。而每种设计方法，都有一定的设计原则。

定向井设计是一个非常重要的环节，"好的设计是成功的一半"。因此，合理地设计好井身轨道，是定向井成功的保证。

一口定向井的总设计原则，应该是能保证实现钻井目的，满足采油工艺及修井作业的要求，有利于安全、优质、快速钻井。在对各个设计参数的选择上，在自身合理的前提下，还要考虑相互的制约，要综合地进行考虑。

一、选择合适的井眼形状

复杂的井眼形状，势必带来施工难度的增加，因此井眼形状的选择，力求越简单越好。

从钻具受力的角度来看：目前普遍认为，降斜井段会增加井眼的摩阻，引起更多的复杂情况。如图4-11所示，增斜井段的钻具轴向拉力的径向分力，与重力在轴向的分力方向相反，有助于减小钻具与井壁的摩擦阻力。而降斜井段的钻具轴向分力，与重力在轴向的分力方向相同，会增加钻具与井壁的摩擦阻力。因此，应尽可能不采用降斜井段的轨道设计。

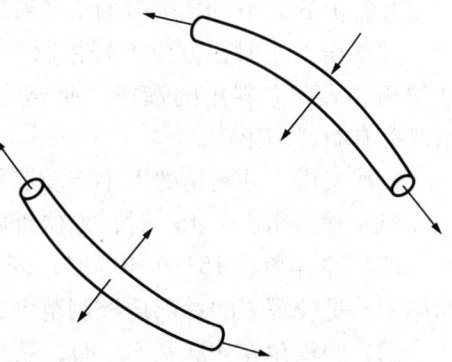

图4-11　钻具受力情况示意图

二、选择合适的井眼曲率

井眼曲率的选择，要考虑工具造斜能力的限制和钻具刚性的限制，结合地层的影响，留出充分的余地，保证设计轨道能够实现。

在能满足设计和施工要求的前提下，应尽可能选择比较低的造斜率。这样，钻具、仪器和套管都容易通过。当然，此处所说的选择低造斜率，没有与增斜井段的长度联系在一起进行考虑。

另外，造斜率过低，会增加造斜段的工作量，因此，要综合考虑。

常用的造斜率范围是 3°/30m ～ 5°/30m

三、选择合适的造斜井段长度

造斜井段长度的选择，影响着整个工程的工期进度，也影响着动力钻具的有效使用。

若造斜井段过长，一方面由于动力钻具的机械钻速偏低，使施工周期加长，另一方面由于长井段使用动力钻具，必然造成钻井成本的上升。所以，过长的造斜井段是不可取的。

若造斜井段过短，则可能要求很高的造斜率，一方面造斜工具的能力限制，不易实现，另一方面过高的造斜率给井下安全带来了不利因素。所以，过短的造斜井段也是不可取的。

因此，应结合钻头、动力马达的使用寿命限制，选择出合适的造斜段长，一方面能达到要求的井斜角，另一方面能充分利用单只钻头和动力马达的有效寿命。

四、选择合适的造斜点

造斜点的选择，应充分考虑地层稳定性、可钻性的限制。尽可能把造斜点选择在比较稳定、均匀的硬地层，避开软硬夹层、岩石破碎带、漏失地层、流沙层、易膨胀或易坍塌的地段，以免出现井下复杂情况，影响定向施工。

造斜点的深度应根据设计井的垂深、水平位移和选用的轨道类型来决定，并要考虑满足采油工艺的需求。

应充分考虑井身结构的要求，以及设计垂深和位移的限制，选择合理的造斜点位置。

五、选择合适的稳斜段井斜角和入靶井斜角

井斜角的大小，直接影响了轨迹的控制。

井斜角太小时，方位不好控制。而井斜角太大时，施工难度却又增加。因此，稳斜段井斜角和入靶井斜角的选择，应充分满足轨迹控制的需要。另外，它对方位控制、电测、钻速都有明显的影响。

一般来讲，井斜角的大小与轨迹控制的难度有下面的关系：

(1) 井斜角小于 15° 时，方位难以控制；

(2) 井斜角在 15°～ 40° 时，既能有效地调整井斜角和方位，也能顺利地钻井、固井和电测，是较理想的井斜角控制范围；

(3) 井斜角在 40°～ 50° 时，钻进速度慢，方位调整困难；

(4) 井斜角大于 60°，电测、完井作业施工的难度很大，易发生井壁垮塌。

丛式井要注意井口井底布置、造斜点位置和钻井顺序：

(1) 开钻顺序：除直井首先打外，其他定向井应该先打造斜点高的井，后打造斜点低的井；

(2) 位移大的井放在外围，造斜点相对高；

(3) 位移小的井放在内部，造斜点相对低；

(4) 相邻两口井的造斜点应该上下错开 100m。

第四节 设 计 方 法

定向井的设计方法分为常规设计方法和特殊井的设计方法。

常规设计方法指的是在二维平面内作的轨道设计,即设计的井眼轴线只在某个给定的铅垂面内变化,也就是说,只有井斜角的变化,没有方位角的变化。

把常规设计之外的所有设计方法都叫做特殊设计方法。

目前常用的二维定向井轨道设计,采用的是恒定造斜率的设计,设计轨道由铅垂面内的圆弧和直线组成。

一、查图法

这是国外以前常用的设计方法之一。使用这种方法设计定向井轨道,需要事先将每种造斜率钻达不同最大井斜角的数据作在同一张图上。这样,各种不同的造斜率下作出的图形,就可得到一套图表。在进行轨道设计时,根据设计造斜率的不同选择一套适用的图表。在该图上,就可查出未知的设计数据。如图4—12所示。

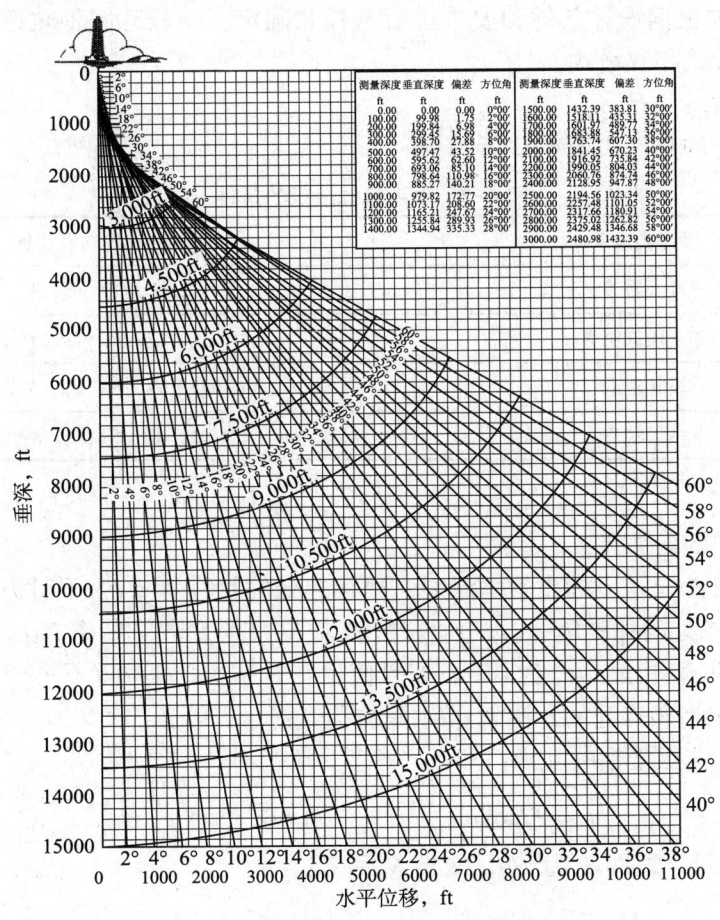

图4—12 查图法图表

二、几何作图法

这种设计方法是根据已知的设计条件,应用平面几何作图的原理,用圆规和直尺,按比例画出符合设计要求的设计轨道的图形,然后用比例尺和量角规量出需要的设计数据(图4-13)。

由于计算机在石油钻井领域的广泛应用,查图法和几何作图法已很少在我国采用。目前使用最多的是下面将要介绍的解析计算法。

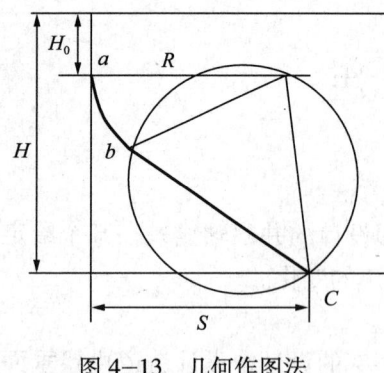

图 4-13 几何作图法

三、解析计算法

解析计算法是根据已知设计条件,应用解析计算公式求解出设计轨道的各个未知参数的方法。这种方法由于计算复杂、工作量太大,在计算机普及之前,未能得到广泛的应用。而在现在,已经广泛应用于定向井的设计之中。这种计算方法的最大特点是计算准确、求解对象可灵活改变。

1. 二维标准轨道设计

轨道类型需要根据设计条件和要求进行选择和确定。一般有四种轨道类型:三段式、多靶三段式、五段式和双增式。

1) 给定的条件

轨道设计给定的条件如表4-3所示。

表 4-3 轨道设计给定的条件

轨道类型	需要给定的设计条件
三段式轨道	α_a, D_a, D_t, S_t, K_1, θ_o
多靶三段式轨道	α_a, D_a, D_t, K_1, θ_o, α_t
五段式轨道	α_a, D_a, D_t, S_t, α_t, K_1, K_2, θ_o
双增式轨道	α_a, D_a, D_t, S_t, K_1, K_2, θ_o, α_t

注:α_a 为造斜点以上井斜角。

(1) 一般给定的条件有:

一般给定的条件有:目标点的垂深 D_t、目标点处的井斜角 α_t 及设计方位角 θ_o;造斜点井深 D_a 及造斜点处的井斜角 α_a;造斜段造斜率 K_1 和降斜段降斜率 K_2;一般情况下,造斜点以上设计成垂直井段,α_a 为0°。如果使用斜井钻机,则 α_a 不为0°。可根据给定的 D_a 和 α_a 计算出造斜点处的井深 L_a 和水平位移 S_a:

(2) 直角坐标与极坐标的互换:

$$L_a = D_a / \cos\alpha_a \qquad S_a = D_a \times \tan\alpha_a$$

如图4-14所示,根据 S_t 和 θ_o,求出 N_t 和 E_t:

$$E_t = S_t \times \sin\theta_o \qquad N_t = S_t \times \cos\theta_o$$

根据 N_t 和 E_t，求出 S_t 和 θ_o：

$$S_t = \sqrt{N_t^2 + E_t^2}$$

当 $N_t > 0$ 且 $E_t > 0$ 时，$\theta_o = \arctan(E_t/N_t)$
当 $N_t > 0$ 且 $E_t < 0$ 时，$\theta_o = \arctan(E_t/N_t) + 360°$
当 $N_t < 0$ 时，$\theta_o = \arctan(E_t/N_t) + 180°$
当 $N_t = 0$ 且 $E_t > 0$ 时，$\theta_o = 90°$
当 $N_t = 0$ 且 $E_t > 0$ 时，$\theta_o = 270°$

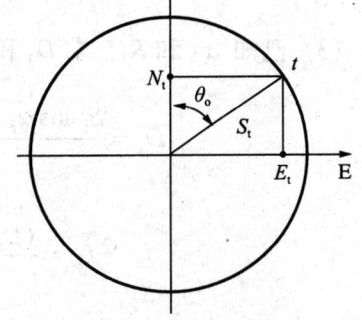

图 4-14 直角坐标与极坐标转换几何图

2）轨道类型的选择

（1）凡无特殊要求的单靶定向井，均选择三段式轨道。

（2）井口可以移动的多靶定向井，可选多靶三段式轨道。

（3）井口不可以移动的多靶定向井，需按照式（4-9）计算稳斜段井斜角 α_b 进行判断选择：

$$\alpha_b = 2\arctan\frac{D_e - \sqrt{D_e^2 + S_e^2 - R_e^2}}{R_e - S_e} \tag{4-9}$$

$$\begin{cases} D_e = D_t - D_a + R_1 \sin\alpha_a \\ S_e = S_t - S_a - R_1 \cos\alpha_a \\ R_e = R_1 \end{cases}$$

若 $\alpha_b > \alpha_t$，则选五段式轨迹。
若 $\alpha_b < \alpha_t$，则选双增轨迹。
若 $\alpha_b = \alpha_t$，则选多靶三段式轨迹。

2. 三段式轨道设计

三段式轨道的设计有 3 种情况，分别根据给定的条件进行设计。

（1）已知 D_a 和 K_1，求稳斜段井斜角 α_b 和稳斜段井深 L_w：

$$L_w = \overline{bt} = \sqrt{D_e^2 + S_e^2 - R_e^2}$$

$$\alpha_b = 2\tan^{-1}\frac{D_e - \overline{bt}}{R_e - S_e}$$

$$\begin{cases} D_e = D_t - D_a + R_1 \sin\alpha_b \\ S_e = S_t - S_a - R_1 \cos\alpha_t \\ R_e = R_1 \end{cases}$$

（2）已知 D_a 和 α_b，求 K_1 和 L_w：

$$K_1 = \frac{1718.87[1 - \cos(\alpha_b - \alpha_a)]}{(D_t - D_a)\sin\alpha_b - (S_t - S_a)\cos\alpha_b}$$

$$L_w = \frac{(D_t - D_a) - 1718.87(\sin\alpha_b - \sin\alpha_a)/K_1}{\cos\alpha_b}$$

(3) 已知 α_b 和 K_1, 求 D_a 和 L_w:

$$D_a = \frac{S_t\cos\alpha_b - D_t\sin\alpha_b + 1718.87[1-\cos(\alpha_b-\alpha_a)]/K_1}{\tan\alpha_a\cos\alpha_b - \sin\alpha_b}$$

$$L_w = \frac{(D_t - D_a) - 1718.87(\sin\alpha_b - \sin\alpha_a)/K_1}{\cos\alpha_b}$$

3. 多靶三段式轨道设计

多靶三段式的设计, 采用所谓的"倒推法"(图 4-15)。

已知:

按下式求靶点距井口的水平位移和稳斜段长度:

$$S_t = S_a + \left(D_t - D_a - \frac{1718.87}{K_1}\tan\frac{\alpha_t}{2}\right)\tan\alpha_b$$

$$L_w = \overline{bt} = \left(D_t - D_a - \frac{1718.87}{K_1}\sin\alpha_t\right)\Big/\cos\alpha_t$$

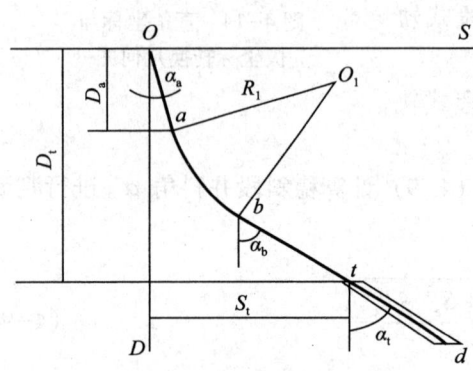

图 4-15 多靶三段式轨道设计

4. 五段式轨道设计

如图 4-16 所示, 公式为:

$$\begin{cases} D_e = D_t - D_a + R_1\sin\alpha_a - R_2\sin\alpha_t \\ S_e = S_t - S_a - R_1\cos\alpha_a + R_2\cos\alpha_t \\ R_e = R_1 - R_2 \end{cases}$$

注意: 上三式中的 R_2 要以负值代入。

$$L_w = \sqrt{D_e^2 + S_e^2 - R_e^2}$$

$$\alpha_b = 2\tan^{-1}\frac{D_e - L_w}{R_e - S_e}$$

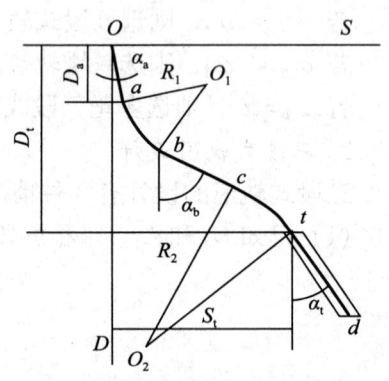

图 4-16 五段式轨道设计

5. 双增式轨道设计

如图 4-17 所示, 公式为:

$$\begin{cases} D_e = D_t - D_a + R_1\sin\alpha_a - R_2\sin\alpha_t \\ S_e = S_t - S_a - R_1\cos\alpha_a + R_2\cos\alpha_t \\ R_e = R_1 - R_2 \end{cases}$$

注意：上三式中的 R_2 要以正值代入。

$$L_w = \sqrt{D_e^2 + S_e^2 - R_e^2}$$

$$\alpha_b = 2\tan^{-1}\frac{D_e - L_w}{R_e - S_e}$$

6. 轨道参数节点的设计

根据设计依据的条件和计算出的关键参数，算出各节点的井深、垂深和水平位移三个参数（图4-18）。

（1）双增轨道第一增斜段终点或其他轨道增斜段终点（b 点）：

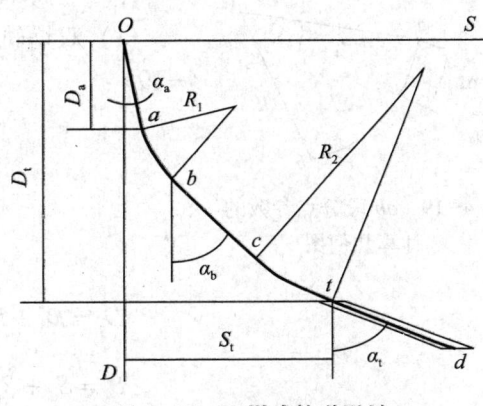

图4-17 双增式轨道设计

$$L_b = L_a + \frac{R_1\pi(\alpha_b - \alpha_a)}{180}$$

$$D_b = D_a + R_1(\sin\alpha_b - \sin\alpha_a)$$

$$S_b = S_a + R_1(\cos\alpha_a - \cos\alpha_b)$$

（2）双增轨道第二增斜段始点或五段制轨道降斜段始点（c 点）：

$$L_c = L_b + L_w$$

$$D_c = D_b + L_w\cos\alpha_b$$

$$S_c = S_b + L_w\sin\alpha_b$$

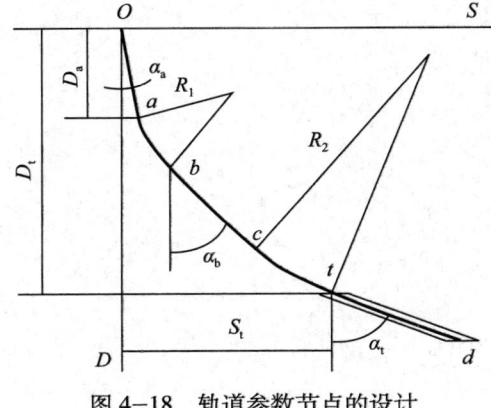

图4-18 轨道参数节点的设计

（3）双增轨道第二增斜段终点或五段制轨道降斜段终点（t 点）：

$$L_t = L_c + \frac{R_2|\alpha_b - \alpha_t|\pi}{180}$$

$$D_t = D_c + R_2|\sin\alpha_b - \sin\alpha_t|$$

$$S_t = S_c + R_2|\cos\alpha_b - \cos\alpha_t|$$

（4）井眼终点（d 点）：

$$L_d = L_t + \frac{D_d - D_t}{\cos\alpha_t}$$

$$S_d = S_t + (D_d - D_t)\tan\alpha_t$$

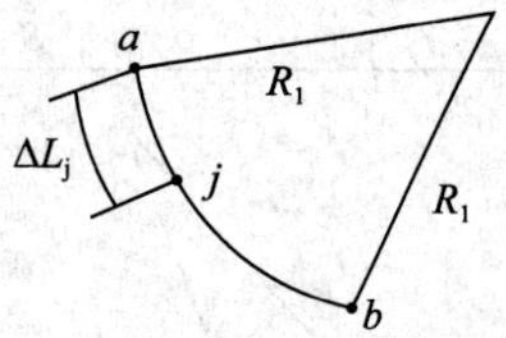

7. 分点参数的计算

(1) 双增轨道的上增斜段和其他轨道的增斜段（ab 段）（图 4-19）：

$$L_j = L_a + \Delta L_j$$

$$\alpha_j = \alpha_a + \frac{180 \cdot \Delta L_j}{\pi R_1}$$

$$D_j = D_a + R_1(\sin \alpha_j - \sin \alpha_a)$$

$$S_j = S_a + R_1(\cos \alpha_a - \cos \alpha_j)$$

图 4-19 ab 段分点参数的计算几何图

分点东西坐标和南北坐标用下式计算：

$$N_j = S_j \cos \theta_o$$

$$E_j = S_j \sin \theta_o$$

$$L_j = L_b + \Delta L_j$$

$$\alpha_j = \alpha_b$$

$$D_j = D_b + \Delta L_j \times \cos \alpha_b$$

$$S_j = S_b + \Delta L_j \times \sin \alpha_b$$

分点东西坐标和南北坐标用下式计算：

$$N_j = S_j \cos \theta_o$$

$$E_j = S_j \sin \theta_o$$

(2) 双增轨道的下增斜段和五段制轨道的降斜段（ct 段）（图 4-20）：

$$L_j = L_b + \Delta L_j$$

$$\alpha_j = \alpha_b \pm \frac{180 \Delta L_j}{\pi R_2}$$

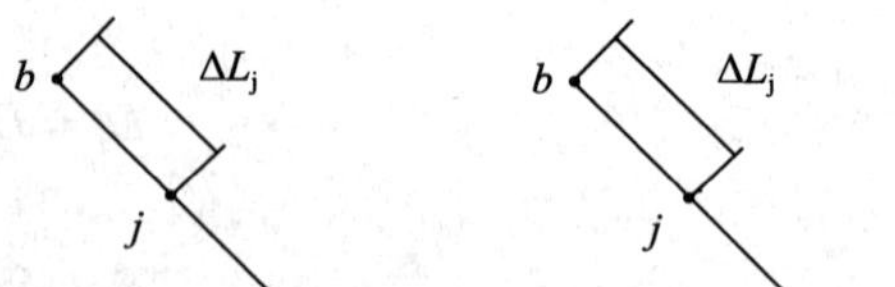

图 4-20 东西坐标和南北坐标计算

（双增轨道取"+"号；五段制轨道取"-"号。）

$$D_j = D_c + R_2 |\sin \alpha_b - \sin \alpha_j|$$

$$S_j = S_c + R_2 |\cos \alpha_j - \cos \alpha_b|$$

分点 N 坐标和 E 坐标用下式计算：

$$N_j = S_j \cos\theta_o \quad E_j = S_j \sin\theta_o$$

(3) 靶区井段（td 段）（图 4–21）：

$$L_j = L_t + \Delta L_j$$

$$D_j = D_t + \Delta L_j \times \cos\alpha_t$$

$$\alpha_j = \alpha_t$$

$$S_j = S_t + \Delta L_j \times \sin\alpha_t$$

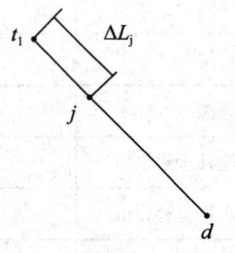

图 4–21　靶区井段分点参数计算几何图

分点 N 坐标和 E 坐标用下式计算：

$$N_j = S_j \cos\theta_o \quad E_j = S_j \sin\theta_o$$

第五节　设 计 实 例

例 4–4　某定向井设计条件：$D_t=1418$m，$D_a=190$m，$S_t=930$m；$K_1=3°/30$m，设计轨道形状为三段式。试设计该井轨道，并按表列项目计算有关未知参数。

解：计算结果列表如表 4–4 所示。

表 4–4　三段式轨道设计结果列表

参　　数	井　段		
	oa	ab	bt
井斜角，.(°)	0	0 ~ 42.83	42.83
垂增，m	190	389.50	838.50
垂深，m	190	579.50	1418.00
位移增量，m	0	152.76	777.24
水平位移，m	0	152.76	930.00
段长，m	190	428.29	1143.32
井深，m	190	618.29	1761.61

例 4–5　给定条件：$D_t=27700$m；$S_t=1824.96$m；$\Delta D_{td}=460$m；$D_a=270$m；$\alpha_a=0$；$\alpha_t=17.50$；$R_1=810$m；$R_2=1580$m；试设计该井五段式轨道，按如下表格填写结果。

解：计算结果列表如表 4–5 所示。

表 4-5 五段式轨道设计结果列表

参数	井段				
	oa	ab	bc	ct	td
井斜角,(°)	0	0～43.040	43.040	43.040～17.50	17.50
垂增, m	270	552.81	1343.98	603.21	460.00
垂深, m	270	822.81	2166.79	2770.00	3230.00
位移增量, m	0	217.97	1254.95	352.05	145.03
水平位移, m	0	217.97	1472.92	1824.97	1970.00
段长, m	270	608.43	1838.80	704.24	482.32
井深, m	270	878.43	2717.23	3421.47	3903.46

例 4-6 给定条件:$D_t=1550m$;$D_a=350m$;$\alpha_a=0$;$\alpha_t=550$;$K_1=3.30/30m$;试按照多靶三段式轨道设计该井,并按如下表格填写结果。

解:计算结果列表如表 4-6 所示。

表 4-6 多靶三段式轨道设计结果列表

项目	井段			
	oa	ab	bt	td
井斜角,(°)	0	0～55	55	55
垂增, m	350	426.67	773.33	177.81
垂深, m	350	776.67	1550.00	1727.81
位移增量, m	0	222.11	1104.43	253.94
水平位移, m	0	222.11	1326.54	1580.48
段长, m	350	500.00	1348.26	310.00
井深, m	350	850.00	2198.26	2508.26

例 4-7 已知:地面井口坐标 $X_0=3943724.2$,$Y_0=20342391$;靶点垂深 $X_1=3943675$,$Y_1=20342225$;最大井斜角 25°;靶心半径 $R=20m$。

求:根据已知条件设计成直、增、稳剖面,计算出造斜点 A 及各段参数。

解:(1)如图 4-22 所示,根据井口坐标,靶点坐标,计算本井总位移,根据平均角法闭合位移公式

$$S=\sqrt{\Delta N^2+\Delta E^2}$$

$$S_{总}=\sqrt{(3943675-3943724.2)^2+(20342225-20342391)^2}=173.11m$$

$S_{总}$ 为本井总水平位移。

（2）根据平均角法闭合方位计算公式。

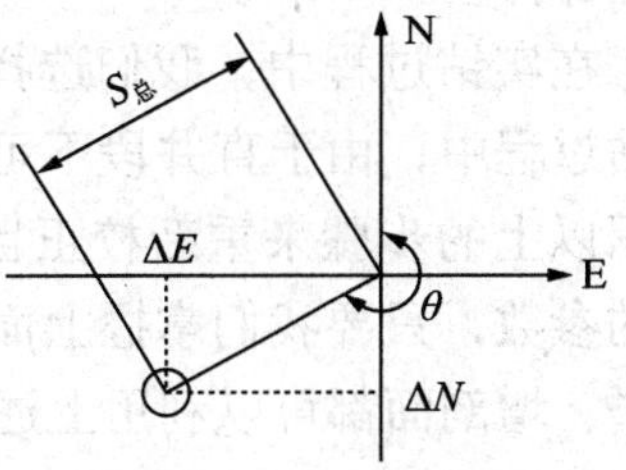

$$\theta_{闭}=\arctan\frac{\Delta E}{\Delta N} \quad (\Delta>0)$$

$$\theta=\arctan\frac{\Delta E}{\Delta N}+180° \quad (\Delta<0)$$

$\Delta E=-166.6\text{m}$

$\Delta N=-49.2\text{m}$

图 4–22 水平投影图

$$\theta=\arctan\frac{166.6}{49.2}+180°=73.5°+180°=253.5°$$

（3）计算造斜段参数（图 4–23）。

根据油田标准造斜率 4.5°/30m（在现场可根据实际情况来选择造斜率例 3.6°/30m，4°/30m）。

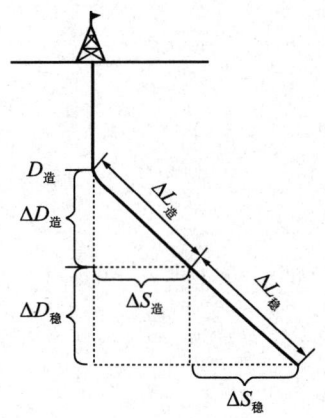

图 4–23 垂直剖面图

造斜段斜深　　　$\Delta L_{造}=\dfrac{25}{4.5}\times 30=166.67\text{m}$

根据平均法计算公式　　$\Delta D=\Delta L\cos\alpha_c$

$\Delta S=\Delta L\sin\alpha_c$

$\alpha_c=(25+0)/2=12.5°$

$\Delta D_{造}=162.17\text{m}$

$\Delta S_{造}=36.07$

$\Delta D_{造}$为造斜段垂深，$\Delta S_{造}$为造斜段位移。

（4）根据总位移，可计算出稳斜段所需要的位移：

$$\Delta S_{稳}=S_{总}-\Delta S_{造}=173.11-36.07=137.00\text{m}$$

根据公式 $\Delta L_{稳}=\dfrac{S}{\sin\alpha_c}$，其中 α_c 为稳斜段井斜角。

可计算出　　$\Delta L_{稳}=\dfrac{137.04}{\sin 25}=324.28\text{m}$

$$\Delta D_{稳}=\dfrac{137.04}{\sin 25}\cdot\cos 25°=293.89\text{m}$$

（5）根据以上计算可以反推出：

造斜点深度　　$D_{造}=D_{总}-D_{造}-D_{稳}=2730-162.71-293.89=2273.4\text{m}$

本井总斜深　　$L_{总}=\Delta L_{稳}+\Delta L_{造}+D_{造}=324.8+166.67+2273.4=2764.35\text{m}$

根据以上计算我们可以得到：造斜点 2273.4m；造斜段 2273.4~2440.07m，井斜从 0~25°，造斜率 4.5°/30m，方位保持 253.5°；稳斜段 244.07~2273.4m，井斜 25°不变，

方位保持在253.5°。

在实钻过程中,我们选择造斜点,往往要留有余地,也就是提前50～100m造斜,在实钻过程中,由于直井段不可能是0°,总是会产生一定位移,有反向有正向,我们都可以根据以上的步骤来重新校正目标点与计算点的总位移和对靶方位,来重新设计造斜点和各段的参数,只要我们掌握上面这种方法,举一反三,你会发现直增剖面,直增稳降直剖面,直增、增剖面都可以利用上述思路利用计算器来计算推导造斜点及设计剖面。

— 80 —

第五章 测 量 技 术

在钻井过程中，为了判断所钻井井眼的轨迹，就需要使用能够沿井身不同深度测量井斜及方位的测量仪器，根据累积的测量结果计算出井眼相对于地面井位的位置。早期井身质量的测量仪器是相当粗糙和不准确的。随着定向钻井技术的发展，对于更为可靠的、更为精确的、更为方便的、更多参数的测量仪器的需求越来越高。

目前测量的目的如下：
（1）随钻监测井眼轨迹以保证钻达既定目标；
（2）当校正井眼轨迹时，将造斜工具按要求的方位定向；
（3）确保正钻进的井没有与附近已打成的井相交的危险；
（4）确定钻遇的各地层的真垂深以及绘制出准确的地质剖面图；
（5）为了监测油层特性及钻进救险井要确定准确的井底位置；
（6）沿井身计算出狗腿严重度。

早在20世纪20年代，当发现许多所谓的直井实际上井眼偏达30°时，就开始油井测斜了。这些大斜度是造成在某些早期油田钻遇许多干井的原因。继而在选择下部钻具结构和改变钻井参数方面做出很大努力，以保证将井斜降至容许的限度。

由于定向钻井日益普遍，其测斜就比直井测斜更为重要。在不同井深测量井斜及方位，绘制井眼至靶心的轨迹是可能的，到60年代已具备了很好的测斜仪器及测斜方法，但是涉及海上钻井费用极高，而使施工者密切地注意到进行测斜所花费的时间。自海上平台钻一口定向井测斜要占总钻井时间的10%，因此下入单点测斜仪测斜和造斜工具定向是非常昂贵的。这就对采用更加复杂的方法如有线遥控测斜及更为先进的MWD（随钻测量）起到了刺激的作用，测斜技术的改进可以更好地掌握定向控制。连续监测为定向钻井人员提供了改变钻井参数对井眼方位角及井斜角影响的能力，用MWD仪器测量的方位角、井斜角和工具面角，送至地面只是几分钟的事。

这些年来，已研制出各种各样的测斜仪器。早先的仪器凭借非常简单的机构测量和记录所需要的角度。虽然某些老式测斜仪现在已不再使用，但是有时仍然使用单点测斜仪检验更为先进的测斜仪的测斜效果。

第一节 测量的性质和特点

一、测量的方法、媒介和基准

石油钻井过程中的测量属于工程测量的一种类型。从物理意义上讲，测量井下钻具的工具面角，即为井下钻具定向或测量井眼的轨迹均属于空间测量。由于石油钻井工程的特殊性使得这一测量过程必须借助专门的工具和仪器，采取间接测量的方法来完成。

目前，石油钻井过程中的测量需要借助 3 种媒介，即大地的重力场、大地磁场和天体坐标系，由此产生了与这 3 种测量媒介有关的测量仪器。

（1）借助于重力场测量井斜角或高边工具面，采用的测量元件为测角器、罗盘重锤或重力加速度计等。这类仪器的测量基准是测点与地心的连线，即铅垂线。

（2）借助于地磁场测量方位角或磁性工具面，采用的测量元件为罗盘或磁通门等。这类仪器的测量基准是磁性北极，所以磁性仪器测量的方位角数据必须根据当地的磁偏角修正成真北极，即地理北极的数据。

（3）借助于天体坐标系测量方位角或磁性工具面，采用的测量元件为陀螺仪。陀螺仪为惯性测量仪器，这类仪器下井测量之前必须对陀螺仪的自转轴进行地理北极的方位标定。

二、测量的特点

（1）钻井过程中的测量是间接测量，必须借助专用工具和仪器完成。而且根据测量仪器的数据记录和传输方式的不同，钻井测量分为实时测量和事后测量。

（2）测量仪器的尺寸受到井眼和钻井工具的限制，特别是下井仪器的径向尺寸必须能够下入套管和钻具内，而且不会因仪器的下入而影响钻井液的流动或产生过大的钻井液压降。

（3）下井仪器受到地层和钻井液的高压，仪器的保护筒和密封件必须能够承受这种高压，而且还应具备一定的安全系数。

（4）由于地层的温度随着井深变化，下井仪器是在高于地面温度的环境里工作，要求下井仪器具有良好的抗高温性能，一般称耐温 125℃ 以下的仪器为常温或常规仪器，称耐温 182℃ 以下的仪器为高温仪器。

（5）某些仪器在使用过程中要承受冲击（如单多点测斜仪的投测）、钻具转动（如转盘钻具中的 MWD 仪器）、钻头和钻具在钻进过程中的振动（如 MWD 和有线随钻测斜仪）等。

第二节　测量仪器分类和应用范围

一、测量仪器分类

测量仪器分类如下：

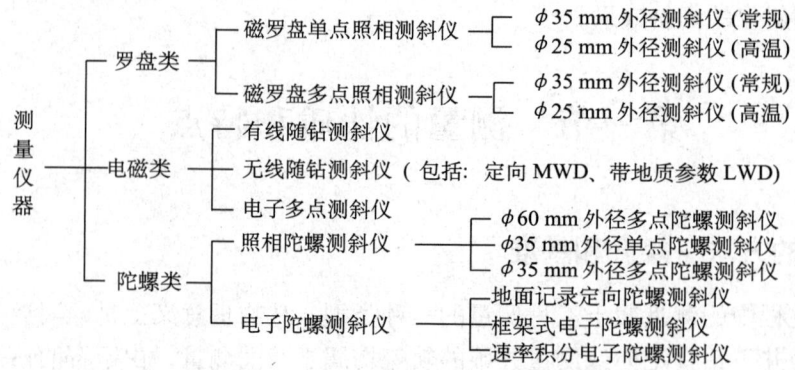

二、测量仪器的应用范围

1. 磁罗盘单点和多点照相测斜仪

这类仪器适用于普通定向井和无邻井磁干扰的丛式井中与无磁钻铤配合使用,为井下钻具组合定向或测取井身轨迹数据。

$\phi 35mm$ 外径的常规单点和多点照相测斜仪适应温度小于 125℃ 的井眼。而 $\phi 25mm$ 外径的常规单点和多点照相测斜仪适应温度小于 182℃ 的井眼。

2. 有线随钻测斜仪

有线随钻测斜仪适用于较深的定向井、无邻井磁干扰的丛式井或大斜度井、水平井中与无磁钻铤配合使用,为井下钻具组合定向。

3. 无线随钻测斜仪

无线随钻测斜仪适用于超深定向井、大斜度井、水平井中或海洋钻井平台上与无磁钻铤配合使用,为井下钻具组合定向或测取井身轨迹数据。

4. 电子多点测斜仪

电子多点测斜仪适用于精度要求较高的定向井、无邻井磁干扰的丛式井、大斜度井、水平井中或海洋钻井平台上与无磁钻铤配合使用,为井下钻具组合定向或测取井身轨迹数据。

5. 照相单点和多点陀螺测斜仪

这类仪器适用于已下套管的井眼中测取井身轨迹数据,或在丛式井、套管开窗井中为井下钻具组合定向。

6. 电子陀螺测斜仪

电子陀螺测斜仪适用于已下套管的井眼中测取较高精度的井身轨迹数据,或在丛式井、套管开窗井中为井下钻具组合定向。

第三节 测量仪器的基本原理

一、液面原理

液面是水平的,井眼轴线是倾斜的,液面与井眼轴线的法面的交角,即为井眼井斜角。氟氢酸测斜仪就是这个原理,如图 5-1 所示。虹吸测斜仪也是应用此原理,如图 5-2 所示。

二、重力原理

井斜角的定义就是:重力方向与井眼方向之间的夹角。所以重锤罗盘照相可以利用重力原理测量井斜角,如图 5-3 所示。

悬挂的重锤,总是指向重力方向;罗盘面上刻有许多同心圆,代表不同的角度。对着罗盘照相,"十"字标记投影到罗盘面上,可以读到井斜角值。

$$\alpha = \arctan \frac{R}{L}$$

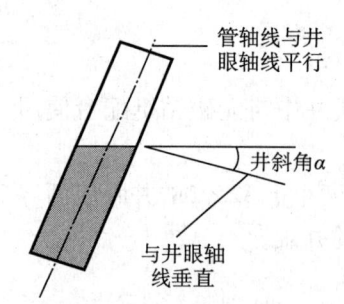

图 5-1 液面原理示意图

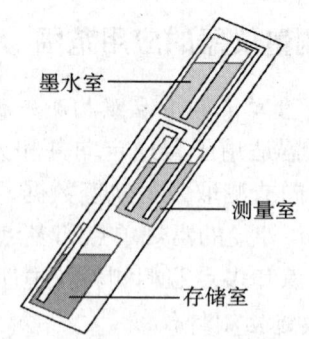

图 5-2 虹吸测斜仪原理示意图

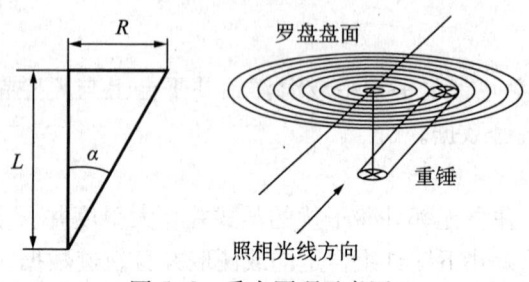

图 5-3 重力原理示意图

重锤悬挂长度越长,测量范围就越小;巧妙设计,可测 90°,甚至 120° 井斜角。

三、重力加速度计原理

重力元在重力作用下要发生位移,引起电容传感器的电容发生变化,此变化信号通过放大以后,使线圈产生一定的电流,该电流产生磁力使重力元复位。重力元位移大小反映在线圈给出的电压大小。重力元的位移大小与重力元在空间的状态有关,如图 5-4 所示。

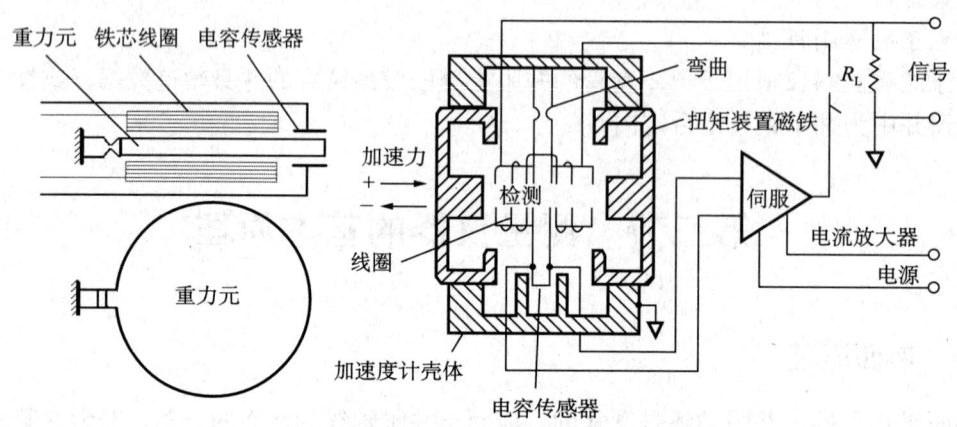

图 5-4 加速度计工作原理

重力元的空间状态如图 5-5 所示:
(1) 水平状态,重力方向与位移方向一致,位移最大;
(2) 垂直状态,重力方向与位移方向垂直,位移为零;
(3) 倾斜状态,重力方向与位移方向有一定夹角,位移与 $\sin\alpha$ 成正比。

重力加速度计的布置,如图 5-6 所示:

在测斜仪器中,在 X,Y,Z 3 个方向上,各装一个重力加速度计,则 3 个重力加速度计的测值 是不同的。通过计算,可以算出重力方向与仪器轴线的夹角即井斜角的大小。

对于一个三轴加速度计来说,3 个分力的矢量合必须等于重力加速度 g,所以只需要两个加速度计。但是,一个三轴加速度计确实可以提供检查输出和识别一切误差的手段。

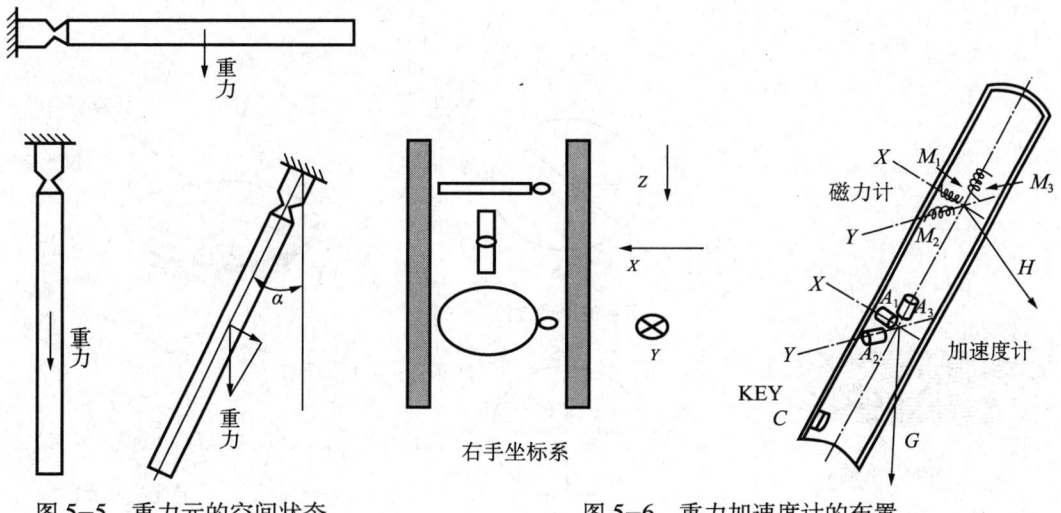

图 5-5 重力元的空间状态　　　　图 5-6 重力加速度计的布置

四、磁北原理

地球有个磁场，地球上任一点都受到磁场的作用，该点的磁力线方向（即磁北方向）在一段时间内基本上是不变的，如图 5-7 所示。测的磁力线方向与井眼方位线的夹角，即是井斜方位角。

磁罗盘是中华民族的伟大发明。磁罗盘始终处于水平位置，并可自由转动，罗盘始终指出磁北极的方向。与重锤罗盘和为一体，在测得井斜角的同时，也测出井斜方位角。

定心罗盘：如果罗盘盘面上的方位标志、地理方位相同，则"十"字标记落在低边方位线上。而井斜角是高边方位线与正北方位线的夹角。所以罗盘面上的读值与实际井斜方位相差 180°。为了从罗盘盘面上直接读出井斜方位，需要将 N 和 S 位置互换，E 和 W 位置互换，如图 5-8 所示。

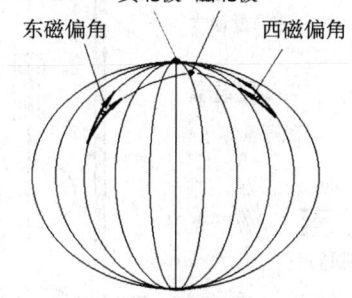

图 5-7 地球磁北极示意图

浮动罗盘："十"字标记是固定在仪器的中心线上。井眼倾斜后，罗盘始终保持水平。在照相时，"十"字标记正好落在罗盘面的井眼下倾方位线（即高边方位线）上。所以这种罗盘盘面的方位标志与地理方位一致，不需要 N、S 互换，E、W 互换，如图 5-9 所示。

五、磁通门

磁通门状态：磁通门与磁力线方向的关系状态不同，通过的磁通量多少就不同。

磁通门的布置：磁通门在仪器中的 3 个坐标方向布置，如图 5-10 所示，根据 3 个磁通门测得的磁通量的值，可以算出磁北方向与井眼方位的夹角，即井斜方位角。

磁通门工作原理：

磁通门是一种沿固定轴探测地球磁场强度的传感器。如图 5-11 表示在其上缠绕线圈的软铁芯。如果将此铁芯（或圆环）置于一个交变的磁场中，则磁通量将被集中在圆环内并且在其导线中产生电流。电流的大小取决于暴露在磁场中的可以穿透的材料的量。如果将圆环相对于磁场线成 90°放置，电流将最大，如果将圆环转动到以较小的面积暴露在磁

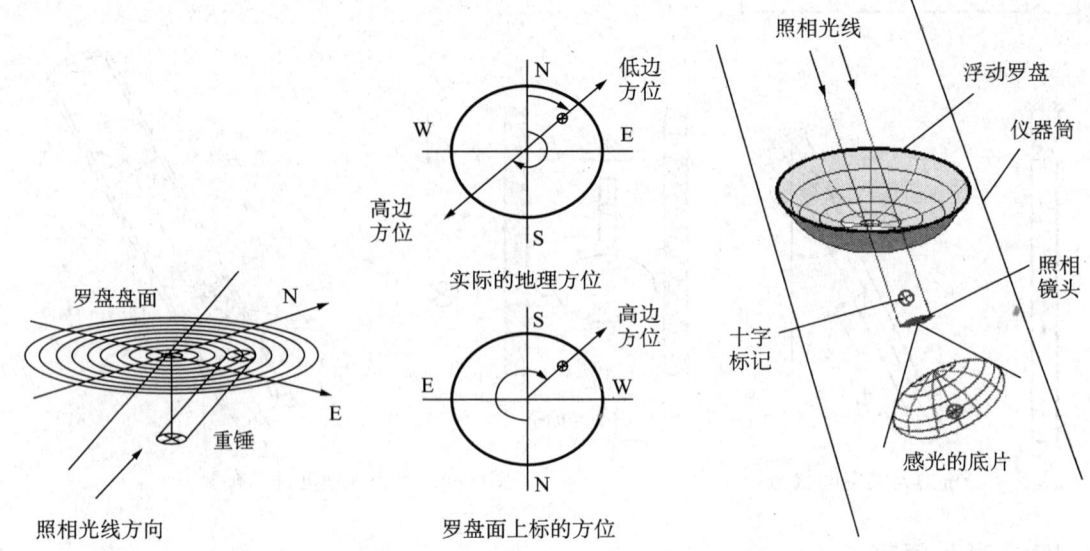

图 5-8 定心罗盘原理示意图　　　　图 5-9 浮动罗盘原理示意图

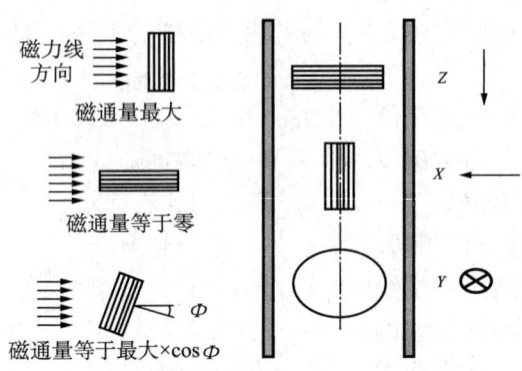

图 5-10 磁通门状态与布置

场中,则电流将减小。因此,可以将线圈中所获得的电流大小用作测量磁场和线圈之间角度的一种方法。不过,只有在磁场是交变的情况下才能产生电流。地球的磁场是不变的。移动圆环来产生电流是不可行的,因这样会降低测量的准确性。圆环必须保持固定并且与测斜仪的一个参考轴对正。通过使用磁通量闸门装置可以测量沿那个特定轴的磁场强度。

为了说明饱和式磁通门的工作原理,假定有两个如图 5-12 所示的相同的铁芯。这两个铁芯具有相等的高导磁性和具有相反方向缠绕的主次线圈,主线圈内通过交流电,产生磁场,使铁芯成为饱和的,因为线圈是以相反方向缠绕,在无任何外部磁场的条件下,总输出电压为零。但是如果存在一个外部磁场,则将使一个线圈比另一个线圈先饱和,那么输出电压将是异相的,引起电压脉冲。因而以某一角度相对于外部磁场放置的线圈将产生一个与通过圆环的磁通变化率有关的电压。那么

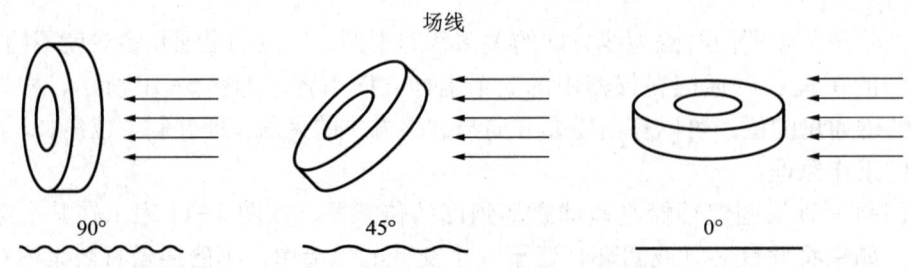

图 5-11 交变磁场内圆环产生的电流

这个电压的大小与外部磁场强度有关。所以一个三轴饱和式磁通门可以测量沿三个正交的轴的地球磁场的分磁强。

六、井斜角、方位角和工具面的推导

自加速度计输出的电压对应三个正交轴（图 5–6）用 G_X，G_Y 和 G_Z 表示。相同的，磁力仪输出的用 H_X，H_Y 和 H_Z 表示。要注意 Z 轴是指向仪器轴而将 Y 轴确定为与工具面一致，这样可以作为与弯接头刻线相关的一个参考轴。

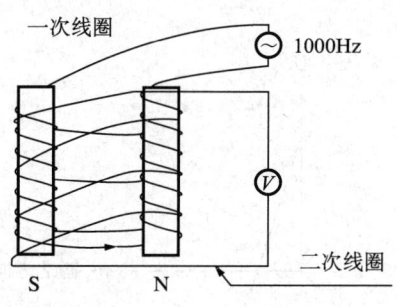

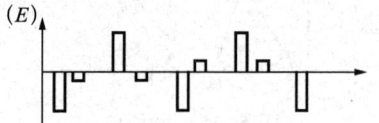

图 5–12 合成电压（E）的峰值与平行于线圈轴的场强成正比

1. 井斜角

井斜角是对着垂直面看，自垂线至加速度计 Z 轴测得的夹角，如图 5–13 所示，井斜角 α 可以从下式求出：

$$\tan\alpha = \frac{(G_X^2 + G_Y^2)^{1/2}}{G_Z}$$

2. 工具面

重力工具面（GTF）是注视井眼情况下由重力矢量所确定的井眼的高边与 Y 轴加速度计之间的角度，如图 5–14 所示。此角可以由下式求得：

$$\tan GTF = \frac{G_X}{G_Y}$$

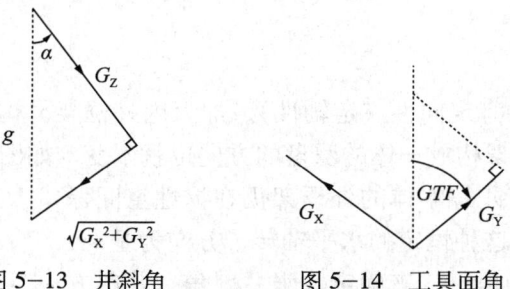

图 5–13 井斜角　　图 5–14 工具面角

磁力工具面（MTF）是磁北与 Y 轴之间的夹角，这样：

$$\tan MTF = \frac{H_X}{H_Y}$$

3. 方位角

这是自北顺时针至水平面内所见到的 Z 轴位置测得的角度。要计算方位角，必须将磁力仪和加速度计读数分解为两个轴，如图 5–15 所示。

V_1 轴是井眼方向在水平面上的投影，V_2 轴是垂直于 V_1 轴。所示方位角 β 可以自下式求出：

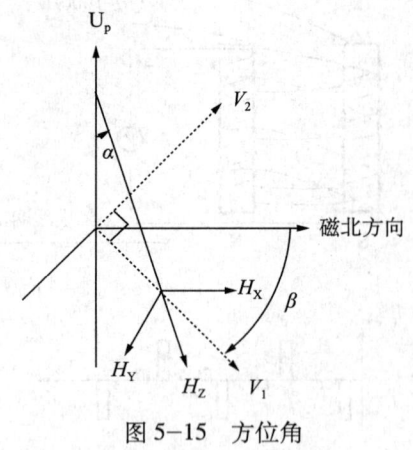

图 5-15 方位角

$$\tan\beta = \frac{合力 V_2}{合力 V_1}$$

将 H_X，H_Y 和 H_Z 换算成 V_1 和 V_2，可得出以下公式：

$$V_1 = H_Z\sin\alpha + H_Y\cos TF\cos\alpha + H_X\sin TF\cos\alpha$$

$$V_2 = H_X\cos TF - H_Y\sin TF$$

根据以前的关系式将具体值代入：

$$\sin\alpha = \frac{(G_X^2 + G_Y^2)^{1/2}}{G_Z}$$

$$\cos\alpha = \frac{G_Z}{g}$$

$$\sin TF = \frac{G_X}{(G_X^2 + G_Y^2)^{1/2}}$$

$$\cos TF = \frac{G_Y}{(G_X^2 + G_Y^2)^{1/2}}$$

方位角的最终表达式为：

$$\beta = \arctan\left(\frac{V_2}{V_1}\right) = \arctan\frac{g(H_X G_Y - H_X G_X)}{H_Z(G_X^2 + G_Y^2) + G_Z(H_Y G_Y + H_X G_X)}$$

式中，$g = (G_X^2 + G_Y^2 + G_Z^2)^{1/2}$。应注意方位角的表达式包含了加速度计和磁力仪的结果。

七、陀螺原理

高速旋转的陀螺仪具有定向性（定轴性）。加上内外框架，构成"万向机架"。只要陀螺轴的方向不变，与外框架构成一体的罗盘的方向也就不变，如图 5-16 所示。不管仪器壳体如何转动或倾斜，装有陀螺本体的外框架仍在惯性空间保持方位稳定，测量电路以这种恒定的水平轴转子方向为基准，结合重力加速度计给出的信息，来确定井眼井斜角、井斜方位角和陀螺工具面角。陀螺定向就是以陀螺工具面角为依据进行的。

在陀螺仪启动时，人为地使陀螺轴指向地理正北（不是磁北），就可保证罗盘的 N 极始终指向地理正北。

如此即可以陀螺罗盘的正北作为参照方向，测量井斜方位。

陀螺轴的转速非常高，一般为 41500r/min，还有更高转速的。制造要求整个仪器的内外框架的重心（包括罗盘重量在内）必须与陀螺的重心完全重合，否则陀螺将会出

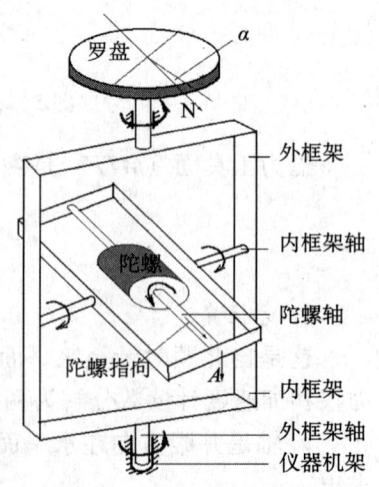

图 5-16 陀螺仪结构示意图

现"进动"。

进动：由于陀螺质量偏心，使陀螺受到一个外力 A 的作用。在力 A 的作用下，内框架并不转动，而是外框架转动一个角度 α，这就会使罗盘的 N 极偏离地理正北方位，从而影响陀螺仪的精度，如图 5-17 所示。进动，表现在罗盘的 N 极偏离正北，称为"漂移"。即使陀螺仪的重心只有 10μm（0.01mm）的偏差，也会使外框架的"进动"即陀螺的"漂移"达到每小时几度。

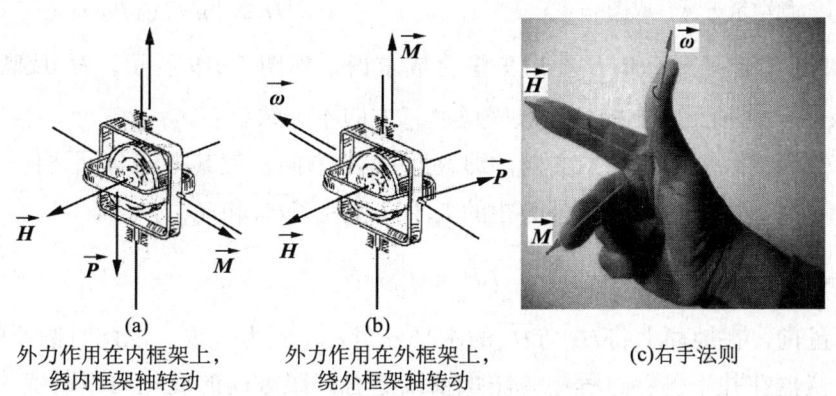

(a) 外力作用在内框架上，绕内框架轴转动

(b) 外力作用在外框架上，绕外框架轴转动

(c) 右手法则

图 5-17 陀螺进动原理示意图

$\vec{P}$—外力矢量；$\vec{M}$—外力形成的扭矩矢量；$\vec{H}$—陀螺角动量矢量；$\vec{\omega}$—陀螺进动矢量

解决陀螺漂移问题的方法：

由于制造的原因，陀螺仪不可能绝对没有飘移。在内框架上装设水银开关或称扭矩开关。可根据已经出现的重心偏离，给陀螺一个辅助扭矩，尽可能消除漂移。在测斜过程中，每隔 10min，让陀螺静止 3min，在同一深度处，连续多拍几张照片。对比这几张照片就可求得陀螺在这段时间内的漂移率。根据这个漂移率，就可修正每个时间正式测量的结果。

八、真北原理

真北原理就是在测量过程中，仪器自动寻找地理北极，并以地理北极为准测量井斜方位。质量为 m 的物体，绕 O—O 轴转动，如图 5-18 所示，线速度为 v，旋转半径为 r，则该物体具有角动量 $\vec{H_O}$。角动量是一矢量，其标量为：

$$H_O = r \cdot m \cdot v$$

具有转动惯量 I 的物体，绕 Z—Z 轴以角速度 ω 转动，则该物体具有角动量 $\vec{H_Z}$，其标量为：

$$H_Z = I \cdot \omega$$

陀螺仪的转子在绕自身轴线转动时，将具有角动量 $\vec{H_Z}$。其方向与陀螺轴线一致。角动量的大小与转动角速度 ω 和转动惯量 I 有关。

陀螺仪又是地球上的一个物体，将随地球一起绕地轴转动。所以陀螺仪还具有角动量 $\vec{H_O}$。其方向总与地轴正北方向一致。此

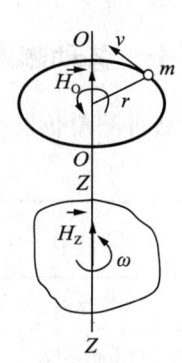

图 5-18 真北原理示意图

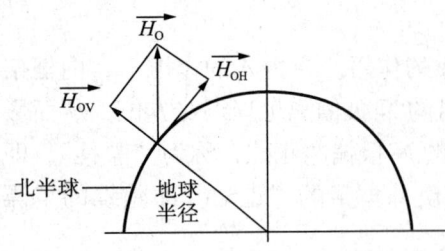

图 5-19 角动量矢量合成图

角动量大小与陀螺仪质量 m，绕地轴转动的速度 v 和距地轴的距离 r 有关。而 v 和 r 显然与陀螺仪所在地点的纬度有关。陀螺仪具有的总的角动量为：

$$\vec{H} = \vec{H_O} + \vec{H_Z}$$

当 $\vec{H_Z}$ 和 $\vec{H_O}$ 方向一致时，

$$H = r \cdot m \cdot v + I \cdot \omega$$

当 $\vec{H_Z}$ 和 $\vec{H_O}$ 方向不一致时，要用矢量合成求得，如图 5-19 所示。$\vec{H_Z}$ 反映了陀螺轴线方向；$\vec{H_O}$ 反映了地轴正北方向；一般来说，二方向不一致。

现在我们强迫改变陀螺轴的方向，即改变 $\vec{H_Z}$ 的方向，使其方向与 $\vec{H_O}$ 相一致。这样做，需要给陀螺轴一个外力矩 $\vec{M}$，此外力矩的大小，反映了 $\vec{H_Z}$ 和 $\vec{H_O}$ 的差别：

$$\vec{\Delta H} = \vec{H_O} - \vec{H_Z}$$

实际测量前，在地面上将 $\vec{H_Z}$ 与 $\vec{H_O}$ 的水平分量 $\vec{H_{OH}}$ 调为一致。以此时需要的外力矩 $\vec{M_H}$ 作为零点。仪器在井下测斜过程中，陀螺轴线随着井眼方向的变化而不断变化。这种变化是强迫性的，使之强迫变化的外力矩 $\vec{M}$ 也在不断变化。

显然，$\vec{M} - \vec{M_H}$ 就反映了井眼轴线的方向与正北方向的差别，于是可以计算出井眼方位角来。

九、惯性导航原理

导弹、卫星、航天器等的导航，潜水艇和大海航行的导航，在没有参照系可循的情况下，使用惯性导航。

在惯性导航仪器中的 N、E、H 三个方向，装有三个加速度计，和三个方向的陀螺仪。三个方向的陀螺仪，保证三个方向的加速度计指向始终与 N、E、H 三个方向一致。

从仪器下井开始，不断地记录三个加速度计的测值。不断地根据三个加速度计测的三个轴向的加速度对时间的积分，算出仪器在三个轴向的运行速度，再根据速度对时间的积分，不断地算出仪器在三个轴向 N、E、H 的位移增量。

每隔 10s，给出一组测点的 N、E、H 坐标值。

如果想计算每个测点的井斜角、井斜方位角以及井眼曲率等参数，可以采用反算法。

十、各种测量仪器方法精度对比

各种测量仪器精度对比及局限性如表 5-1 所示。

表 5-1　各种测量仪器精度对比

仪器类别	每 10000ft 测深的位移误差 ft	仪器外径 in	使用的局限性
磁性仪器	200	2.25	磁干扰及磁场变化
自由陀螺仪	100	2~3	进动漂移

续表

仪器类别	每 10000ft 测深的位移误差 ft	仪器外径 in	使用的局限性
找北陀螺仪	20～30	1.75～3	
惯性导航仪	1	10.6	直径太大，结构复杂

第四节 氢氟酸瓶测斜仪器

石油工业中最早使用的测斜仪器是"氢氟酸瓶"。这项技术大约在1870年已用于采矿业，它所根据的原理非常简单，即液体的自由面总是保持水平而与其容器所处的位置无关。在这种特定的仪器内，容器是玻璃圆筒，液体是氢氟酸。如果仪器在倾斜位置停留一定的时间，则酸将与玻璃起反应并在圆筒面上留下指示水平面的刻痕，当圆筒处于水平时，可用刻痕与酸的原先位置之间的距离来计算斜角，如图5-20所示。必须仔细选择酸的强度，使其能在一段适当的时间内在玻璃上刻蚀出一道清晰的线。

将仪器用钢丝自钻柱内下入直至其停靠在钻头顶部或钻头以上某处的挡板上。氢氟酸瓶留在此位置大约30min使其发生反应，起下钻中防止由于酸液活动而在玻璃上刻下其他线条。起到地面要检验玻璃并确定井斜角。

为了测量井眼方位需要含有明胶和一个磁罗盘针的附加空间，磁罗盘针是自由浮动的并指向磁北，并且被明胶将其保持在此位置，因此定向井的方位可以参照磁北定位。

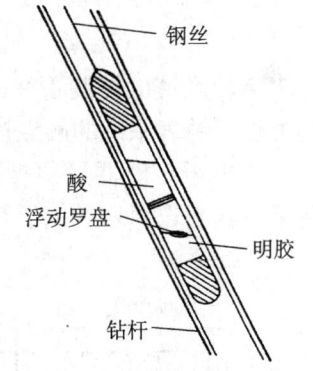

图 5-20 "氢氟酸瓶"侧斜原理

氢氟酸瓶技术的主要不利之处是氢氟酸并不总会留下明显的刻线以显示交界面。在读刻痕时，应把毛细效应的容差考虑进去。

第五节 磁罗盘测量仪器

磁罗盘照相测斜仪分为单点测斜仪和多点测斜仪两类，是目前国内石油定向钻井行业中使用最普遍的测量仪器，具有结构简单、操作方便、价格低廉的优点。在裸眼井中，将仪器下到钻具组合的无磁钻铤位置，采用定时器控制仪器电源将某一井深的井斜角、方位角和工具面角数据记录在胶片或胶卷上，作为永久性资料保存。

国内外石油行业中使用的磁罗盘照相测斜仪有数十种，目前国内应用最多的是美国EASTMAN CHRISTENSEN公司的R型和E型罗盘测斜仪，以及部分美国SPERRY-SUN公司的A型和B型罗盘测斜仪。其中R型和A型为常规仪器，E型和B型为高温仪器。国产单、多点测斜仪主要是西安石油仪器厂和牡丹江石油仪器厂等多家生产，大多数的产品均为仿制美国 EASTMAN CHRISTENSEN 公司的 R 型单、多点测斜仪。

一、磁罗盘单点照相测斜仪

1. 磁罗盘单点测斜仪的结构和工作原理

如图 5-21 所示，磁罗盘单点测斜仪由定时器、电池筒、照相机总成、罗盘短节、外筒总成及辅助工具等 5 部分组成。

图 5-21 单点测斜仪

（1）定时器。

磁罗盘单点测斜仪使用的定时器有机械定时器、电子定时器、蒙乃尔传感器和运动传感器等 4 种，其作用均为控制仪器电源在特定的时间使照相机拍摄测斜胶片。

①机械定时器是一套钟表机构，当转动定时轮使其对准要求的照相时间时，定时轮将受机械发条力的作用，在钟表齿轮系统的控制下往回运动。当定时轮上的"O"对准外壳上的"ON"时，定时轮上的触点与钟表系统的触点接触，使电源导通开始照相。

②电子定时器是由振荡器、分频器、计数器、开关电路和调节部分组成，如图 5-22 所示。其工作原理类似于石英电子钟。

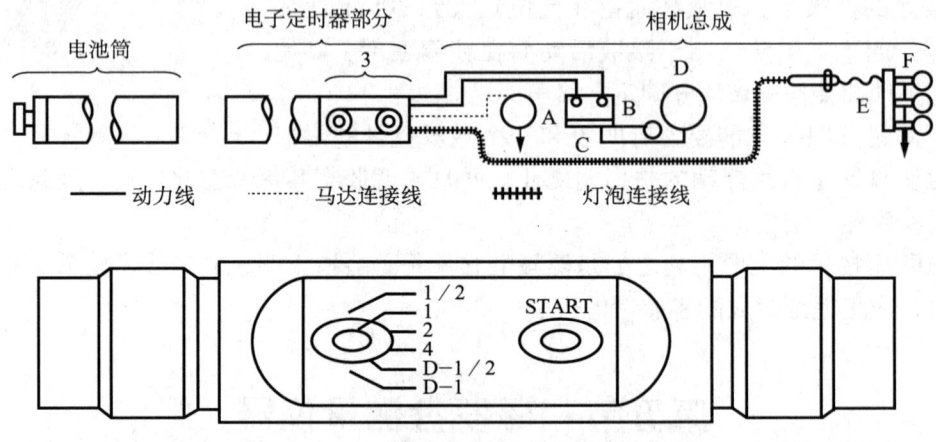

图 5-22 磁罗盘单点测斜仪电子定时器

③蒙乃尔传感器是由参考振荡器、测量振荡器、时基振荡器、频率合成器、整形放大器、计数开关电路、分频与延时电路和时间选择电路等组成。蒙乃尔传感器的测量线圈能够敏感周围环境的金属材料（如钻杆和无磁钻铤），对周围不同的金属材料，线圈产生的电感量不同，从而使测量振荡器产生不同的输出频率。只有在无磁钻铤的环境中产生的频率，经过合成放大才能导通开关电路，控制单点测斜仪照相。

④运动传感器与单点测斜仪组装后由运动状态变为静止，并稳定一段时间后导通开关电路，控制单点测斜仪照相。

（2）电池筒。

(3) 照相机总成。照相机总成由胶片盒、连接筒、镜头和光源组成。它们的作用有3个：

①装卸圆形照相胶片。

②提供光源通道。

③当定时器导通电源时，使照相机拍摄测斜照片。

(4) 罗盘短节。根据测量的井斜角范围，A型单点测斜仪使用的测斜罗盘主要有：6°、20°、90°三种规格，其中20°、90°罗盘在定向井中应用最多。

这种测斜罗盘和测角装置采用半球体的浮子式结构。

根据测量的井斜角范围，R型单点测斜仪使用的测斜罗盘主要有：6°、20°、90°三种规格，其中20°、90°罗盘在定向井中应用最多（图5-23）。

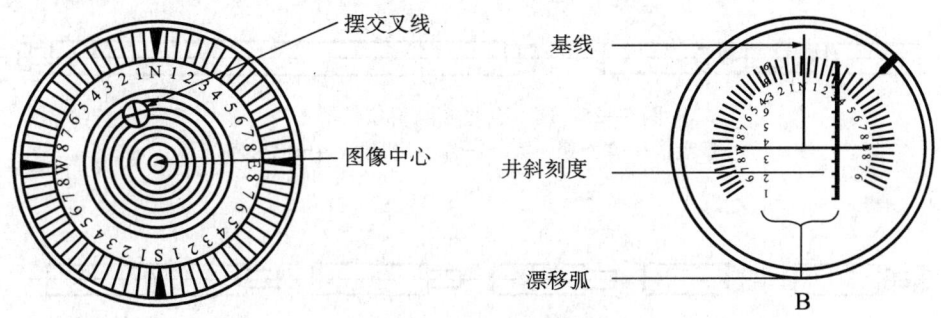

图 5-23　单点测斜相片实例

(5) 辅助工具。磁单点测斜仪的辅助工具主要有：装片盒、显影罐、胶片阅读器和仪器扳手等。

(6) 外筒总成和打捞筒。仪器的外筒总成包括：仪器外筒、定向减震短节、加长杆、定向引鞋或下减震器短节、打捞绳帽。

2. 单点照相测斜仪仪器连接说明

R型仪器适用于工作温度低于100℃的测量，如果工作环境温度高于100℃，应选用E型仪器。

仪器连接方法如下：

(1) R型单点照相测斜仪仪器部分应按图5-24所示连接使用。

(2) E型单点照相测斜仪仪器部分应按图5-25所示连接使用。

单点照相测斜仪的保护筒总成分为测斜和定向两种连接方式：

(1) 测斜方式时，保护筒总成应按图5-26所示连接使用（以R型为例）。

(2) 定向方式时，保护筒总成应按图5-27所示连接使用（以R型为例）。

3. 磁单点测斜仪的操作方法

磁单点测斜仪的操作方法如下：

(1) 选择罗盘度数；

(2) 选择定时器；

(3) 选择投测或吊测方式；

(4) 检查仪器性能和零部件；

(5) 组装仪器、装胶片；

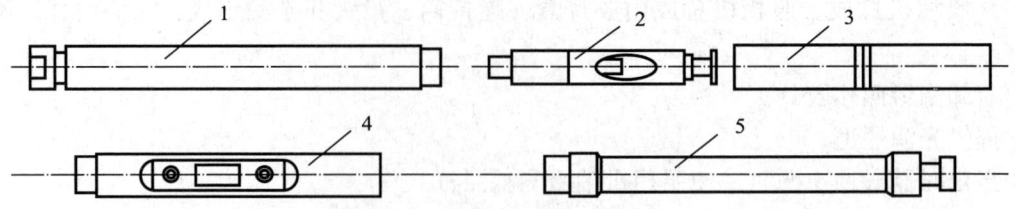

图 5-24　R 单点照相测斜仪仪器
1—罗盘；2—单点照相机；3—相机外筒；4—单点定时器；5—电池筒

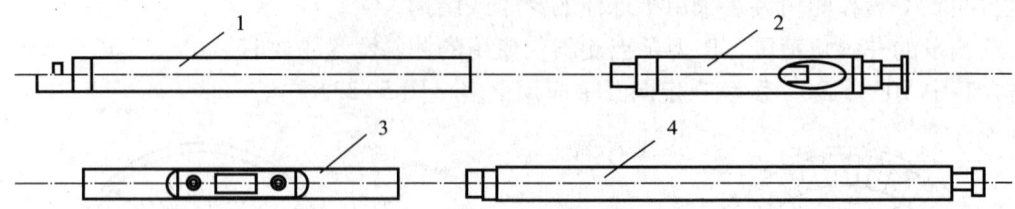

图 5-25　E 单点照相测斜仪仪器
1—罗盘；2—单点照相机；3—单点定时器；4—电池筒

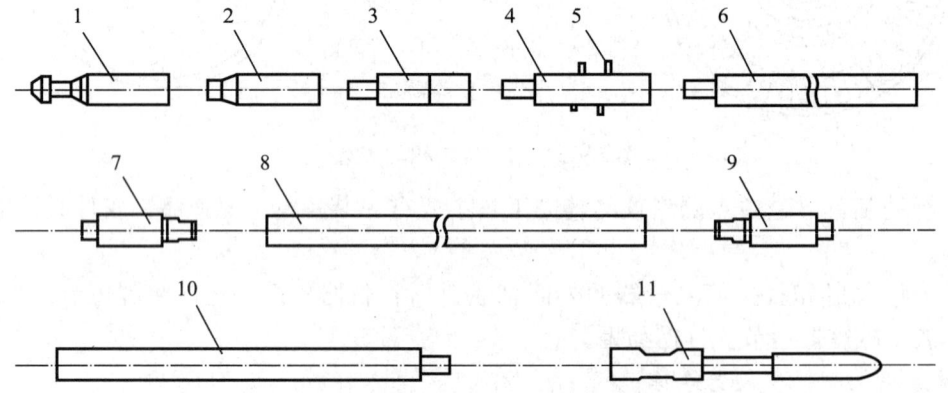

图 5-26　R 型测斜方式时保护筒总成
1—绳帽头；2—绳挂头；3—旋转接头；4—扶正器；5—扶正器胶棒；6—加长杆；
7—铜接头；8—外保护筒；9—铜接头；10—加长杆；11—底部减振器

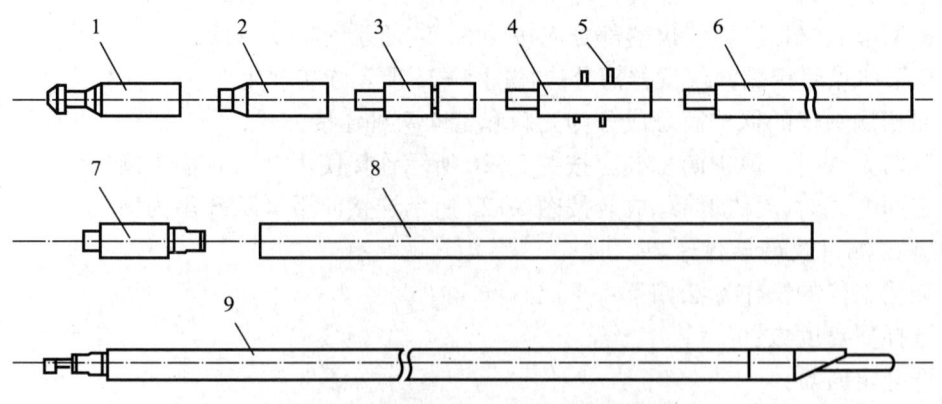

图 5-27　R 型定向方式时保护筒总成
1—绳帽头；2—绳挂头；3—旋转接头；4—扶正器；5—扶正器胶棒；
6—加长杆；7—铜接头；8—外保护筒；9—定向杆总成

(6)设置测斜时间（除使用蒙乃尔传感器）；

(7)组装仪器外筒；

(8)投测或吊测；

(9)投测打捞；

(10)冲洗胶片；

(11)阅读胶片和计算。

单点测斜仪的吊测需要采用钢丝测斜绞车（图5–28）下入仪器。

4.磁单点测斜仪的技术指标

磁单点测斜仪的技术指标如表5–2所示。

图5–28 钢丝测斜绞车

表5–2 磁单点测斜仪的技术指标

测量范围		方位	倾角
		0°～360°	0°～90°
精度	0°～10°	±0.5°	±0.2°
	0°～20°	±0.5°	±0.2°
	15°～90°	±0.5°	±0.25°
最高工作温度：150℃		加隔热套最高工作温度：350℃	
仪器外径：ϕ31.75mm、ϕ27mm		外保护筒外径：ϕ35mm、ϕ45mm	
最大耐压：45～120MPa			

二、磁罗盘多点照相测斜仪

1.磁罗盘多点测斜仪的结构和工作原理

磁罗盘多点测斜仪由定时器、电池筒、电磁阀、胶片筒、照相机总成、罗盘短节、外筒总成及辅助工具等7部分组成，如图5–29所示。

(1)定时器。磁罗盘多点测斜仪使用的定时器有机械定时器、电子程序定时器两种，电子程序定时器使用的较多。其作用为控制仪器卷片和拍测斜照片。

电子程序定时器是由振荡器、分频计数器、光源放大开关电路和卷片放大开关电路组成。

(2)电池筒。

(3)照相机总成。磁多点测斜仪照相机总成与单点测斜仪的相同。

(4)罗盘短节。单、多点测斜仪罗盘短节相同。

根据测量的井斜角范围，R型多点测斜仪使用的测斜罗盘主要有：6°、20°、90°三种规格，其中20°、90°罗盘在定向井中应用最多。

(5)辅助工具。磁罗盘多点测斜仪的辅助工具主要有：胶卷阅读器和仪器扳手等。

(6)外筒总成和打捞筒。仪器的外筒总成包括：仪器外筒、减震短节、加长杆、下减震器短节、打捞绳帽等，与单点测斜仪外筒总成相同。

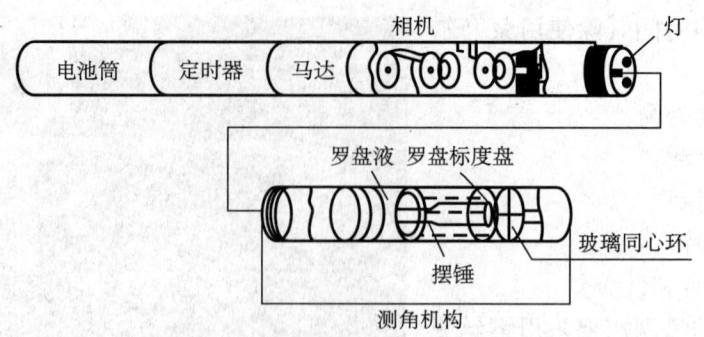

图 5-29 磁罗盘多点测斜仪组装图

2. 磁罗盘多点测斜仪的操作方法

磁罗盘多点测斜仪的操作方法如下：

(1) 选择罗盘度数；
(2) 检查仪器性能和零部件；
(3) 组装仪器、装胶卷；
(4) 设置测斜时间间隔；
(5) 组装仪器外筒；
(6) 投测；
(7) 打捞；
(8) 冲洗胶卷；
(9) 阅读胶卷和计算。

三、自浮式单点照相测斜仪

1. 自浮式单点照相测斜仪原理与结构

自浮式照相测斜仪具有适当的浮力，可以通过开泵将其送至测量位置完成测量，停泵后仪器依靠自身浮力升至井口。使用中不需甩方钻杆，不需测井绞车，测井前不用循环调整钻井液，在整个测井过程中，可随时开泵、提放转动钻具、可正常起钻，所以简化了测井过程、节约测井时间、有效预防钻井事故、提高测井深度。

自浮式照相测斜仪由仪器部分和自浮载体组成。

自浮式照相测斜仪仪器部分包括自浮充电电池筒、自浮定时器、自浮照相机、自浮罗盘（0°～10°、0°～20°）。自浮式载体包括打捞矛、仪器仓、浮力仓、缓冲器、衬管。使用时可选一种罗盘和其他部件组装在一起，装入衬管内放入仪器仓。使用时将组装好的全套设备投入钻具中，接上方钻杆，开泵，利用泵冲将仪器送到井下钻具托盘位置，照相后停泵，仪器自动浮出钻井液液面。

自浮式照相测斜仪仪器部分应按图 5-30 所示连接使用。

图中，罗盘根据需要可选用 0°～10°，0°～20°，15°～90° 等规格，控制器在图中以单点定时器为例，可选用无磁传感器，电池筒可选用充电电池筒。根据井深及工作环境，应选用浮力仓。自浮载体部分应按图 5-31 所示连接使用。

2. 自浮式照相测斜仪技术指标

自浮式照相测斜仪技术指标如表 5-3 所示。

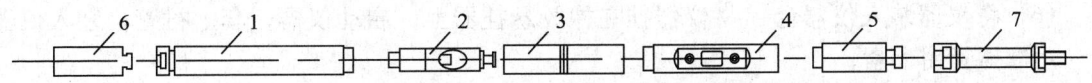

图 5–30 自浮式照相测斜仪仪器
1—自浮罗盘；2—自浮照相机；3—相机外筒；4—自浮定时器；
5—自浮电池筒；6—橡胶保护器；7—橡胶悬挂器

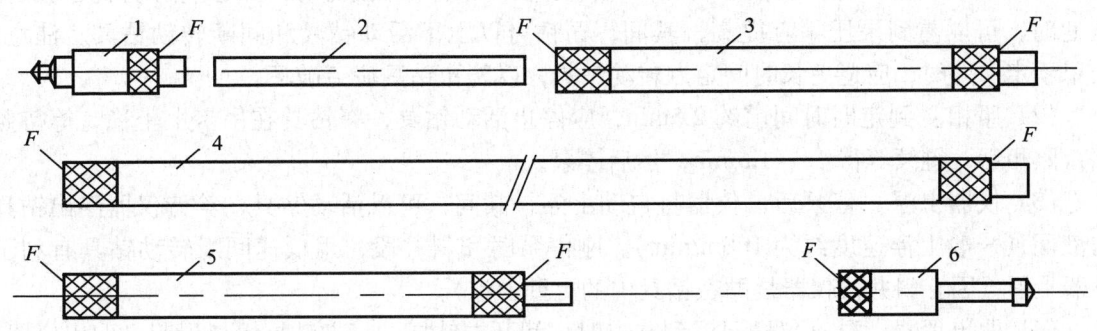

图 5–31 自浮式载体
1—打捞矛；2—衬管；3—仪器仓；4—浮力仓；5—下浮力仓；6—缓冲器；F—分离面

表 5–3 自浮式照相测斜仪技术指标

测量范围		方位	倾角
		0°～360°	0°～20°
精度	0°～10°	±0.5°	±0.2°
	0°～20°	±0.5°	±0.2°
最高工作温度：105℃（循环温度）		载体最大外径：ϕ49mm	
载体最大抗压：$h\rho+p\leqslant 60\sim 125$MPa		仪器下行速度：≤5.5m/s	
仪器外径：ϕ31.75mm		钻井泵出口压力：≤22MPa	
测井深度：由钻井液密度确定。即 $h\rho+p\leqslant 60\sim 125$MPa		h—测井深度，m；ρ—钻井液密度，g/cm³；p—钻井泵出口压力，MPa	

3. 测量准备及仪器组装

测量准备及仪器组装内容如下：

（1）安装托盘：下钻时在钻具合适的位置安装测斜托盘，井下接有无磁钻铤时应接在无磁钻铤下端。

（2）检查自浮充电电池筒：电量不足时应充电。

（3）组装自浮式载体：用摩擦管钳上紧（摩擦管钳只能打在分离面加厚滚花处）；检查缓冲器是否灵活有效，侧孔是否畅通，在缓冲器导杆上安装铅封。

（4）连接组装仪器：检查照相机灯泡是否明亮；连接仪器，装入胶片，用仪器扳手上紧，安装橡胶保护器。

（5）按定时按钮选取定时时间：定时时间约等于钻具内容积除以泵排量（下行时间）加上装仪器时间。若钻井液密度大于 1.4g/cm³，下行时间延长，请留出时间余量。

(6)将仪器装入仪器仓：将仪器挂在橡胶悬挂器上，启动仪器，套上衬管，装入仪器仓，用摩擦管钳上紧。

4. 投放及测量

投放及测量步骤：

（1）投放仪器：卸开方钻杆，将仪器缓冲器朝下投入钻具内，接上方钻杆，开泵循环，此时自浮式测斜仪下行，仪器下行速度约等于管内钻井液流速。自浮式照相测斜仪到达托盘处时，可以看到泵压稍有提高，其间，司钻可以上下活动钻具和间断转动钻具。注意，当用于定向井时，应避免长时间定点转动钻具，以防止钻具疲劳破坏。

（2）照相：到定时时间前约2.5min，应停止活动钻具，将钻具在吊卡上坐稳，等待照相；照相后，继续等待1～1.5min，然后停泵。

（3）仪器上浮：停泵后，仪器将自动上浮，其间，可以活动钻具，等待仪器浮出钻具内液面（一般上浮速度约为100m/min）。刚停泵时和斜井段，用低速间断转动钻具有利于仪器上浮（因在斜井段仪器是贴在钻具内的上壁上浮）。

（4）取出仪器：估计仪器已浮到井口时，卸开方钻杆，将方钻杆慢慢提起，取出仪器。若看不到液面，应重新接上方钻杆开泵，将钻具内灌满钻井液，等待仪器浮出。注意：在卸开方钻杆时，应人为扶正方钻杆，以防止因方钻杆摆动将仪器碰弯、剪断，或仪器随钻井液从方钻杆中掉入环空。

（5）读取数据：首先，查看铅模是否剪断，剪断说明仪器是在底部照相，如没有剪断应查找原因；卸开仪器仓，取出仪器，检查仪器是否已正常工作，确认后，冲洗胶片，读取数据。

（6）撤收：将仪器、载体卸开，擦拭（载体可冲洗）干净，检查密封"O"形圈，必要时更换；带上护帽，装入仪器箱，以备下次再用。整个测量过程结束。

5. 注意事项

自浮式单点照相测斜仪使用注意事项：

（1）自浮式照相测斜仪的仪器与常规保护筒总成配合，可用于普通吊测、投测。因重量及长度等技术参数不同，非自浮式仪器不能用于自浮式照相测斜仪。

（2）使用自浮式照相测斜仪，钻具必须安装托盘，否则将损坏缓冲器。

（3）仪器照相结束前，不得停泵，照相时钻具应在吊卡上坐稳。

（4）自浮载体为薄壁结构，在使用过程中勿与尖硬物体相撞，以免碰伤降低强度。

（6）应使用专用摩擦管钳上、卸扣，且钳体一定要打在加厚滚花处，如打在其他地方将会造成载体损坏。

（6）对于非分离面，不得拆卸，如拆卸将造成永久不可修复的损坏。

（7）自浮载体使用后，应用清水及时冲洗、擦干，以免因腐蚀降低强度。

（8）应经常检查自浮式载体表面伤痕、被腐蚀情况，如果划痕深度≥0.5mm，或者由于腐蚀外径≤47.5mm时，则该载体应立即停止使用，否则将造成更大的损失（载体压毁、内部仪器永久性毁坏）。

（9）仪器在使用中必须正确安装使用橡胶悬挂器、橡胶保护器，以免因撞击损坏仪器。

（10）自浮载体使用前一定要检查缓冲器是否活动自如、侧孔畅通。每次使用后，应清洗缓冲器腔体内泥浆，使侧孔畅通。

(11) 连接组装仪器时，一定要使用仪器扳手上紧，防止因振动退扣，造成测量失败。

(12) 操作者在使用过程中应积累经验，并把握好卸开方钻杆的时机（避免仪器上冲至方钻杆顶部被卡住）。卸方钻杆时，应防止仪器落入环空。

(13) 自浮载体不得过压使用，应计算可测量井深，应考虑钻井液相对密度、井深、泵压。

(14) 仪器的下行速度必须控制在 5.5m/s 以内，以免因撞击损坏仪器。

(15) 当需要获得方位数据时，必须使用无磁钻铤。

(16) 在使用自浮式照相测斜仪时，钻杆、钻铤的内径必须不小于 70mm，并保证内部通畅，否则由于管内阻力过大，造成仪器无法正常浮起。

第六节　有线随钻测斜仪

有线随钻测斜仪主要用于动力钻具组合中，实现定向钻井的随钻随测，即在钻井过程中，随钻测斜仪能够实时、连续地提供和显示井下钻具工作状态和已钻井眼的井斜角和方位角数据，一般测点的位置距钻头 10～15m。有线随钻测斜仪是通过铠装电缆向地面井下测量数据，这是与 MWD 无线随钻测斜仪的主要区别之一。

目前国内外有线随钻测斜仪产品有数十种，绝大部分是单芯的铠装电缆传输数据，这类仪器主要由 5 部分组成，即地面计算机、下井探管和外筒总成、司钻阅读器、打印机、电缆操作设备和辅助工具组成（图 5-32）。

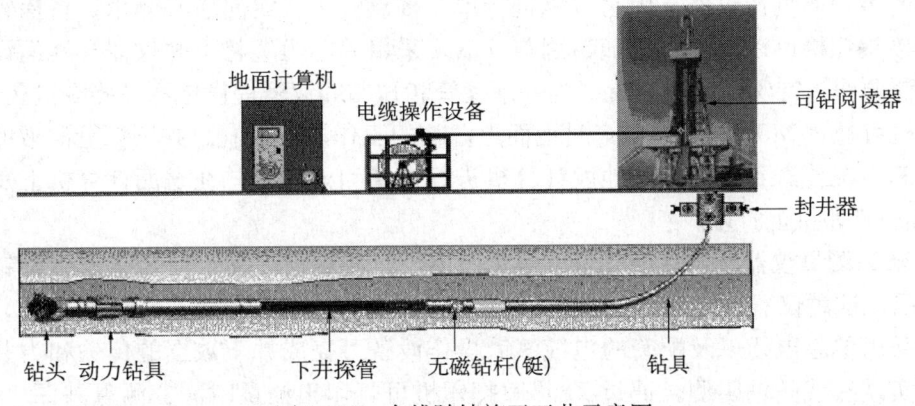

图 5-32　有线随钻施工工艺示意图

国内油田应用的有线随钻测斜仪有美国 Sperry-Sun 公司生产的 SST 和 MS3 有线随钻测斜仪，Eastman 公司生产的 DOT 有线随钻测斜仪，以及 DETA 公司和 Schlumberger 公司生产的有线随钻测斜仪，近年来，国内航天部门生产的 DST-2 型有线随钻测斜仪等。国内应用最多的是美国 Sperry-Sun 公司生产的 SST 和 MS3 有线随钻测斜仪，MS3 随钻测斜仪是 SST 随钻测斜仪的换代产品，以下主要介绍 MS3 随钻测斜仪的组成与性能。

一、MS3 有线随钻测斜仪简介

MS3 随钻测量仪器是美国 Sperry-Sun 公司 20 世纪 90 年代初生产的组合式有线随钻测

斜仪。整个仪器系统由带有 MS3 中间接口卡的地面计算机、恒流源、MS3 探管和下井外筒总成、司钻阅读器、TI 热敏打印机、电缆操作设备和辅助工具组成（图 5-33）。

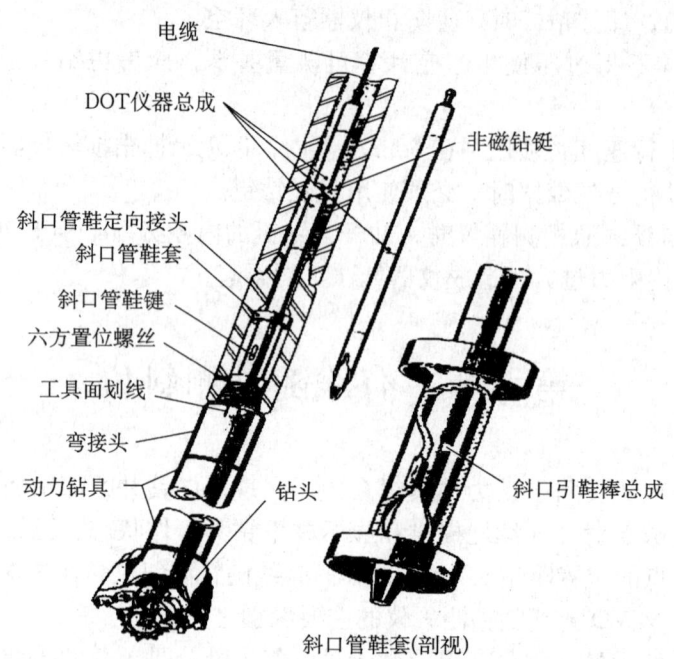

图 5-33　有线随钻井下仪器位置示意图

MS3 随钻测斜仪是利用 ESS 电子多点测斜仪的探管技术开发的一种与 SST 有线随钻测斜仪兼容的多功能测量仪器，用它可以进行单、多点测量、定向取心测量。将探管与一专用的传输接头连接可以组成有线随钻测斜仪器，采用单芯电缆将下井仪器和地面设备连接起来，恒流源作为特殊的电源装置，为井下探管和司钻阅读器提供电源及指令的传输通道。地面计算机可通过 MS3 中间接口卡对地面电源箱的工作进行控制。井下探管测取的井下数据再由单芯电缆传送到地面，由地面计算机进行运算和处理，并在地面计算机上实时显示或在 TI 热敏打印机上打印。

MS3 随钻测量仪器技术性能先进、适用范围广、测量精度高，是 SST 有线随钻测斜仪的换代产品，这种仪器有如下几个特点：

（1）采用单芯电缆以及配套的电缆滚筒操作设备可完成井下数据的传输和为井下仪器的供电，实现有线随钻随测，通过 TI 热敏打印机可打印出测量时间、测量井深、井斜角、井斜方位角及工具面数据，并在地面计算机和司钻阅读器上实时地显示。司钻通过司钻阅读器的显示，掌握井下动力钻具的工作状态，指导定向钻进。

（2）该随钻测量系统具有磁性参数的分析与修正功能，它可以消除来自井下钻具和地层的磁性干扰，特别适用于大斜度定向井和水平井测量。通过分析来自井下探管的地磁和重力分量数据，可以及时判断测量数据的误差原因以及确定测量的精度。

（3）地面数据处理系统采用 IBM 兼容计算机，改善了地面仪器的通用性，实现了一机多用的目的，在同一地面计算机上可以运行其他定向井、水平井软件。该测量系统所配备的 STERRING 随钻测量软件功能全、使用方便。在测量过程中，操作人员可以通过地面计算机上的数据显示了解仪器的工作情况，从而保证了仪器的测量精度和数据的可靠性。测量过程中，测量数据可以随时存盘、修改和调用。测量结束，打印机可立即打印出一份或多份经过地面计算机数据处理的随钻测量报表。

（4）除测量参数外，井下探管还向地面计算机传输仪器工作环境与工作状态数据，这些数据包括：探管的环境温度、工作电流、工作电压、数据的传输率等。

（5）该测量仪器系统具有磁扫描功能，运行磁扫描子程序可以检查无磁钻铤、无磁扶正器、仪器外筒等无磁材料的磁化情况。

（6）同一根探管可以实现 ESS 电子多点测量和有线随钻测量的全部功能。

（7）地面计算机具有错误诊断功能，测量过程中，它可以检测来自井下探管、电缆或地面仪器的错误信息，并通过地面计算机或 TI 打印机显示或打印出来。

二、仪器的组成和技术性能

MS3 有线随钻测量仪器系统（图 5-34）主要有以下 6 部分组成：地面计算机和 MS3 中间接口卡、恒流源、MS3 探管和下井外筒总成、司钻阅读器、TI 热敏打印机、电缆滚筒设备及辅助工具。

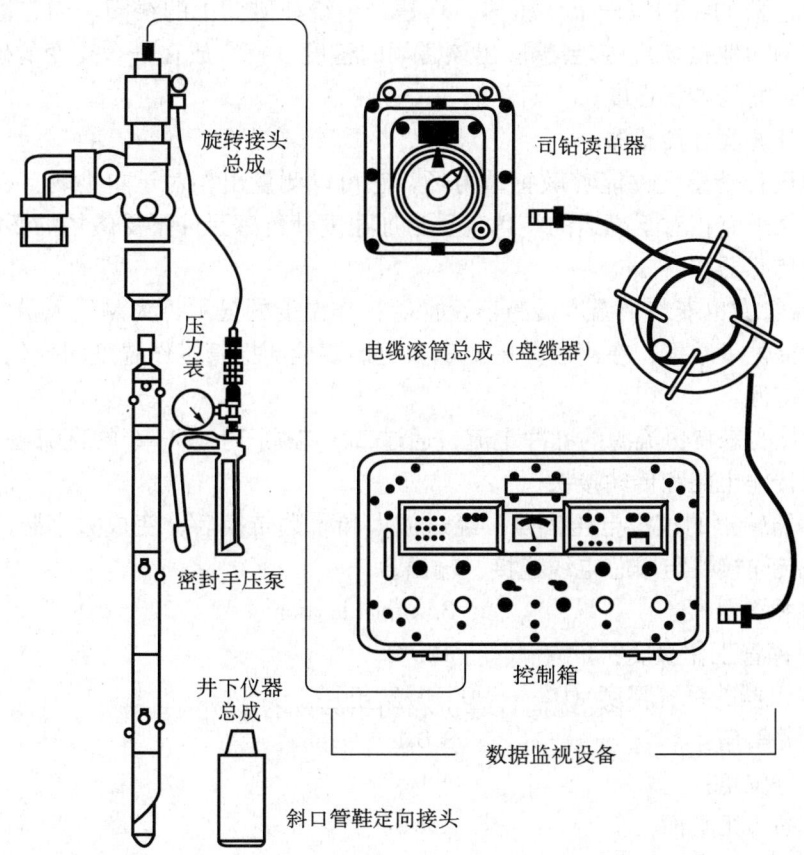

图 5-34 有线随钻测量仪器系统组成示意图

MS3 随钻测量系统的数据传输是采用数字脉冲、时间调制、多路输出的方式，这使得来自探管的测量信息，可以通过单芯电缆传输到地面仪器。在地面仪器中，这些来自探管的原始数据被送到解码电路中，并进行数字化处理。软件系统能辨认出脉冲信号传输中的时间基准,并以此基准作为原始测量数据的采集起点。

1. 地面计算机和 MS3 中间接口卡

该系统是由一台兼容的 PC 80286 或 PC 80386 计算机和一块 MS3 中间接口卡组成。地面计算机接收来自 MS3 探管测量信息,进行数据的处理、贮存并在地面计算机显示器和司钻阅读器上显示出来,测量人员可以操作计算机选择 MS3 随钻测量系统的工作方式,根据仪器的工作方式,地面计算机控制 MS3 探管和司钻阅读器的工作。

2. 恒流源

恒流源是一套特殊的电源装置,它为 MS3 探管和司钻阅读器提供电源及数据和指令传输的通道,地面计算机通过 MS3 中间接口卡对地面电源箱的工作进行控制。

3. MS3 探管和下井外筒总成

MS3 探管是一根装有重力和磁性测量元件的井下测量仪器,它测量与井斜角和方位角有关的原始测量数据,并通过电缆传输到地面计算机进行处理,它可以以高边或磁性工具面的方式为井下钻具定向。MS3 探管内部主要有以下 5 部分组成:

(1) 磁通门传感器。

磁通门传感器的结构像一个变压器,它是一个绕在磁棒上的线圈,当它被放在一个恒定的磁场中(例如地磁场),它会感应出该磁场的密度,将它放在一个交变的磁场里,它能测出这个交变磁场的磁场强度。

(2) 重力加速度计传感器。

重力加速度计传感元件能够敏感重力场,它可以测量出相对于重力场、探管的角度状态以及探管上某一点相对于高边的转角,重力加速度计传感元件不受磁场的影响。

(3) 温度传感器。

在 MS3 探管内也安装了温度传感器,探管工作温度的显示,为测量人员掌握仪器在井下的工作环境提供了数据,在高温井中测量,更需要检测探管工作温度的变化。

(4) 二次电源。

井下探管接受来自恒流源的脉冲电流,通过二次电源产生 24 V 的直流电为探管供电。

(5) 数据传输电路和传输接头。

井下传感器输出的模拟电压信号,经过放大和模数转换后,变成数字脉冲信号并经时间调制,通过传输接头与单芯电缆连接、输出。

  MS3 探管外径: 35mm($1^3/_8$in)
  MS3 探管工作温度: 125℃
  MS3 仪器的系统精度(0°~90° 井斜角):
    井斜角: ±0.1°
    方位角: ±1.0°
    高边工具面: ±1.0°
    磁性工具面: ±1.0°
    探管工作温度: ±2.0°

4. 司钻阅读器

司钻阅读器是为定向司钻显示井下钻具的工具面数据和井眼井斜角、方位角数据的装置,它以液晶数字的方式显示井眼的井斜角、方位角数据,该液晶数字显示器显示 1 行 14

位数字和字母，而且以液晶模拟刻度盘的方式显示井下钻具的磁性和高边工具面数据。

司钻阅读器通过一个 RS-232 中间接口与地面计算机系统连接，通过地面计算机的键盘指令输入，测量人员可以改变司钻阅读器的显示。

5. TI 热敏打印机

TI 热敏打印机作为地面计算机系统的外部设备，可以为 MS3 随钻测量仪器系统提供钻进过程的数据输出打印。

6. EPSON LX-810 打印机

EPSON LX-810 打印机和 TI 热敏打印机都作为地面计算机系统的外部设备，为 MS3 随钻测量仪器系统提供测量数据报表的输出打印。

7. 下井外筒总成和辅助工具

1）下井外筒总成

MS3 探管下井测量，需要与一套外筒总成配合使用（图 5-35）。这套外筒总成包括一根外筒、一个探管连线接头、一个定向减震接头、一定长度的加长杆和一套定向引鞋。

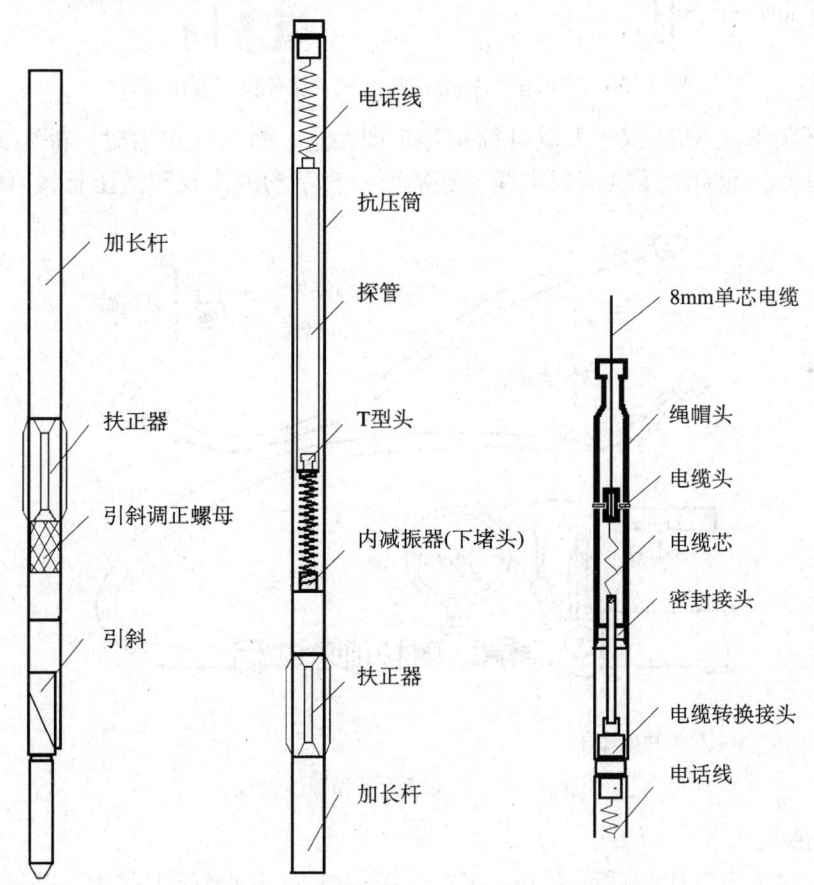

图 5-35 有线随钻井下仪器结构示意图

下井外筒总成有 3 个主要作用：

（1）通过调整定向引鞋或定向减震接头的角度位置，为井下动力钻具组合提供工具面的测量基准。

（2）为 MS3 探管提供一个无磁空间，以消除或减弱来自井下动力钻具组合和上部钻挺的磁干扰。

(3) 防止高压钻井液侵蚀损坏探管。

2) 循环头及液压缸

循环头被用来代替水龙头循环钻井液，同时密封电缆（图5-36）。

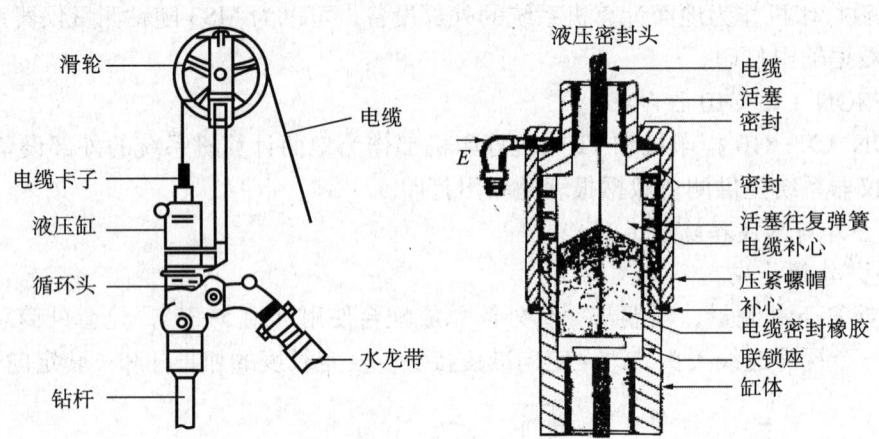

图5-36 有线随钻电缆密封方式（循环头、液压缸）

使用循环头下入MS3探管及其外筒指导定向钻进，每次接单根时，都要将井下仪器起到钻杆替根里面。配合液压缸密封电缆，还需要一套手动液压泵和液压管线（图5-37）。

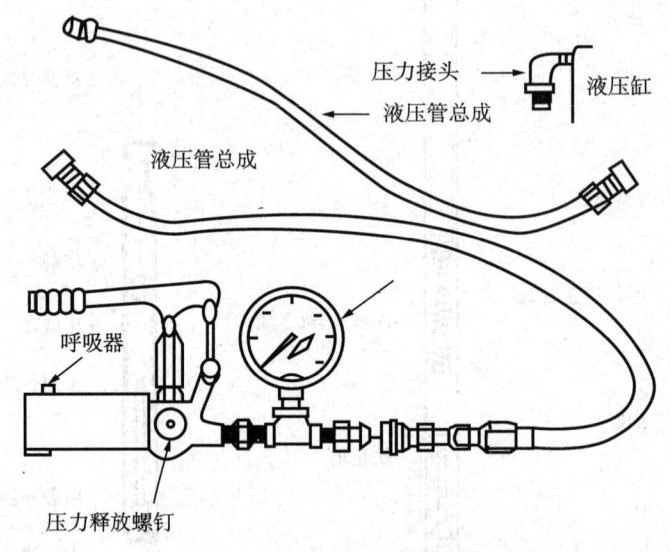

图5-37 手动液压泵和液压管线

3) 侧入接头

使用侧入接头可以代替循环头下入仪器、密封电缆。旁通阀则作为下井钻具的一部分，上、下端螺纹均与钻杆连接，侧入接头以下的电缆在钻杆内部，而侧入接头以上的电缆在钻杆外部的环空里。电缆通过转盘时需使用特制的刨槽方补心（图5-38）。

4) 电缆操作设备及发电机组

电缆操作设备主要是指电缆滚筒车和配套的操作设备，为了适应MS3随钻测量仪器的需要，电缆滚筒车上需配备液压滚筒驱动及操作系统，各种控制仪表和发电机组等。

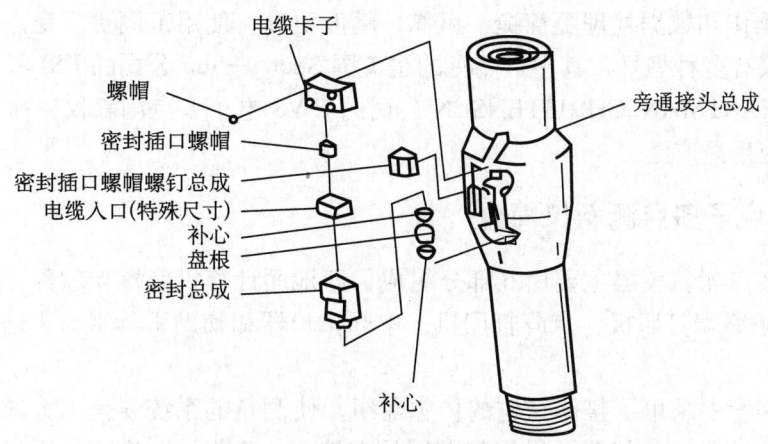

图 5-38　有线随钻电缆密封方式（旁通阀）

三、钻具组合的要求和无磁钻铤的选择

（1）钻具组合中使用定向弯接头、定向直接头与循环套。

（2）无磁钻铤的选择原则：

①为随钻测斜仪提供无磁的测量空间，减小来自钻具的磁干扰。

②满足钻具组合的要求（等刚度原理）。

四、地面测试与检查

（1）仪器接通电源，不接探管，按下＜SEAT＞键，测电缆开路电压为0V。连接探管试验电缆，按下＜SEAT＞键，测探管电压为28V。连接滚筒电缆和探管，按下＜SEAT＞键，测探管电压为32～40V。仪器能执行TI热敏打印机的键盘指令。司钻阅读器上井斜角、井斜方位角和工具面角显示数据与A-1机架上显示的一样。

（2）下井总成检查：按电缆头、探管连线接头、外筒、可调定向减震弹簧、加长杆、定向引鞋的顺序检查外形、螺纹、密封圈检查。查电缆头时需检查电缆根部无变形、无断丝、触点清洁、连接牢固、绝缘可靠。

（3）循环头和手压泵检查：循环头本体、螺纹无外伤，各轴承润滑活动良好，液压缸、液压管线、手压泵灵活好用。

第七节　电子多点测斜仪

电子单多点测斜仪在国内简称作电子多点测斜仪，是在有线随钻测斜仪的基础上发展起来的一种电磁类测斜仪器，它采用了有线随钻测斜仪探管的磁通门和重力加速度计测量元件，以大地磁场和重力场作为测量的媒介，将微处理器芯片和记忆元件装入探管，在探管内将测量的原始分量数据处理成井斜角、方位角和工具面等数据，并记录和储存，当探管起出地面时，通过终端打印机或计算机输出。

电子多点测斜仪是磁罗盘单多点测斜仪换代产品，由于在探管中采用了微处理技术，使这类仪器的操作和数据处理更简捷、可靠，精度更高，使用范围更广泛。目前国内外电子单多点测斜仪有多种型号，其中最多见的是美国 Sperry-Sun 公司的 ESI 和 ESS 电子多点测斜仪，以及 EASTMAN CHRISTENSEN 公司的 EWS 电子多点测斜仪，而 ESS 电子多点测斜仪在国内应用最广泛。

一、ESS 电子多点测斜仪简介

ESS 电子多点测斜仪器主要由 6 部分组成，即地面计算机及操作软件、下井探管和外筒总成、TI 热敏终端打印机、点阵打印机、中间接口器和辅助工具组成。这种仪器有如下几个特点：

（1）ESS 探管中采用了整体结构的传感器组，使测量的系统误差大大减小。采用了耐高温的微处理器技术，使仪器的操作和数据处理简捷、可靠、精度高。采用了大容量的电可擦除存储寄存器（EEPROM），可以记忆 1000 个测点的数据，而且在断开电源的情况下，测量数据不会丢失。电路系统采用了二次集成元件，使得整个探管结构紧凑，可靠性高。采用了标准的 RS-232 接口电路，可直接与兼容计算机或终端设备通信。供电电池组采用了分隔减震的方式，大大加强了电源的抗冲击性。

（2）ESS 探管与地面设备有多种连接方式，ESS 探管可通过中间接口器与地面计算机、TI 热敏终端和点阵打印机连接。ESS 探管可直接与地面计算机或直接与 TI 热敏终端连接操作。可采用不同的方式对 ESS 探管进行启动、设置和数据输出，通过地面计算机，TI 热敏终端或点阵打印机可显示或打印出测量时间、测量井深、井斜角、原始方位角、修正方位角、工具面数据、原始分量数据、探管的环境温度、工作电压及工作状态等数据。

（3）地面数据处理系统采用 IBM 兼容计算机，改善了地面仪器的通用性，实现了一机多用的目的，在同一地面计算机上可以运行其他定向井、水平井软件。

该仪器系统配置的 ESSDUMP 软件，可通过地面计算机对 ESS 探管进行单点、多点或随钻 3 种测量功能的探管软件的输入。即同一根探管装载不同的软件可以实现 3 种不同的测量功能。

该仪器系统配置的 MAP 软件，可通过地面计算机对 ESS 探管进行单点、多点测量的初始化设置与数据输入、测量数据的输出和编辑。

该仪器系统配置的 UTV 软件，可在地面计算机上对 MAP 软件生成的数据文件进行编辑和进一步修改成不同的测量报表或绘图数据文件。并可运行该软件对测量数据不同方式的修改、比较和分析。

（4）ESS 电子多点测斜仪具有磁性参数的分析与修正功能，它可以消除来自井下钻具的磁性干扰，特别适用于大斜度定向井和水平井测量。通过分析来自井下探管的磁性和重力分量数据，可以及时判断测量数据的误差原因以及确定测量的精度。

（5）该测量仪器系统具有磁扫描功能，运行磁扫描子程序可以检查无磁钻铤、无磁扶正器、仪器外筒等无磁材料的磁化情况。

（6）ESS 探管计算机系统具有错误和状态诊断功能，测量过程中，它可以检测来自井下探管对电源、工作状态和测量环境的信息，并可通过地面计算机或 TI 热敏终端显示或打印出来。

二、仪器的组成和技术性能

1. 地面计算机和操作软件

地面计算机可采用一台兼容的 PC 80286 或 PC 80386 型台式或便携式计算机，要求硬盘容量 20MB 以上，技术性能无特殊要求。

ESS 电子多点测斜仪软件系统包括：

（1）ESSDUMP 软件。

可通过地面计算机对 ESS 探管进行单点、多点或随钻 3 种测量功能的探管软件的装载。其中探管软件 ESS 01 是单点测量和探管性能调试软件，ESS 02 是多点测量软件，ESS 05 是随钻测量软件。

（2）MAP 软件。

可通过地面计算机对 ESS 探管进行单点、多点测量的初始化设置与数据输入、测量数据的输出和编辑。

（3）UTV 软件。

可在地面计算机上对 MAP 软件生成的数据文件进行编辑和进一步修改成不同的测量报表或绘图数据文件。并可运行该软件对测量数据不同方式的修改、比较和分析。

2. ESS 探管和下井外筒总成

ESS 探管是一根装有重力和磁性测量元件的井下测量仪器，它测量与井斜角和方位角有关的原始测量数据，并通过探管内的微处理器系统进行处理，并记录在 EEPROM 芯片上。

ESS 探管内部主要有以下 6 部分组成：

（1）磁通门传感器。

（2）重力加速度计传感器。

（3）温度传感器。

（4）A/D 转换和放大电路。

ESS 探管的传感器组测量的磁通分量 B_x, B_y, B_z, G_x, 加速度计分量 G_y, G_z 和 T 原始模拟分量数据经该电路转换和放大，并经时序控制电路传输到微处理器系统。

（5）微处理器芯片和接口。

装载 ESS 01 和 ESS 02 软件的微处理器芯片对 B_x, B_y, B_z, G_x, G_y, G_z 和 T 等分量数据进行处理和存储。

（6）电池组。

由 4 节或 8 节电池组成的电池组为 ESS 探管供电。

（7）蒙乃尔传感器。

进行单点测量时，可使用蒙乃尔传感器，用于敏感仪器进入无磁钻铤并控制仪器工作。也可采用对 ESS 探管进行软件设置的方式代替蒙乃尔传感器，用于敏感仪器进入无磁钻铤并控制仪器工作。

ESS 探管外径：35mm（$1^3/_8$in）

ESS 探管工作条件

工作温度：125℃

工作电压：6～12V 直流

ESS 仪器的系统精度（0°～90°）

　　井斜角：±0.5°

　　方位角：±1.0°

　　高边工具面：±1.5°

　　磁性工具面：±1.5°

3. TI 热敏打印机

TI 热敏打印机作为 ESS 探管微处理器系统的外部设备，可作为 ESS 探管微处理器系统的数据终端。

4. 点阵打印机

一般采用 EPSON LX-810 打印机作为地面计算机系统的外部设备，为 ESS 电子多点测斜仪系统提供测量数据报表的输出打印。

5. 下井外筒总成和辅助工具

1）下井外筒总成

ESS 探管下井测量，需要与一套外筒总成配合使用。

（1）单点定向测量时，外筒总成包括：外筒和外筒接头，定向减震器，一定长度的加长杆和定向引鞋。

（2）多点测量时，外筒总成包括：外筒和外筒接头，非定向弹簧减震器，一定长度的加长杆和下部减震器。

2）辅助工具

辅助工具包括 ESS 探管的组装工具、外筒的组装工具和测试仪表等。

下井外筒总成和辅助工具结构如图 5-39 所示。

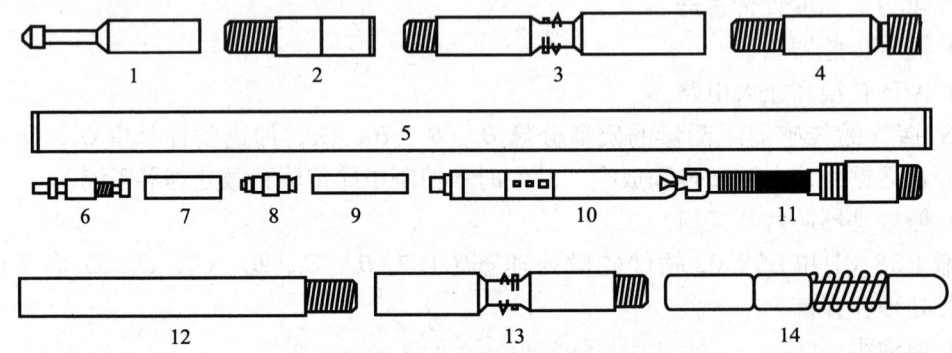

图 5-39　ESS 井下仪器结构示意图

1—绳帽；2—旋转接头；3—扶正短节；4—配合接头；5—抗压筒；6—塔头；7—电池筒；8—触点接头；9—电池筒；10—ESS 探管；11—内部减震弹簧；12—加长杆；13—扶正短节；14—底部减震弹簧

三、ESS 电子多点测斜仪的地面检测

（1）连接好地面设备，接口电源箱的开关置于地面检查状态，如图 5-40 所示。

（2）检查接口电源箱电源，确保交流电压在设计值 220V（1±10%），必要时可选用 UPS 稳压电源。

（3）检查电池筒通电的各连接部位，测量电池的电量，以防电量不够，取不上数据。

（4）自动检测软件，检测加速度计且显示井斜、方位、工具面等数据，在地面温度低于6℃时，应将探管预热30min。

（5）将接口电源箱开关置于测量状态，检查存储器，设置初始化菜单，即测量延迟时间、测量间隔。

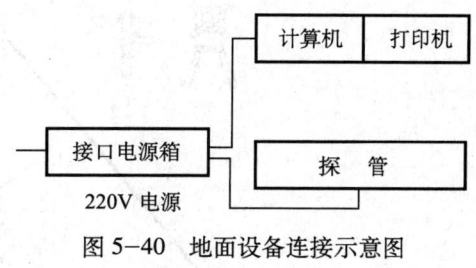

图5-40 地面设备连接示意图

（6）检查地面测斜绞车运转情况及测斜仪外筒密封、减震情况，及时更换"O"形密封圈及减震胶棒或弹簧。

第八节 陀螺测斜仪

罗盘类测斜仪器和电磁类测斜仪器均需要与无磁钻铤配合，在裸眼中使用。在已经下入套管的井眼中或丛式井平台等有磁干扰的井眼中测量、定向，必须使用陀螺类测斜仪器。

一、陀螺测斜仪的分类

1. 按测斜数据的记录方式分类

（1）照相陀螺测斜仪，如Eastman Christensen公司的A53-01型$2\frac{1}{2}$in水平转子陀螺测斜仪；Sperry-Sun公司的LRG 3in水平转子陀螺测斜仪和MK V $1\frac{3}{4}$in水平转子陀螺测斜仪等。

这类测斜仪又分为单点照相陀螺测斜仪和多点照相陀螺测斜仪两种。

（2）地面记录电子陀螺测斜仪，如Sperry-Sun公司的SRO地面记录定向陀螺测斜仪；BOSS Ⅱ电子陀螺测斜仪及G2电子陀螺测斜仪等。

2. 按陀螺仪的结构分类

（1）框架式陀螺测斜仪（图5-41）：Eastman Christensen公司的A 53-01型水平转子陀螺测斜仪；Sperry-Sun公司的LRG 3in水平转子陀螺测斜仪和MKV $1\frac{3}{4}$in水平转子陀螺测斜仪；SRO地面记录定向陀螺测斜仪和BOSS Ⅱ电子陀螺测斜仪均为框架式陀螺测斜仪。

（2）速率积分陀螺测斜仪：Sperry-Sun公司的G2电子陀螺测斜仪是速率积分式陀螺测斜仪。

二、陀螺测斜仪的工作原理

1. 陀螺仪的特性

1）进动性

如果陀螺仪受到绕内框架轴作用的外力矩时，陀螺仪绕外框架轴转动。如果受到绕外框架轴作用的外力矩时，陀螺仪绕内框架轴转动，其转动方向总是与外力矩方向垂直，这一特性称作陀螺的进动性。在干扰力矩作用下，陀螺的进动称作陀螺漂移。

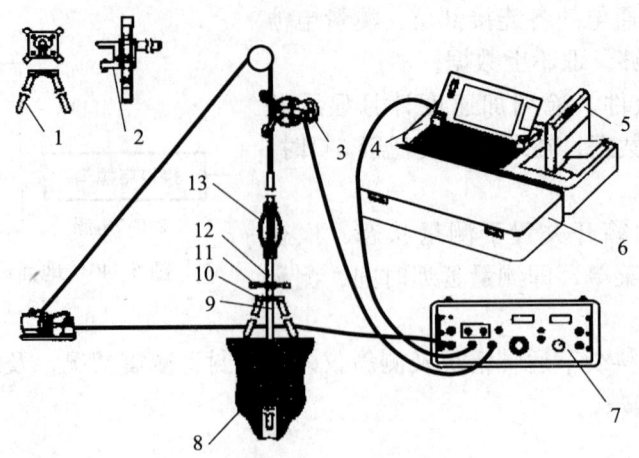

图 5-41 地面记录陀螺仪系统
1—瞄准台；2—瞄准望远镜（正向锁紧）；3—电缆深度指示器；4—便携式计算机；
5—便携式打印机；6—可锁手提铝箱；7—控制箱；8—下部下入工具；9—控制短节；
10—瞄准台；11—瞄准望远镜（瞄准枪）；12—陀螺仪探管；13—扶正器

2）稳定性

陀螺在干扰力矩作用下的漂移速度与干扰力矩成正比，与陀螺的角动量成反比，而陀螺的角动量与陀螺的转速成正比，所以高速运转的陀螺具有抵抗干扰力矩而保持其自转轴相对于惯性空间方位稳定的特性，称作陀螺自转轴的方位稳定性或定轴性。

3）章动性

陀螺受到冲击力矩的作用时，自转轴将在原来的空间方位附近作高频微幅的锥形振荡运动，这种振荡运动特性称作陀螺的章动性。

2. 陀螺测斜仪的工作原理

陀螺仪被称作惯性仪器，是因为这种仪器是采用天体坐标系，就是说它自身的转动不以地球上任何一点为参考，用作测量仪器是靠人为地为陀螺自转轴标定方向，如地理北极。

陀螺测斜仪测量井眼的方位角和钻具的工具面角是应用了陀螺自转轴的方位稳定性或定轴性，而井斜角和钻具的高边工具面角是采用测角装置和重力加速度计测量，所以陀螺测斜仪的测量是由陀螺仪和测角仪两部分组成。

照相陀螺测斜仪通常由随仪器下井的电池组供电，由陀螺仪的逆变电源转换为交流电使陀螺转动，同时另一电池组为照相机提供光源。井斜角和高边工具面角是采用机械测角装置测量，其测量的角度投影到陀螺仪刻度盘上，由照相机拍摄胶片或胶卷记录下来。

电子陀螺测斜仪通常是由地面计算机通过测井电缆为井下仪器供电，井斜角和工具面角均是采用重力加速度计测量，所有测量数据通过测井电缆传输到地面，由地面计算机处理和显示。

三、Sperry-Sun 陀螺测斜仪简介

1. MKV $1^3/_4$in 水平转子陀螺测斜仪

1）组成

MKV $1^3/_4$in 水平转子陀螺测斜仪由 9 部分组成：(1) 陀螺仪；(2) 测角装置；(3) 胶

卷卷片机构；（4）电磁阀；（5）照相电池筒；（6）电子程序器；（7）陀螺仪电池筒；（8）外筒总成和扶正器；（9）辅助工具和仪器。

MKV $1^3/_4$in 水平转子陀螺测斜仪是一套用于有磁干扰井眼中测量井眼轨迹和为动力钻具定向的陀螺测斜仪，测量井斜角的范围小于 70°。在地面需要采用地面罗盘为陀螺自转轴标定方向，并使用电缆滚筒车下入仪器。测量过程类似于磁罗盘多点照相测斜仪的吊测，需要记录与测量井深相对应的测量时间和漂移检查时间。

2）数据处理

MKV $1^3/_4$in 水平转子陀螺测斜仪的数据处理方法比较复杂，而且工作量也较大，数据处理的基本内容如下：（1）测斜胶卷的冲洗和阅读，其方法与磁罗盘多点测斜仪相同；（2）在井斜角大于 10°的情况下进行陀螺的框架校正；（3）陀螺漂移校正；（4）在井斜角小于 10°的情况下进行陀螺的中心校正；（5）井身轨迹计算。

3）技术指标

  （1）最长测量时间：　　　　　　8h
  （2）最大测点数量：　　　　　　1440 个
  （3）陀螺工作温度：　　　　　　-10～125℃（14～257℉）
  （4）陀螺工作电压：　　　　　　80～90V 交流
  （5）陀螺预热时间：　　　　　　20min
  （6）下放速度：　　　　　　　　不大于 1m/s
  （7）井斜角测量范围：　　　　　0°～70°
  （8）井斜角测量精度：　　　　　0.085°（校验架）
  （9）方位角测量精度：　　　　　0.05°～1°（校验架）

2. SRO 地面记录电子陀螺测斜仪

SRO 地面记录定向陀螺测斜仪是在 SST 随钻测斜仪地面仪器的基础上，与 MKV $1^3/_4$in 水平转子陀螺仪组合成的一套用于有磁干扰井眼中为钻具定向的陀螺测斜仪。该仪器的地面部分完全采用与 SST 随钻测斜仪相同的仪器。与陀螺仪连接的 SRO 探管内装有重力加速度计测量元件，可以测量井斜角和高边工具面角数据，并通过探管下端的磁性传感器传输陀螺仪刻度盘上的数据。SRO 探管是由地面计算机供电，陀螺仪是由随仪器下井的电池组供电，由陀螺仪的逆变电源转换为交流电使陀螺转动（图 5-42、图 5-43）。

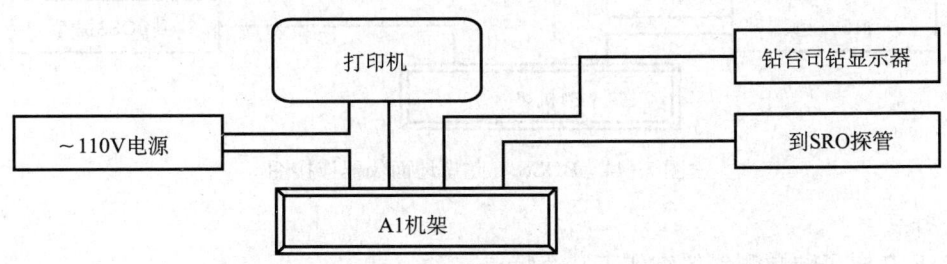

图 5-42　SRO 地面仪器连接示意图

SRO 地面记录定向陀螺测斜仪适合在套管开窗井中为开窗工具定向，在丛式井中为有磁干扰井眼中的动力钻具组合定向。采用高温绝热套，SRO 地面记录定向陀螺测斜仪可以用于井温超过 125℃的井眼中。SRO 地面记录定向陀螺测斜仪可完全采用与 MKV 1³/₄in 水平转子陀螺测斜仪相同的辅助工具和仪器。

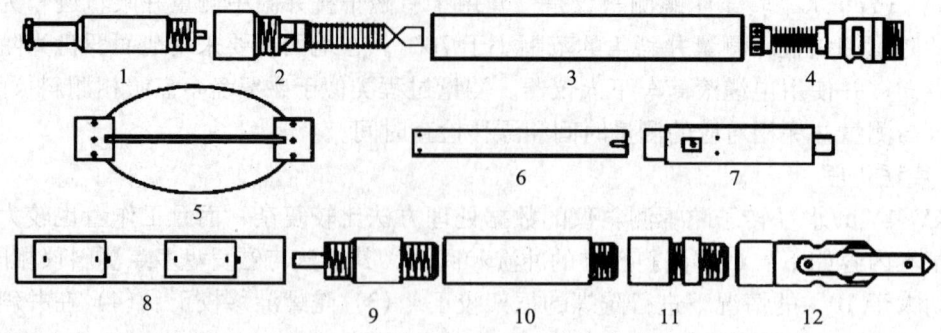

图 5-43　SRO 井下仪器结构示意图

1—电缆头；2—电话线接头；3—仪器抗压筒；4—陀螺座；5—扶正器；6—SRO 探管；7—SRO 陀螺；
8—电池筒；9—电池底座；10—加重杆；11—调整接头；12—斜口引鞋

技术指标：

地面仪器同 SST 随钻测斜仪。

陀螺仪同 MKV 1³/₄in 水平转子陀螺测斜仪。

SRO 探管的工作电压、工作电流、工作温度、井斜角测量范围和精度等同 10000 系列全角度探管。

3. BOSS Ⅱ 电子陀螺测斜仪

1）组成

BOSS Ⅱ 电子陀螺测斜仪由 5 部分组成：(1) 陀螺探管；(2) G-1 计算机；(3) TI 热敏终端；(4) 下井外筒和扶正器；(5) 电缆操作设备和辅助工具。

BOSS Ⅱ 电子陀螺测斜仪是一种有线式地面记录陀螺测量系统，采用单芯电缆将下井陀螺探管和地面的 G-1 计算机等设备连接起来（图 5-44、图 5-45），G-1 计算机为井下陀螺探管供电并程序控制陀螺仪的工作。井下陀螺探管测取的数据由单芯电缆传送到地面，由 G-1 计算机处理，并在 G-1 计算机上显示或在 TI 热敏终端上打印。

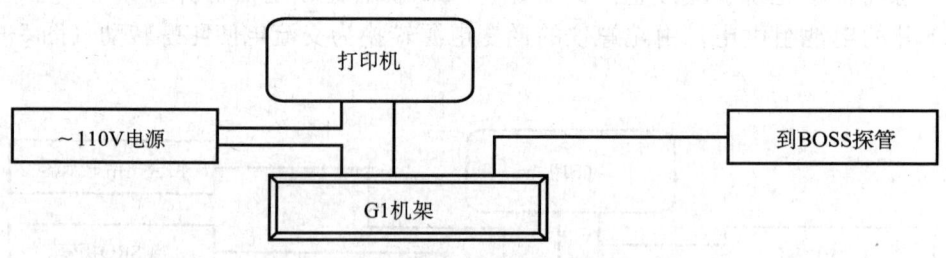

图 5-44　BOSS Ⅱ 陀螺地面仪器连接图

2）特点

BOSS Ⅱ 电子陀螺测斜仪有如下几个特点：

（1）BOSS Ⅱ 电子陀螺测量仪器采用单芯电缆以及配套的电缆滚筒操作设备完成井下数据的传输和为井下仪器供电，通过 TI 热敏终端打印出测量时间、测量井深、垂直井深、井斜角、井斜方位角、南北坐标、陀螺漂移数据和狗腿度等。

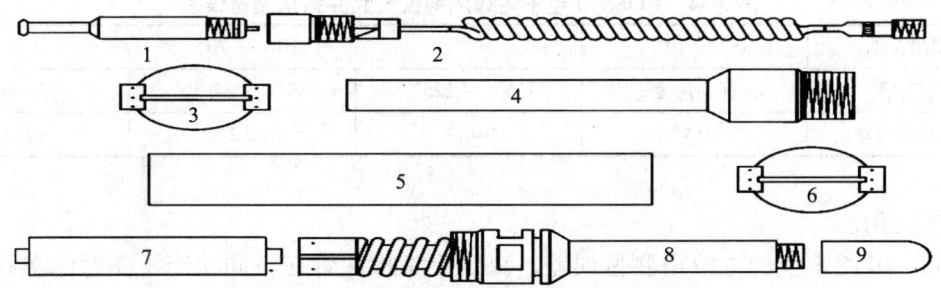

图 5-45　BOSS Ⅱ 陀螺井下仪器结构示意图

1—电缆头；2—电话线接头；3—上扶正器；4—电话线保护筒；5—探管外筒；
6—下扶正器；7—探管；8—陀螺座及加重杆；9—丝堵

（2）现场组装、操作较其他仪器简单，如果使用普通陀螺仪测量，每个测点需要静止 45～60s，以保证井下仪器测量时处于稳定状态。而使用 BOSS Ⅱ 电子陀螺测斜仪测量，在 G-1 计算机的数据显示屏上可以直接观察井下仪器是否处于稳定状态，所以每个测点的测量只需要静止 2～4s 便可完成，而且省了读胶片和手工计算、修正数据的麻烦。在测量过程中，操作人员可以通过 G-1 计算机上的数据显示了解仪器的工作情况，从而保证了测量的精度和数据的可靠性。

（3）G-1 计算机可以快速进行中心校正和陀螺漂移修正。陀螺探管的工作温度数据也可连续地传输到 G-1 计算机，一方面可以间接地得到井温资料，另一方面可以使操作人员掌握仪器的工作环境。

（4）BOSS Ⅱ 电子陀螺测量系统具有不同的测量方式，它可在钻台上对陀螺仪进行参照物方位标定，测量全井数据。也可在井下为陀螺仪标定参照物方位，进行下部井段测量。

（5）采用 BOSS Ⅱ 电子陀螺测量仪器可以为某些特殊井下工具定向。

（6）G-1 计算机本身带有错误诊断功能，在测量过程中它可以检测来自陀螺探管和 G-1 计算机的错误信息，并显示或打印出来。

3）技术性能

（1）G-1 计算机安装 V 2.7 模块，具有以下记忆和存储能力：

①最长测量时间：　　　　　　　9 小时 6 分
②最大测点数量：　　　　　　　290 个
③最大漂移检查点数量：　　　　64 个

（2）陀螺探管工作条件：

①工作温度：　　　　　　　　　-10～125℃（14～257℉）
②工作电流：　　　　　　　　　500mA
③下井深度：　　　　　　　　　单芯电缆 6000m
④下放速度：　　　　　　　　　不大于 1m/s

（3）井斜角测量范围：　　　　　0°～70°

（4）测量精度：

①井斜角。

在室温条件下，最大井斜角测量误差如表 5-4 所示。

表 5-4　BOSS Ⅱ 电子陀螺测斜仪最大井斜角测量误差

井斜角范围	0°～10°		10°～70°	
G2 值范围	任一角度	135°～225°	90°～270°	任一角度
最大测量误差	±0.1°	±0.1°	±0.2°	±0.3°

② 方位角。

BOSS Ⅱ 陀螺仪的方位角测量误差，决定于陀螺探管在不同状态下陀螺的漂移率。在校验架上，完成 3 次陀螺的漂移率检查，每次漂移检查值不大于 8°/h，漂移检查的最大值和最小值之差不大于 4°/h，方位角的测量误差将不大于 ±0.2°。

4. G2 电子陀螺测斜仪

1）组成

G2 电子陀螺测斜仪由 4 部分组成：(1) 陀螺探管；(2) 兼容计算机和打印机；(3) 下井外筒和扶正器；(4) 电缆操作设备和辅助工具；

G2 电子陀螺测斜仪是一种新型的有线式地面记录自寻北陀螺测量系统，采用单芯电缆将下井陀螺探管和地面计算机等设备连接起来，地面计算机为井下陀螺探管供电并程序控制陀螺仪的工作。井下陀螺探管测取的数据由单芯电缆传送到地面，由地面计算机处理，并显示或打印。

2）特点

G2 电子陀螺测斜仪不仅具备 BOSS 电子陀螺测斜仪的特点，而且还具有以下特点：

(1) 采用了具有自寻北功能的速率积分陀螺仪，不仅能够大大提高测量精度，而且使仪器的组装和操作简单，不需要在地面人为地为陀螺自转轴标定方向。测量结束时，地面计算机自动进行陀螺的修正漂移率计算，并修正测量数据。

(2) 陀螺探管内应用了微处理器技术，所以陀螺探管经过室内校验架标定后将贮存本陀螺探管的特性参数，可以在任何状态下和不同的温度环境里自动进行性能校正。

(3) 陀螺探管的外径较 BOSS 陀螺探管减小，与 3in 绝热套配合使用，可以在环境温度达 316℃ 的条件下连续工作 8h，而且可在陀螺探管的外筒上安装套管接箍探测器，以准确地控制测点井深。

(4) 地面仪器采用兼容的计算机系统。

3）技术指标：

(1) 探管外径：　　　　　　2.2in
(2) 外筒外径：　　　　　　2.6in（无绝热套）
　　　　　　　　　　　　　3in（有绝热套）
(3) 下井仪器总长：　　　　15ft
(4) 最大工作温度：　　　　85℃（无绝热套）
　　　　　　　　　　　　　316℃（有绝热套）
(5) 最大下放速度：　　　　1.7m/s
(6) 井斜角精度：　　　　　±0.05°
(7) 井斜角测量范围：　　　＞70°

(8) 方位角精度： ±0.3°
(9) 测深精度： ±0.0025m

第九节 MWD无线随钻测斜仪

MWD无线随钻测斜仪是在有线随钻测斜仪的基础上发展起来的一种新型的随钻测量仪器。它与有线随钻测斜仪的主要区别在于井下测量数据以无线方式传输。无线MWD按传输通道分为钻井液脉冲、电磁波、声波和光纤4种方式。其中钻井液脉冲和电磁波方式已经应用到生产实践中，以钻井液脉冲式使用最为广泛。

一、MWD随钻测斜仪传输方法

1. 钻井液脉冲传输方式

典型的钻井液脉冲式MWD随钻测斜仪主要有6大部分组成：
(1) 地面计算机及外部设备（包括终端、打印机、记录仪和供电电源等）；
(2) 数据检测设备（钻井液压力传感器、泵冲传感器等）；
(3) 司钻阅读器；
(4) 测量探管总成；
(5) 钻井液脉冲发生器；
(6) 供电系统（电池或涡轮发电机）。

1）连续波方式

连续发生器的转子在钻井液的作用下产生正弦或余弦压力波，由井下探管编码后的测量数据通过调制系统控制的定子相对于转子的角位移使这种正弦或余弦压力波在时间上出现相位移，在地面连续地检测这些相位移的变化，并通过译码、计算得到测量数据，如图5-46所示。

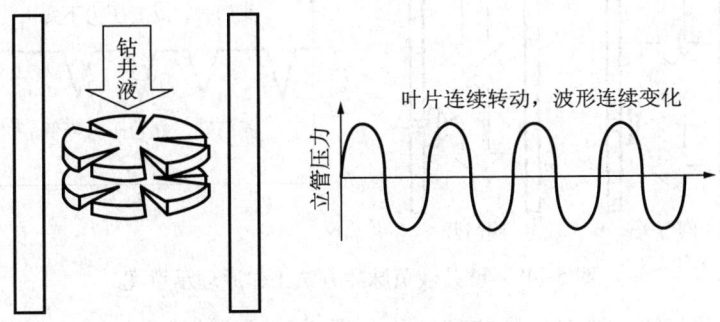

图5-46 连续波方式工作原理示意图

这种方法的优点是：数据传输速度快、精度高。
缺点是：结构复杂，数字译码能力较差。

2）正脉冲方式

如图5-47所示，钻井液正脉冲发生器的针阀与小孔的相对位置能够改变钻井液流道在此的截面积,从而引起钻柱内部钻井液压力的升高,针阀的运动是由探管编码的测量数据通过驱动控制电路来实现。由于用电磁铁直接驱动针阀需要消耗很大的功率,通常利用钻井液的动力,采用小阀推大阀的结构。在地面通过连续地检测立管压力的变化,并通过译码转换成不同的测量数据。

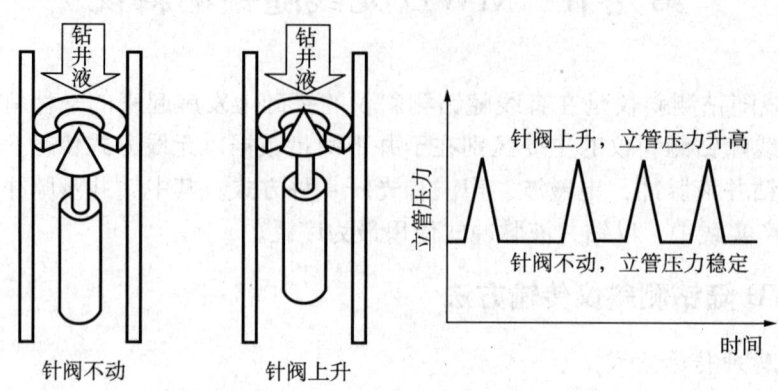

图 5-47　钻井液正脉冲方式工作原理示意图

这种方法的优点是:下井仪器结构简单、尺寸小,使用操作和维修方便,不需要专门的无磁钻铤。

缺点是:数据传输速度慢,不适合传输地质资料参数。

3) 负脉冲方式

如图 5-48 所示,钻井液负脉冲发生器需要安装在专用的无磁短节中使用,开启钻井液负脉冲发生器的泄流阀,可使钻柱内的钻井液经泄流阀与无磁钻铤上的泄流孔流到井眼环空,从而引起钻柱内部钻井液压力降低,泄流阀的动作是由探管编码的测量数据通过驱动控制电路实现。在地面通过连续地检测立管压力的变化,并通过译码转换成不同的测量数据。

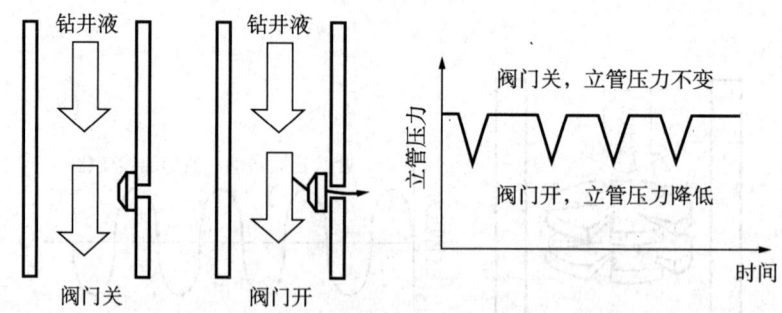

图 5-48　钻井液负脉冲方法工作原理示意图

这种方法的优点是:数据传输速度较快,适合传输定向和地质资料参数。

缺点是:下井仪器的结构较复杂,组装、操作和维修不便,需要专用的无磁钻铤。

2. 电磁波传输方式

电磁波信号传输主要是依靠地层介质来实现的。井下仪器将测量的数据加载到载波信号上,测量信号随载波信号由电磁波发射器向四周发射,如图 5-49 所示。地面检波器在地面将检测到的电磁波中的测量信号卸载并解码、计算,得到实际的测量数据。

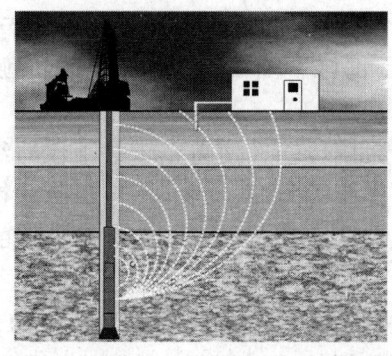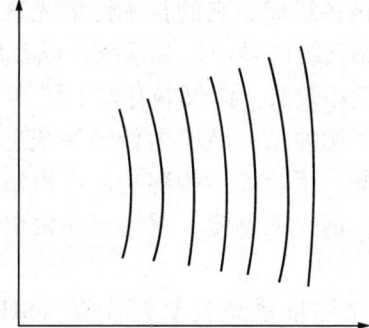

图 5-49 电磁波信号传输示意图

这种方法的优点是：数据传输速度较快，适合于普通钻井液、泡沫钻井液、空气钻井、激光钻井等钻井施工中传输定向和地质资料参数。

缺点是：地层介质对信号的影响较大，低电阻率的地层电磁波不能穿过，电磁波传输的距离也有限，不适合深井施工。

3. 声波传输

通过钻杆来传输声波或地震信号是另一种传输方法。声波遥测能显著提高数据传输率，使随钻数据传输率提高一个数量级，达到 100b/s。声波遥测和电磁波遥测一样，不需要通过钻井液循环，该系统利用声波传播机理来工作。当钻柱、钻头与井底相互作用时，钻柱中会出现纵向弹性波。能监测的主要参数是岩石破碎工具的回转频率，其中主要是牙轮的振动谐波。由于振动的幅值和频率与牙轮的磨损程度具有相关性，所以可据此来判断工具的状态。当钻进规程保持不变时，信号的幅值变化情况还可以反映岩石的力学性质。由于信号在钻杆柱中传播衰减很快，所以在钻杆柱内每隔 400～500m 要装一个中继站。声学信息通道的缺点：传送的信息量少，井眼产生的低强度信号和由钻井设备产生的声波噪声使探测信号非常困难，信号随深度衰减很快。

4. 光纤遥测

美国圣地亚国家实验室已研制成功并试验过用于 MWD 的光纤遥测系统。使用的光纤电缆很细小，成本低，可短时间使用，最后在钻井液中磨损掉并被冲走。在美国天然气研究所的测试中，光纤成功达到 915m 深度。光纤遥测技术能以大约 1M b/s 的速率传送数据，比其他商用的随钻遥测技术快 5 个数量级。

二、Sperry-Sun 公司定向 DWD 无线随钻测斜仪

1. DWD 无线随钻测量仪器系统

美国 Sperry-Sun 公司生产的定向 MWD 随钻测量仪器（简称"DWD"）采用正脉冲钻井液压力传输系统，井下仪器由一套涡轮发电机供电，地面上采用钻井液压力传感器检测来自井下仪器的钻井液脉冲信息，并传输到 MPSR 计算机进行处理，井下仪器所测量的井斜角、方位角和工具面数据可以显示在 MPSR 计算机或 DDU 司钻阅读器上，也可由 TI 终端或 EPSON LX-810 打印机上打印出来。DWD 随钻测量仪器是由 MPSR 计算机、TI 终端和 EPSON LX-810 打印机、长条记录仪、防爆箱、DDU 司钻阅读器、MEP 探管和下井外筒总成、钻井液脉冲发生器和涡轮发电机总成、无磁短节及钻井液压力传感器、泵冲传感

器和辅助工具设备组成。它的技术性能先进、工作可靠、特别适用于大斜度井和水平井中配合导向动力钻具组成导向钻井系统，以及用于海洋石油钻井，提高井眼轨迹的控制精度、提高钻井的速度和效益。该仪器有如下特点：

（1）采用正脉冲钻井液压力传输系统进行数据传输，使得整个井下仪器结构紧凑、体积小，现场检测、组装和拆卸容易，占用钻机作业时间短。而且不像负脉冲钻井液压力传输系统需要专门的无磁钻铤。采用涡轮发电机为井下仪器供电，使井下仪器的连续工作时间长、费用低。

（2）该随钻测量系统具有短测量（SHORT SURVEY）和全测量（FULL SURVEY）功能，短测量方式的数据传输速度快，工具面数据修正时间仅为9.3s。全测量方式可以将MEP探管测量的磁性和重力分量数据传输到MPSR计算机，用于进行磁性参数的分析，以消除来自井下钻具对仪器磁干扰的修正，适用于大斜度定向井和水平井测量，及时判断测量数据的误差原因以及确定测量的精度。

（3）地面数据处理系统采用的MPSR计算机抗震和抗干扰能力强。测量过程中，操作人员可以通过MPSR计算机的数据显示和TI终端的数据打印，了解仪器的工作情况。司钻通过DDU司钻阅读器的显示，掌握井下钻具的工作状态，指导定向钻进。

测量过程中，测量数据可以随时存盘、修改和调用。

测量结束，EPSON LX-810打印机可以打印出一份或多份经过MPSR计算机数据处理的随钻测量报表。

（4）除测量参数外，MEP探管还向MPSR计算机传输仪器工作环境与工作状态数据，这些数据包括：井下仪器的环境温度、发电机转速、数据的传输速率等。

（5）下井仪器系统有3个不同的系列，可以满足不同井眼尺寸和不同钻井液排量的要求。

（6）地面仪器和井下仪器都具有兼容性，地面仪器设备可以与3个系列的井下仪器配套使用，也可与测量地质参数的FED随钻测井系统配套使用。井下仪器可以与自然伽马、电阻率等多种测井仪器连接使用，以扩大仪器的用途。

2. DWD仪器系统的技术规范

1）无磁短节

DWD仪器无磁短节规格尺寸如表5-5所示。

表5-5 DWD无磁短节规格尺寸

类 型	Slimhole	350系统	650系统	1200系统
外 径	121mm ($4^3/_4$in)	165mm ($6^1/_2$in)	203mm (8in)	241mm ($9^1/_2$in)
长 度	9.449m (31ft)	1.829m (72in)	1.829m (72in)	1.829m (72in)
接 头	NC38 (310×310)	$4^1/_2$in IF (411×410)	$6^5/_8$in REG (631×630)	$7^5/_8$in REG (731×730)

2）工作条件

（1）井下仪器：

    钻井泵   双缸或三缸泵

空气脉冲缓冲器	推荐充气压力为立管压力的 30% ~ 40%
钻井液排量	
Slimhole 系统	9.5 ~ 22.1L/min
650 系统	14.2 ~ 41.0L/min
1200 系统	22.1 ~ 75.7L/min
钻井液类型	水基钻井液（清水或盐水）
	油基钻井液（原油或矿物油）
钻井液密度	1 ~ 2.17g/cm^3（8.3 ~ 18ppg）
含砂量	小于 2%（最好小于 1%）
塑性黏度	1 ~ 50cP❶
最大压力	102MPa（15000psi❷）
最高工作温度	125℃（257°F）
堵漏材料	细、中细的无纤维颗粒
润滑微珠	粒度小于 125μm，含量小于 2%
钻杆滤清器	必须装在方钻杆下的第一个单根里

(2) 地面设备：

工作温度范围	−45 ~ 55℃
贮藏温度范围	−45 ~ 70℃
最大相对湿度	~ 95% 无凝固
功率负荷	最小 3.0kW
电压范围	96 ~ 132V 交流、单相
瞬间极限电压	2500V 交流，10μs
频率	57 ~ 63Hz
电流	20A

(3) 系统精度：

方位角	±1.5°（井斜角 > 10°，地磁倾角 < 70°）
井斜角	±0.2°（在 0° ~ 180° 范围内）
磁性工具面	±2.8°
高边工具面	±2.8°
工具面解析度	5.6°
测量数据修正时间	2.5min
工具面修正时间	14s，传输频率 0.5Hz
	9.3s，传输频率 0.8Hz

三、QDT 无线随钻测量仪器

QDT 无线随钻测斜仪是美国 QDT 公司生产的无线随钻测量仪器，主要应用于定向井、水平井的井身轨迹随钻测量施工，锂电池供电，可以进行自然伽马测量。

---

❶ 1cP=1mPa·s。
❷ 1psi=6.895kPa。

1. 工作原理

QDT利用钻井液正脉冲方式传输信号（图5-50），利用锂电池为探管供电，钻井液从孔板与蘑菇头形成的环形空间内流过，当有信号传输时，蘑菇头伸出，停一下，然后回到原位。蘑菇头伸长堵住了部分钻井液通道，压力升高，产生瞬时正压力脉冲。地面上的钻井液压力传感器检测来自井下的钻井液脉冲信息，通过计算机处理后得到井斜角、井斜方位角、工具面及其他信息。

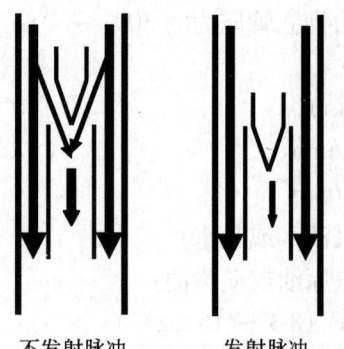

图5-50　QDT无线随钻工作原理示意图

2. 地面仪器组成

QDT无线随钻测斜仪地面仪器组成及连接如图5-51所示。

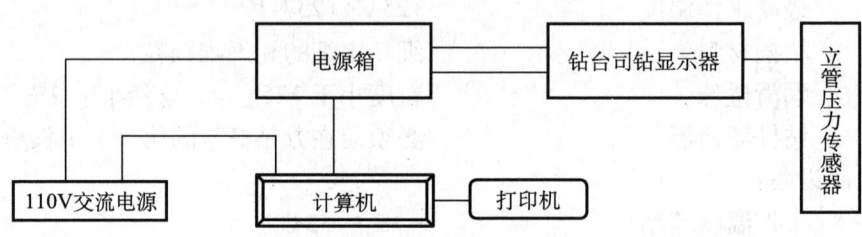

图5-51　QDT地面仪器连接示意图

3. 井下仪器组成

QDT无线随钻测斜仪井下仪器组成如图5-52所示。

4. 技术规范

QDT无线随钻测斜仪技术规范如表5-6所示。

表5-6　QDT无线随钻测斜仪技术规范

系统精度	井斜角	测量范围	0°～180°
		系统精度	±0.1°
	井斜方位角	测量范围	0°～360°
		系统精度	±1.0°
	磁边工具面角	测量范围	0°～360°
		系统精度	±1.0°
	高边工具面角	测量范围	0°～360°
		系统精度	±1.0°

5. 施工环境

QDT无线随钻测斜仪施工环境如表5-7所示。

表5-7　QDT无线随钻测斜仪施工环境

钻井液排量，L/s	22.1～75.71
钻井液类型	水基钻井液、油基钻井液

续表

钻井液密度，g/cm³	小于 2.17
含砂量，%	小于 1
塑性黏度，mPa·s	小于 50
最大压力，MPa	102
最高工作温度，℃	125
堵漏材料	无

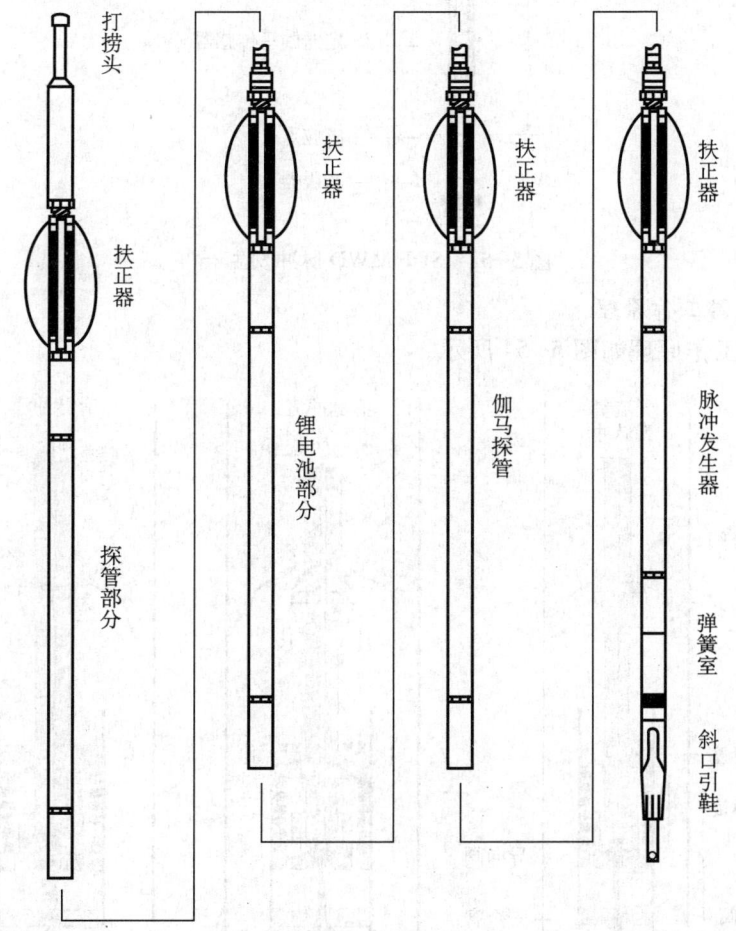

图 5-52 QDT 井下仪器结构示意图

四、SDI 无线随钻测量仪器

1. 仪器结构

SDI MWD 由井下仪器和地面设备两大部分组成。井下仪器包括探管、锂电池短节、MWD 控制器、脉冲发生器驱动器、脉冲发生器（图 5-53）等。地面设备包括控制箱 MSI、编程电源、深度显示器、司钻阅读器、压力传感器、泵传感器等。

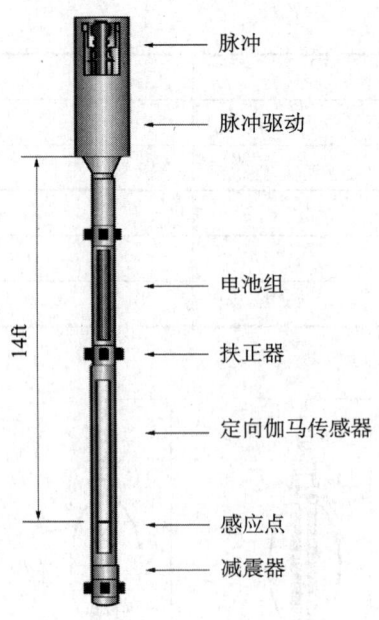

图 5-53　SDI MWD 脉冲发生器

2. 脉冲发生器工作原理

脉冲发生器工作原理如图 5-54 所示。

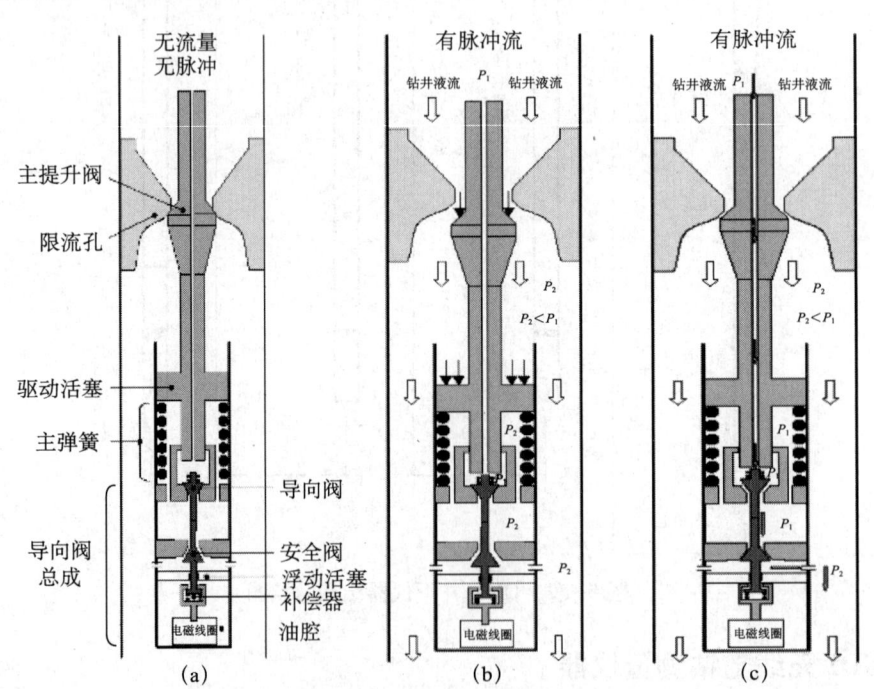

图 5-54　SDI MWD 脉冲发生器工作原理示意图

(a) 无钻井液流过时的脉冲发生器；(b) 钻井液流过，控制阀未动作；(c) 产生脉冲，控制阀打开

3. 技术规范

SDI 无线随钻测量仪器技术规范如表 5-8 所示。

表 5-8 SDI 无线随钻测量仪器技术规范

仪器外径，in		$4^3/_4$	$6^1/_4$	$6^1/_2$	$6^3/_4$	8	$9^1/_2$
仪器长度，ft		\multicolumn{6}{c}{36}					
允许狗腿度，(℃)/30m	滑动	28	20	20	20	12	12
	转动	12	10	10	10	7	7
最高温度，℃		\multicolumn{6}{c}{125}					
最高压力，psi		\multicolumn{6}{c}{20000}					
允许排量，gal/min		400	400	400	1000	1500	1500
磁/高边转换	数据更新速度	\multicolumn{6}{c}{11.2s}					
	测量时间	\multicolumn{6}{c}{150s}					
工具面精度		\multicolumn{6}{c}{0.15°，井斜大于 3°}					
方位精度		\multicolumn{6}{c}{0.25°，井斜大于 3°}					
井斜精度		\multicolumn{6}{c}{0.15°，任何井斜}					
伽马标准		\multicolumn{6}{c}{API 单位（标准）}					

五、YST 无线随钻测量仪器

1. 工作原理

探管的信号经编码通过脉冲发生器产生钻井液压力变化，而压力传感器检测这一压力变化。经相应的解码，实时地计算、显示、打印所测量的方位、井斜、工具面、温度等参数，如图 5-55 所示。

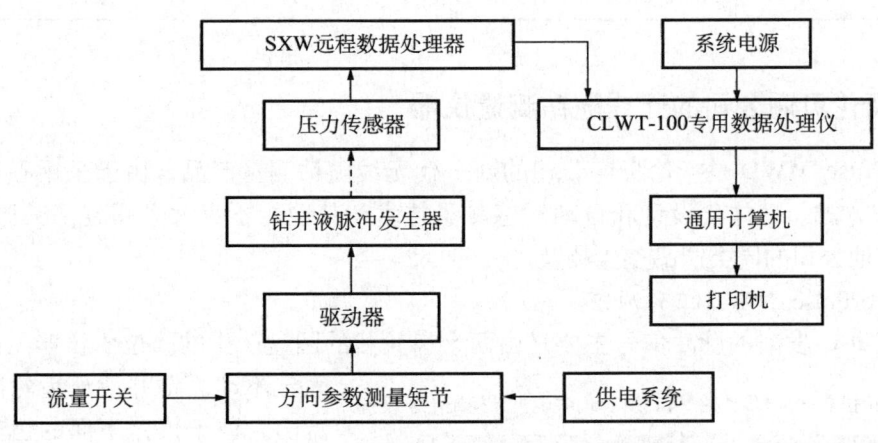

图 5-55 YST 无线随钻测量仪器工作流程示意图

2. 仪器组成

YST 无线随钻测量仪器主要部件如图 5-56 所示。

3. 系统精度

YST 无线随钻测量仪系统精度如表 5-9 所示。

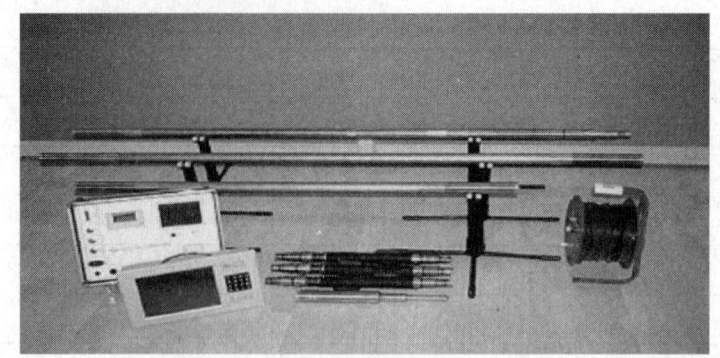

图 5-56 YST 无线随钻测量仪器主要部件

表 5-9 YST 无线随钻测量仪系统精度

设备代码	—	井斜角测量范围	0°～180°
设备名称	钻井液脉冲随钻测斜仪	井斜角测量精度	±0.2°
设备型号	YST-48X	方位角测量范围	0°～360°
系统电源	160～260V（40～60Hz）	方位角测量精度	±2°
井下仪器供电方式	电池组	磁性工具面角测量范围	0°～360°
最高工作温度，℃	125	磁性工具面角测量精度	±2°，井斜＜10°
最大工作压力，MPa	＞100	高边工具面角测量范围	0°～360°
仪器外筒外径，mm	48	高边工具面角测量精度	±2°，井斜≥10°
地面计算机类型	通用计算机或专用数据处	远程数据处理器型号	SXW200
探管外径，mm	36		
系统软件	Windows98		
操作软件	HMWD.exe		

六、斯伦贝谢公司的无线随钻测量仪器

PowerPulse MWD 是斯伦贝谢公司的新一代无线随钻测量产品，由于采用独特的连续压力波工作方式、一体化设计和自动遥感测量技术，其性能不仅大大超越了其原有产品，并且也令其他公司的同类产品望尘莫及。

1. PowerPulse MWD 工作原理

PowerPulse 发射的脉冲信号主要是由两个齿轮状的圆盘产生的。位于仪器上面齿轮的固定不动，钻井液从齿轮间的缝隙流出。位于仪器下面的齿轮在井下仪器的控制下转动。在转动过程中，由于上、下齿轮叶片覆盖的轴向面积的变化导致钻井液流过的截面不同，从而导致立管压力的变化（图 5-57）。由于上下齿轮的叶片所覆

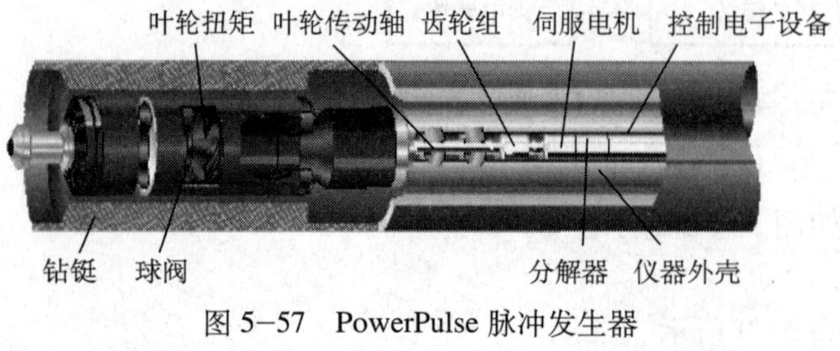

图 5-57 PowerPulse 脉冲发生器

盖的环空截面是连续变化的，因此立管压力的变化也是连续的。地面仪器通过对检测到的这种连续变化的波进行滤波、解码、计算，最后得到井下仪器传上来的数据。

2. PowerPulse MWD 特点

PowerPulse 在技术上采用提高信噪比的技术（主要技术：差异检波法），使得泵噪声、井下动力钻具和其他噪音信号对脉冲信号的干扰大大减少，提高了仪器对井下信号的分辨率。电路板固定在探管外壁上，同时对其他元件也采取了固化和减振措施，提高了仪器的抗振能力。连续的压力变化避免了正、负脉冲传递信号时需要的等待压力上升到一定程度的时间，使其数据传输速度达到了 6～10b/s，是其他普通商业化 MWD 测量仪器的 10 倍以上。采用自动清洗齿轮技术，减少了堵漏材料对仪器正常工作的影响。高强度的碳化钨配件，减少了钻井液对配件的冲蚀。以上技术综合利用，使 PowerPulse 的可靠性得到了更进一步的提高。

此外，PowerPulse 可以通过接收地面的指令来改变其工作方式，是实现地面/井下双向通信的典型仪器之一。通过改变钻井液排量，可以改变仪器的数据传输速度、存储器存储数据的速度及数据存储类型。改变数据存储类型，可以适应钻井和地质条件的变化，确定何种数据需要实时传输以及何种数据需要在井下存储。改变仪器传输速度，可以有效消除噪音，提高信号的分辨率。

七、Baker Hughes 公司的无线随钻测量仪器

Baker Hughes Inteq 公司的 MWD 测量仪器有很多种，但总的来说可以分为 3 类。

1. 常规定向 MWD 系统

Baker Hughes Inteq 公司的常规定向 MWD 系统采用井下涡轮发电机供电，可为钻井施工实时提供井斜、方位、工具面、仪器工作环境温度等参数，同时也是其他井下 MWD/LWD 测量仪器向上传输实时数据的基本工具。该 MWD 测量仪器有 $4^3/_4$in、$6^3/_4$in、$7^3/_4$in、$8^1/_2$in 和 $9^1/_2$in 五种尺寸，可广泛用于 $5^7/_8$in 以上的井眼施工。

2. 带伽马参数的 MWD 系统

Baker Hughes Inteq 公司的 NaviTrakSM/NaviGammaSM（NT/NG）MWD 测量系统可以加挂伽马测量短节，从而可随钻提供定向参数和/或自然伽马参数。该系统结构采用模块化设计，结构简单，在现场可以根据施工的需要组装，仪器钻铤尺寸从 $3^1/_8$in 到 $9^1/_2$in，可广泛用于 $3^1/_2$in 以上井眼的任何钻井施工。

NT/NG 系统采用铰接结构设计，在仪器总成的下部还可以加挂近钻头井斜传感器以精确控制轨迹，同时也可和多探测深度的电阻率传感器联合使用。对于用于 $4^3/_4$in 和 $6^3/_4$in 尺寸的钻铤中施工的仪器，可以在地面回收，也可在地面将仪器下入井底，从而降低了施工的风险，提高了施工的效率。

3. 高温 MWD 系统

Baker Hughes Inteq 公司的高温 MWD 系统 Navi185SM 适应的工作温度高达 185℃，除实时提供定向或定向/伽马参数外，还可以提供仪器的工作温度、钻具震动量等参数。Navi185SM 高温 MWD 系统的自然伽马探测器采用两排盖革-米勒计数管结构，对称安装在系统的底部，可以实时提供地层的自然伽马标准读数。该系统可以安装在 $4^3/_4$in、$6^3/_4$in 两种钻铤中，适用于 $5^1/_8$～$8^1/_2$in 的高温井眼施工。

第十节　电磁波式无线随钻测量仪器

一、概述

随着定向井、水平井、分支井及大位移水平井等特殊工艺钻井技术的迅猛发展及老油区复杂区块和薄油层开发力度的加大，传统的钻井液脉冲传输方式的不足之处越来越突出。钻井液脉冲传输方式技术虽然应用广泛，但数据传输速率较慢，信息量较小，传输信号易受钻井液的质量和泵的不均匀性影响。要求钻井液的含砂量≤1%，含气量≤7%。当使用可压缩性钻井介质时，会导致压力波信号变形，所以在欠平衡钻井条件下适用性很差。

电磁波传输方式是将反映井底轨迹方向，地层特性参数的低频电磁波信号传送到地面。钻井过程中，钻杆、裸露的井壁和它们之间的空间以及周围的地层共同组成了电磁波传输通道，电磁波从发射源向周围的无限空间辐射，由固定在钻机旁的地表天线接收，它不需要钻井液作为信号载体，对钻井液的质量和钻探泵的不均匀性要求更低，所以数据传输能力较强。其优点是不需要机械接收装置，系统稳定性好，对于欠平衡钻井工艺有更好的适应性。它的缺点是：背景噪声对信号的影响较大，而且随着岩层对信号的吸收和大地电阻的变化导致信号的衰减，导致发送电路复杂程度提高。目前，这些问题已经都得到了较好的解决。背景噪声大的问题通过比较先进的可编程滤波的方法，使背景噪声得到了彻底的抑制。信号衰减大的问题，是采用自动阻抗适应系统解决的。

而在欠平衡钻井过程中，井眼轨迹的控制无法使用常规的有线和无线随钻测量仪器，井下的测量数据必须通过电磁波方式传输。同时为了在欠平衡井眼中监测地层岩性和孔隙压力的变化，也必须采用电磁波方式传输自然伽马、地层孔隙压力等参数，所以电磁无线随钻测量仪器是实现欠平衡钻井和有效进行井眼轨迹控制的必不可少的井下仪器。

电磁波无线随钻测量仪器包含了常规无线随钻测量仪器的功能，但又不局限于常规无线随钻测量仪器的功能，它包含如下两个基本点显著特点：

(1) 电磁无线随钻测量仪器使用电磁波将井下数据传送到地面，有效地解决了在欠平衡条件下钻井或测井数据的传输问题，而且数据的传送速度比常规钻井液脉冲 MWD 无线随钻测量仪器快。

(2) 可以和地质测量仪器组合使用，形成电磁波随钻地质导向系统。

电磁无线随钻测量仪器主要作用为：

(1) 可用于普通、泡沫、空气钻井施工，使欠平衡钻井、水平井及其他特殊工艺井钻井技术得到了进一步完善与提高。

(2) 可以用于开发低压易漏失油藏及其他类型的低压油藏，有效地保护油气层，提高采收率和单井产量。

(3) 由于随钻随测，可以实时监测井眼轨迹和分析地层变化，地质导向功能能有效地控制井眼轨迹在油层最佳位置中钻进，特别适用于不同类型水平井和特殊工艺井的施工。

(4) 可以及时分析和监控钻进过程中地层压力的变化，使钻井工程师和油藏工程师及时了解油层物性和动态情况，及时调整钻井液类型和性能以减少钻井液等因素对储层的影响。

同时可以获得无污染的油藏特性数据，为准确分析油层物性和产能、高效开发油藏提供依据。

（5）适用范围更广，可以替代普通无线随钻测量仪器，在普通定向井、水平井中使用，可以作为欠平衡钻井的配套仪器实现欠平衡条件下的钻井，还可用于极浅层钻井、穿越河道等工程施工。

（6）提高钻井施工效率，避免钻井施工风险和油藏开发风险。

由于电磁波无线随钻测量仪器属新技术产品，目前在国际上还只有美国的Sperry-Sun公司、科学钻井（Scientific Drilling）公司以及法国的地质录井等公司生产。以上3个公司仪器的性能能在不同程度上满足各种钻井施工的需要，但是都存在以下不足：

（1）施工深度受到限制。

电磁波传输媒介对电磁波的传输影响很大。对于电导率高的媒体，电磁波衰减幅度大，使其传输距离受到了很大限制，如果在施工井段上部存在盐水地层，则信号很难传至地面。

同时，由于井下仪器靠自备电池供电，不可能具备强大的发射功率，电磁波因受其发射功率的限制也难以实现远距离传输。

目前，在施工条件良好的地区，电磁波无线随钻测量仪器测量深度一般在垂深3500～4000m之间。

（2）地质评价参数不全面。

到20世纪90年代为止，用于施工的电磁波无线随钻测量仪器在进行地质导向时，都只能进行地层自然伽马的测量，还没有完全实现对地层的综合实时评价。

人们正在寻找能克服以上不足的科学方法，相信随着欠平衡钻井技术、挠性油管钻井技术的发展，只要电磁波的远距离传输问题得到解决，能进行全面地质评价的电磁波地质导向仪器一定会得到广泛应用。

电磁波法可追溯到20世纪40年代初期，最早应用于煤矿安全和军事方面。俄罗斯是较早开展电磁波随钻测量系统研制的国家之一，他们把MWD系统称为电磁波通道井底遥测系统。

国外已经成功利用电磁波MWD技术传输井下测量信号，随钻仪器得到广泛利用。国内也进行了大胆尝试，利用MWD技术把探管传感器测出的井斜、方位、重力工具面角、工具面角、温度、电池电压以及地层参数实时地用电磁波发送到地面。并在遥控遥测及双向传输方面有了突破性进展，由于采用了双向电磁波无线传输技术，大大地方便了对井下仪器的操控，可对井下设备进行遥控，也可方便地对电磁波信道进行自检，对电源实施遥控管理，有效地提高了电源利用率。

二、电磁波无线随钻仪的工作原理

电磁波无线随钻仪有两种工作模式，即单向工作模式和双向工作模式。

1. 单向工作模式

单向工作模式把地下（钻头部分）传感器采集到的数据，间歇地或者连续地发送到地面，由地面的仪器接收解码还原出传感器测量出的各种动态数据。送给计算机串口并进行分析显示和打印。

地下部分由电源系统、无线发送系统和天线系统、传感器数据采集系统、阻抗自动适应系统组成。电源系统由水轮发电机和充电电池组成，利用水的压力带动发电机进行发电，电机工作转速 800～3000r/min 时，输出±36V 至±48V 的直流电压。对发电机的要求：功率不得小于 80W，充电电池放电电流不得小于 3A。数据发送模块有 3 种调制方式：一是 PWM 脉冲宽度调制方式。二是窄脉冲调制方式，这种方式很有发展前景，使电磁能量瞬时超能量发送，最大的优点是节省电能，可以省去发电机。三是传统的正弦波传输调制方式，采用这种方式，接收电路比较简单，抗干扰能力较好。无论是那种调制方式，只要传输距离远，误码率最低才是最终目的。天线形式为偶极子电流方式。

由此可以看出，通信距离是与发送天线所处的深度、工作频率、天线周围的电阻率有密切关系的。

天线的设计主要在于它的坚固程度，要求扭矩达到金属钻杆的 90% 以上。绝缘程度要高，要求在空气中电路值大于 2MΩ。交流阻抗理论设计大于 50Ω。

2. 双向工作模式

双向电磁波传输是半双工通信方式，地面和地下都有电磁波收发电路，地面的发射部分有着比地下发射部分不受体积限制的优点，功率可以做得很大。

三、ZTS-42 型 EM-MWD 电磁波仪器简介

俄罗斯 ZTS-42 型 EM-MWD 电磁波仪器主要的特点是无须通过钻井液传输信号，它不仅使用于常规钻井液中的随钻测量，还适合于在气体、泡沫、雾化、空气、充气等钻井液中使用。另外，其近钻头井斜测量功能使我们可以准确知道钻头后 0.5m 处的井斜数据，比以往的 MWD 测量距离提前 12.5m。

1. 仪器组成

该仪器主要由悬挂装置、电池筒、探管、伽马探管、柔性扶正器、加长天线（根据非磁钻具选择天线个数）、发射天线组成。各部件如图 5-58 所示。

配套井下工具（图 5-59）有：悬挂接头、绝缘接头、近钻头短节（HDM）短节组成。地面设备主要由主机、辅助电脑、处理箱、发射天线和各种连接线组成。

HDM 内部结构如图 5-60 所示。该短节可以测量参数有：钻头转速、钻压、地层伽马值、井斜（需要静止测量）、地层电阻率。图中白色为伽马探管，左右各一个伽马探管。伽马探管通过吸收地层辐射伽马的值判断地层，纯砂岩的伽马值最底，泥页岩显示最高值，粉砂岩、泥质砂岩介于两者之间。而电阻率则相反，砂岩电阻率值最高，泥岩电阻率值较低。

2. 工作原理

电磁波的传输是通过钻柱与接地线之间形成的电势回路，通过地层传输到地面后被接收。具体过程如下：用专用的绝缘短节把钻具分为上下两极，仪器、绝缘短节的下端与绝缘短节下部钻具连接；仪器的发射天线通过绝缘短节的上端与上部钻具连接到钻台线，地面钻台连接线与处理器（图 5-61）连接。这样形成电磁波传输的电势回路。仪器测量的参数转换成电磁波信号，当仪器天线发射信号时，电磁波透过地层传输到地面后被接收装置的接地线接收到，完成信号的传输。如果信号很弱，可采用加长天线传输信号。影响其传播的主要因素有地层电阻率、周围 150m 内电焊作业等。

该仪器适用于 2000m 以下的水平井、定向井，其传输距离受到限制，不适用于深井使用。

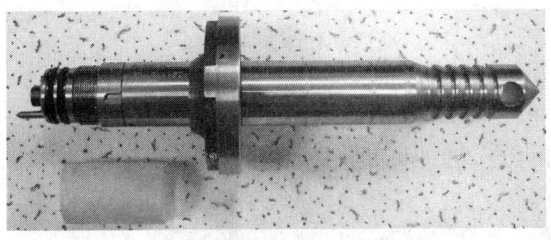
(a)悬挂装置

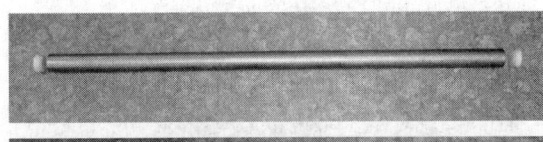

(b)电池外筒及其内部结构

(c)探管及其内部结构

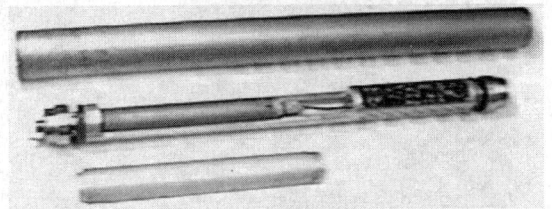
(d)仪器伽马探管及其内部结构

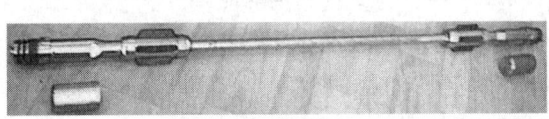
(e)柔性扶正器

(f)发射天线

图 5-58　ZTS-42 型 EM-MWD 电磁波仪器组成

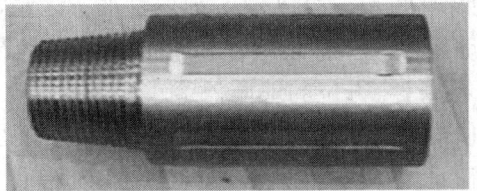
(a)悬挂短节

(b)绝缘接头

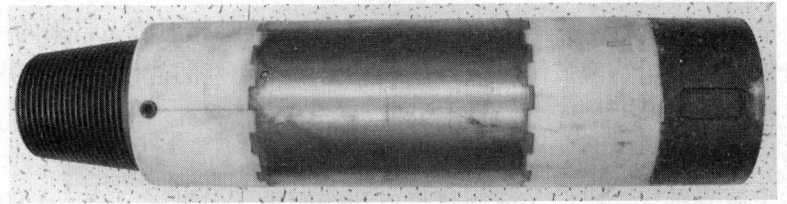
(c)近钻头短节（HDM）

图 5-59　ZTS-42 型 EM-MWD 电磁波仪器配套井下工具

 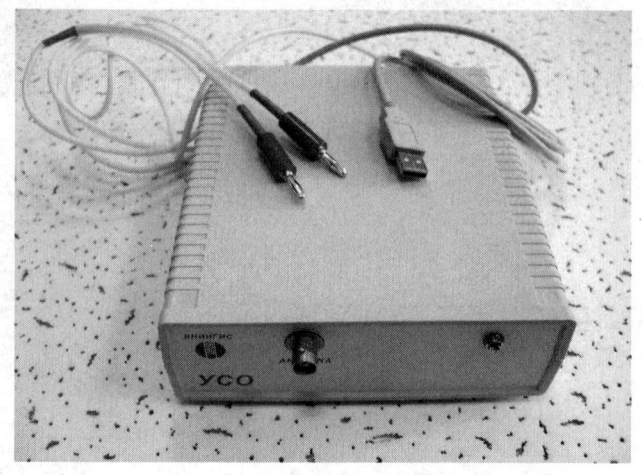

图 5-60　HDM 内部结构　　　　图 5-61　地面处理箱

第十一节　声波随钻测斜仪

声波测井测量的是由发射极发射的到达不同距离的两个（或多个）接收极的沿井壁的滑行纵波的时间差，根据该时间差，可以确定地层性质、岩层机械物理性质、地层界面、地层孔隙度、地层密度、地层渗透率、地层流体性质及饱和状态、地层中存在的裂缝等多种地层物性参数，能对地层进行全方位的地质评价。

和其他随钻地质评价仪器相比，随钻声波测量仪器具有普通地质导向仪器所不具有的显著特点，主要包括：

（1）用声波测井仪器测量地层的孔隙度、密度，不需要安装放射源，可减少施工的投入和对环境的污染。

（2）利用声波反射成像技术，可以实时得到高质量的随钻地震图像，对于了解井眼附近的裂缝分布及对地层储层的储量进行评价。

（3）岩层的机械物理性质可用于实时指导优化钻井参数，对于提高钻井速度、回避钻井施工风险具有重要意义。

（4）单套仪器就能得到其他随钻地质仪器共同施工所得到的组合地质参数，光钻铤结构简化了井下钻具结构，避免了其他仪器所采用的稳定器结构对施工带来的风险。

目前，虽然有很多随钻声波测井仪器已经获得了商业性的应用，但是仍然具有一定的局限性，主要表现在以下几方面：

（1）产品尺寸单一。

虽然随钻声波测量仪器已经在现场获得成功的应用，但是受制造工艺的限制，出现的声波测量仪器的外径尺寸都在 $6\frac{3}{4}$in 以上，对于能用于小井眼、超小井眼施工的仪器，目前至少还没有投入使用。

(2) 抗恶劣施工环境的能力有待于进一步提高。

随钻声波测量仪器都采用合成陶瓷作为声波的发射接收系统。合成陶瓷虽然硬度很大，但是其强度有限，在现场施工环境恶劣的情况下，容易断裂，从而导致施工失败。

(3) 实时数据传输速度限制了其功能的进一步发挥。

目前无线测量系统数据传输速度大都在每秒钟 1 位数据左右，采用负脉冲组合编码技术可获得每秒 5 位数据的速度，即使 ANADRILL 采用连续波方式传递信号，现场常用的也只有每秒 6 位。这样的数据传输速度，对于需要大量数据以获得高精度的声波测量系统而言还是显得太慢。

现在，世界上有多家公司正倾全力致力于随钻声波测量仪器的改进、研究、开发工作。成熟后的随钻声波测井仪器，可因取消随钻中子孔隙度测量仪和随钻岩层密度测量仪而取消放射性作业，利用声波测井分辨地层而取消自然伽马测井作业，同时进一步简化井下钻具结构，提高施工安全和施工效果，应用前景非常广阔。

第十二节 旋转导向钻井技术

一、概述

旋转导向系统（RSS）是在钻柱旋转钻进时，随钻实时完成导向功能的一种导向式钻井系统，是 20 世纪 90 年代以来定向钻井技术的重大变革。RSS 钻进时具有摩阻与扭阻小、钻速高、成本低、建井周期短、井眼轨迹平滑、易调控并可延长水平段长度等特点，被认为是现代导向钻井技术的发展方向。

在 RSS 出现以前，多采用由泥浆马达驱动的滑动导向钻井系统实施导向钻井。该系统的特点是在钻井过程中钻柱不旋转，而是沿井壁轴向滑动，并通过滑动导向工具改变井眼的井斜角和方位角，从而控制井眼轨迹。旋转导向系统与滑动导向钻井系统相比，具有钻速快、井眼质量高、降低压差卡钻风险、可清洁井眼等优点。

旋转导向系统按其导向方式可分为推靠钻头式（Push the Bit）和指向钻头式（Point the Bit）两种系统。

20 世纪 90 年代初期，多家公司形成了商业化的旋转导向技术。旋转导向钻井系统实质上是一个变径稳定器与测量传输仪器（MWD/LWD）联合组成的井下闭环工具系统。非常适合目前开发特殊油藏的超深井、高难度定向井、水平井、大位移井、水平分支井等。在钻柱旋转的情况下，具有导向能力，配有全系列标准的地层参数及钻井参数检测仪器，配有地面—井下双向通信系统，工具设计制造模块化、集成化，定向钻井时不需要特殊的钻井参数，就可以保证最优的钻井过程导向自动控制，以保证准确光滑的井眼轨迹。

Sperry-Sun 在 1999 年推出 Geo-Pilot 旋转导向自动钻井系统。

Baker Hughes Inteq 在 1997 年推出 Auto Trak，其 $6^3/_4$in 系统创下了单次下井工作时间 92h，进尺 2986m 的世界纪录，$8^1/_4$in 系统创下了单次下井工作时间 167h，进尺 3620m 的世界纪录。

Anadrill 公司的 PowerDrive。截至 1999 年底，该系统已下井 138 次，累计工作时间 11610h，总进尺 47780m。目前，世界上 3 口位移超过 10000m 的大位移井中，有 2 口应用了该系统。

目前，旋转导向钻井系统形成了两大发展方向：

不旋转外筒式闭环自动导向钻井系统：AUTOTRAK 和 GP；全旋转自动导向钻井系统：Power Driver SRD。

2000 年，PowerDrive SRD 系统引入国内海上应用，在设计井深 8800m、水平位移超过 7500m 的南海 XJ24-3-A18 井 6871～8610m 井段中成功应用。尽管该工具的日租金高达数万美元，仍直接节约了 500 万美元的钻井作业费用。

二、AutoTrak 旋转闭环钻井系统

1. 系统组成（图 5-62）

（1）地面与井下的双向通信系统（地面监控计算机、解码系统及钻井液脉冲信号发生装置）。

（2）导向系统（AutoTrak 工具）。

（3）MWD/LWD。

2. 工作原理

AutoTrak RClS 系统的井下偏置导向工具由不旋转外套和旋转心轴两大部分通过上下轴承连接形成一可相对转动的结构

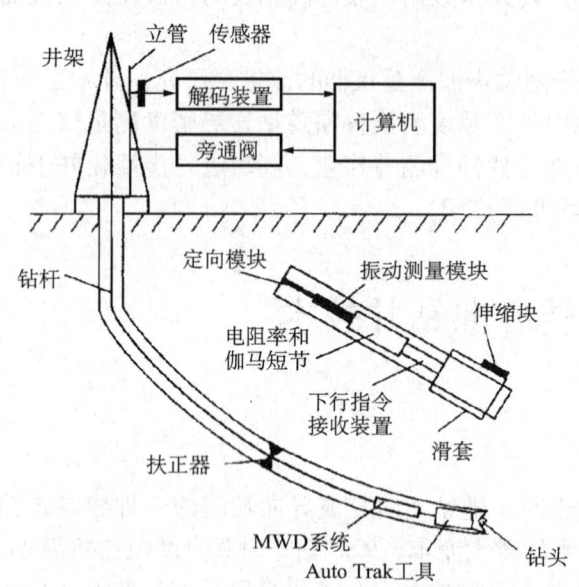

图 5-62　AutoTrak 旋转闭环钻井系统

（图 5-63）。旋转心轴上接钻柱，下接钻头，起传递钻压、扭矩和输送钻井液的作用。不旋转外套上设置有井下 CPU、控制部分和支撑翼肋。

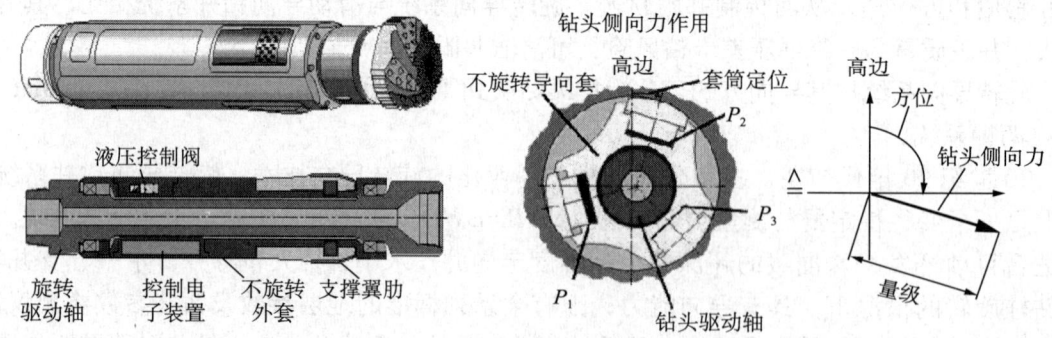

图 5-63　导向系统（AutoTrak 工具）结构示意图

三、PowerDrive 系统

1. 系统的组成

Power Drive SRD 系统由稳定平台和翼肋支出及控制机构组成（图 5-64、图 5-65）。

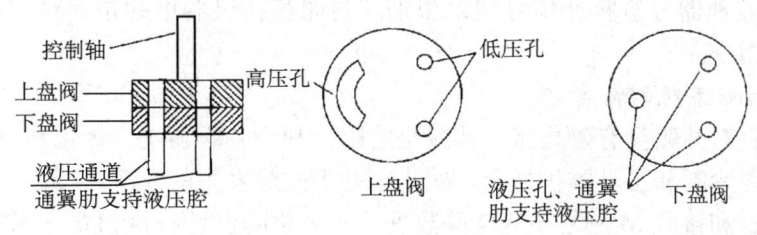
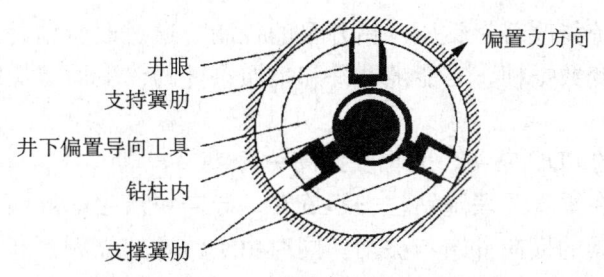

图 5-64 PowerDrive 盘阀控制机构示意图

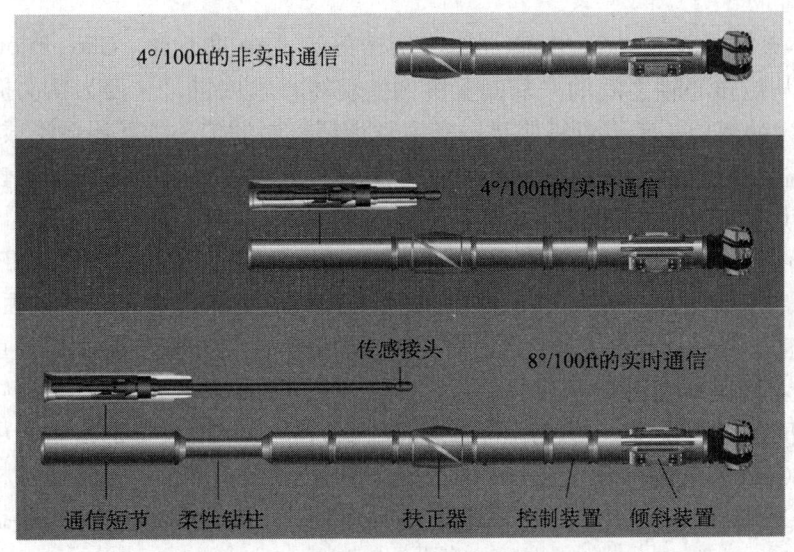

图 5-65 AutoTrak RCIS 系统的井下结构

Power Drive SRD 系统的支撑翼肋的支出动力来源是钻井过程中钻柱内外的钻井液压差。控制轴从稳定平台延伸到下部的翼肋支出控制机构，底端固定上盘阀，由稳定平台控制上盘阀的转角。下盘阀固定于井下偏置工具内部，随钻柱一起转动，其上的液压孔分别与翼肋支撑液压腔相通。在井下工作时，由稳定平台控制上盘阀的相对稳定性。随钻柱一起旋转的下盘阀上的液压孔将依次与上盘阀上的高压孔接通，使钻柱内部的高压钻井液通过该临时接通的液压通道进入相关的翼肋支撑液压腔，在钻柱内外钻井液压差的作用下，将翼肋支出。

Power Drive 把旋转钻井条件下测得的井斜角、方位角和工具面角等数据上传到地面，地面计算机监控系统根据实钻井眼与设计井眼的相对位置来产生改变工具面角等参数的下传指令，井下微处理器分析脉冲信号加以识别，与储存在仪器里的指令对比后，由井下旋转导向工具执行指令。

2. Power Drive 系统的特点

(1) 整个钻具对井眼没有静止点，能减小摩阻、利于井眼清洗、优化井身质量。

(2) 内部故障诊断和工具维护指示，减小了井下故障发生的几率。

(3) 同步发送和接收 MWD、LWD 等数据，一体化的设计特色和 6～12bit/s 的数据传输速度。

(4) 地面监控系统能改善对钻压、钻井泵的控制。通过改变钻井液的流量，可改编数据传输速度。通过改变数据帧，它能随钻井和地质条件的改变而选择哪个数据实时传输和哪个数据存储起来。

(5) 可配套特制的 PDC 钻头，大幅度提高钻速。

(6) 旋转控制阀在垂直井段随钻柱一起旋转，导向块产生的导向力也不断变化，会造成井眼扩径和井下钻具的横向冲击与振动。同时由于活塞伸缩频繁和液压控制系统的工作介质的影响，工具的耐磨损与密封是关键技术。

四、Geo-Pilot 系统

Geo-Pilot 系统（图 5-66）也是一种不旋转外筒式导向工具，Geo-Pilot 旋转导向是靠不旋转外筒与旋转心轴之间的一套偏置机构使旋转心轴偏置，从而为钻头提供了一个与井眼轴线不一致的倾角。其偏置机构是一套由几个可控制的偏心圆环组合形成的偏心机构，当井下自动控制完成之后，该机构将相对于不旋转外套固定，从而始终将旋转心轴向固定方向偏置，提供方向固定的倾角。

2005 年，中国海洋石油服务有限公司与 Halliburton 公司合作，在渤海的 NB35-2 油田水平分支井 $8\frac{1}{2}$in 井眼作业中，使用 Geo-Pilot 系统工具共作业 12 口井，取得了预期的效果。

NB35-2 油田水平分支井 $8\frac{1}{2}$in 井眼作业时，轨迹的控制是定向井工作的重中之重。根据已钻井的作业情况，在保护好油层的条件下，同时确保 Geo-Pilot 系统能够发挥更好的效果，根据不同的地层情况，可使用的钻井液性能为：(1) 地层特别松软，可钻性好，机械钻速高于 120m/h，其漏斗黏度 90～100s/qt，密度 1.16g/cm^3；(2) 可钻性相对来说较差的地层，其 ROP 小于 100m/h，其漏斗黏度 75～85s/qt，密度 1.15g/cm^3。控制轨迹主要使用以下钻井参数：

(1) 增斜钻进：F/R：950～1000L/min，转速：40～80r/min，WOB：10～16t，TF：0°，Deflection：100%。

在增斜钻进过程中，使用高钻压，低转速，低排量，其目的是为了减少钻头对地层的水力冲蚀，增加井眼轨迹的规则性，确保井眼扩大率小，只有这样，GP 才能够很好地确保侧向力在高钻压、低转速时能够很好地发挥出来，从而达到在油层中的增斜效果。

(2) 降斜钻进：排量：1500～1700L/min，转速：120r/min，钻压：0～5t，工具面：180°，造斜满足率：100%。

在降斜钻进过程中，使用低钻压，高转速，高排量，其目的充分依靠钻具自身重力和 GP 向下的侧向力，达到降斜效果。

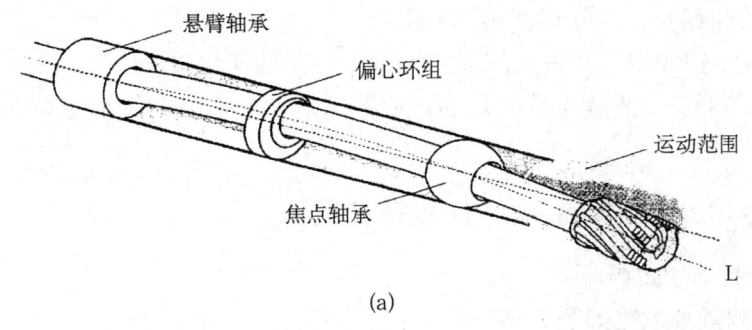

(a)

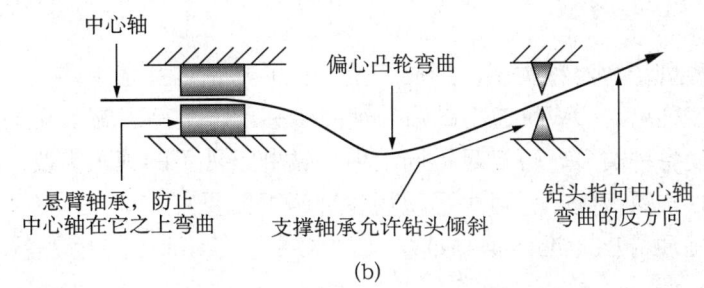

(b)

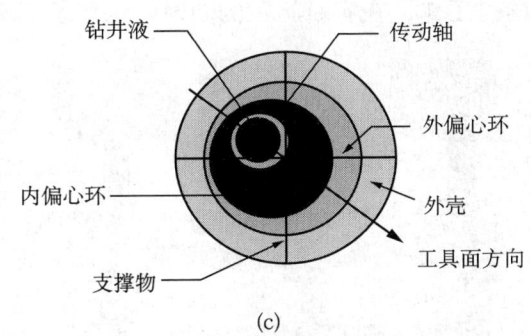

(c)

图 5-66　Geo-Pilot 系统工作原理示意图

(3) 稳斜钻进：排量：1500～1600L/min，转速：120r/min，钻压：3～12t，工具面：0°，造斜满足率：100%。

使用以上参数钻进时，一个是底部钻具在松软的地层中有降斜趋势，另一个是底部钻具在 GP 向上的侧向力作用下，有增斜趋势，两者矢量上的叠加，能够较好的起到稳斜作用。

第十三节　随钻测井系统（LWD）

1992 年，我国海洋石油开始使用最先进的随钻测井系统（LWD），它可以进行实际测井，完全替代电测。在大斜度井、水平井等方面具有很大的优势。LWD 是在 MWD 的基础上，增加了多种用于电测的井下传感器，使井下传感器增加到 30 多个。因此，除了测量井眼参数以外，LWD 还可以测量井下钻压、扭矩，以及测井资料，如伽马、地层电阻率、中子等。但LWD价格昂贵，维修保养也比较困难。

无论MWD还是LWD，其最大的优点是可以使司钻和地质家能有效地"看"到井下实时发生的情况。由于井下测量参数与地面接收数据之间只有几分钟的滞后时间，从而改善和缩短了决策过程。

一、Sperry-Sun公司的FEWD随钻测量仪

1. FEWD随钻测量仪的特点

FEWD随钻测量仪系统如图5-67所示，其特点：

（1）采用模块化的设计原理，各种地质传感器可与DWD通用，组成各种实时地质评价系统。

（2）地质参数测量传感器种类多，形成了全方位的随钻测井系统。

（3）开发出了多种可与DWD通用的钻井辅助传感器，提高了施工安全。

（4）信号发射设备种类多，可满足不同地质、钻井条件下的施工需要。

（5）多种施工方式组合施工，可满足现场各种施工需要。

（6）实现实时地质导向，准确识别油、气、水层，提高油层的穿透率，回避盲目作业风险。

（7）实时、记录方式同时工作，在实时施工的同时，也记录了所钻地层的详细资料。

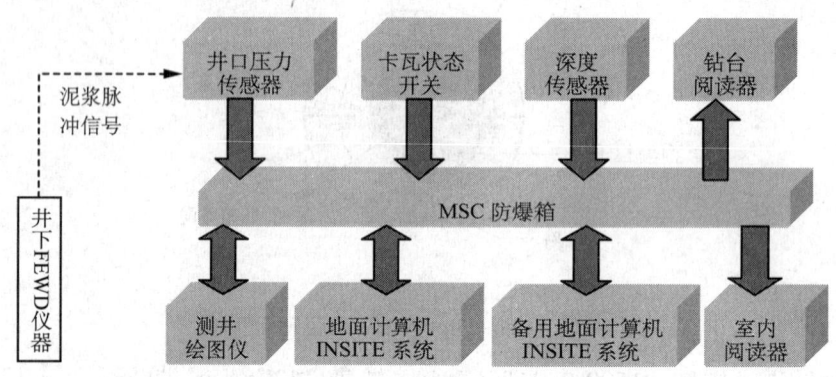

图5-67　FEWD随钻测量仪器系统示意图

2. 双向自然伽马传感器（DGR）

双向自然伽马传感器包含有两组伽马射线探测器，每组由8根22.9mm长的盖革·米勒计数管组成，16根计数管在仪器周围按360°排列，传感器将记数捕获的自然伽马的原始计数转换成API标准计数，经过平均计算后合成伽马测井曲线（图5-68）。

1）DGR主要应用

（1）划分岩性并确定地层界面；

（2）进行地层物性的初步评价；

（3）由于其探测深度为30cm，故水平井钻进时，根据曲线变化可以预告地层变化。

2）主要技术参数

　　　　　　仪器尺寸：　　　　　　　121mm（4^3/$_4$in）

　　　　　　　　　　　　　　　　　　171mm（6^3/$_4$in）

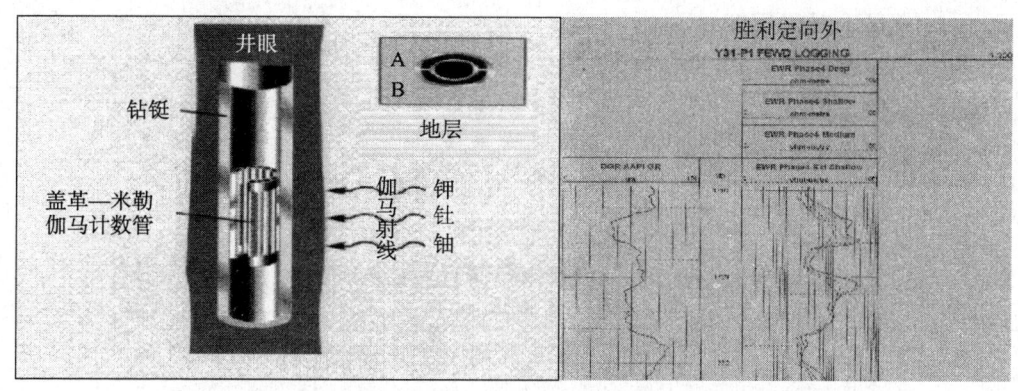

图 5-68 双向自然伽马传感器（DGR）工作原理及伽马测井曲线图

| | 203mm（8in） |
| | 241mm（9½in） |
适用井眼范围： 149～660mm（5⅞～26in）
最小采样周期： 8s
测量范围： 0～380API
系统测量误差： ±5%
统计精度： 4API units～100API units
测点密度： 由采样率和ROP决定
测量速度： 小于 180ft/h
垂直分辨度： 29mm
探测深度： 300mm（11.8in）

3. EWR-PHASE4 电磁波电阻率传感器

EWR-PHASE4 电磁波电阻率传感器（图 5-69）采用四相位技术。仪器由 4 个发射极和两个接收极组成，通过测量每一组发射极和接收极之间的相位差和波幅衰减，可以合成 4 条不同探测深度（极浅、浅、中深、深）的电阻率曲线和组合电阻率曲线（图 5-70）。

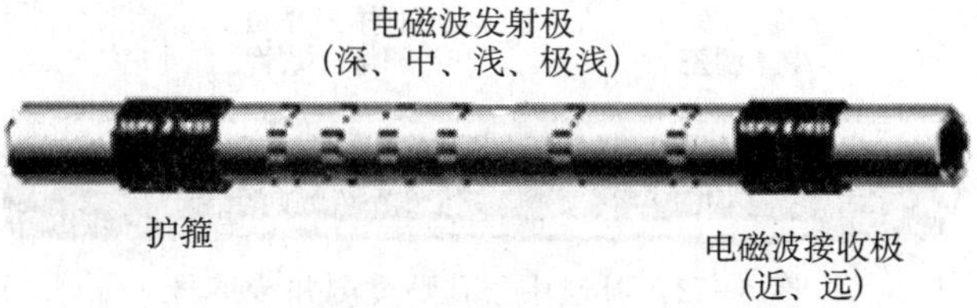

1）EWR-PHASE4 主要应用

图 5-69 EWR-PHASE4 电磁波电阻率传感器结构图

（1）利用地层的电阻率差异区分油水界面或其他液相界面；

（2）配合伽马测量数据，可预告地层变化，回避油水界面；

（3）结合伽马数据，进行地层物性的初步评价。

2）主要技术参数

仪器尺寸： 121mm（4¾in）
　　　　　 171mm（6¾in）
　　　　　 203mm（8in）
　　　　　 241mm（9½in）
适用井眼范围： 149～660mm（8⅞～26in）

最小采样周期：
实时模式： 4s
记录模式： 3s
测量范围：
相位差： 0～2000Ω·m
波幅： 0.1～50Ω·m
系统测量误差： ±1%（在电阻率10Ω·m时）
垂直分辨率： 153mm（6in）
探测深度： 762mm（30in）

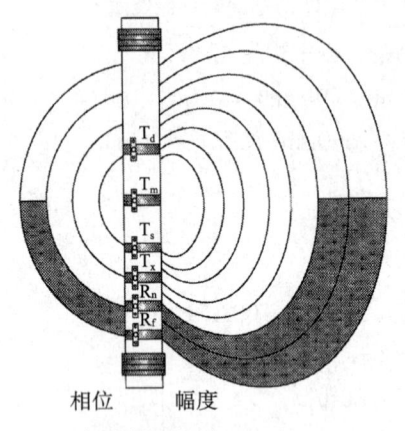
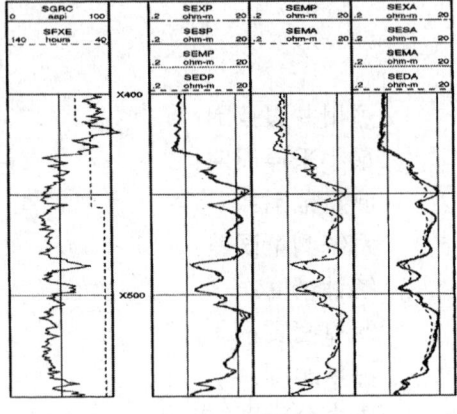

图5-70　EWR-PHASE4电磁波电阻率传感器工作原理及测井曲线图

4. 补偿中子孔隙度测井传感器（CNΦ）

利用Am-241Be为中子源产生平均能量为4MeV的中子。补偿中子孔隙度测井传感器（图5-71）上装有远、近两个探测伽马射线的探测器，该探测器测量地层中的中子伽马射线数（图5-72），根据伽马射线密度推算出地层中氢元素的含量，从而得到地层中子孔隙度值。

图5-71　补偿中子孔隙度测井传感器

1) CNΦ 主要应用
（1）确定地层的岩性；
（2）与DGR测量参数一起，划分油/气层界面和油、气层厚度；
（3）确定地层的孔隙度；
（4）对孔隙压力进行正确评估，准确预测高压，回避钻井风险。
2) 主要技术参数
仪器尺寸： 121mm（4$\frac{3}{4}$in）
171mm（6$\frac{3}{4}$in）
203mm（8in）

井眼适用范围：　　　　　216～331mm
最小采样周期：　　　　　10s
测量范围：　　　　　　　0～70p.u.
系统测量误差：　　　　　±2p.u.（20p.u.）
统计精度：　　　　　　　0.7p.u.（20p.u.）
垂直分辨率：　　　　　　612mm（24in）

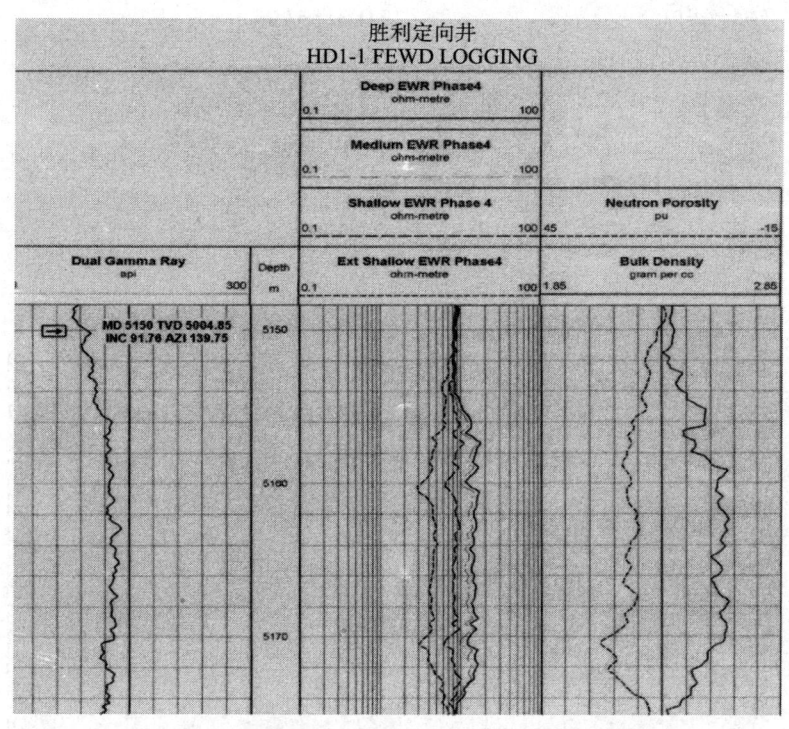

图 5-72　补偿中子孔隙度测井传感器测井曲线图

5. 岩石密度测井传感器（SLD）

如图 5-73 所示，在岩石密度测井传感器（SLD）中，伽马射线放射源铯-137（Cs-137）发射的伽马射线经过一段距离的运行后，到达密度窗口。地层反射回来的伽马射线进入密度窗口，并引发内部闪烁计数器对伽马射线在不同能窗范围内进行计数，从而计算出所测岩石的密度值和光电值，再采用"脊-肋"校正技术，对近、远两个探测器测取的密度值进行校正，最终得到岩石密度值（图 5-74）。

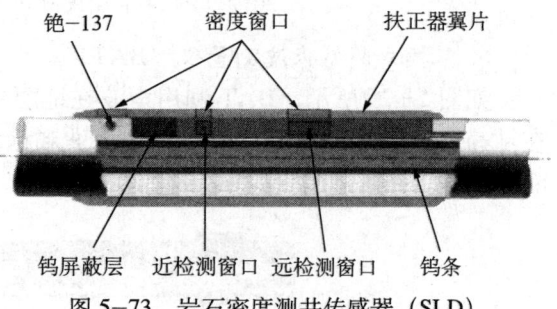

图 5-73　岩石密度测井传感器（SLD）

1) SLD 主要应用

（1）确定岩层的密度及地层的孔隙度；

（2）与中子孔隙测井曲线对比分析，区分油、气界面，划分油、气层厚度；

(3) 有效预测异常高压地层,实现风险回避。

2) 主要技术参数

    井眼适用范围： $5^7/_8 \sim 12^1/_4$in
    最小采样周期：   20s
    测量范围：   1.0 $\sim$ 3.10g/cm³
    系统测量误差：   ±0.025g/cm
    统计精度：   0.015g/cm
    垂直分辨度：   18in
    光电Pe：   6in
    探测半径：   2 $\sim$ 4in

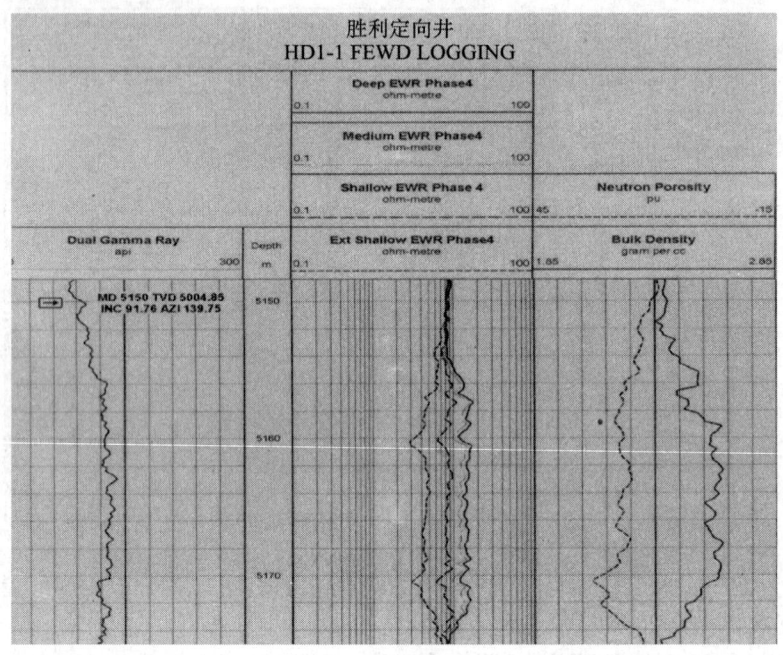

图 5-74 岩石密度测井传感器（SLD）测井曲线图

6. 双模式随钻声波测量仪（BAT）

如图 5-75 所示，BAT 利用声波在地层中传播时，在不同岩石中传播速度不同的特性，在钻速快、慢的地层中都能测量到纵波和横波的时差，经计算处理得到地层岩石物性等方面的数据（图 5-76）。

双排列声波发射极   双排列声波接收极

图 5-75 声波传感器示意图

1) BAT 主要应用

(1) 确定地层孔隙度、岩石的机械物理性质；

(2) 通过纵波和横波间的关系确定含气油层；

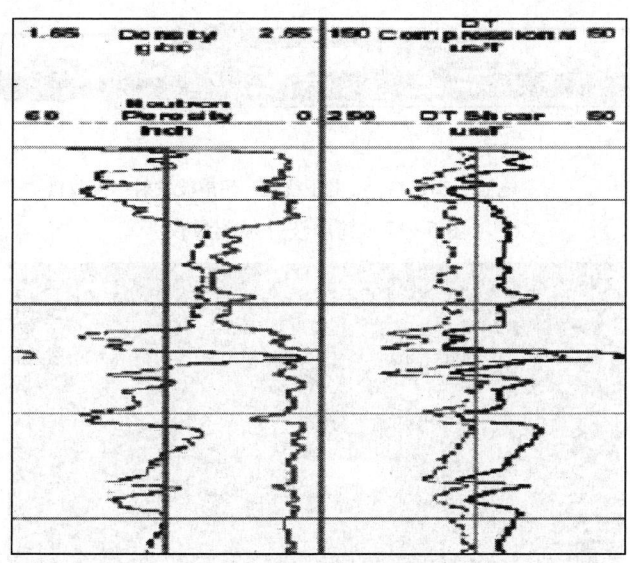

图 5-76 双模式随钻声波测量仪测井曲线

(3) 和其他地质导向仪器一起，对地层进行综合评价；
(4) 实时检测地层的孔隙压力、地震的实时时深关系；
(5) 确定岩石强度，评价钻头的磨损情况及岩层的稳定性；
(6) 测定套管固井质量。

2) 主要技术参数

BAT 主要技术参数如表 5-10 所示。

表 5-10 BAT 主要技术参数

仪器	$6^{3}/_{4}$in	8in
长度	21ft	21ft
外径	$6^{3}/_{4}$in	8in
连接扣型	$4^{1}/_{2}$in IF	$6^{5}/_{8}$in REG
造斜率	10°/100m（转动） 21°/100m（滑动）	8°/100m（转动） 14°/100m（滑动）
电源类型	锂电池	锂电池
工作温度	150℃	150℃
允许最高工作温度	165℃	165℃
允许钻井液排量	94.6L/s	94.6L/s
允许最高工作压力	20000psi	20000psi

7. 超声波井径测量仪

如图 5-77 所示，超声波井径测量仪利用声波在弹性反射（图 5-78）原理，在传感器周围呈 120°分布 3 个声波发射、接收器，根据各接收器测量到的传感器至井壁的距离，计算出井径的大小。

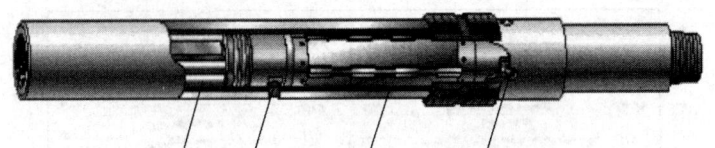

电池　通讯口　电子线路　超声波发射、接收极

图 5-77　超声波井径测量仪

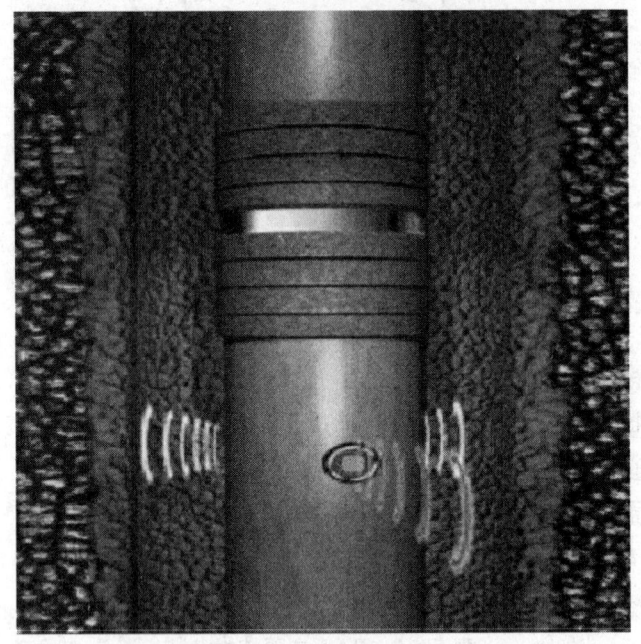

图 5-78　超声波井径测量仪工作示意图

1）主要应用

（1）正确评价地层的冲蚀情况，对 FEWD/LWD 测量的伽马、地层电阻率、中子孔隙度值进行有效补偿，进一步提高测井质量。

（2）实时分析井眼的稳定性及清洁效果。

（3）协助分析轨迹走向，精确确定井下工具翼片位置。

（4）确定固井水泥用量。

2）主要技术参数

超声波井径测量仪主要技术参数如表 5-11 所示。

表 5-11　超声波井径测量仪主要技术参数

仪器外径	$6\frac{3}{4}$in	8in
造斜率	21°/100m（转动） 10°/100m（滑动）	14°/100m（转动） 8°/100m（滑动）
电源类型	锂电池	锂电池
工作温度	150℃	150℃
允许最高工作温度	165℃	165℃
允许钻井液排量	94.6L/s	94.6L/s
允许最高工作压力	18000psi	18000psi
传感器类型	超声波传感器	超声波传感器

8. 井下压力随钻测量仪 (PWD)

利用井下压力随钻测量仪短节（图 5-79）里面的两个压力传感器，分别测量钻杆内和井眼环空的压力，并实时向地面传输，实现安全钻进。

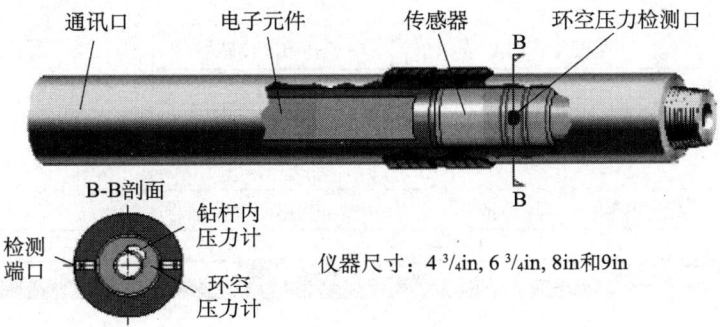

图 5-79　井下压力随钻测量仪

1) PWD 主要应用

测量钻杆内和井眼环空的压力，实现安全钻进。

2) 主要技术参数

PWD 主要技术参数如表 5-12 所示。

表 5-12　PWD 主要技术参数

名　称		压　力	温　度
测量范围		0～22500psi	0～175℃
测量精度		±12psi	±0.55℃
采样周期	实时方式	最快 6s	最快 6s
	记录方式	1～220s	1 次/300s

Sperry-Sun 公司地质导向传感器和井下钻井传感器种类多、类型全，能和井下 MWD 按需要随意组合，实现不同的施工需要。Sperry-Sun 公司井下各地质导向传感器间的连接是采用硬连接方式连接的（图 5-80、图 5-81）。这种连接方式的特点是：连接可靠，不受钻井液和排量的限制，可满足长时间工作的需要。

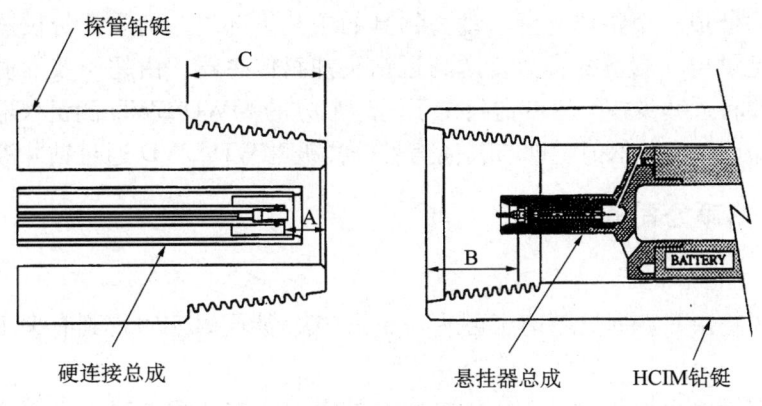

图 5-80　硬连接示意图

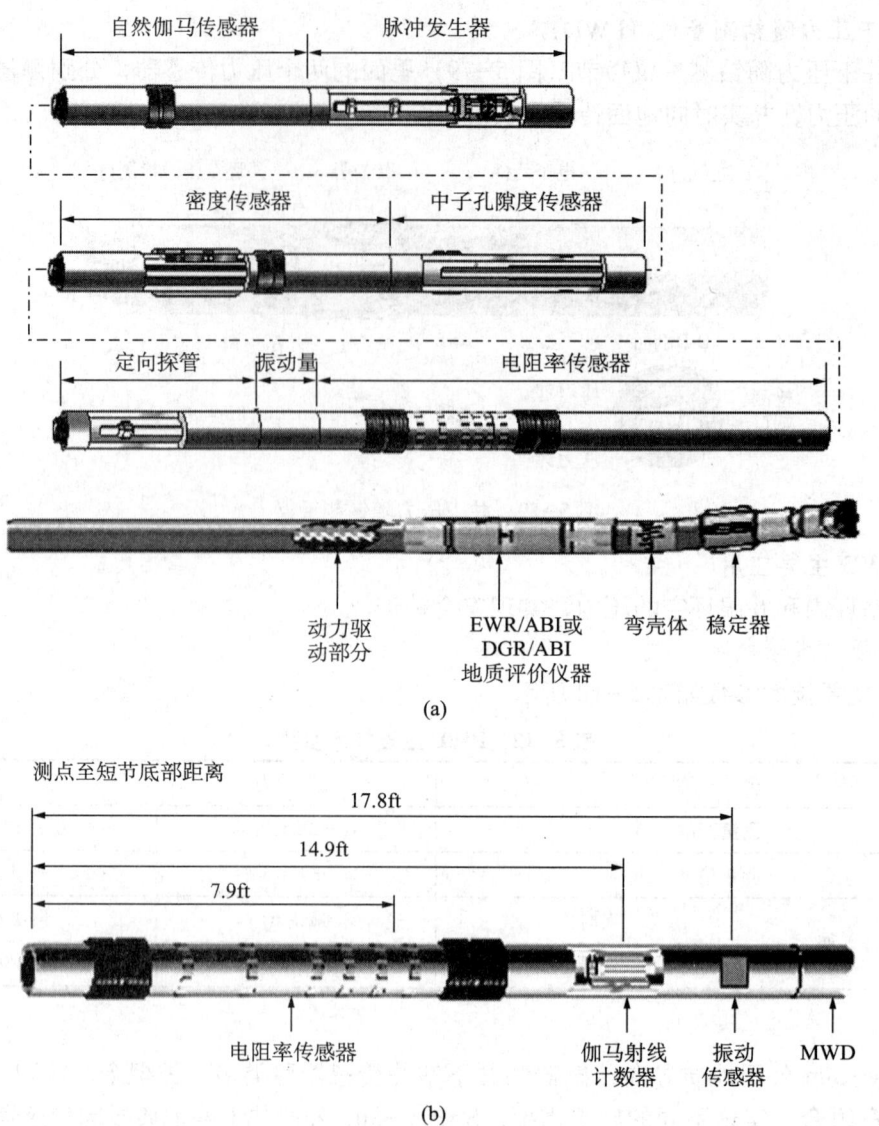

图 5-81 Sperry-Sun 地质导向传感器连接示意图

Sperry-Sun 公司的仪器动力钻具 IMM™ 将地质导向传感器 EWR 或 DGR 和近钻头井斜传感器共同组装成一个整体，置于动力钻具的中、下部位。地质评价仪器由近钻头井斜传感器的锂电池供电，测量的参数传送到近钻头井斜传感器，由超声波发射器以超声波的形式将地质参数和近钻头井斜值传送到位于马达上方的 MWD/LWD 测量仪器。开泵时，近钻头地质参数和近钻头井斜值随即与其他信号一样被 MWD/LWD 通过钻井液传送至地面。

二、哈里伯顿公司的 LWD

1. 特点

（1）数据传输快，数据更新速度可达到 5s 一次，能同时实时得到有关工程和地质所需要的参数。

（2）井下装置为模块化设计，可以按作业的需要，按任意次序连接模块短节，使关键测量内容可以放在距离钻头最近的位置。

(3) 井径/间隙测量仪准确测量井径的变化情况,对密度、中子及电阻率测量时与井眼间的间隙进行补偿,能精确地反应各种井眼下的地层情况,有效分辨地层岩性。

(4) 多种测量深度的电阻率测量技术加强了对地层界面的反映。

(5) 在有利的地理条件下,可以用随钻声波测井代替随钻密度和声波测井,避免井下装配放射源。

(6) 井下仪器装有振动测量传感器,可对井下钻具的振动进行实时监测,有效预防井下事故。

(7) 测井数据能按垂深或测深以任何格式或比例输出,数据可以在计算机间相互传送,以便作业者可以及时了解有关信息。

2. HDS1 MWD 仪器

如图 5—82 所示,HDS1 MWD 仪器主要用于定向施工、测量自然伽马并与其他地质导向仪器一起实现地质导向。有 $3\frac{1}{2}$in、$4\frac{3}{4}$in、$6\frac{3}{4}$in、8in、$9\frac{1}{2}$in 五种尺寸,可适用于 $3\frac{3}{4}$ ~ $17\frac{1}{2}$in 的井眼施工。

图 5—82 HDS1 MWD 仪器组成图

3. CWRGM 补偿电阻率测井仪仪器

如图 5—83 所示,CWRGM 补偿电阻率测井仪仪器主要用于测量地层的电阻率、自然伽马,确定地层的岩性。其主要应用:

(1) 划分岩层界面,确定地层砂、页岩含量;

(2) 确定地层侵入带、冲蚀带和纯地层的电阻率,协助分析地层孔隙度和渗透性;

(3) 确定油/水界面、气/水界面及油气层厚度,确定页岩间的薄层砂岩;

(4) 在进行地质导向作业时,为井眼轨迹穿行于储层中的最佳位置提供准确依据;

(5) 有 $6\frac{3}{4}$in、8in 两种尺寸,适合于 $8\frac{1}{8}$ ~ $12\frac{1}{4}$in 的井眼施工。

图 5—83 CWRGM 补偿电阻率测井仪组成

4. DNSCM 密度中子井径测井仪仪器结构

如图 5—84 所示,DNSCM 密度中子井径测井仪主要用于测量地层密度和光电指数,分辨地层的岩性。其主要应用:

(1) 确定地层孔隙度和岩层密度;

(2) 区分油、气界面,划分油、气层厚度;

(3) 在进行地质导向作业时,为井眼轨迹穿行于储层中的最佳位置提供准确依据;

(4) 有 $6\frac{3}{4}$in、8in 两种尺寸，适合于 $8\frac{1}{8}$in 到 $12\frac{1}{4}$in 的井眼施工。

图 5-84 DNSCM 密度中子井径测井仪组成

三、斯伦贝谢公司的 LWD

斯伦贝谢公司是世界上具有很强实力的钻井综合服务公司之一，其在测井、定向钻井仪器和工具方面的突出表现确定了其在钻井服务界独霸一方的牢固地位。在地质评价仪器方面，该公司的代表产品有近钻头电阻率测量仪器 RAB（Resistivity-At-the-Bit）、方位密度中子测量仪器 ADN（Azimuthal Density Neutron）、补偿双探测深度电阻率测量仪器 CDR（Compensated Dual Resistivity）、声波测量仪器 ISONIC、RWOB（Receiver Weigh On Bit）接收－钻压测量仪器等。

1. 近钻头电阻率测量仪器（RAB）

RAB（图 5-85）是一个短的仪器短节，由一个具有 4 种探测深度的高分辨率的电阻率传感器、方位伽马传感器、井斜传感器、钻具振动传感器、方位电极、电路板和电磁波发射系统共同组成，可以测量近钻头处的地层电阻率、自然伽马、井斜及钻具的振动量。电磁波发射系统将仪器测量到的信号以电磁波的形式传递到仪器上面的 MWD，再由 MWD 传递到地面。

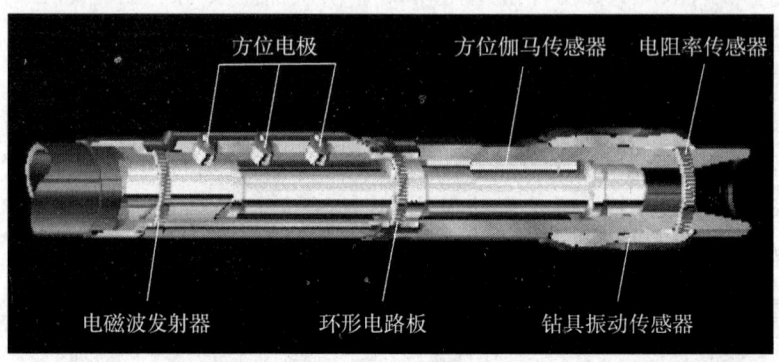

图 5-85 近钻头电阻率测量仪器（RAB）

RAB 主要应用于对地层进行详细的评价，可以用于检测断层、薄地层以及渗透性地层。

2. 方位密度中子测量仪器（ADN）

方位密度中子测量仪器 AND（图 5-86）主要由中子源、中子探测器、密度源、密度传感器、超声波井径传感器、线型稳定器、钛合金条及打捞头共同组成。中子源和中子探测器主要通过测量地层的光电指数来获得地层的孔隙度，密度源和密度传感器主要利用伽马射线在地层中的反射性质来获得岩石的密度。条型稳定器使放射源更接近井壁，使得探测器的统计读数更趋于真实。同时，利用超声波井径传感器测量的随钻井径数据对测量结果进行补偿，最终获得高精度、高可靠性的密度、孔隙度数据。

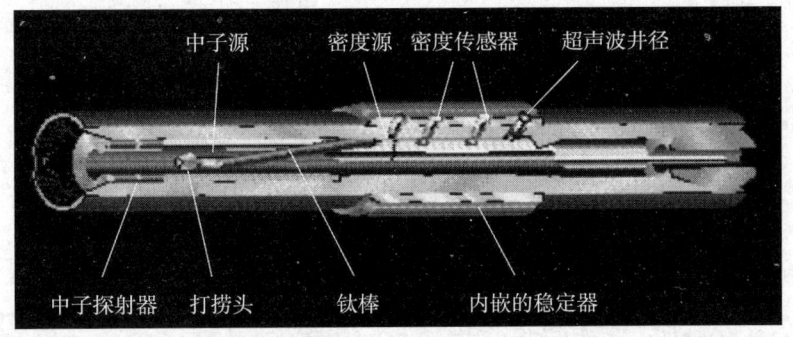

图 5-86 方位密度中子测量仪器（ADN）

AND 主要应用于确定油藏产量及发现新的油气藏，区分油气、油水界面，利用超声波井径还可以及早发现气层。

3. 补偿双探测深度电阻率测量仪器（CDR）

CDR（图 5-87）主要由自然伽马探测器和由两个接收极、两个发射极组成的电阻率传感器共同组成。伽马探测器测量地层自然伽马射线的含量，电阻率传感器可提供浅、深两种探测深度的地层的电阻率，能在所有类型的钻井液施工中区分地层边界及确定地层的碳氢化合物含量。

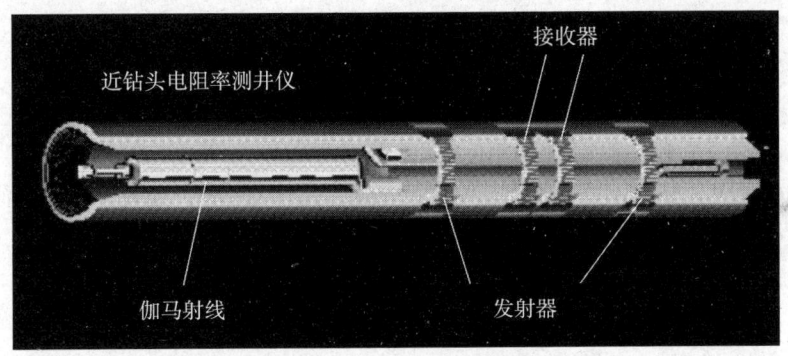

图 5-87 补偿双探测深度电阻率测量仪器（CDR）

CDR 通常和 AND 联合起来使用，利用 AND 超声波随钻井径数据对测量数据进行补偿，使得测量结果更加精确。

4. 随钻声波测量仪器（ISONIC）

ISONIC（图 5-88）主要用于测量声波在地层中传播时横波、纵波的时差，井下仪器测量到的声波传输速度时差数据可以在井下存储器中存储，同时也可被实时传送至地面，由地面计算机处理后，可以精确确定地层孔隙度、分析地层岩性、评估地层孔隙压力。同时，该数据作为合成地震记录的基本数据，可以在地层刚打开不久就在地面生成三维地震

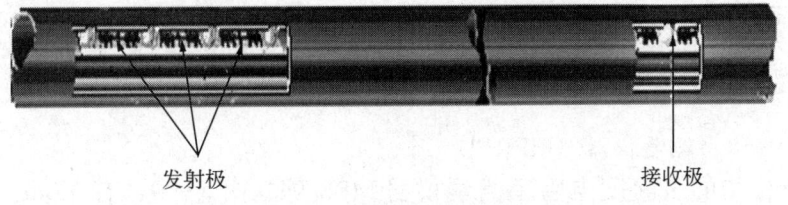

图 5-88 随钻声波测量仪器 ISONIC

图像，钻井施工人员和地质师就能准确了解地层的结构特性和油藏的特性，提高开发效率，回避开发风险。

四、Geosteer™ 地质导向工具

Geosteer™ 地质导向工具由井下动力钻具和仪器舱共同组成（图 5-89 所示）。

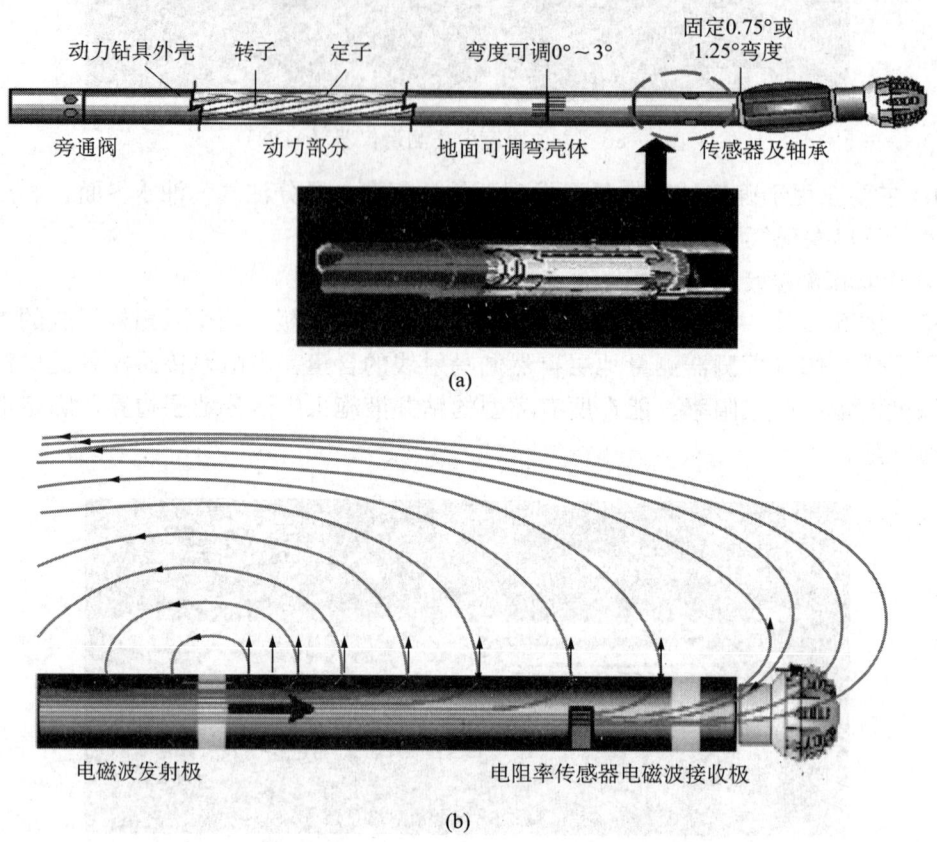

图 5-89 Geosteer™ 地质导向工具结构及工作原理图

井下动力钻具有一个固定角度的弯壳体和一个可调弯壳体，固定角度的弯壳体角度不可变更，适用于普通造斜率（低于 15°/30m）井眼施工。可调弯壳体可以在现场在 0°～3°的范围内调整，适用于特殊需要的、高造斜率（高于 15°/30m）的井眼施工。

仪器舱位于动力钻具下部的万向轴部分，由近钻头井斜传感器、自然伽马传感器和电磁波电阻率传感器、电磁波发射系统共同组成，测量近钻头井斜、动力钻具转速、工具温度、自然伽马和两道地层电阻率参数。

电磁波发射系统的主要作用是将地质导向工具测量到的数据以电磁波的形式传递到工具上面的 MWD，再由 MWD 将测量数据传送至地面。

五、贝克休斯公司的 LWD

1. 多深度电阻率测量仪器（MPR™）

贝克休斯公司的多深度电阻率测量仪器 MPR™（图 5-90）有 $3\frac{1}{8}$in、$4\frac{3}{4}$in、$6\frac{3}{4}$in、

$8\frac{1}{4}$in 四种尺寸。

MPR™ 采用四道电磁波发射极、两道电磁波接收极结构原理进行设计，可以提供 8 种不同地层深度的电磁波电阻率参数，适用于 $5\frac{7}{8} \sim 6\frac{3}{4}$in 的井眼中施工。

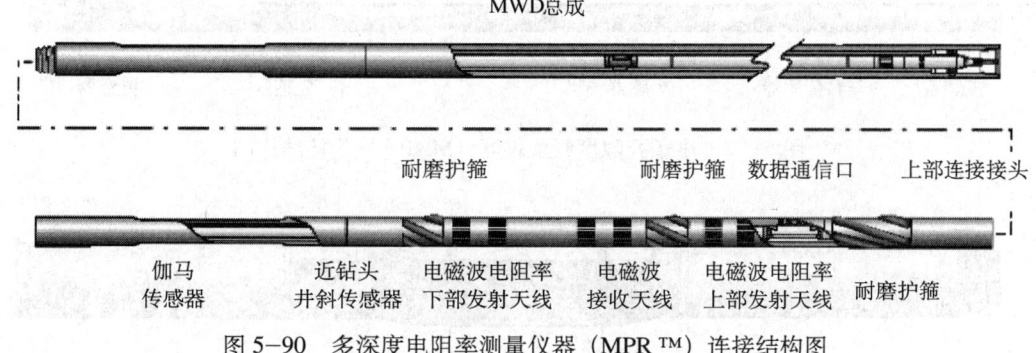

图 5-90　多深度电阻率测量仪器（MPR™）连接结构图

2. 超小尺寸多深度电阻率测量仪器（UltraSlim MPR™）

贝克休斯公司生产的超小尺寸多深度电阻率测量仪器 UltraSlim MPR™（图 5-91）的设计原理和结构都与电阻率测量仪 $4\frac{3}{4}$in 多深度电阻率测量仪器 MPR™ 一样，不同之处在于 MPR™ 的上、下电磁波发射极各为二道，而 UltraSlim MPR™ 的上、下电磁波发射极各为一道。

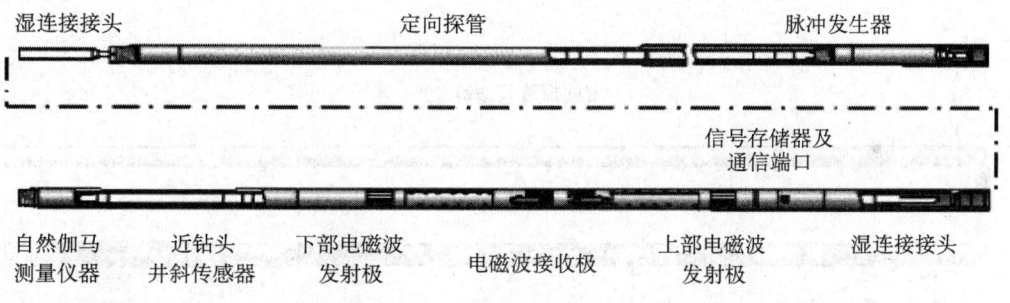

图 5-91　超小尺寸多深度电阻率测量仪器（UltraSlim MPR™）连接结构图

3. 中子孔隙度测量仪器（MNP™）

MNP™（图 5-92）用于测量地层的孔隙度。该测量仪器采用 LiI（碘化锂）闪烁晶体管检测不同能级的伽马射线，提高了仪器对伽马射线的分辨率，同时探测窗口内的 LiI（碘化锂）闪烁晶体管紧靠井壁，提高了探测器对反射到探测窗口内的伽马射线的敏感性，使得测量结果更准确。

MNP™ 通常与岩石密度测量仪器 MDL™ 和双频率电阻率测量仪器 DPR™ 或多深度电阻率测量仪器 MPR™ 联合使用，震动/压力测量仪器 MDP™ 也可与 MNP™ 一起用于施工。

4. 岩石密度测量仪器（MDL™）

岩石密度测量仪器 MDL™（Modular Density Lithology）（图 5-93）是一种测量地层岩石密度和岩石光电指数的测量仪器。在其放射源源窗的下方，有两个碘化钠闪烁计数管，用来检测伽马射线的康普顿散射截面及反射回来的伽马射线的能量，根据这些测量到的参数，经计算处理得到岩石的密度及光电指数。

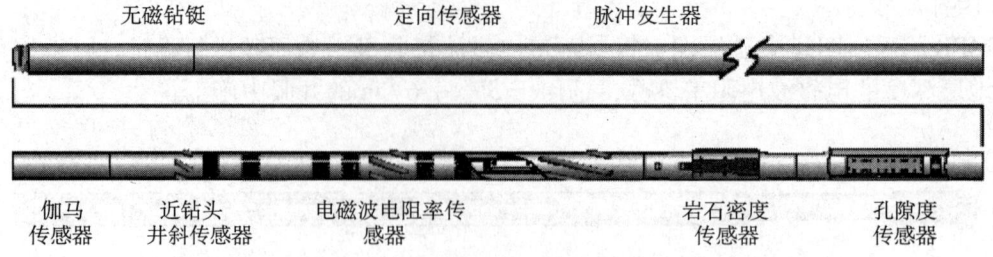

图 5-92　中子孔隙度测量仪器（MNP™）连接结构图

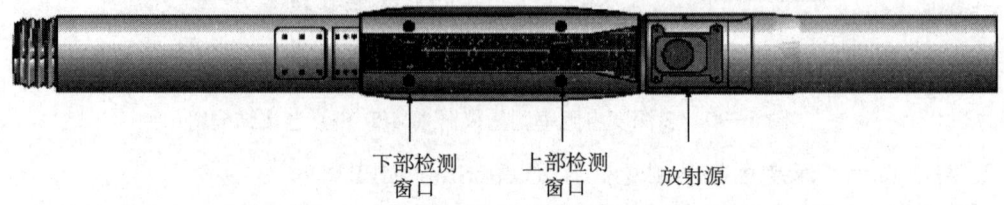

图 5-93　岩石密度测量仪器（MDL™）结构图

MDL 通常和中子孔隙度测量仪器 MNP、双探测深度电阻率测量仪器 DPR 或多探测深度电阻率测量仪器 MPR 联合使用（图 5-94），同时也可加挂压力 / 震动测量仪器 MDP，用来对地层、油藏特征进行定性和 / 或定量的评价，实现随钻地质导航，指导钻井施工。

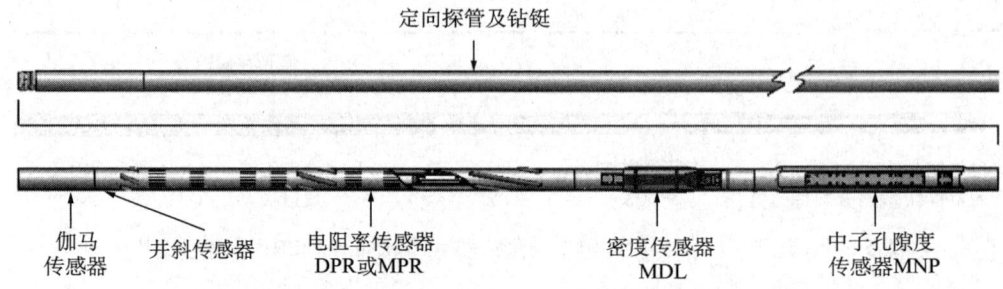

图 5-94　岩石密度测量仪器（MDL™）连接结构图

MDL 主要用于测量地层密度、识别地层岩性、检测地层流体的性质及饱和状态。当和 MNP 联合使用时，可以用于鉴别油 / 气、油 / 水界面。

5. $6\frac{3}{4}$in 震动 / 压力测量仪器（MDP™）

MDP™（图 5-95）由测量钻头钻压的钻压传感器、测量钻具扭矩的扭矩传感器、测量井眼环空和钻杆内部压力的压力传感器及电子线路、数据存储器共同组成。

该测量仪器能测量施加在钻头上的钻压、钻具受到的扭矩、钻杆内的液体压力及井眼环空压力、地层压力梯度等参数。这些参数通过 DPR™ 系统或三组合测量系统与定向探管之间的连接与定向探管建立通信，通过井下信号发射装置将信号实时传送到地面。

根据井该传感器测量到的参数，地面就可实时采取措施对钻井参数、当量钻井液密度等进行适当的调整，从而实现安全、快速钻进。

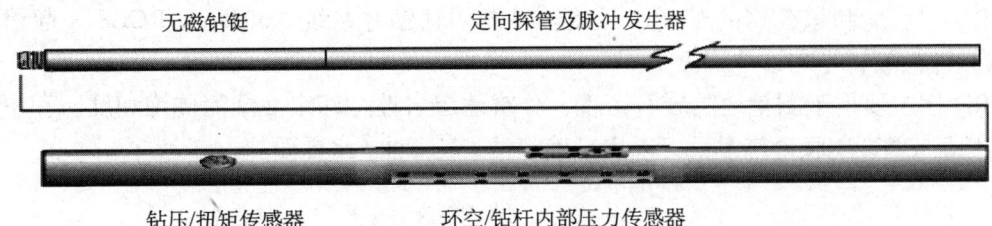

图 5-95　6¾in 震动/压力测量仪器（MDP™）连接结构图

6. 井径校正中子孔隙度测量仪器（CCN™）

CCN™（Caliper Corrected Neutron）（图 5-96）利用井径补偿和测量环境特性等手段测量地层的中子孔隙度。

CNN™通常和优化旋转密度测量仪器 ORD™（Optimized Rotational Density）和多探测深度电阻率测量仪器 MPR 一起组合使用，进行常规石油物性测井。

CNN™主要用于测量地层孔隙度、辨别地层岩性、分辨油藏流体状态、分辨碳氢化合物种类。

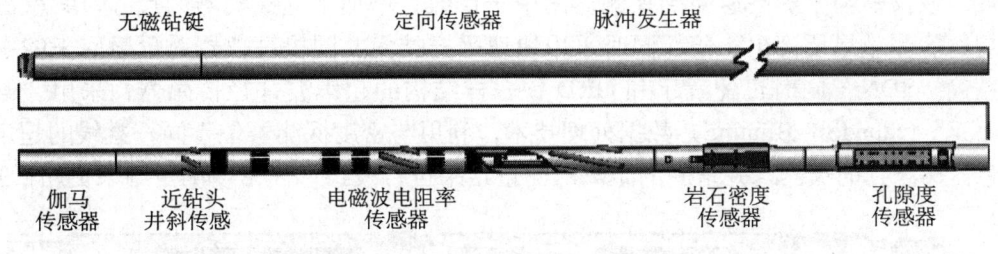

图 5-96　井径校正中子孔隙度测量仪器（CCN™）连接结构图

7. 优化旋转密度测量仪器（ORD™）

ORD™（Optimized Rotational Density）（图 5-97）主要用于测量地层岩石密度和岩石光电指数。在仪器的下部，有 3 个超声波井径传感器，这 3 个传感器在同一截面呈 120°均匀分布，其中一个与密度传感器的检测窗口在同一条线上，同时它们与远检测窗口的距离都相等。利用与检测窗口在同一条线上的超声波传感器测量到的窗口距离井壁的距离，同时采用该公司的专利"偏离共反射面元"（Standoff Binning）数据处理技术，就可得到最优化的密度测量数据。

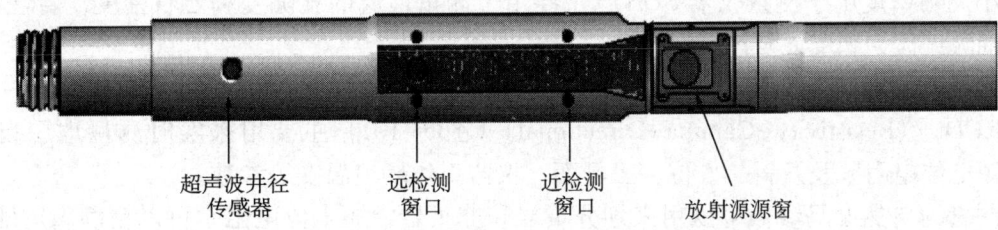

图 5-97　优化旋转密度测量仪器 ORD™结构图

ORD™一般与补偿中子孔隙度测量仪器 CNN™、多探测深度电阻率测量仪器 MPR™一起组合使用（图 5-98）来进行常规的地质评价。

ORD™也能和该公司的革新产品旋转导向闭环钻井系统 AutoTrak RCLS 一起组合使用，共同进行旋转导向钻井施工。

ORD™主要用于测量地层岩石密度、分辨地层岩性、确定油藏流体饱和度。和中子孔隙度传感器 CNN™联合使用，可以用来确定油／气、油／水界面。

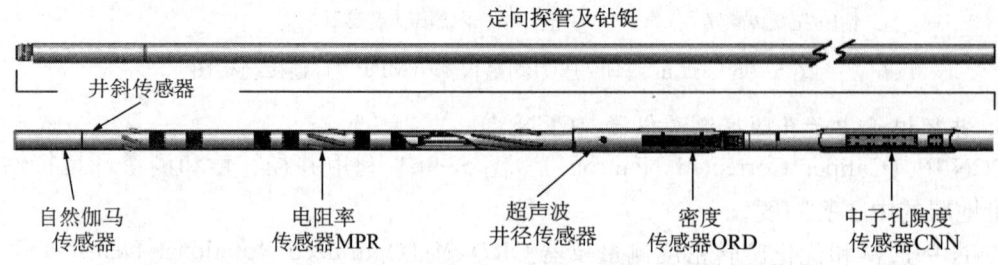

图 5-98　优化旋转密度测量仪器 ORD™连接结构图

8. 小尺寸（4³/₄in）密度中子测量仪器（SDN™）

SDN™（Slimhole Density Neutron）（图 5-99）主要用于测量地层岩石密度和岩石光电指数。该仪器为了提高返回到探测器的中子计数，增加了远探测器的尺寸，其检测效果比常规的检测效果要高出 4 倍，同时采用快速采样技术共同提高仪器对反射回来的中子的统计精度。SDN™同时也配置了和 ORD™一样结构的超声波井径传感器，采用"偏离共反射面元"（Standoff Binning）数据处理技术，利用与密度探测器位于同一直线的超声波井径传感器探测到的仪器与井壁间的距离对测量结果进行校正，使密度测量结果更趋于真实。

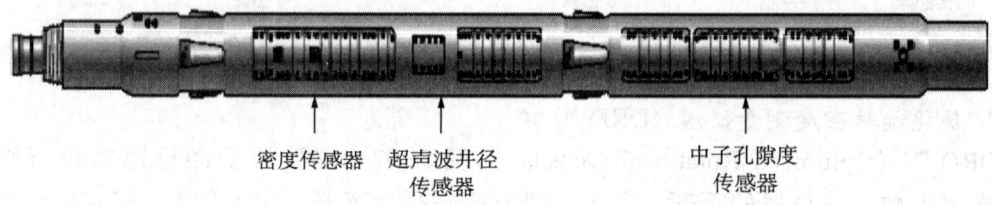

图 5-99　小尺寸（4³/₄in）密度中子测量仪器 SDN™结构图

小尺寸（4³/₄in）密度中子测量仪器 SDN™通常和多探测深度电阻率测量仪器 MPR 联合使用（图 5-100）以进行常规的地质评价。为了满足工程施工的需要，也可加挂环空压力测量仪器 NAP™（NaviTrak Annular Pressure）。

小尺寸密度中子测量仪器 SDN™主要用于测量地层的孔隙度和岩石密度、岩性识别、确定油藏流体饱和度以及区分气层。

9. 定向电阻率伽马测量仪器（RGD™）

RGD™（Resistivity–Gamma–Directional）（图 5-101）主要用来实时测量地层自然伽马、短电位电阻率及井斜、方位、工具面、仪器工作环境温度等参数。

测量的自然伽马参数可以用来划分页岩和非页岩，短电位电阻率可以精确确定地层的电阻率。由于测量是在钻井液被污染之前进行的，因而更增加了数据的真实性、可靠性。

RGD™设计了转动测量和滑动测量两种工作方式。当转动钻进时，只能实时提供地质参数，滑动钻进时可实时提供地质和定向参数。此外，可以根据施工的实际情况，合理选择传输数据的类型和数据传输的速度。

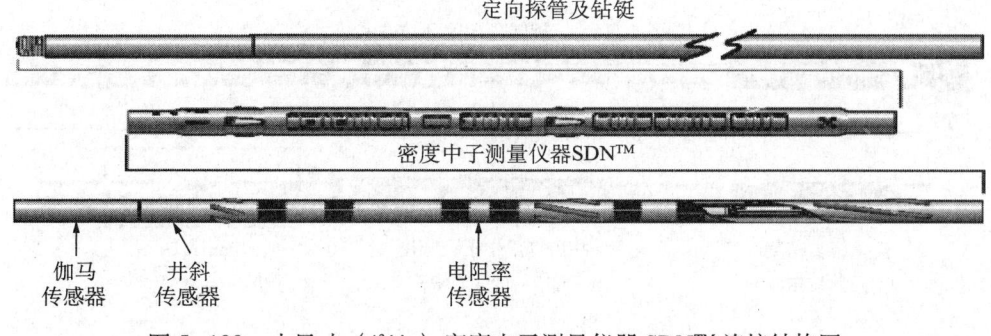

图 5-100　小尺寸（4$\frac{3}{4}$in）密度中子测量仪器 SDN™ 连接结构图

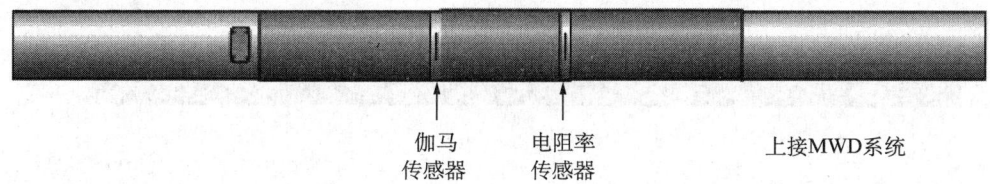

图 5-101　定向电阻率伽马测量仪器 RGD™连接结构图

10. 井底压力测量仪器（MAP™）

MAP™（Modular Advanced Pressure）（图 5-102）是一种测量井底钻具内部和环空压力的测量仪器。该仪器配备了能测量井眼环空和钻杆内部的压力传感器，同时也配备了井下数据记录模块、通信模块。

仪器入井后，在循环的情况下，仪器由涡轮发电机提供电源工作，最新的测量数据按设计向地面实时传输。停泵时，MAP™ 自动转换到由自备电源供电而继续工作，测量数据全部存储于存储器中。每次开泵时，该仪器都将停泵时测量到的井下压力数据的最大、最小值传向地面，供施工人员参考。全部测量数据都存储在其内部的存储器中以便仪器出井后对井下压力进行进一步分析。

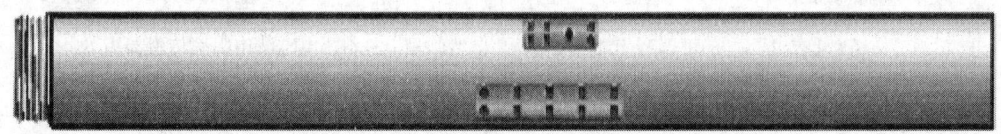

图 5-102　井底压力测量仪器 MAP™ 结构图

MAP™ 通常和旋转导向闭环钻井系统 AutoTrak™ RCLS、智能型密度中子孔隙度测量仪器 IDN™ 以及多探测深度电阻率测量仪器 MPR™ 一起组合应用（图 5-103），共同进行旋转地质导向施工。

11. 双探测深度电阻率测量仪器（DPR^R）

DPR^R（Dual Propagation Resistivity）（图 5-104）通过测量 2MHz 的电磁波从发射极经过地层介质后到接收极的相位变化和幅度衰减情况来计算地层的电阻率。该仪器在任何钻井液体系中工作都能工作，两种探测深度及相位电阻率的超强垂直分辨能力使测量结果受钻井液侵入的影响很小，即使对超薄油层也能进行准确评价。

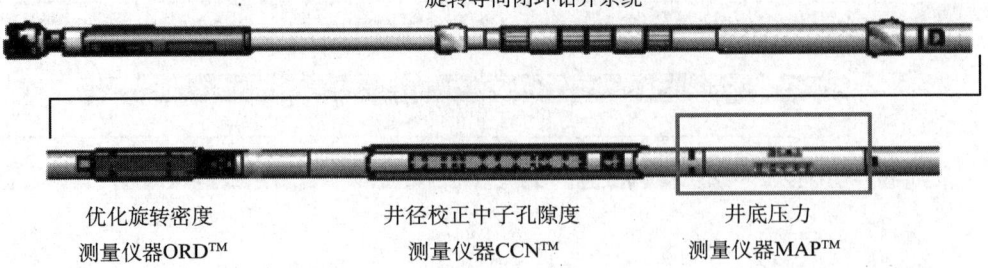

图 5-103 井底压力测量仪器 MAP™ 连接结构图

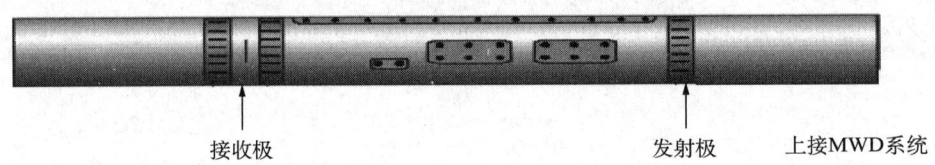

图 5-104 双探测深度电阻率测量仪器 DPR^R 连接结构图

12. NaviGator™ 地质导航系统

贝克休斯 Inteq 公司的 NaviGator™（图 5-105）地质导航系统主要由动力钻具、近钻头传感器组合及与上部仪器/工具连接的接头共同组成，可提供近钻头处井斜、自然伽马、电阻率等参数。

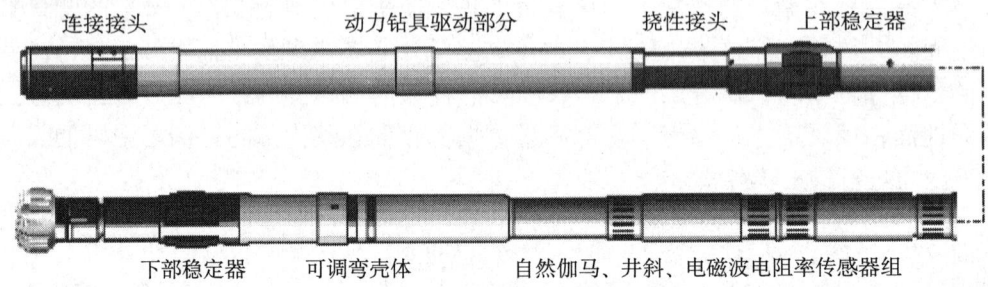

图 5-105 NaviGator™ 地质导航系统连接结构图

第六章 双驱导向钻井技术

第一节 概 述

按照常规的钻井方式，直井段需要减压吊打、纠斜，斜井段需要经常扭方位、多次起下钻改变钻具结构，不仅控制井眼轨迹的难度大，而且严重制约了钻井速度。井下动力钻具配合 PDC 钻头复合钻井，一趟钻可以完成造斜、增斜、稳斜、扭方位等多种作业，井下动力钻具提供的高转速，能有效地提高 PDC 钻头的机械钻速。根据资料显示，在浅层钻井，双驱复合钻井可提高机械钻速 1～2 倍。在深层、大井眼、定向井钻井中，双驱复合钻井可提高机械钻速 2～4 倍。

影响井眼轨迹的因素非常复杂，但地层特性、动力钻具的弯度、稳定器的尺寸和安放位置及钻具组合、钻井参数是其中的重要影响因素。

地层因素由于其复杂性，理论准确性不高。从现场资料统计分析的角度，定性地研究地层特性对双驱复合钻井井眼轨迹控制的影响，为动力钻具选型、钻具组合及钻井参数的选择奠定基础。

钻具组合及钻井参数优选主要考虑下部钻具组合的组成、钻井参数的优选、扶正器的选择及安放。

第二节 造斜能力特性分析

一、钻头综合选型

目前，国内外在钻头优选方法的研究领域大体上呈现出三大技术发展方向和各自的研究领域，它们分别是常规钻头选型的方法、利用数学分析进行钻头选型的方法和利用测井资料进行钻头选型的方法。其中利用数学分析进行钻头选型的方法操作过于复杂，理论性较强，依据性差，而且准确性有待于提高，现场一般不使用这种方法优选钻头。常规钻头选型方法主要包括根据邻井资料选型、根据钻头分类标准选型和根据统计方法选型，这种方法仍然是目前使用最为广泛、行之有效的钻头选型方法。但是当邻井资料较少，邻井所用钻头本身就不合适或设计井和邻井的地质条件相差悬殊时，根据这种方法就得不到理想的结果。

从 20 世纪 80 年代开始，国内外在钻头选型方法研究中发现，测井资料中蕴藏着大量的地层信息，通过对其进行处理与分析，可以估算出整个地层剖面上的岩石力学参数、地层压力（系统）参数，以及其他一些对钻井工程有用的信息。同时，测井资料能全面反映地层的不均匀特性，有很好的连续性，能弥补未能取心层段不能确定可钻性级数的缺陷，且便于建立连续剖面。因此，国内外钻井研究工作者相继开展了利用测井资料预测地层岩性、进行钻头选型的研究工作。与其他钻头选型方法的研究相比，测井资料具有信息含量丰富，连续以及成本较低等特点，特别是在参考井较少的情况下，利用测井资料进行钻头选型更具价值，因此这类钻头选型方法在钻井工程中受到普遍重视。

1. 利用测井资料进行钻头选型的原理

常规测井曲线一般包括自然伽马、自然电位、井径、密度、声速（声波时差）、温度及感应电阻率等曲线，其中声波时差曲线中的声波时差值与地层的岩性、岩石结构、地层埋藏深度和地层地质时代都有密切关系，对测定的岩石可钻性级数与对应层位的声波时差值进行分析研究发现：声波时差相同的岩心，岩石可钻性级数相同，岩石越硬，岩石可钻性级数越大，声波时差值越小。因此可以认为声波时差能够较好地反映岩石的综合物理性质。

根据弹性波理论，对于均匀无限介质，纵波速度 v_P 为：

$$v_P = \frac{\sqrt{\rho(1+\mu)}}{E(1+\mu)(1+2\mu)} = \frac{1}{\Delta t} \tag{6-1}$$

式中　ρ ——岩石密度；

E ——杨氏模量；

μ ——泊松比；

Δt ——纵波测井时差（即普通声波时差测井）。

横波速度 v_s 为：

$$v_s = \sqrt{\frac{E}{2\rho(1+\mu)}} = \frac{1}{\Delta t_s} \tag{6-2}$$

式中　Δt_s ——横波测井时差。

从式（6-1）、式（6-2）可以看出，声波时差取决于岩石密度 ρ、杨氏模量 E、泊松比 μ，而 ρ、E、μ 都是反映岩石变形、抗张、抗剪及抗压性质的重要物理参量。美国的 Gstalder 和 Ragnal 通过室内试验，得出岩石硬度和声波时差值在一定程度上是线性相关的。美国 Amoco 公司 K. Lmason 通过室内研究，得出了测井声波时差与地层抗压强度的关系，认为它们之间也是线性相关的。

另外，可根据因素分析，选择影响因素显著的参数，用数学方法建立有关岩石可钻性和岩石强度的预测计算模型：

$$K_i = \alpha_i \frac{E^{\alpha_i} \exp(b_i \mu_{sh})}{(1+\mu)^{\beta_i}(1-2\mu)^{\gamma_i}} \tag{6-3}$$

式中　K_i ——岩石强度，MPa（$i=1, 2, \cdots 4$）；

E ——岩石弹性模量，MPa；

μ_{sh} ——岩石泊松比；

α_i ——方程系数；

b_i ——岩石泥质含量影响系数；

α_i、β_i、γ_i——分别是反映岩石抗张、抗剪、抗压的指数。

2. 钻井地层评价技术

地层的钻进特性（可钻性、硬度、抗钻强度、钻压指数等）是钻头优选和钻速预测的基础。由于取心的困难，长期以来，国内外专家都在寻找一种简便的方法来确定地层的钻进特性参数。声波测井反映声波在岩石中的传播速度，它与岩石的密度、孔隙度、结构强度等密切相关，可利用它来获得岩石的力学参数和工程特性测试，进而进行钻头优选和钻速预测。

我们选择测井资料作为地层钻进特性评价的基本资料，通过大量的实验测定，从而建立了中原油田地层钻进特性与测井数据间的关系式：

$$K_d = Ae^{\beta/\Delta t_c} \text{（或} K_d = Ae^{b/\Delta t_s}\text{）} \tag{6-4}$$

式中，$A=2.347e^{-0.0017\gamma}$，$\beta=-0.0017a$；Δt_s、Δt_c 分别为地层的横波时差和纵波时差，与其速度互为倒数，砂泥岩地层：$\Delta t_s / \Delta t_c = 1.76 \Rightarrow \Delta t_s = 1.76\Delta t_c$。

通过 Bourgoyne 和 Young 的多元钻速方程：

$$v = K\left(\frac{\omega-\omega_0}{14-\omega_0}\right)^{a_5}\left(\frac{N}{70}\right)^{a_N}\left(\frac{Q\rho_m}{\eta d_e}\right)^{a_8}$$

运用多元回归分析方法，建立关系式：

$$K = \alpha_1 \beta_1^{-ae^{b/\Delta t_s}} \tag{6-5}$$

或

$$K = \alpha_1 \beta_1^{-ae^{b/\Delta t_c}} \tag{6-6}$$

这样一来，通过向计算机中录入测井成果解释数据曲线中的地层弹性波速、孔隙度、泥质含量、自然伽马、自然电位等基础参数，可计算获得地层岩石的强度参数，如单轴抗压强度、抗拉强度、内聚力、内摩擦角等和钻进特性，如可钻性、硬度、抗钻强度、钻压指数等。

3. 钻头综合选型技术

长期实践表明，根据岩石可钻性选择钻头，可以取得钻头进尺多的效果，据此选择钻头类型，再按钻井直接成本选择钻头具体型号。但是，影响钻头类型选择的因素是多方面的，其中：(1)地层因素，诸如可钻性、硬度、塑性系数、研磨性、抗钻强度等；(2)钻头本身性能指标，如：钻头成本、钻头特征、适应性、所需钻井参数；(3)使用状况，如：机械钻速、钻头进尺、钻头磨损情况、纯钻时间、所钻地层特征等。所有影响因素都具有很大的不确定性，特别是钻头磨损情况，钻头泥包等，其数值是不清楚或不确切的。这样一来，就需要采用科学的优选理论来加以评价。经过研究，我们认为：在岩石可钻性确定的前提下，以钻头进尺、钻井成本为评价指标，采用最优化理论和数值分析的方法对影响钻头选型的各种因素加以评判，排列出适合地层可钻性特征的各类钻头的先后次序，即各个钻头的优劣顺序。此项工作必须在计算机的帮助下完成。

为此，我们采用了一种综合"定量"选型方法，即用已钻井的实际使用效果，结合钻头本身性能指标来加以衡量,以钻头进尺,每米钻井成本为最终评判结果,构造一个钻头"综合指数 R",使得钻头选型是在定性基础上实现了定量化。所构造的"综合指数 R"能反应钻头的使用效果及使用条件,综合反映了一只钻头在某一地层内的综合效益,其中包括有:

(1) 钻头性能指标:钻头类别、钻头成本、地层可钻性适应值、推荐钻井参数;
(2) 钻头效益指标(包括钻头使用效果及使用条件):
①使用效果:机械钻速、钻头进尺、钻头工作时间(纯钻时间);
②使用条件:钻压、泵压、转速、泵排量、井深。

利用钻头直接成本公式(SY/T 6201—1996):

$$C = \frac{C_b + C_r(T_r + T_p)}{H} \tag{6-7}$$

式中　C——每米钻井成本,元/m;
　　　C_r——钻机作业费,元;
　　　T_r——纯钻进时间,h;
　　　C_b——钻头成本,元;
　　　T_p——起下钻、扩划眼等辅助时间,h;
　　　H——钻头总进尺,m。

1) 综合选型基本步骤

钻头选型基本步骤如图 6-1 所示。

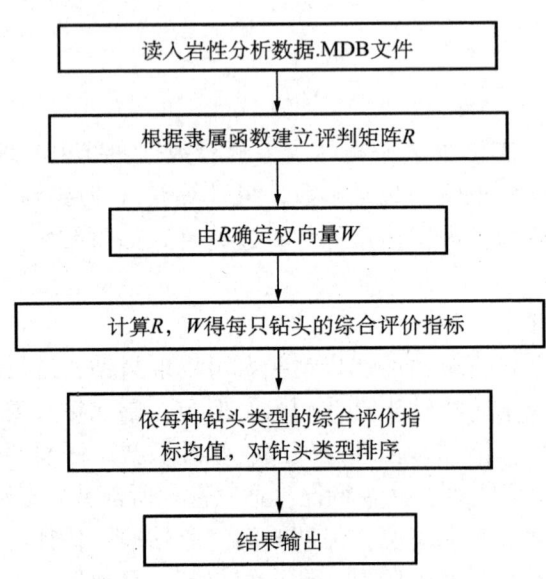

图 6-1　钻头模糊评判逻辑结构图

2) 钻头选型设计流程

第 1 步:给出每只钻头对各聚类指标的数值 d_{ij},并组成样本矩阵 D。必要时,对矩阵进行无量纲化处理:

$$v_1 \quad v_2 \quad v_3 \quad \cdots \quad v_m$$

$$\boldsymbol{D} = \begin{bmatrix} d_{11} & d_{12} & d_{13} & \cdots & d_{1m} \\ d_{21} & d_{22} & d_{23} & \cdots & d_{2m} \\ d_{31} & d_{32} & d_{33} & \cdots & d_{3m} \\ \vdots & \vdots & \vdots & & \vdots \\ d_{n1} & d_{n2} & d_{n3} & \cdots & d_{nm} \end{bmatrix} \begin{matrix} u_1 \\ u_2 \\ u_3 \\ \vdots \\ u_n \end{matrix}$$

第2步：定出 w_1，w_2，w_3，…聚类标准函数，并作标准函数图。

第3步：求标定聚类权 η_{ik}。记 λ_{ik} 为第 i 种聚类对象第 k 个聚类标准的值，则第 i 种聚类对象对 k 个聚类标准的权 η_{ik} 为：

$$\eta_{ik} = \lambda_{ik} \bigg/ \sum_{j=1}^{m} \lambda_{jk}$$

其中，$i \in \{u_1, u_2, u_3, \cdots, u_n\}$，$j \in \{v_1, v_2, v_3, \cdots v_m\}$，$k \in \{w_1, w_2, w_3, \cdots\}$。

第4步：求聚类系数及构造聚类向量。记 $f_{ki}(d_{ik})$ 表示第 i 种聚类对象的聚类量 d_{ik} 通过第 k 个聚类标准函数查出的权，于是第 i 种聚类对象对第 k 个聚类标准的聚类系数为：

$$\sigma_{ik} = \sum_{k=1}^{j} f_{kj}(d_{ik}) \cdot \eta_{ik}$$

将各个聚类对象按 k 个聚类标准函数组成聚类向量 σ_i。

第5步：聚类。若 σ_i 中第 k 个聚类系数最大：

$$\sigma_{ik} = \max_{k} \{\sigma_{ij}\}, k = 1, 2, \cdots,$$

则该聚类对象应归于 k 类。得出各个钻头的最大聚类系数后，其大小次序即为各个钻头的优劣顺序。

通过开展钻井地层评价技术和钻头综合选型技术的研究，开发了一套钻头选型的软件，利用这套软件优选出来的各区块的 PDC 钻头见表 6-1。

表 6-1　分区块 PDC 钻头推荐表

区块	地层	钻头型号
卫城	D-S2 D-S3	P265MF　FMP114H　F312　F1924C GP545　G545
濮城	D-S3 D-S2	F312　P265MF　FMP114H　F1924C G545　GP545
马厂	D-S3	84FM245G　GP545　G545　F1924C
文中	D-S3	P265MF　FMP114H　B435E
文南	D-S3	P265MF　FMP114H　GP545　B435E　F1924C
胡状	D-S3（<2800m）	P265MF　FMP114H　84FM245G　F1924C
文东	S3	GP545　GP545D　G545　G445P
桥口	S1-S3	
白庙	D-S3	

二、井下动力钻具组合优选

井下动力钻具主要包括单、双弯螺杆,直螺杆和低速涡轮等,中原油田使用较多的是单、双弯螺杆(图6-2)。单、双弯螺杆既能够使用钻盘进行双驱复合钻进,又能滑动钻进,在完成定向施工的动力钻具中,单、双弯螺杆钻具具有优势。它不但能够给钻头提供足够的扭矩,而且具有很灵活的可调性:首先,它可以进行角度的选择,一般螺杆厂家都能按照钻井的需要生产不同角度系列的螺杆钻具,在特殊情况下,可以同向或者反向配接普通定向的弯接头来进行角度的调节。由此我们就可以根据地层的实际需要进行任意的组合。其次,还可以根据扶正器的位置不同,钻具受力状况不同这一重要特点,进行合理的扶正器数量及位置调整,以达到井眼的增斜、稳斜、降斜及调整井眼的方位。

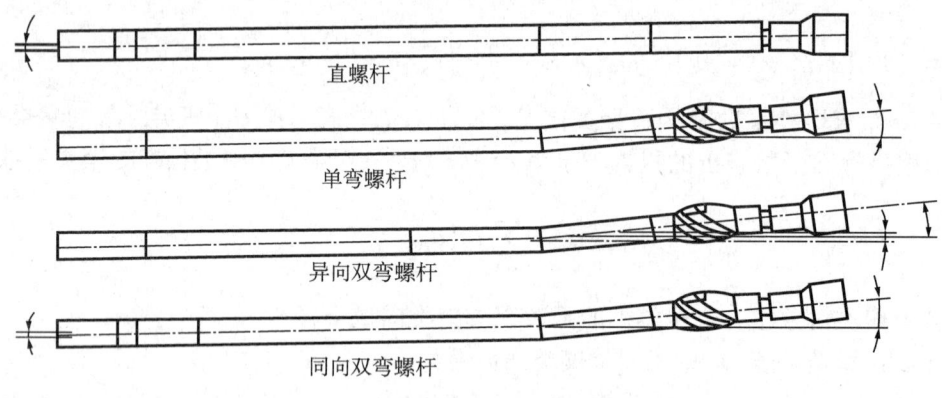

图6-2 单弯及双弯螺杆钻具

螺杆钻具的弯角使钻头产生偏距,双驱复合钻进时钻具所受的约束力更大,交变的动应力使钻具易发生疲劳断裂,也易使螺杆钻具的薄弱环节产生先期损坏。弯角越大,钻头偏距也越大,所受的交变应力和扭矩越高。但是,弯角太小,则其造斜率就小,不能满足井眼轨迹控制的需要。因此,要进行螺杆钻具弯角的优选,以适应油田地层中钻井的需要。

1. 直螺杆钻具组合及造斜特性分析

直螺杆钻具组合的防斜实质仍然是钟摆钻具防斜,不同之处在于钻头转速提高了数倍,利用螺杆的高转速,在防斜的同时提高了钻速。在直井钻井作业中,直螺杆钻具比弯螺杆钻具所受的负载要小,相应的使用寿命会更长,但由于其本身不具备降斜能力,因此利用直螺杆钻具与稳定器的复合钟摆组合,达到防斜、纠斜的目的。不同井斜时复合钻具防斜能力是不同的。

各种钻具组合均具有抗弯强度,当它们受到井眼弯曲的约束作用时,必然会出现自身的反抗效应。当两者匹配时,钻头上的侧向力就应该等于某一特定值。一般情况下增井斜力随着井眼曲率的增加而显著下降,方位力则随着井眼曲率的增加而缓慢增加。但是研究结果表明,当井眼位于垂直平面内时,由于钻具组合本身的受力变形而产生的钻头侧向力主要为增井斜力或为降井斜力,方位力则很小。因此垂直平面内给定条件下的下部钻具组合造斜能力与井眼曲率相匹配。

现场井眼轨迹控制的分析结果表明,在地层参数的影响不清楚时,影响井眼轨迹的因素很多,主要反映在对钻头侧向力的影响上。但是,有一点值得重视,即造斜力受各种因素的影响，而方位力主要受井眼轨迹的空间形状参数的影响。当弯曲平面倾角（定义为相邻两测点所组成测段所在的近视空间斜平面，与该井段中点处的井眼高地所在铅垂面之间的夹角）为零时，方位力尽管与各参数有比较好的相关关系，但其值很小，不足以对井眼轨迹的方位变化造成很大的影响。只有当弯曲平面倾角不为零时，钻头上的方位力才可能对井眼轨迹产生较大的影响。

下面运用纵横弯曲法对以下常用复合钻具组合的防斜能力做简要分析。

1) 钻具组合

（1）单稳定器组合：ϕ311.15mm 钻头 + ϕ244mm 螺杆 + ϕ228.16mm 钻铤 ×1 根 + ϕ310mm 稳定器 + ϕ228.16mm 钻铤；

（2）双稳定器组合：ϕ311.15mm 钻头 + ϕ244mm 螺杆 + ϕ228.16mm 钻铤 ×1 根 + ϕ310 稳定器 + ϕ228.16mm 钻铤 ×1 根 + ϕ310mm 稳定器 + ϕ228.16mm 钻铤。

2) 基本输入参数

钻压 80kN，井眼曲率为 0°，即井眼是直井，井斜角 3°，钻井液密度 1.12g/cm³。

图 6-5 和图 6-6 是根据计算结果绘制的关系曲线。

由图 6-3 可以看出，随着井斜角的增加，钻头处的降斜力随之增加，有利于降斜。单稳定器组合略小于双稳定器组合，考虑到钻具复合钻井的安全性，采用单稳定器组合较好。由图 6-4 可以看出，随着稳定器间隙的增加，钻头处的降斜力随之增加。这说明使用欠尺寸稳定器有利于纠斜。稳定器间隙对单稳定器钟摆钻具影响不明显，但对多稳定器钻具有一定的影响。事实上复合钻井时，井径扩大是不可避免的。在考虑这种因素后，螺杆钻具组合的降斜特征更加明显。

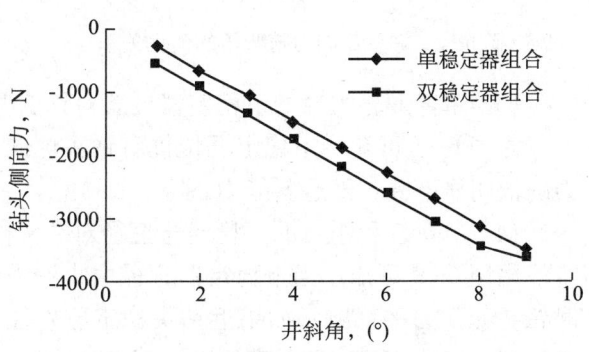

图 6-3 井斜角与钻头侧向力关系

2. 弯外壳螺杆钻具组合及造斜特性分析

钻遇自然造斜能力较强的地层时，应用弯外壳螺杆钻具与高效 PDC 钻头或金刚石钻头配合的复合钻井技术，采用低钻压钻进，可有效地防止井斜，提高井身质量及满足井底小位移的控制目标，又有利于提高机械钻速，减少钻井事故，取得良好的防斜打快效果。

以 P5LZ165 型单弯角双稳定器导向动力钻具组合为例，计算导向动力钻具组合的理论特性，主要包括结构参数（如弯角的大小和位置，下稳定器的位置和直径，上稳定器直径，钻具刚度等）、井眼几何参数（井斜角、井眼曲率等）和工艺操作参数（如钻压）对钻头侧向力和钻头倾角的影响。在单弯双稳组合分析基础上，可进一步了解同向双弯角组合对钻头侧向力与钻头倾角的相应关系。基本参数：井眼

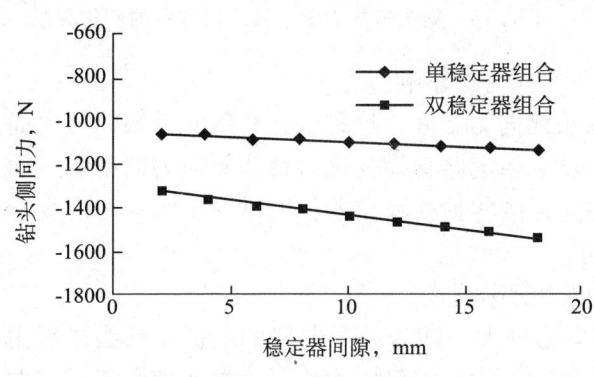

图 6-4 稳定器间隙与钻头侧向力关系

直径215.9mm，井斜角45°，下稳定器直径213mm，下稳定器中点距钻头底面距离90cm，井眼曲率6°/30m，钻压60kN，上稳定器直径210mm，钻井液密度1.2g/cm³。上稳定器位于钻具旁通阀之上，再往上是测斜用无磁钻铤和普通钻铤。

（1）单弯双稳组合的弯角对钻头侧向力的影响。

图6-5给出了单弯双稳定组合的结构弯角对钻头侧向力的影响。由图可知，钻头侧向力随弯角显著增加，而钻头倾角随弯角的增加而下降，两者基本上成线性关系。

（2）单弯双稳组合的弯点位置对钻头侧向力的影响。

由图6-6可知，弯点位置显著影响侧向力，随着弯角位置上移，钻头侧向力近乎呈直线下降，但在计算范围内仍保持较大的正值。

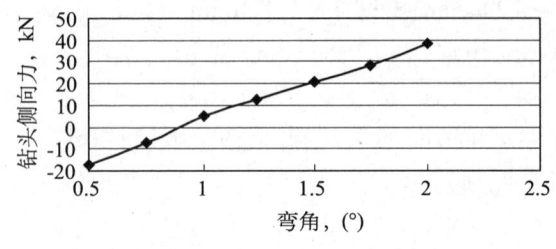

图6-5 钻头侧向力随弯角的变化关系　　　　图6-6 钻头侧向力随弯角位置的变化关系

（3）单弯双稳组合的下稳定器位置对钻头侧向力的影响。

由图6-7可知，下稳定器位置对钻头侧向力影响显著。随着下稳定器上移，钻头侧向力的值明显下降，即造斜能力下降。

（4）单弯双稳组合的下稳定器直径对钻头侧向力的影响。

由图6-8可知，当下稳定器直径由小变大时，钻头侧向力显著增加，同样说明了间隙对钻头侧向力的影响。如果近钻头稳定器外径发生磨损，间隙增加，可引起钻头侧向力显著下降。因此下稳定器的磨损会降低造斜率。

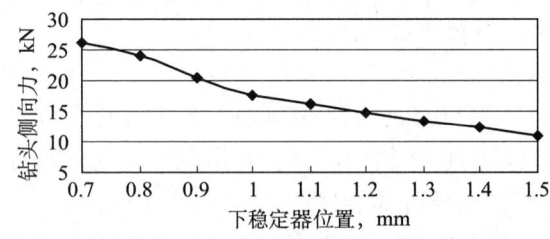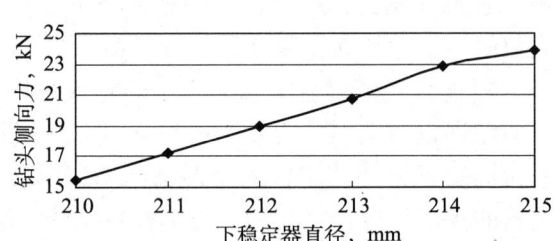

图6-7 钻头侧向力随下稳定器位置的变化关系　　图6-8 钻头侧向力随下稳定器直径的变化关系

（5）单弯双稳组合的上稳定器直径对钻头侧向力的影响。

由图6-9可知，加大上稳定器直径使钻头侧向力下降，这种变化呈线性关系，与上面的图进行比较可知，上稳定器直径变化远不及下稳定器直径变化对钻头侧向力的影响，而且这两种影响是相反的。由于上稳定器往往是外接的钻柱稳定器，所以这一结论对现场选择上稳定器以调节BHA的造斜能力十分有用。

（6）井眼曲率对单弯双稳组合的钻头侧向力的影响。

由图6-10可知，在直井眼中，钻头侧向力最大，随着井眼曲率的增加，钻头造斜力逐步下降，当井眼曲率达到工具的极限曲率值时，钻头的侧向力为零。当曲率大于极限曲率时，钻头侧向力为降斜力。

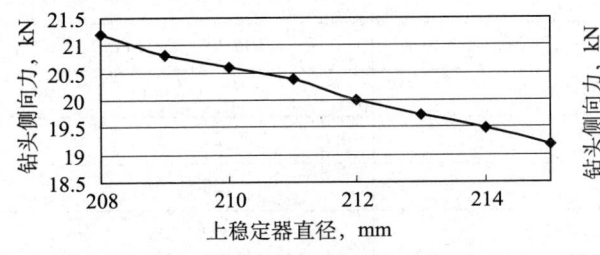

图 6-9　钻头侧向力随上稳定器直径的变化关系　　图 6-10　钻头侧向力随井眼曲率的变化关系

三、滑动钻进时造斜能力预测

计算带有双稳定器的单弯外壳动力钻具组合的造斜率，目前国外普遍采用"三点定圆法"。该方法认为钻头和两个稳定器这三个点确定的圆弧即为可钻出的井眼轨迹，如图 6-11 所示，并可以导出如下关系：

单弯、双弯动力钻具造斜率的理论计算公式：

三点几何法计算单弯、双弯动力钻具的造斜率：

$$K = 200\gamma / (L_1 + L_2)$$

理想的双弯两结构角（γ，φ）应有如下关系：

$$\sin(\varphi - \gamma) = L_2 \times \sin\gamma / L_1$$

则理想双弯动力钻具的造斜率为：

$$K = 11459.2 \times \sin(\varphi - \gamma) / L_2$$

K——造斜率，(°)/100m；

γ——动力钻具上弯角，(°)；

φ——动力钻具下弯角，(°)；

L_1——动力钻具上弯点到下弯点的长度，m；

L_2——动力钻具下弯点到钻头的长度，m。

表 6-2 给出了单弯/双弯动力钻具造斜率经验数据。

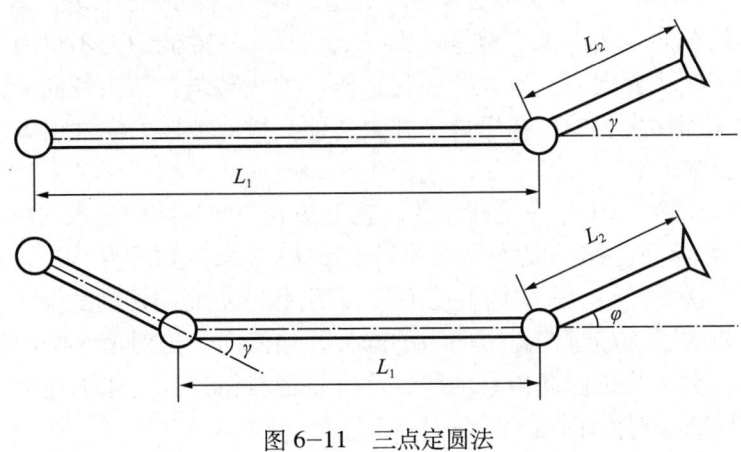

图 6-11　三点定圆法

表 6-2　单弯/双弯动力钻具造斜率经验数据

井眼尺寸	212.7～250.8mm	250.8～311.2mm
动力钻具尺寸	165.1～171.5mm	196.9～203.2mm
弯角造斜率	(°)/100m	(°)/100m
1	20～25	20～25
1.25	25～27	25～30
1.5	27～30	30～38
1.75	40～43	35～40
1×1.25	24～30	30～35
1×1.5	30～35	35～40
1×1.75	40～45	40～45

由以上计算公式可以看出：

(1) 下稳定器的位置和弯曲角度对钻具的造斜率影响最大。下稳定器离钻头越近，钻头侧向力越大，造斜率就越高。增大结构的弯曲角度，可显著提高造斜率。下稳定器的磨损会明显降低造斜率。

(2) 上稳定器的位置和外径，对钻具组合的造斜率影响不大。减少上稳定器的外径或增减上稳定器与马达之间的距离，钻具组合的造斜率略微增减。但是采用转盘方式钻进时，其位置和外径对钻具组合的增斜、降斜和稳斜效果的影响较大，是控制大段稳斜井段和方位的主要调节手段。

(3) 井斜角的大小对工具的造斜率几乎没有影响。无论是定向初始的小角度，还是稳斜井段的大角度，理论上认为工具都能以比较固定的造斜率保持井眼轨迹均匀圆滑。

四、双驱复合钻进时，导向能力预测

由上面分析可知，当弯曲平面倾角不为零时，钻头上的方位力才可能对井眼轨迹产生较大的影响。对下部钻具组合（BHA）造斜能力的预测，可以依据曲率平衡原理，对于某种 BHA，在一定条件下总存在着一个"平衡曲率"，它刚好使钻头的有效侧向力为零，这一"平衡曲率"就是给定 BHA 在特定条件下的造斜能力。从理论上讲，钻头的有效侧向力可以用一个具体的公式表达出来，但是，事实上钻头的有效侧向力不仅与钻头上的机械作用力（计算得到的钻头侧向力）有关，还与钻压、钻头转角、钻头各向异性指数、地层各向异性指数、钻头侧切岩石的门槛压力、井眼几何参数、地层力学性质等有关，计算十分复杂，许多参数很难求解。

在钻井工程中，给定 BHA 在结构参数、施工参数、井身结构参数的联合作用下将在钻头上产生侧向力，这种机械侧向力与地层参数及 BHA 变形参数相互作用，达到改变井眼轨迹参数的效果。在这里我们引入"门槛压力"，即引起钻头侧向切削的最小机械作用力，则有效侧向力就可以表示为超过门槛侧向力的部分。当侧向力绝对值小于门槛侧向力时，有效侧向力小于零，钻头只是侧向研磨地层，此时将稳斜钻进。门槛侧向力与钻头的侧向切削特性及所钻地层的岩石机械性质有关。

利用"平衡曲率法"预测造斜能力，关键在于确定门槛压力的大小。在许多情况下，门槛压力很难求解，一方面是由于地层因素变化大，难以用试验的方法测定，而且求得的单点也不能有效地代表地层的整体特性；另一方面，用现场资料来反算，求得的结果除了反映钻头的侧向切削特性和所钻地层的岩石机械性质外，还与实际井眼条件，施工参数有关。但是，我们利用稳斜钻具组合的侧向力来代替一般意义上的门槛侧向力。该值不仅反映钻头的侧切削特性和所钻地层的岩石机械性质的影响，还反映井眼轨迹参数、施工参数和 BHA 结构参数的影响。更重要的是该值还能体现在不同参数条件下，稳斜钻具组合为了达到稳斜目的所必须具备的钻头造斜力。

双驱复合钻井特点是，滑动定向后，仍然使用定向造斜段使用过的钻具组合，在转盘带动钻具旋转的同时，钻井液驱动弯外壳螺杆带动钻头转动，形成复合式钻井特征。现场实践表明：连续导向技术可以较大幅度地提高钻井速度，缩短建井周期。

在现场使用过程中发现，对于一定的钻具组合，复合钻井具有不同的导向规律，有时候甚至出现截然相反的效果。因此，了解这种技术的原理，对现场施工人员优选钻具结构，获得理想的轨迹导向效果具有十分重要的意义。

双驱复合钻井的特点，可以归纳为一个导向工具面不断有规律改变的过程，其总体导向效果不能用某一特定装置角时钻头的侧向力来描述，而应该用钻柱旋装一周内的钻头上的合导向力矢量来表述。

设复合钻进在某一时刻的装置角为 ω，此时可以计算出钻头上的造斜力为 $F_{\alpha(\omega)}$，方位力为 $F_{\phi(\omega)}$。取钻具组合旋转一周内钻头上的导向合力为研究对象，ω 的取值范围为 $0\sim 2\pi$，均匀取值。设计算点数为 n，则装置角变化步长为 $\Delta\omega=2\pi/nA$。计算点数应大于或等于 36。钻具组合旋转一周内在钻头上作用的导向合力 F_s 为：

$$F_s = \sqrt{F_{s\alpha}^2 + F_{s\phi}^2} \qquad (6-8)$$

$$F_{s\alpha} = \sum_{\omega=0}^{2\pi} F_{\alpha(\xi)}$$

$$F_{s\phi} = \sum_{\omega=0}^{2\pi} F_{\phi(\xi)}$$

式中 $F_{s\alpha}$——造斜力；

$F_{s\phi}$——方位合力。

导向合力方向角（导向合力与高边的夹角）为：

$$\alpha_s = \arctan\left(\frac{F_{s\phi}}{F_{s\alpha}}\right)$$

钻头上的导向力和地层的自然造斜能力决定了复合钻井的导向特征。当地层自然造斜能力大于钻具的导向能力时，在该井段钻进呈增斜趋势；当地层自然造斜能力小于钻具的导向能力时，在该井段钻进呈降斜趋势；当地层自然造斜能力近似等于钻具的导向能力时，在该井段钻进呈稳斜趋势。地层自然造斜能力可通过邻井实钻情况进行预测，或根据实际复合钻井时井眼轨迹变化情况来反推。由于单弯螺杆钻具的外壳本身具有一定的弯曲变形，因此其受力变形后的形状将具有一定的预置性。当单弯螺杆钻具以复合方式钻进时，改变了底部钻具组合的运动形态，使得钻头在钻进时没有稳定的指向，从而达到稳斜钻进的目的，由于螺杆转速较高，增加了钻头所获得的机械能量，从而提高机械钻速，在井斜较大时，配合 MWD 的使用，使用螺杆钻具的滑动钻进技术，可以适时地对井斜进行控制，避免井斜进一步增加。总之，充分考虑地层的自然造斜能力的大小，选择合适的钻具组合，包括选用螺杆类型、弯螺杆角度、稳定器的安放位置、弯点到钻头的距离等，综合平衡机械钻速、螺杆使用寿命等，以获得最佳的使用效果。

五、增斜段单弯螺杆弯角的优选

同样弯度的螺杆钻具对不同的地层，实钻中造斜率有所差别，我们依据理论的指导，并通过现场试验，优选出了适合中原油田地层定向井钻井的单弯螺杆的角度。

1. 0.5°单弯单扶或双扶螺杆

0.5°双扶、0.5°单扶单弯在文 33-152 井、新卫 222 井使用，由于增、降斜率太低，钻进 50～80m 没有增斜效果。0.5°的单弯螺杆不适应中原油田的定向井双驱复合钻井的需要。

2. 0.75°单扶单弯和双扶单弯螺杆

0.75°双扶单弯在胡 5-200 井、卫 360 井、胡 7-282 井、文 33-152 井、胡 5-197 井使用，其增、降斜率每单根能达到 0.75°左右，与设计增斜率 4°/30m 相差太大。降斜率虽然能达到设计要求，定向滑动钻进速度毕竟比转盘慢。因此，在定向增斜时少用或不用。

0.75°单扶单弯加 PDC 钻头组合，在濮 7-147 井等 6 口井试验中，定向造斜率适中，一般为（12°～14°）/100m。双驱复合钻进时增斜率（2°～8°）/100m。因此，0.75°单弯单扶螺杆比较适合中原油田钻井的需要。表 6-3 是 0.75°单弯螺杆在各井段的应用情况。

表 6-3 0.75°单扶单弯螺杆试验情况

序号	井号	使用井段 m	造斜率 (°)/100m	使用目的
1	濮 7-147	2550～2780	12.6	定向
2	桥 66-23	2516～2634	4.66	自然增斜
3	文 279	2960～3150	-2	微降斜
4	马 68	2361～2837	2.5	自然增斜

3. 1°单弯单扶螺杆

在新文 72-8 井、文 273-5 井、新文 10-88 井、新文 10-4 井、文 213-15 井、新濮 3-180 井等井试验使用 1°单扶单弯螺杆，采用 1°单扶单弯螺杆加 PDC 钻头钻进，定向造斜至井斜 15°后，启动转盘进行复合钻进，每 100m 增斜率 3°～8°，完全满足了中原油田钻井的需要。1°单弯单扶螺杆双驱钻井的增斜效果见表 6-4。

表 6-4 1°单弯单扶螺杆试验统计表

井号	钻井队号	定向井段 m	最大井斜 (°)	造斜率 (°)/100m	使用目的
文 279	32905	2080～2900	53	3～7	自然造斜
文 23-21	32939	2440～2960	51	5～8	自然造斜

续表

井号	钻井队号	定向井段 m	最大井斜 (°)	造斜率 (°)/100m	使用目的
文88-23	45132	2910～3555	48	8	自然造斜
文72-125	32687	2828～3150	38	5	自然造斜

4. 1.25°或1.5°单弯螺杆

在大井斜定向井中，使用1.25°单弯双扶螺杆，稳斜效果较好。但是，由于1.25°或1.5°单弯螺杆弯度大，钻头偏移量大，双驱复合钻进时螺杆芯子受交变应力大，很易断芯子。2001—2002年间，中原油田使用的1.25°的螺杆进行复合钻进，断螺杆芯子6根，占1.25°螺杆使用量的30%。为此，使用1.25°螺杆时尽量避免启动转盘。1.5°及以上的单弯螺杆严禁双驱复合钻进。

5. 特殊弯度动力钻具的开发和使用

以上角度的动力钻具都是厂家提供的系列产品。在实际钻井时，有可能会出现使用0.75°的弯角太小，而使用1°弯角太大的情况，这就无法满足现场的需要。为提高钻井效率和现场对井眼轨迹控制的需要，和天津立林石油机械公司联合引进开发了可调弯外壳螺杆钻具。该钻具弯角现场可调，可调角度从0°～3°十余种角度任意调节。在井深较浅的卫94-10井试验过程中，本井从1075m下入可调弯外壳动力钻具，角度调至1.1°定向钻进，钻至井深1219m，井斜从0°增至19.6°，全角变化率基本稳定在4.1°/30m，取得了一定的效果。

六、稳斜段单弯螺杆弯角的优选

表6-5是1°双扶单弯螺杆带PDC钻头钻进情况分析，为防止全角变化率超标，启动转盘，在钻进过程中当井斜达到10°以上后，其稳方位、微降斜效果相当明显，正常情况下降斜（0.5°～2.5°）/100m，方位变化很小。

表6-5 1°双扶单弯螺杆在稳斜段的应用分析

序号	井号	钻头类型	钻井井段 m	钻压 kN	转速 r/min	排量 L/s	泵压 MPa	井斜变化	方位变化
1	新文38-33	F1924C	1678～2130	10～40	58	28	16	27°↘21.5°	99°↗102°
2	新濮3-402	GP545	2732～2960	40～60	58	28	17	40°↘39°	285°→285°
3	濮6-122	GP545	3643～3860	60～80	58	28	18	37.5°↘33°	295°↘292°
4	文79-131	GP545	3080～3351	40～50	58	28	16	29°↘28.5°	310°↗312°

七、降斜、防斜螺杆钻具优选

降斜、防斜一般选用直螺杆。由直螺杆组成合理的钻具组合，在桥29-50井使用，井斜只有1.75°。桥66-22井全井最大井斜只有2.5°，新濮3-126井在2340m时降斜率平均为3.2°/100m，达到了降斜的目的。

第三节　钻井参数优选

PDC 钻头破岩以切削为主，不需要很大的钻压，但提高转速，机械钻速能明显提高。井下动力钻具配合高效 PDC 钻头钻井时，动力钻具较高的转速为 PDC 钻头获得较高的机械钻速提供了保证。PDC 钻头需要的小钻压，为简化钻具结构提供了条件。为避免钻进时钻具静止导致钻压不能有效传递和井眼内形成岩屑床，应适当开动转盘。因此，为满足施工安全的需要，结合井下动力钻具配合高效钻头钻井的特点，对钻具结构进行简化，对钻井参数进行了优选。经过现场实钻摸索，优选出来的适合中原油田井下动力钻具配合高效钻头钻井的钻具组合和钻井参数如下。

一、高效钻头加单弯螺杆钻具组合

1. ϕ 311.1mm 井眼

1）钻具组合

ϕ 311.1mm 钻头 + ϕ 197mm 单弯螺杆 + ϕ 203.2mm 无磁钻铤 + ϕ 203.2mm 钻铤 ×6 根 + ϕ 177.8mm 钻铤 ×6 根 + ϕ 127mm 钻杆。

2）钻进参数

钻压 30～80kN，转速 40～65r/min，排量 45L/s，泵压 12～15MPa。

2. ϕ 215.9mm（$8^1/_2$in）井眼

1）钻具组合

ϕ 215.9mm 钻头 + ϕ 172（165）mm 单弯螺杆 + ϕ 158.8mm 无磁钻铤 + ϕ 158.8mm 钻铤 ×6 根 + ϕ 216 高效钻头伴侣 + ϕ 127mm 加重钻杆 ×15 根 + ϕ 127mm 钻杆。

2）钻井参数

钻压 20～80kN，转速 45～65r/min，排量 28～30L/s，泵压 12～16MPa。

二、高效钻头加直螺杆（涡轮）钻具组合

1. ϕ 311.1mm 井眼

1）钻具组合

ϕ 311.1mm 钻头 + ϕ 197mm 直螺杆 + ϕ 203.2mm 无磁钻铤 + ϕ 203.2mm 钻铤 ×6 根 + ϕ 177.8mm 钻铤 ×6 根 + ϕ 127mm 钻杆 ×150 米 + ϕ 127mm 钻杆至井口。

2）钻进参数

钻压 30～80kN，转速 40～65r/min，排量 45L/s，泵压 12～15MPa。

2. ϕ 215.9mm 井眼

1）钻具组合

ϕ 215.9mm 钻头 + ϕ 172（165）mm 直螺杆 + ϕ 158.8mm 无磁钻铤 + ϕ 158.8mm 钻铤 ×6 根 + ϕ 216 高效钻头伴侣 + ϕ 127mm 加重钻杆 ×15 根 + ϕ 216 高效钻头伴侣 + ϕ 127mm 钻杆。

2）钻井参数

钻压 20～80kN，转速 45～65r/min，排量 28～30L/s，泵压 12～16MPa。

以上钻井参数中转速为转盘转速,根据需要钻具组合中可加入随钻震击器。

第四节 现 场 应 用

中原油田通过开展井下动力钻具配合高效钻头钻井技术应用研究以来,很快得到全面推广,广泛应用于直井、小位移井、大斜度多目标定向井、水平井等各种井的钻井施工中,2001—2002 年共推广应用 383 口井,钻井速度得到了较大幅度的提高。

表 6-6、表 6-7 是濮城地区两口井使用井下动力钻具配合高效钻头钻井和使用常规钻井的对比情况。

表 6-6 新濮 3-38 和新濮 3-58 两井钻头使用情况

新濮 3-38					新濮 3-58				
钻头型号	井段 m	进尺 m	纯钻时效 h	机械钻速 m/h	钻头型号	井段 m	进尺 m	纯钻时效 h	机械钻速 m/h
$17\frac{1}{2}$in P2	0~350	350	7	49.35	$17\frac{1}{2}$in P2	0~349	349	15.5	22.18
$8\frac{1}{2}$in H126	350~1278	928	30.25	30.68	$8\frac{1}{2}$in H126	349~1253	904	25.25	35.80
$8\frac{1}{2}$in H126	1278~1700	422	13.25	31.26	$8\frac{1}{2}$in H126	1254~1762	509	19.5	26.10
$8\frac{1}{2}$in PDC	1700~2345	645	82.25	7.84	$8\frac{1}{2}$in H517	1762~2189	427	54.5	7.83
$8\frac{1}{2}$in 取心	2345~2386	—	—	—	$8\frac{1}{2}$in H126	2189~2295	106	19	5.58
					$8\frac{1}{2}$in H517	2295~2758	463	89	5.20
$8\frac{1}{2}$in GP545	2386~2877	491	33.5	14.66	$8\frac{1}{2}$in H517	2758~2850	92	21.25	4.33

由表 6-6 可知,新濮 3-38 井用一只川石 $8\frac{1}{2}$in GP545 PDC 钻头从 1700m 钻至 2345m,机械钻速 7.84m/h,新濮 3-58 井从 1762m 钻至 2295m 用了两只 $8\frac{1}{2}$in 牙轮钻头,其机械钻速平均为 7.30m/h。结果是 PDC 钻头比牙轮钻头快 0.54m/h。新濮 3-38 井用一只 $8\frac{1}{2}$in PDC 加螺杆工艺从 2386m 钻至 2877m,机械钻速达 14.66m/h,而新濮 3-58 井从 2295m 钻至 2850m 用了两只 $8\frac{1}{2}$in H517 钻头,机械钻速平均为 5.05m/h。结果是螺杆加 PDC 比牙轮钻头快 9.61m/h。

表 6-7 生产时效对比情况

井号	完钻井深 m	纯钻时间 h	起下钻时间 h	接单根时间 h	循环时间 h	合计 h	备注
新濮 3-58	2850	243.5	94.5	26	30	394	
新濮 3-38	2877	166.25	49.5	26.83	29	271.58	
对比		+77.25	+45	−0.83	+1.00	+122.42	

从表 6-6 时效对比可知,井深、接单根、循环时间相差不大,但是纯钻时间和起下钻时间就有很明显的差距,两项合计是 122.25h。

根据对比情况可知，井下动力钻具配合高效钻头钻井，不仅机械钻速高，而且节约起下钻等时间，钻井速度能够较大幅度提高。

一、在直井中的应用

桥66-22井是一口设计垂深3656m的开发井，该井施工中，从井深2003m开始下入钻具组合：

ϕ215.9mm GP545 PDC+ϕ165mm 直螺杆×1根+ϕ158mm NDC×1根+ϕ158mm 短钻铤×1根+ϕ214mm 扶正器×1只+ϕ158mm DC×5根+ϕ216高效钻头伴侣+ϕ127mm HWDP×15根+ϕ127mm DP

钻井参数为：钻压30~40kN，排量30L/s，转盘转速65r/min。

全井最大井斜只有2.5°，井身质量优。钻井周期37.83天，钻井周期比桥66-24井缩短了15.46天，机械钻速提高了56.78%，与邻井钻井技术指标对比情况如表6-8所示。

表6-8 桥66-22井与邻井钻井技术指标对比情况

项目	井号	完井井深，m	钻井周期，d	机械钻速，m/h
实施井	桥66-22	3656	37.83	8.45
对比井	桥66-24	3590	53.29	5.39
对比			-15.46	+3.06

白33井是70101钻井队施工的一口小靶径直井，设计井深3700m，要求油气顶3052m和油底3645m处位移均小于25m，而该区块进入东营组以后，地层倾向比较稳定，倾角均在5°~10°，一旦发生井斜，位移就很难控制在设计范围之内，因此，该井采取了防斜和提高机械钻速措施。

上部井段（即东营组以上地层）采取常规的钟摆钻具结构，在ϕ311mm井眼中该钻具组合防斜效果很好，其原因是上部地层松软，在钻进中多采取轻钻压高转速的方法，很好地控制了井斜，井深至1564m，确认进入东营组后，下入了以下钻具组合：

ϕ311mm PDC+ϕ203mm 单弯×0.75°螺杆（双扶正器）×1根+ϕ203mm NDC×1根+ϕ203mm DC×5根+ϕ127mm HWDP×15根。

钻井参数：钻压50~60kN，排量35~50L/s，转盘驱动转速50r/min，实施了双驱复合钻进。

三开后，自井深2580m下入钻具组合：

ϕ215.9mmPDC+ϕ165mm 单弯×0.75°螺杆（双扶正器）×1根+ϕ158mmNDC×1根+ϕ158mmDC×5根+ϕ216mm 高效钻头伴侣+ϕ127mmHWDP×15根+ϕ127mmDP。

钻井参数：钻压30~40kN，排量25~30L/s，转盘驱动转速50r/min，实现了双驱复合钻进。

通过实施动力钻具加高效钻头技术，该井井深3700m，钻井周期仅用了24天21小时，在白庙地区创出了最好钻井指标，全井安全无事故，井身质量控制良好，由于大部分井段使用了高效PDC钻头，所以钻出的井眼规则，完井作业非常顺利。钻井周期24.88天，机械钻速13.93m/h，与邻井钻井技术指标对比情况如表6-9所示。

表 6-9 白 33 井与邻井钻井技术指标对比情况

项目	井号	完井井深,m	钻井周期,d	机械钻速,m/h
实施井	白 33	3700	24.88	13.93
对比井	白 35	3850	34.17	9.61
对比			−9.29	+4.32

桥 29-50 井，从井深 1607m 开始下入钻具组合：

ϕ215.9mmPDC+ 减速涡轮 ×1 根 +ϕ158mmNDC×1 根 +ϕ158mm 短钻铤 ×1 根 +ϕ214mm 螺旋扶正器 ×1 只 +ϕ158mmDC×5 根 +ϕ127mmHWDP×15 根。

钻井参数：钻压 30～40kN，排量 30L/s，转盘转速 67r/min。

使用该钻具组合，对控制井斜非常有效，所钻井段中最大井斜只有 1.75°，再加上方位一直漂移，所以井底形成的位移量很小，这样就可以很好地控制了井身质量。

通过动力钻具加高效钻头技术的使用，该井钻井周期 15.92 天，比邻井桥 29-43 井缩短了 10.29 天，机械钻速提高了 49.5%，与邻井钻井技术指标对比情况如表 6-10 所示。

表 6-10 桥 29-50 井与邻井钻井技术指标对比情况

项目	井号	完井井深,m	钻井周期,d	机械钻速,m/h
实施井	桥 29-50	2731	15.92	12.05
对比井	桥 29-43	2765	26.21	8.06
对比			−10.29	+3.99

二、在多靶定向井中的应用

胡 103 井是一口三靶定向评价井，设计垂深 3829m、最大井斜 43.99°、位移 907.97m、造斜点位于 2686m，定向控制井段达 1484m，且三靶设计不在一条直线上。该井是一口难度较大的大斜度多靶定向井，经过大量的资料调研及对该井难度的评估，决定应用高效 PDC+ 单弯螺杆 +MWD 从造斜点到井底的井眼轨迹监测控制。

该井钻至井深 2684m 开始钻具组合：

ϕ216mmPDC+ϕ165mm 双扶正器 ×1°单弯螺杆 +ϕ158mmNDC×1 根 +ϕ165mmNDC 短节 +MWD+ϕ158mmNDC×1 根 +ϕ158mmDC×1 根 +ϕ127mmHWDP×15 根。

采取滑动和双驱复合钻井相结合的办法，使造斜率保持在（1.25°～1.32°）/10m 之间，保证了井眼轨迹的圆滑。井深 3054m 井斜增至 43°后进入了稳斜井段，采用双驱复合钻井钻至完钻井深 4170m。

该井实施井段平均机械钻速达到了 4.99m/h，钻井速度得到了极大提高。最大井斜 48.6°，井底最大位移 899.98m，完井电测一次成功，井眼状况良好，固井作业顺利，钻井周期 61.63 天，与邻井钻井技术指标对比如表 6-11 所示。

表 6-11 胡 103 井与邻井钻井技术指标对比情况

井号	钻井类型	井段 m	进尺 m	机械钻速 m/h	钻井周期 d
胡 108	牙轮钻头 + 有线随钻	2512～4098	1586	2.84	85.45

续表

井号	钻井类型	井段 m	进尺 m	机械钻速 m/h	钻井周期 d
胡103	PDC+单弯螺杆+MWD	2684～4170	1484	4.99	61.63
对比				+2.15	−25.97

三、在大斜度井中的应用

马66井设计井深4182m，实际井深4203m，设计最大井斜64.82°，实际最大井斜67.2°，设计闭合位移853.49m，实际闭合位移890.0m，造斜点深2980m，是一口大井斜双靶定向井。该井控制段长达1300m，难度较大。在2080～2923m井段内下入钻具组合：

ϕ215.9mmPDC+ϕ165mm直螺杆×1根+ϕ158mmNDC×1根+ϕ158mmDC×8根+ϕ216mm高效钻头伴侣+ϕ127mmHWDP×15根，小钻压双驱复合钻进。

在2923m下入钻具组合：

ϕ215.9mmPDC+ϕ165mm单扶正器×1°单弯螺杆+ϕ165mmNDC短接+MWD+ϕ158mmNDC×1根+ϕ158mmDC×2根+ϕ216mm高效钻头伴侣+ϕ127mmHWDP×15根。

从2980m开始造斜，造斜率始终控制在4.5°/30m以内，保证了井眼轨迹的圆滑。MWD监测期间保证测量间距在10m以内，保证了轨迹数据的准确性。控制段机械钻速为4.5m/h，一只PDC钻头就完成了造斜和稳斜井段，节约了大量起下钻时间，并且井眼状况良好，完井电测一次成功，固井作业顺利。钻井周期48d22h，节约钻井周期16.1天。马66井剖面数据如表6-12所示。

表6-12 马66井剖面数据

靶点	造斜点深，m		垂深，m		位移，m		方位，(°)		靶心距，m	
	设计	实际	设计	实际	设计	实际	设计	实际	设计	实际
A靶	2980	2980	3440	3440	300.71	306	311.2	311	20	16.4
B靶	—	—	3650	3650	747.08	741.2	311.2	309	30	16.1

卫气3井是一口大斜度井，完钻井深3550m，最大水平位移1474m，最大井斜67.92°，上靶垂深2520m，位移900.70m，下靶垂深2680m，位移1290.03m。该井在1500m开始定向，采用0.75°单弯单扶螺杆+GP585D钻头，定向钻进至1750m（井斜27.8°）后，改用转盘加螺杆钻进至2454m，井斜增至66°，下1°单弯双扶螺杆稳斜钻进至3490m，确定中靶后甩掉螺杆钻至3550m。双驱复合钻进井段1750～3490m，上靶靶心距12.06m，下靶靶心距13.79m，井身质量优质，平均机械钻速6.32m/h，钻井周期为35.25天，比设计缩短15天。

四、在水平井中的应用

胡5-平1井是一口水平井，该井应用情况如下：

1. 基础数据

胡5-平1井井身结构设计数据及剖面设计数据如表6-13、表6-14所示。

表 6-13　胡 5-平 1 井井身结构设计数据

开数	钻头尺寸 × 井深 mm×m	套管尺寸 × 下深 mm×m	水泥返高 m
一开	444.5×151	339.7×150	地面
二开	311.15×1510	244.5×1508	地面
三开	215.9×2573	139.7×（1350～2573）	1350

表 6-14　胡 5-平 1 井剖面设计数据

造斜点	井深, m	垂深, m	位移, m	方位, (°)	层位
	1760	1760.00	0	0	东营组
A 靶点	2217.61	2083.70	280.00	210.96	沙三中
B 靶点	2388.39	2090.10	450.65	211.29	沙三中
C 靶点	2538.54	2086.70	600.70	210.96	沙三中
井底	2573.54	2085.64	635.68	210.90	沙三中

2. 施工情况

造斜段采用钻具组合：

ϕ215.9mm 钻头 +ϕ165mmLZ×6.90m+ϕ158mmNMDC×8.86m+MWD 短节 ×1.79m+MWD+ϕ127mmNMHWDP×9.26m+ϕ127mm 钻杆 ×289.62m（斜坡）+ϕ127mmHWDP×267.07m+ϕ127mm 钻杆。

采用 1.25°单扶单弯，考虑到大弯角单弯动力钻具在双驱复合钻进时对动力钻具损害较大，我们在双驱复合钻进过程中，控制钻压在 4～6t 范围内，一方面防止螺杆疲劳、损坏螺杆，另一方面防止增斜率过快。用滑动钻井与双驱复合钻进相结合的方法，使造斜井段井身轨迹更加平滑，大大降低了摩阻和扭矩，为水平段正常钻进提供更有利的条件。进入 A 点时摩阻只有 4～6t，双驱复合钻进时转盘负荷也不重，完井时最大摩阻 7～8t。

水平段依旧使用 1.25°单扶单弯螺杆，钻具组合为：

ϕ215.9mm 钻头 +ϕ165mmLZ×6.87m+ϕ158mmNMDC×8.86m+MWD×1.79m+MWD+ϕ127mmNHWDP×9.26m+ϕ127mm 钻杆 ×579.12m+ϕ127mmHWDP×267.07m+ϕ127mm 钻杆。

该井通过应用单双弯螺杆 +MWD 等特殊定向井工具，仅用 32 天便顺利钻完设计井深，全井安全无事故和复杂情况发生，井身质量完全符合地质要求，全井最大井斜达到了 93.7°，水平段 265m，总位移达到 652m。

五、应用的总体效果

2001 年和 2002 年，中原油田通过开展井下动力钻具配合高效钻头钻井技术应用研究和大范围的推广应用，机械钻速大幅度提高。表 6-15、图 6-12 是中原油田年度钻井速度对比，可以看出，2001 年和 2002 年的机械钻速提高的幅度明显高于往年。

表 6–15 中原油田年度钻井速度指标对比表

时间	平均井深 m	机械钻速 m/h	建井周期 d
1982	2807	3.83	106.67
1985	3010	5.59	72.71
2000	3035	6.99	51.8
2001	3268	7.97	51.12
2002	3321	8.46	48.10

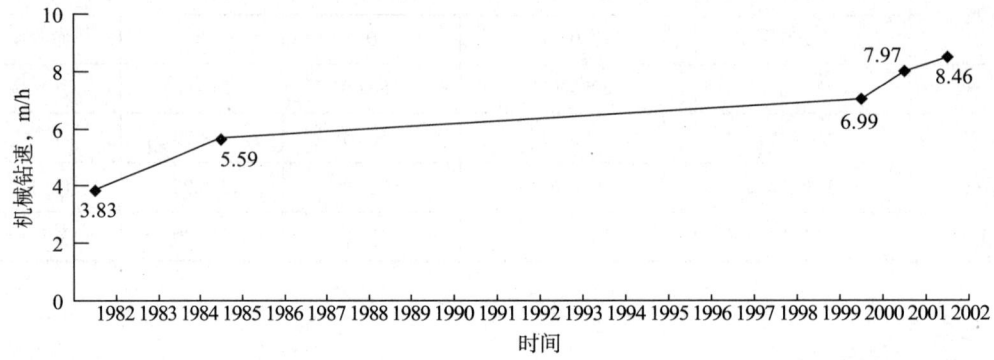

图 6–12 中原油田年度年机械钻速对比

2001 年至 2002 年，在中原油田各区块共计 383 口井推广应用了井下动力钻具配合高效钻头钻井技术，与使用常规钻井的速度指标分区块对比如表 6–16 所示。从表中可以看出，平均机械转速提高了 2.06m/h，提高 26.24%，平均钻井周期缩短了 10.32 天，缩短 26.39%，平均建井周期缩短了 10.03 天，缩短 19.66%。383 口井共节约建井周期 3841.49 天，中原油田钻机作业费平均为 3 万元 /d，折合费用：

$$3841.49d \times 3 \text{ 万元 }/d = 11524.47 \text{ 万元}$$

应用该项技术，每口井需在井下动力钻具等方面投入 3.5 万元，383 口井共投入：

$$383 \text{ 口井} \times 3.5 \text{ 万元 / 口井} = 1340.5 \text{ 万元}$$

应用井下动力钻具配合高效钻头钻井技术所产生的经济效益为：

$$11524.47 \text{ 万元} - 1340.5 \text{ 万元} = 10183.97 \text{ 万元}$$

六、结论与认识

1）双驱复合钻井技术的应用取得了明显效果

（1）井下动力钻具配合高效钻头双驱动复合钻井在中原油田大面积推广应用，大幅度提高了机械钻速，缩短了建井周期，创造了良好的经济效益，该项技术具有广阔的应用前景。

（2）0.75°单弯单扶、1°单弯单扶、单弯双扶螺杆钻具配合高效钻头的双驱复合钻井工艺技术适合于中原地区的定向井施工。

（3）井下动力钻具配合高效钻头钻井，一套钻具可完成造斜、稳斜、降斜及扭方位等各种工况的施工作业,减少起下钻及扩划眼时间,能大幅度提高工作效率。

(4) 井下动力钻具配合高效钻头钻井可以随时调整井斜和方位,有效地控制井眼轨迹,保证井眼轨迹圆滑。

(5) 采用井下动力钻具配合高效钻头钻井,简化了钻具结构,减少了钻铤的使用数量,减少了卡钻事故发生的几率,井下安全性大大增强。

(6) 进一步开发大功率、大排量、长寿命的螺杆钻具,满足现场生产需要。

2) 存在的问题

(1) 由于变径稳定器在国内尚处于试制阶段,工作性能可靠性差,经常出现在井下无法打开或者打开后难以复位的问题,容易导致井下复杂情况。国外变径稳定器虽然在技术上趋于成熟,但价格昂贵,在现有的条件下,产生的经济效益难以补偿购买工具的投入。

(2) 由于钻头、动力钻具的质量问题以及技术水平的限制,双驱符合钻井轨迹控制技术在应用中还没有实现真正意义上的一趟钻具钻完全部尺寸的设想。

表6-16 2001—2002年井下动力钻具配合高效钻头钻井与常规钻井速度指标对比表

地区	常规钻井					复合钻井					对比		
	井数口	平均井深 m	机械钻速 m/h	钻井周期 d	建井周期 d	井数口	平均井深 m	机械钻速 m/h	钻井周期 d	建井周期 d	机械钻速 m/h	钻井周期 d	建井周期 d
白庙	9	3957	6.27	53.34	71.59	8	3960	7.30	48.85	60.21	1.03	-4.49	-11.38
古云	4	3531	6.58	56.35	68.71	4	3469	9.50	41.12	50.81	2.92	-15.23	-17.9
河岸—刘庄	8	3825	6.33	57.34	72.35	4	3596	9.23	39.75	58.90	2.90	-17.59	-13.45
胡状	42	2874	8.86	27.34	35.84	32	2827	9.51	23.88	32.05	0.65	-3.46	-3.79
户部寨	14	3519	6.49	52.03	64.74	12	3670	9.70	39.42	56.83	3.21	-12.61	-7.91
马厂	10	3866	7.94	47.67	59.23	16	3830	9.25	35.88	48.24	1.31	-11.79	-10.99
濮城	80	3405	8.27	39.41	51.76	60	3421	10.82	28.75	39.12	2.55	-10.66	-12.64
桥口	20	3816	6.94	46.84	61.58	28	3825	9.53	36.98	48.89	2.59	-9.86	-12.69
庆祖	8	3380	8.54	36.76	45.98	8	2970	15.11	13.83	22.13	6.57	-22.93	-23.85
卫城	38	3169	9.17	31.22	41.52	52	3154	13.39	19.39	28.87	4.22	-11.83	-12.65
文东	21	3623	5.62	59.63	73.55	40	3646	6.30	46.70	60.96	0.68	-12.93	-12.59
文南	76	3279	8.12	37.99	50.39	96	3248	10.97	25.64	38.51	2.85	-12.35	-11.88
文中	21	2667	10.89	22.64	32.89	20	2567	14.21	20.16	28.51	3.32	-2.48	-4.38
新霍—唐庄	1	4347	5.74	59.43	75.24	3	4486	7.76	52.36	66.39	2.02	-7.07	-8.85
合计	352	3326.12	7.85	39.10	51.02	383	3337.59	9.91	28.77	40.99	2.06	-10.32	-10.03

第七章　直井段轨迹控制技术

按照设计轨道的不同，井可以为两大类：直井和定向井，对于直井来说，设计轨道都是一条铅垂线，不需要进行特殊的设计。但钻井历史表明，直井的轨迹控制难度很大，甚至比定向井的轨迹控制难度还大。

一般来说，实钻轨迹总是要偏离设计轨道的。所以实钻的直井总是会发生井斜的。要想控制直井井眼绝对不斜是不可能的。问题在于能否控制井斜的度数或井眼的曲率在一定范围之内。

第一节　井斜原因分析

为了合理地开发油气田，要求所钻井眼的油层所构成的地下井网尽量与布井情况相符。如果井斜超过标准，并且偏离预定位置，不仅打乱地下井网的合理性，而且会造成严重的后果。过去很长一段时间内人们把井斜的危害归纠于井斜角过大，因而常常采用轻压吊打等消极办法保证很小的井斜角。这样不仅严重影响钻速，也不能从根本上消除井斜造成的井下复杂情况。钻井实践表明，井斜的危害主要是包括井斜角和井斜方位在内的空间井斜变化产生的"狗腿"的危害，在短距离内井斜突然变化产生的严重狗腿的危害更是不容忽视，特别是在钻深井时。

（1）井斜大了就会造成井深误差，使地质资料不真实，导致地质工作得出错误结论而漏掉油气层，对小油田影响更为突出，如果井斜过大还会使井眼偏离设计方位，打乱油气田的开发布井方案，使采收率降低。

（2）如果井斜过大，钻柱在狗腿井段旋转时要产生很大的弯曲交变应力，而使钻具疲劳破坏，在狗腿井段容易拉出键槽导致起下钻困难甚至卡钻。严重的狗腿度有可能妨碍测井作业和下套管，并因环空水泥封固不匀而影响固井质量。

（3）对于采油工艺说，井斜过大就会影响井下的分层开采及注水工作。对于抽油井常会引起油管和抽油杆的磨损与折断，甚至会造成严重的井下事故。

（4）直井段井斜对定向井施工的危害

定向井、水平井直井段的井身轨迹控制原则是防斜打直。有人认为普通定向井（是指单口定向井）如果直井段钻不直影响不大，这种想法是不对的，因为当钻至造斜点 KOP 时，如果直井段不直，不仅造斜点 KOP 处有一定井斜角而影响定向造斜的顺利完成，还会因为上部井段的井斜造成的位移影响下一步的井身轨迹控制。假如 KOP 处的位移是负位移，为了达到设计要求，会造成在实际施工中需要比设计更大的造斜率和更大的最大井斜角度，如果是正位移情况恰好相反。如果 KOP 处的位移是向设计方向两侧偏离的，这就将一口二维定向井变成了一口三维定向井了，同时也造成下一步井身轨迹控制的困难。由于水平井的井身轨迹控制精度要求高，所以水平井直井段的井斜及所形成的位移带来的后果相对与普通定向井来讲更加严重。

如果丛式井的直井段发生井斜，不仅会造成普通定向井中所存在的危害，还会造成丛式井中两口定向井的直井段井眼相碰的施工事故，造成新老井眼同时报废。

钻井实践表明，井斜的原因是多方面的，如地质条件、钻具结构、钻进技术措施以及设备安装质量等。但归纳起来，造成井斜的原因主要有两个方面：第一是钻头与岩石的相互作用方面的原因，即由于所钻地层的倾斜和非均质性使钻头受力不平衡而造成井斜；第二是钻柱力学方面的原因，即下部钻具受压发生弯曲变形使钻头偏斜并加剧钻头受力不平衡而造成井斜。

一、地质因素对井斜的影响

人们提出了许多理论，来解释地质因素导致井斜的原因，其中，最本质的是地层可钻性的不均匀性和地层的倾斜两个因素。这种地层可钻性的不均匀性表现在许多方面，再与地层倾斜相结合，导致井眼倾斜。

1. 地层可钻性的各向异性

地层可钻性的各向异性即地层可钻性在不同方向的不均匀性。如图 7-1 所示，沉积岩都有这样的特性：垂直层面方向的可钻性高，平行层面方向的可钻性低。钻头总有向着容易钻进的方向前进的趋势。在地层倾斜的情况下，当地层倾角小于 45°时，钻头前进方向偏向垂直地层面的方向，于是偏离铅垂线。在地层倾角超过 60°以后，钻头前进方向则是沿着平行地层面方向下滑，也要偏离沿线。当地层倾角在 45°～60°之间，井斜方向属不稳定状态。

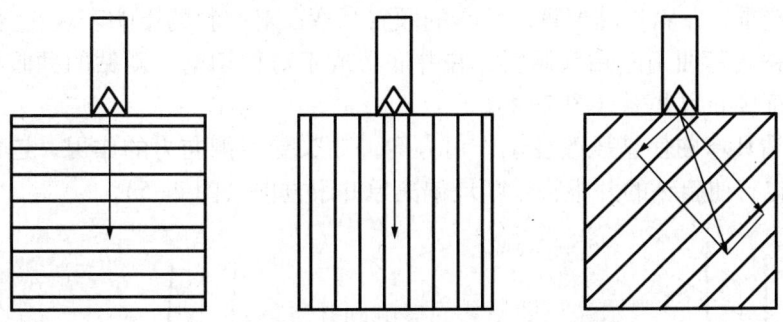

图 7-1 地层可钻性的各向异性导致井斜

2. 地层可钻性的纵向变化

地层在沉积过程中，由于沉积环境的不同和变化，形成了沿垂直于地层层面方向可钻性的变化，俗称"软硬交错"。这里的"纵向变化"是指沿钻头轴线方向遇到这种"软硬交错"。如图 7-2 所示，由于地层倾斜，钻头底面上遇到"软"地层的一侧容易钻，该侧的钻速高；而另一侧遇到"硬"地层则钻速低，于是井眼轴线偏离，发生井斜。

3. 地层可钻性的横向变化

地层可钻性不仅沿垂直于地层层面方向有变化，而且在平行于地层方向也有变化。这里的"横向变化"是指垂直于钻头轴线方向上可钻性的变化。如图 7-3 所示，在钻头的一侧下面钻遇溶洞或较疏松的地层，而另一侧钻遇较致密的地层。于是钻头前进方向发生偏离。

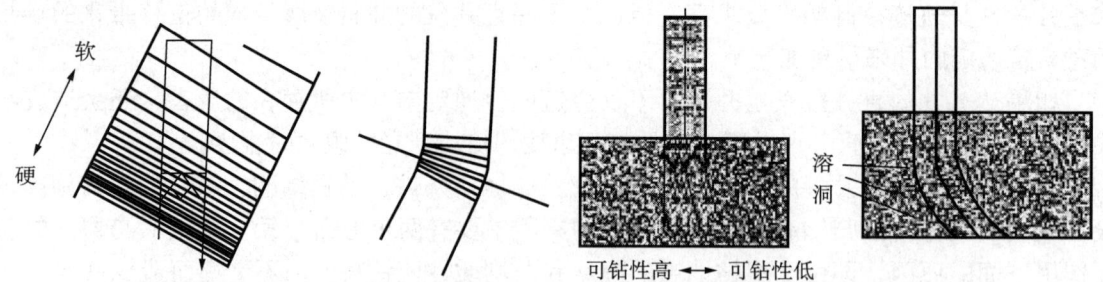

图 7-2　地层可钻性纵向变化引起井斜　　　　图 7-3　地层可钻性的横向变化引起井斜

从以上分析可知，地层可钻性的各种不均匀和地层倾斜引起井斜的机理，最终体现在钻头对井底的不对称切削，使钻头轴线相对于井眼轴线发生倾斜，从而使新钻的井眼偏离原设计井眼。

二、工程因素对井斜的影响

1. 导致钻具倾斜和弯曲的原因

导致钻具倾斜和弯曲的原因有：

（1）由于钻具直径小于井眼直径，钻具和井眼之间有一定的间隙，所以钻具在井眼内活动余地很大，这就给钻具的倾斜和弯曲创造了空间条件。

（2）由于钻压的作用，下部钻具受压后必将靠向井壁一侧而倾斜。当压力超过一定值后，钻柱将发生弯曲，弯曲钻柱将使靠近钻头的钻具倾斜更大。

2. 钻具倾斜和弯曲对井斜的影响

钻具导致井斜的主要因素是钻具的倾斜和弯曲。影响最大的是靠近钻头的那部分钻具。其弯曲程度越严重，井斜也越严重。钻具的倾斜和弯曲对井斜的影响表现在两个方面：

（1）下部钻具弯曲引起钻头倾斜，在井底形成不对称切削，新钻的井眼将不断地偏离原井眼方向，直接导致井斜（图 7-4）。

（2）下部钻具弯曲使钻压改变了作用方向，钻头受到侧向力的作用，迫使钻头进行侧向切削，这样也将使新钻的井眼将不断地偏离原井眼方向（图 7-5）。

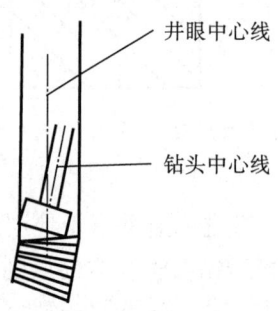　　　　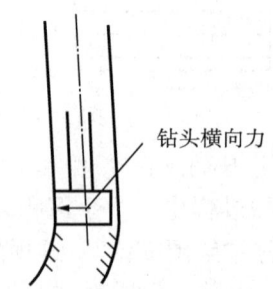

图 7-4　钻头不对称切削导致井斜　　　　图 7-5　钻头侧向切削导致井斜

3. 井眼扩大对井斜的影响

除上述地质和钻具原因外，井眼扩大和钻头旋转也是井斜的重要原因。井眼扩大后，钻头可在井眼内左右移动，靠向一侧，也可使受压弯曲的钻柱挠度加大，于是钻头轴线与井眼轴线不重合，导致井斜，导致方位漂移。

三、其他因素对井斜的影响

实践证明，影响井斜的原因除了以上因素外，还有一些因素，如设备安装质量不好、钻井操作水平不高及防斜措施不当等，也会使井钻斜。例如在安装时天车、转盘和井口不在同一铅垂线上，或者转盘安装不平，便会使井一开始就钻斜了。如果方钻杆弯曲和钻铤弯曲超过标准、接头螺纹歪斜等，也会使井钻斜，特别是在易斜井段钻进时，防斜措施不当或钻压过高、钻进时送钻不均匀又未能及时测量井斜调整钻井参数等，都有可能使井钻斜。

上述几个方面的原因中，地质原因是客观存在的，是无法改变的。工程原因则可以人为地控制。在这方面人们进行了大量的研究，设计了许多种防斜钻具组合，最常见的两种是满眼钻具组合和钟摆钻具组合。井眼扩大总是有个过程，不会刚一钻成就马上扩大，所以可以利用这个过程防斜。

第二节 井斜控制技术

一、井斜控制的要求

1. 全角变化率控制

井斜全角变化率（或称狗腿严重度）是指一定长度井段内（一般取 25m 或 100ft）包括井斜角和方位角的空间井斜的变化量。井斜全角变化率不仅与井斜角的变化和方位角的变化有关，与井斜角的大小也有直接关系。当井斜角较小时，方位变化对全角变化率的影响较小；当井斜角较大时，相同方位变化的全角变化率明显增加。因此，在井斜角较大时，应特别注意方位的控制。在地质因素作用下井斜方位易发生变化的井段，为了控制全角变化率不致过大，应保持较小的井斜角。

2. 最大井斜角控制

最大井斜角因受最大全角变化率和井底水平位移的限制，所以在钻井设计中根据具体情况规定。

二、井斜的控制技术

在易斜地区钻直井时，根据地质设计要求适当控制分井段的最大井斜角也是必要的，以保证井底位置处于设计规定的目标范围之内。一般情况下，上部井段的井斜角应控制得较小，随着井深增加，只要井底水平位移不超过规定范围，井斜角可适当放大。在存在井斜问题的地区钻直井，应采用综合性的防斜工艺技术措施，才能收到预期的效果，尤其是在井斜严重的地区。

1. 充分了解和掌握地层特性

地层因素是影响井斜的主要因素，充分了解和掌握所钻地区和井的地层特性是非常重要的。尤其是井斜问题严重的专区，如果忽视这一最基本的因素，往往导致井斜控制的失败，从而造成严重的后果。

在作钻井工程设计时，应充分了解各个地层倾角大小和岩性状况。在有条件的情况下，要根据地层倾角和各向异性指数值把各个层段的综合造斜指数 K 值计算出来以定量地掌握各个层段造斜能力的大小，这是制定合理的防斜工艺措施的基础。

对于地层的稳定性也应给予足够的重视，它是选择钻具组合类型时应当考虑的因素。

2. 合理的井斜控制计划

在钻井设计中，应根据地层特性和地质设计对井斜的要求等作出分井段的井斜控制设计。它包括分井段的允许最大全角变化率和最大井斜角。在满足井斜控制标准要求的前提下，一方面力求井斜趋势稳定，避免井斜加剧和频繁的增减变化；另一方面要尽力满足解放钻压的要求，以利于提高钻速。

在开始的井段保持较小井斜角是必需的（如井深 100m 以上，井斜不超过 1°），其后应允许井斜角逐渐上升，只要井底的水平位移不超过规定范围，在地层造斜能力较强的情况下，片面追求全井都保持很小的井斜角是无益的，因为采用轻压吊打的方法将大大降低钻速，延长钻井时间，增加钻井费用。

3. 采用合理的下部钻具组合

钻直井的两种基本的下部钻具组合是满眼钻具和钟摆钻具。塔式钻具是钻表层时常用的一种下部钻具组合。但是，一旦井眼发生偏斜，这种钻具就成为最简单的钟摆钻具，即光钻铤钟摆钻具。选择下部钻具组合方式的主要依据是地层特性和井斜控制的具体要求。

1) 满眼钻具

(1) 满眼钻具的应用范围。

满眼钻具一般由 3～5 个外径与钻头直径较接近的稳定器和一些外径较大的钻铤组成。满眼钻具是一种重要的常规下部组合，它的主要优点是地层因素对井斜的影响大为减小，能有效地控制井斜变化率而避免出现严重狗腿；另一方面钻压的影响也小得多。所以在井斜严重的情况下，可以采用更大的钻压，加之钻头工作稳定性好，对提高钻速是十分有利的。使用满眼钻具时，在一般情况下，井斜总是呈稳定或缓慢上升的趋势，因而不能用这种组合来降斜或灵活地控制井斜角的大小。井眼稳定、规则是保证满眼钻具使用效果的重要条件。如果在钻进过程中因各种原因造成井径扩大，使稳定器失去有效支承将导致满眼组合的失败，从而引起井斜的急剧变化。由于稳定器数量多，打捞将更复杂一些。应充分考虑以上几个方面的特性，根据实际需要与条件确定是否适合使用这种组合方式。

(2) 满眼钻具防斜原理。

①由于此种钻具比光钻铤的刚度大，并能填满井眼，因而在大钻压下不易弯曲，能保持钻具在井内居中，减小钻头倾斜角，所以能减小和限制由于钻柱弯曲产生的增斜力。

②在地层横向力的作用下，稳定器能支承在井壁上，限制钻头的横向移动，同时能在钻头处产生一个抵抗地层力的纠斜力。

③在垂直或接近垂直的井眼中，满眼钻具能保持刚直居中状态，使钻头沿着铅垂方向钻进。在增斜或减斜地层中，满眼钻具能够限制井斜的增大或减小速度，使井眼不至于出现严重狗腿或键槽。

(3) 满眼钻具的结构。

①近钻头扶正器：紧装在钻头之上，简称近扶。近扶直径较大，与钻头直径仅差 1～2mm。在易斜地层，近扶的长度可加长，在特别易斜的地层，可将两个扶正器串联起

近扶。近扶的主要作用是依靠其支撑在尚未扩大的井壁上，抵抗钻头所受的侧向力，有效地防止钻头侧向切削。同时，近扶由于直径大、长度长、刚性大，也可有效地防止钻头倾斜，从而阻止钻头的不对称切削。

②中扶正器：简称中扶或二扶。中扶的位置，需要经过严格计算。中扶的直径与近扶相同。中扶的主要作用是保证中扶与钻头之间的钻柱不发生弯曲，使这段钻柱不发生倾斜，从而防止钻头对井底的不对称切削。中扶正器的理想安放高度用下式计算：

$$L_p = [(16C \cdot E \cdot J) / (q_m \cdot \sin\alpha)]^{0.25}$$

$$C = (d_h - d_s)/2$$

式中　L_p——中扶距钻头的最优长度，m；

　　　C——扶正器与井眼的半间隙，m；

　　　d_h——井眼直径，m；

　　　d_s——扶正器外径，m；

　　　E——钻铤钢材的杨氏模量，kN/m^2；

　　　J——钻铤截面的轴惯性矩，m^4；

　　　q_m——钻铤在钻井液中的线重，kN/m；

　　　α——允许的最大井斜角，(°)。

例 7-1　已知钻头直径为 $\phi 216mm$，扶正器直径为 $\phi 215mm$，钻铤钢材杨氏模量 E 为 205.94GPa，钻铤外径为 $\phi 178mm$，内径 71.4mm，钻井液密度 $1.25g/cm^3$，钻铤单位长度重 q 为 1.6kN/m，允许的最大井斜角 3°，求中扶距钻头的最优长度。

解：根据给定条件，可求得：

$$J = \frac{\pi}{64}(d_c^4 - d_{ci}^4) = 0.48 \times 10^{-4}\ (m^4)$$

$$q_m = q \cdot (1 - \frac{\rho_d}{\rho_s}) = 1.34 kN/m \quad C = 0.0005m$$

代入式（7-1）中，可求得：$L_p = 5.789m$。

例 7-2　已知钻头直径为 $\phi 311mm$，扶正器直径为 $\phi 309.5mm$，钻铤钢材的杨氏模量 E 为 205.94GPa，钻铤外径为 $\phi 203.2mm$，内径 71.4mm，钻井液密度 $1.25g/cm^3$，钻铤线重 1.8367kN/m，允许的最大井斜角 3°。求中扶距钻头的最优长度。

解　根据给定条件，可求得：$J = 0.8241 \times 10^{-4} m^4$，$q_m = 1.5442 kN/m$，$C = 0.00075m$，代入式（7-1）中，可求得 $L_p = 7.085m$。

③上扶正器：简称上扶或三扶。安置位置在中扶之上一个钻铤单根处。上扶的直径一般与近扶和中扶相同，但要求可以稍松。

④第四扶正器：简称四扶，一般情况下可不装，仅在特别易斜的地层才装。安置位置在上扶之上一个钻铤单根处。直径要求与上扶相同。上扶与四扶的作用在于增大下部钻柱的刚度，协助中扶防止下部钻柱轴线发生倾斜。

⑤常用满眼钻具结构：

$\phi 216mm$ 钻头 + $\phi 214mm$ 扶正器 + $\phi 178mm$ 钻铤（5~6m）+ $\phi 214mm$ 扶正器 + $\phi 178mm$ 钻铤（8~9m）+ $\phi 214mm$ 扶正器 + $\phi 178mm$ 钻铤（8~9m）+ $\phi 214mm$ 扶正

器+ϕ178mm钻铤（3柱）+ϕ127mm钻杆。

(4) 满眼钻具组合的使用要求。

①使用满眼钻具组合的关键在于一个"满"字，即扶正器与井眼的间隙对满眼钻具组合的性能影响非常显著，在使用中应使间隙尽可能小。设计间隙一般为$\Delta d=d_h-d_s$=0.8～1.6mm。在使用中，因扶正器的磨损，间隙将增大。当间隙Δd达到或超过两倍的设计值时，应及时更换或修复扶正器。

②保持"满"的另一个关键在于井径不得扩大。这要求有好的钻井液护壁技术。但即使钻井液护壁技术不好，井径的扩大总要经过一定的时间才会发生。只要抢在井径扩大以前钻出新的井眼，则仍可保持"满"的效果。这就要求加快钻速。我国现场技术人员将此概念总结为"以快保满"，"以满保直"。

③合理加压，均匀送钻，正确处理好地层交界面。具体处理时应根据具体的地层条件选择适当钻压。在岩性由软变硬时采取减压扶正打窝窝的方法，修平井底后加足钻压钻进；岩性由硬变软时，钻进中采用平稳减压的方法；在钻到地层交界面时，减压并加强划眼，及时修整交界面附近的井眼，以防止出现狗腿。

④开眼要直，注意测斜。由于满眼钻具本身不具有减斜作用，它刚度大并且填满井眼，如果井已经钻斜，仍继续使用满眼钻具，就会使井眼一直斜下去。所以开钻钻井口和上部井段一定要钻直，同时要按规定测斜，检查所钻井段的质量是否合乎规定。当井斜超过标准时，必须及时改变钻具组合。

2) 钟摆钻具

(1) 钟摆钻具的应用范围。

钟摆法纠斜是利用"钟摆"原理纠斜的一种方法，其实质是通过使用专用的防斜钻具组合及相应的技术措施来增大钟摆减斜力，以平衡和克服促使井斜的地层力。钟摆钻具有着广泛的应用范围，不仅用于降斜，也可用于防斜，它是一种重要而简单的常规下部钻具组合。应当特别指出，地层因素对钟摆钻具防斜效果的影响十分突出。如果实际的地层特性参数与预计的不一致，井斜趋势可能与计划完全相反。而当地层参数多变，即岩性变化很频繁时，井斜变化很难控制而极易造成狗腿。另外，在井斜较严重的条件下，用钟摆钻具可施加的钻压较小，因而对钻速不利。

(2) 钟摆钻具防斜原理。

它是利用斜井内切点以下钻铤重量的横向分力把钻头推向下井壁，以达到逐渐减小井斜的效果。这个横向分力的作用犹如"钟摆"一样，所以称为钟摆力。钻头在钟摆力作用下，靠向并切削下侧井壁，从而起到减小井斜角的作用。在斜井眼中单一尺寸或复合钻铤柱就是最简单的钟摆钻具，在钻头之上合理位置安装一个扶正器作支点的钟摆钻具有更大的降斜作用。

(3) 钟摆钻具的结构。

①光钻铤钟摆钻具：

光钻铤钟摆钻具的最下面1～2柱钻铤，在保证安全的情况下应尽量采用大外径厚壁钻铤，这不仅可以增大钟摆力，还可减小钻铤的挠度，有利于钻头工作稳定。

②单扶正器钟摆钻具：

扶正器的安放位置，应在保证扶正器以下的钻铤在纵横弯曲载荷作用下发生弯曲的最大挠度处不与井壁接触的前提下，尽可能的高些，以获得最大的钟摆减斜力。这种钟摆钻具组合的抗斜效果一般都优于无扶正器钟摆钻具组合。

③多扶正器钟摆钻具：

为了增加下部钻柱的刚性及提高抗黏卡能力，可以采用多扶正器钟摆钻具组合，即在单扶正器钟摆组合的支点扶正器之上，间隔一定长度（一般是一根钻铤单根）安放一只或多只扶正器。

④常用钟摆钻具结构：

ϕ216mm 钻头 + ϕ178mm 钻铤（17～18m）+ ϕ214mm 扶正器 + ϕ178mm 钻铤（5柱）+ ϕ127mm 钻杆。

(4) 钟摆钻具组合的使用要求。

①钟摆钻具组合的钟摆力随井斜角的大小而变化。井斜角大则钟摆力大，井斜角等于零，则钟摆力也等于零。所以，钟摆钻具主要用于纠斜和降斜，在直井内无防斜作用，不能像满眼钻具那样有效地控制井斜变化率。

②钟摆钻具组合的性能对钻压特别敏感。钻压加大，则增斜力增大，钟摆力减小。钻压再增大，还会将扶正器以下的钻柱压弯，甚至出现新的接触点，从而完全失去钟摆组合的作用。所以钟摆钻具组合在使用中必须严格控制钻压。

③在井尚未斜或井斜角很小时，要想继续钻进而保持不斜，只能减小钻压进行"吊打"。由于"吊打"钻速慢，所以这时多使用满眼钻具组合，仅在对轨迹要求特别严的直井（段）中，才使用钟摆钻具组合进行"吊打"。

④扶正器与井眼间的间隙对钟摆钻具组合性能的影响特别明显。当扶正器直径因磨损而减小时应及时更换或修复。

⑤保证钻井液性能良好，排量稳定，以免出现钻头泥包现象。实践证明，钟摆效果与钻头工作是否稳定有密切的联系，当地层岩性变化或钻井液性能不好，钻头运转不正常时，减斜效果往往较差。

3）塔式钻具

(1) 塔式钻具的应用范围。

所谓塔式钻具就是在钻柱下部使用几段变直径的钻铤，自下而上其直径逐渐减小，形如塔状，故称塔式钻具。塔式钻具是比较广泛使用的一种防斜钻具。经过长期实践，在一些油田认为塔式钻具钻出的井眼比较规则，井斜变化率不大。这种钻具对于井径易扩大的地层（如松软地层、岩盐层等）特别有效。因为在这类地层中由于井径扩大，使带扶正器的钻具（钟摆钻具、满眼钻具等）起不到扶正器和满眼的作用，防斜作用很差。此外，这种钻具还具有结构简单，使用方便等特点。

(2) 塔式钻具防斜原理。

塔式钻具下部钻柱的重量大，刚度大，重心低，与井眼的间隙小，钻头工作平稳。在斜直井段钻进时，能产生较大的钟摆减斜力进行纠斜。因此所钻出的井眼比较规则，不易出现"狗腿"。特别是在一些井径易扩大的地层，当使用多扶正器满眼钻具效果不好时，使用塔式钻具往往能收到良好的效果。

(3) 常用塔式钻具的结构。

ϕ311mm 钻头 + ϕ228mm 钻铤（1柱）+ ϕ203mm 钻铤（2柱）+ ϕ178mm 钻铤（3

柱）+ ϕ 127mm 钻杆。

(4) 塔式钻具的使用要求。

①下部钻具的重量要大，重心要低，底部钻铤应尽可能采用大尺寸钻铤，其直径最好相当于所下套管的接箍外径，使以后套管易于下入。

②钻铤柱重心要低于全部钻铤长度的 $1/3$，所用钻压应控制在全部钻铤重量的 75% ~ 80%。

③由于环空间隙小，循环钻井液时泵压高，在易塌地层及钻井液性能差时，容易造成卡钻，由于钻铤尺寸不等，使得起下钻操作不方便。因此，在选择钻具组合时，诸因素要综合考虑。

④采用优质钻井液钻进，保证井眼畅通。

第三节　其他防斜钻井技术

一、偏心钻铤

偏心钻铤是将普通钻铤的一侧开孔或削掉一部分重量，这样就成了偏心钻铤。当钻柱旋转时就会产生偏心旋转，从而产生指向重边的离心力。这个离心力在由高边向低边运动时产生加速运动敲打并切削下井壁，从而在斜井中起纠斜作用。由于偏心旋转钻柱不会发生自转，在直井中可防斜，在斜井中可纠斜。

二、压不弯钻具

这种钻具是俄罗斯研制的一种防斜工具。由心轴和外壳组成。心轴承受钻压，而外壳不承受钻压。所以外壳可在很大的钻压下不发生弯曲，保持直线状态。该钻具在长庆油田和四川使用，效果较好，是一种防斜打快的好工具。

三、钻头水力加压器

钻头水力加压器是 20 世纪 90 年代国外发展起来的，用水力能量给钻头施加钻压的一种工具。常用于大斜度井和水平井施加钻压。在井斜中使用这种工具可以减少或不使用钻铤来施加钻压。这就可以防止钻具弯曲，使钻具始终保持直线状态，而不会产生钻头侧向力。

四、柔杆钻具

柔杆钻具是在钻头上接一个立柱的加重钻杆，施加钻压时允许钻柱发生弯曲，钻井时适当提高转速，使钻柱造成公转，在公转的状态下不会井斜。在江汉和大庆油田使用过这种钻具。

五、方钻铤

有四方和六方钻铤。主要特点是刚度大，导向性好。钻柱在较大的钻压下不会发生弯曲。原因是方钻铤的棱角可以和井壁接触，支撑在井壁上，从而提高钻柱的弯曲刚度。缺点是钻柱扭矩大。

六、螺旋钻铤

这种钻具是在钻铤上加工螺旋槽，未加工螺旋槽的部分与井壁间隙很小。这样钻柱不易发生弯曲，现场普遍使用这种钻铤。优点是井斜变化率很小。

七、可伸缩式钻柱稳定器

可伸缩式稳定器分为地面控制的机械式和液压式的稳定器，最先进的是20世纪90年代中期开始发展起来的自动闭环稳定器。

八、水力冲旋钻具

这种钻具是由冲击锤、液缸及活塞等组成，它靠液压作用推动活塞带动冲击锤做上下往复运动，冲击破碎岩石，实现钻进。由于是垂直上下运动，不会产生钻头侧向力。这种钻具是俄罗斯研制的，西南石油大学也与现场合作进行了设计和实验研究。

九、吊打技术

所谓吊打就是施加较小的钻压，一般都小于钻铤弯曲的临界钻压钻进。同时采用大尺寸钻铤。在大倾角陡构造地层钻进效果较好。四川川东地区常采用这种方法来控制井斜。

十、快速划眼技术

每次起下钻时在易井斜段快速正反划眼，可以达到修正井壁、提高井身质量的作用。

十一、FG 防斜工具

FG 防斜工具是中国石油大学付胜利和高德利设计的，基本上利用偏心旋转造成钻头公转原理。这种工具在钻进中，上部钻具与承压中心管一起旋转，上摩擦片与承压中心管固定连接，下摩擦片与偏心外筒固定连接，通过摩擦传动，承压中心管带动偏心外筒旋转，偏心外筒下部直接与钻头连接，在偏心外筒绕井眼中心线自转时，钻头将绕井眼中心线公转。

十二、偏轴钻具组合防斜打快技术

这是一种利用动力学原理来防斜的技术，即利用偏心接头使钻具在钻压的作用下作稳定的弓形回转运动，使钻头均匀切削井壁四周，并使钻柱与井壁的切点上移从而产生较大的纠斜力，钻压越大和转速越高，钻具越容易产生所需要的变形，因而防斜效果越好。这项技术已在江苏、四川、塔里木、青海、玉门等油田应用。

十三、PDC 钻头配螺杆钻具防斜

根据 PDC 钻头适合于低钻压和高转速的特点，在易斜地区将螺杆钻具与 PDC 钻头配合使用，既能提高钻速又能保证井身质量。在四川和塔里木等地都得到成功应用。

十四、预弯曲防斜打快技术

在利用滑动导向钻具组合进行连续导向钻井时发现，用单弯螺杆钻具组合进行复合钻井时，可使直井井眼保持较好的垂直性。这种钻具组合在井斜角较小时产生纠斜力能获得明显的纠斜效果。鉴于单弯螺杆外壳具有一定的预弯曲度，复合钻井时底部钻具组合将主要表现为动力学行为，最大特点是可以解放钻压，提高钻速，故定义为预弯曲动力学防斜打快技术。

十五、空气锤钻进

空气锤钻进是利用空气钻进中的气体压力使冲击锤作上下垂直往复运动，从而冲击破碎岩石。由于这种冲击运动不会产生侧向切削，故可以打出高质量的垂直井眼。

十六、导向钻井（井眼轨迹自动控制）技术

导向钻井技术，即通常所说的井眼轨迹控制技术，分为几何导向和地质导向。无论对直井和斜井都是极其重要的，因为它关系到井身质量、钻井速度和成本。

所谓导向钻井是应用当代电子技术、计算机技术、自动控制技术和信息技术等，控制井眼轨迹按照预先设计好的轨迹钻进，又叫井眼轨迹自动控制系统。该系统包含井下硬件部分和地面软件部分。井下硬件有导向马达、可变径稳定器、电子传感器和 MWD 等。地面软件包括计算机软件、数据接受处理系统。钻井过程中井眼轨迹的变化通过传感器接收后，实时由 MWD 传输到地面计算机系统，计算机的软件系统将其与设计轨迹进行比较，如发生偏差，则立即发出指令，使井眼轨迹按设计轨迹钻进。变成一种无人干预的自动闭环系统。它是目前最高级的井眼轨迹控制系统。井眼轨迹自动闭环系统分两种方式，即井下闭环和井下地面双向通信的大闭环系统，如图 7-6 所示。

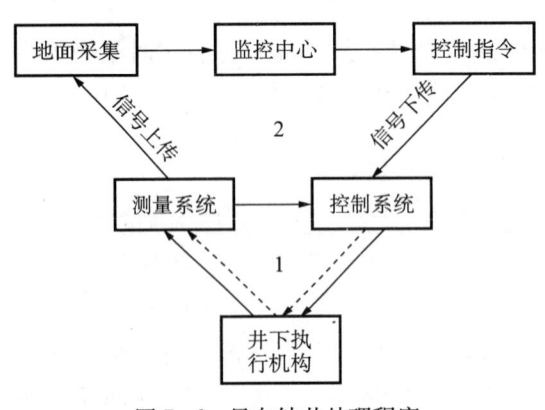

图 7-6 导向钻井处理程序

第四节 直井段常用钻具组合及丛式井防碰措施

一、井口地面距离选择

丛式井设计应根据本地区情况选择好井口地面距离，根据一次开钻井眼大小及下步生产时所选用采油设备，井口地面距离一般不小于 2m。

二、选择好钻具组合及钻井参数

普通定向井直井段施工中，应采用本地区认为最不易发生井斜的钻具组合。

1）胜利油田直井段常用钻具组合及钻井参数

胜利油田一般在 $12\frac{1}{4}$in 井眼采用塔式钻具组合，结构是：$12\frac{1}{4}$in 钻头 +9in 钻铤 ×3 根 +8in 钻铤 ×6 根 +$6\frac{1}{4}$in 钻铤 ×9 根 +5in 钻杆。$8\frac{1}{2}$in 井眼通常采用光钻铤结构或钟摆钻具组合，光钻铤组合结构是：$8\frac{1}{2}$in 钻头 +$6\frac{1}{4}$in 钻铤 ×9 根 +5in 钻杆；钟摆组合：$8\frac{1}{2}$in 钻头 +$6\frac{1}{4}$in 钻铤 ×2 根 +ϕ215.9mm 钻柱稳定器 +$6\frac{1}{4}$in 钻铤 ×9 根 +5in 钻杆。

钻井参数：钻水泥塞是宜采用轻压吊打方式穿过，以防止出水泥塞就发生井斜。$12\frac{1}{4}$in 井眼，正常钻进钻压常采用 180～200kN，吊打时常采用 50～80kN；$8\frac{1}{2}$in 井眼正常钻进钻压常采用 120～140kN，吊打时常采用 30～50kN。

2）中原油田直井段常用钻具组合及钻井参数：

（1）一开（0～350m）钻具组合及参数：

ϕ444.5mm 钻头 +ϕ178mm 钻铤 ×9 根 +ϕ127mm 钻杆。

（2）二开（350～2750m）钻具组合及参数：

①馆陶组以前使用：

ϕ311.15mm 牙轮钻头 +ϕ228mm 钻铤 ×3 根 +ϕ203mm 无磁钻铤 ×1 根 +ϕ203mm 钻铤 ×5 根 +ϕ178mm 钻铤 ×9 根 +ϕ127mm 钻杆。

钻进参数：钻压 160～180kN，吊打钻压 60～80kN，转速Ⅱ挡，排量 55L/s，泵压 18MPa 以上。

②馆陶组以后使用：

ϕ311.15mmPDC+ϕ216（或 197）mm 直螺杆 +ϕ203mm 无磁钻铤 ×1 根 +ϕ203mm 钻铤 ×5 根 +ϕ178mm 钻铤 ×9 根 +ϕ127mm 钻杆。

钻进参数：钻压 60～80kN，转速Ⅰ挡，排量 55L/s。

（3）三开（2750～3956m）直井段（2750～3028m）钻具组合及参数

ϕ215.9mmPDC+ϕ165mm 直螺杆 +ϕ159mm 无磁钻铤 ×1+ϕ215mm 扶正器 +ϕ159mm 钻铤 ×5 根 +ϕ127mm 加重钻杆 ×15 根 +ϕ127mm 钻杆。

钻进参数：钻压 30～60kN，转速Ⅰ挡，排量 28L/s。

三、井斜角的监测

在直井段钻进过程中，根据实际情况及时进行井斜角的中途监测，发现井斜立即采取措施，对于丛式井，第一口井由于没有磁干扰，可以使用磁性测量仪器进行轨迹数据的测量，但是为了方便下一步施工和具有较强的对比性，建议第一口井就使用陀螺测斜仪测取数据，以便和下一步施工井进行数据对比。在中途监测过程中，如果发现井斜，根据实际井斜情况，可以采用减压吊打纠斜、弯接头反方位侧钻纠斜或填井侧钻等措施。

第五节　井斜的处理

在钻井过程中，一旦发生井斜，就要及时采取措施，明确发生井斜的原因，采用合适的下部钻具结构，有效地控制井斜。

一、井斜未超过标准时的处理

在一般情况下，井已打斜，但尚未达到规定最大允许值时，可以吊打纠斜，井身质量如有好转，可正常组织钻进，也可换钟摆钻具组合进行纠斜，当井斜纠正后，则再换满眼钻具或塔式钻具，恢复正常钻进。

二、井斜超过标准时的处理

当井斜超过规定最大允许值或因井下事故、复杂情况难以处理或处理下去经济损失更大时，可采用填井侧钻的办法处理井斜。

1. 侧钻位置的选择

填井前，进行井斜、井径和标准测井，查明井斜角、方位角、井径变化的油层位置，然后选择井斜角和方位角变化较大、地层较松软、井径比较规则的井段侧钻。注意已打开的油气层井段必须水泥封堵。

2. 打水泥塞

打水泥塞的一般步骤为：

（1）水泥塞长度一般为 100～150m。在打水泥塞前化验水型，做水泥浆稠化实验和钻井液污染实验，防止将钻具固于井内。

（2）光钻杆下到预计水泥塞底部深度，不准使用加重钻杆。

（3）循环钻井液，提高 pH 值，以防止水泥污染。

（4）采用双车注水泥，水泥浆密度不低于 $1.80g/cm^3$。

（5）打完水泥顶替水泥浆，达到钻杆内水泥液面略高于钻杆外水泥浆液面。

（6）顶替完，立即起钻至计算水泥塞面以上 20～30m 处接方钻杆开泵循环，放掉返出的水泥浆，防止水泥流入水泥池。

（7）起钻候凝不少于 48h，24h 后下钻探水泥面，循环处理钻井液。

3. 侧钻方法

1）吊打侧钻

（1）钻头选择：硬地层用牙轮钻头，软地层用平底刮刀钻头。

（2）钻具结构：钻头 + 钻铤两柱 + 钻杆。

（3）侧钻要求：

①钻头下至侧钻点，钻掉混浆段，钻头定点空转 0.5h，转速 70～120r/min，中等排量造台肩。

②空转后采用控时钻进，坚持吊打，送钻均匀。

③捞砂分析：水泥块消失后，继续吊打 30m 测斜一次。证实出新井眼，新老井眼夹壁墙超过 0.5m 可起钻换正常钻具结构恢复钻进。

（4）吊打侧钻注意事项：

①必须做到控时，吊打造出新台肩。

②侧钻中每 2～3m 捞砂分析一次。

③侧钻钻头水眼适当加大。

2）动力钻具侧钻

（1）上部地层使用钢齿牙轮钻头，下部硬地层可选用PDC钻头。

（2）钻具结构：钻头+动力钻具+弯接头+钻铤（无磁）1根+钻铤1柱+钻杆。

（3）动力钻具侧钻要点：

①根据原井眼方位、井斜情况，选择侧钻位置。

②侧钻井段选在稳定易钻地层，利用原井眼井径由大变小或井斜变化处。

③侧钻采用变方位降斜方法，减少复杂情况。

④根据返出岩屑含水泥量判断新井眼是否形成。若已形成再打1～2个单根起钻换钻具。

⑤新井眼吊测，根据测量情况，确定下一步钻进措施。

⑥正常钻进后，应避免在侧钻位置开泵循环和划眼，以防止夹壁墙垮塌。

第六节　垂直井段实例

一、四川地区垂直井段实例

毛开1井是中国石化股份公司西南分公司在黄金口构造带毛坝场背斜飞四底构造南轴偏东翼布的一口开发准备井，井型为直井，位于四川省宣汉县毛坝乡四村八组。本井在施工过程中始终承受着地质勘探和工程钻遇复杂地层的风险，克服了井斜、跳钻、地层坚硬、钻井速度慢、钻具套管严重磨损、地层压力异常、高浓度H_2S、大段膏岩层等综合的风险。川东北地层具有高压、高温、高含硫和"陡、硬、险、怪"四大特征，钻井施工基本数据见表7-1、表7-2。

表7-1　钻井施工数据表

设计井深，m	4500.00		完钻井深，m		4660.00
设计完钻层位	三叠系下统飞仙关组一段		实际完钻层位		龙潭组
完钻依据	按甲方指示		完井方式		套管射孔完井
施工单位	中原油田钻井—公司70566钻井队		钻机型号		F320-3DH
设计开钻次数	四开		实际开钻次数		四开
开钻时间	2003年7月22日0：30		完钻时间		2004年12月13日9：30
一开实际纯钻时，h	285.58	一开设计机械钻速，m/h	1.50	一开实际钻速，m/h	1.58
二开实际纯钻时，h	1710.98	二开设计机械钻速，m/h	1.30	二开实际钻速，m/h	1.10
三开实际纯钻时，h	1615.75	三开设计机械钻速，m/h	1.30	三开实际钻速，m/h	1.04
四开实际纯钻时，h	624.17	四开设计机械钻速，m/h	1.30	四开实际钻速，m/h	0.96
全井实际纯钻时，h	4236.48		全井实际钻速，m/h		1.09
全井实际用钻头，只	62		实际钻井周期，d		510.38
日最高进尺，m	65.57		全井纯钻效率，%		29.86
完井时间	2005年3月7日12：00				

表7-2 井身结构数据表

开钻顺序	钻头尺寸，mm	钻至井深，m	套管尺寸，mm	套管下深，m
导管	660.4	50.00	508.0	49.15
一开	444.5	500.00	339.7	498.58
二开	311.2	2378.00	244.5	2375.64
三开	215.9	4058.00	177.8	4055.64
四开	149.2	4660.00	127.0	未下

1. 井身质量控制

本井是一口直井，在施工中高度重视井身质量的控制，特别是井斜的控制，严格执行测斜制度。特别是在上部的陆相地层的钻进过程中，采用加密测量的办法，监控井斜变化趋势，随时调整钻井参数。在钻进中采用塔式钻具、钟摆钻具组合，利用钟摆钻具结构简单、防斜效果好的原理坚持小钻压钻进。

本井设计四开完钻井深4500.00m，在钻至设计井深前，根据甲方补充设计进行加深，按补充设计层位完钻。完钻井深4660.00m，完钻井底垂深4651.56m，井底位移仅62.71m。实钻井身质量情况如表7-3所示。

表7-3 井身质量数据

井段，m	位移，m		全角变化率，(°)/30m		井径扩大率，%	
	设计	实际	设计	实际	设计	实际
0～500	30	11.65	1.2	1.19	≤15	4.31
501～1000	30	25.77	1.3	1.22		
1001～2000	50	48.19	1.6	1.43	≤20	7.32
2001～3000	80	79.21	2.1	2.09		
3001～4000	100	89.38	3.0	2.94	≤20	3.95
4001～4500	115	85.26	3.9	3.85		

全井共单点测斜40次，随时监控井身质量，严防位移超标。我们根据测斜的情况及时调整钻井参数或改变钻具结构，使井身质量得到了有效的控制。毛开1井单点测斜数据如表7-4所示。

表7-4 毛开1井单点测斜记录

序号	井深，m	井斜，(°)	方位，(°)	序号	井深，m	井斜，(°)	方位，(°)
1	120.00	1.00	170.00	6	600.00	0.75	160.00
2	164.00	1.50	176.00	7	683.00	1.00	148.00
3	310.00	1.75	187.00	8	840.00	2.50	350.00
4	360.00	1.50	180.00	9	918.00	3.5	146
5	540.00	0.00		10	967.00	3.2	152

续表

序号	井深,m	井斜,(°)	方位,(°)	序号	井深,m	井斜,(°)	方位,(°)
11	1020.00	2.75	130	26	1835.00	2.00	200.00
12	1100.00	2.35	150	27	1896.00	2.5	155
13	1150.00	2.2	160	28	1940.00	2.5	170
14	1196.00	2.2	158	29	2010.00	2.7	170
15	1262.00	2.5	158	30	2090.00	2.5	170
16	1320.00	2.2	140	31	2140.00	2.7	170
17	1390.00	2.2	160	32	2210.00	2.7	170
18	1420.00	2.25	155	33	2430.00	3.00	192
19	1470.00	2.5	145	34	2610.00	2.50	185
20	1536.00	3.00	155.00	35	2685.00	2.00	225
21	1572.00	3.50	155.00	36	2810.00	2.00	220
22	1615.00	3.00	150.00	37	3150.00	0.50	10
23	1672.00	2.50	150.00	38	3260.00	1.00	5
24	1730.00	3.00	150.00	39	3400.00	0.50	76
25	1770.00	2.70	155.00	40	3560.00	0.50	65

2. 井径

本井二开使用 ϕ311.2mm 钻头,电测最大井径391.53mm,在井深525m处;最小井径290.66mm,在井深1675m处;二开井径平均为324.62mm,扩大率4.31%。三开使用 ϕ215.9mm 钻头,电测最大井径252.48mm,在井深2905m处;最小井径218.06mm,在井深3555m处;三开井径平均为231.51mm,扩大率7.32%。四开使用 ϕ149.2mm 钻头,电测最大井径158.29mm,在井深4150m处;最小井径145.45mm,在井深4650m处;四开井径平均为155.09mm,扩大率3.95%。钻具组合如表7-5所示。

表7-5 钻具组合

序号	钻进井段 m	钻具组合结构	备注
1	0.00～50.00	ϕ660.4mm Bit+ϕ279.4mm DC×26.84m+ϕ203.2mm DC×17.90m+ϕ139.7mm DP	导管
2	50.01～500.00	ϕ444.5mm Bit+ϕ279.4mm DC×26.70m+ϕ444mm 螺稳×1.26m+ϕ203.2mm NDC×8.57m+ϕ203.2mm DC×53.91m+ϕ139.7mm DP	一开防斜
3	500.01～549.00	ϕ311.2mm Bit+ϕ228.60mm DC×52.52m+ϕ203.20mm DC×60.12m+ϕ177.80mm DC×79.24m+ϕ127.00mm HWDP×218.88m+ϕ127.00mm DP	二开防斜
4	549.01～1548.00	ϕ311.2mm Bit+ϕ228.60mm DC×25.88m+ϕ311.00mm 螺稳+ϕ203.20mm DC×60.12m+ϕ177.80mm DC×79.24m+ϕ127.00mm HWDP×218.88m+ϕ127.00mm DP	二开防斜

续表

序号	钻进井段 m	钻具组合结构	备注
5	1548.01～1785.85	ϕ311.2mm Bit+ϕ228.00mm DC×25.88m+ϕ310mm 螺稳+ϕ203.2mm NDC×8.82m+ϕ203.2mm DC×60.12m+ϕ177.8mm DC×79.24m+ϕ127mm HWDP×174.74m+ϕ127mm DP	二开防斜
6	1785.86～1849.13	ϕ311.2mm Bit+ϕ229mm 减震器×5.29m+ϕ228.00mm DC×25.88m+ϕ310mm 螺稳+ϕ203.2mm NDC×8.82m+ϕ203.2mm DC×60.12m+ϕ177.8mm DC×79.24m+ϕ127mm HWDP×174.74m+ϕ127mm DP	二开防跳钻
7	1849.14～2269.76	ϕ311.2mm Bit+ϕ228.60mm DC×25.88m+ϕ305.00mm 螺稳+ϕ203.20mm DC×69.67m+ϕ177.80mm DC×43.82m+ϕ127.00mm HWDP×211.54m+ϕ127.00mm DP	二开防斜
8	2269.77～2378.00	ϕ311.2mm Bit+ϕ203.20mm DC×69.67m+ϕ177.80mm DC×43.82m+ϕ127.00mm HWDP×211.54m+ϕ127.00mm DP	简化钻具防卡
9	2378.01～4058.00	ϕ215.9mm Bit+ϕ158.75mm NDC×9.18m+ϕ158.75mm DC×9.20m+ϕ214.00mm 螺稳+ϕ158.75mm DC×99.77m+ϕ127.00mm HWDP×174.97m+ϕ127.00mm DP	三开防斜
10	4058.01～4660.00 钻进井段	ϕ149.2mm Bit+ϕ120.65mm DC×91.06m+ϕ88.90mm HWDP×137.92m+ϕ88.90mm DP	四开钻进
11	4058.01～4660.00 取心井段	ϕ149.2mm Bit+川5-4取心工具+ϕ120.65mm DC×91.06m+ϕ88.90mm HWDP×137.92m+ϕ88.90mm DP	取心钻进

3. 钻头使用分析

毛开1井是中原油田钻井一公司第一次在川东地区进行施工，对地层和地质岩性都不了解，在施工中，借鉴川东北地区施工的钻井队经验，边施工边学习。通过施工的选择与试验，逐步了解了地层特性，初步掌握了适合地层的钻头和参数。毛开1井全井施工共使用钻头62只，纯钻进时间4276.48h，进尺4660.00m，平均机械钻速1.09m/h，平均单只进尺75.16m。

1）一开钻头

一开钻头直径ϕ444.5mm。

（1）一开共使用钻头3只，井段50.00～500.00m，纯钻时间285.58h，平均机械钻速1.58m/h，地层为上沙溪庙组。

（2）单只最高进尺钻头：1#钻头，型号435M，厂家为美国瑞德，水眼15mm+16mm+16mm+12mm，钻进井段50.00～344.05m、373.43～420.28m，进尺340.90m，纯钻时间177h，钻速1.93m/h。

钻进参数：钻压40～80kN，转速50～120r/min，排量45～60L/s，泵压8.0～14.0MPa。

钻头起出新度：10%。

（3）单只最高机械钻速钻头：1#钻头，型号435M，厂家为美国瑞德，使用情况同上。

2）二开钻头

二开钻头直径ϕ311.2mm。

（1）二开共用钻头26只，其中牙轮钻头23只、PDC钻头3只，井段500.00～2378.00m，纯钻时间1750.98h，平均机械钻速1.07m/h，地层为下沙溪庙组—雷口坡组。

（2）单只钻头最高进尺钻头：6#钻头，型号HJT517G，厂家为江汉，水眼14mm+16mm+17mm，钻进井段565.74～743.66m，进尺177.92m，纯钻时间83h，钻速2.14m/h。

钻进参数：钻压120～140kN，转速60～80r/min，排量38～52L/s，泵压10～12MPa。

钻头起出新度：70%。

（3）单只最高机械钻速钻头：7#钻头，型号HJT517G，厂家为江汉，水眼14mm+16mm+17mm，钻进井段743.66～895.98m，进尺152.32m，纯钻时间60.17h，钻速2.45m/h。

钻进参数：钻压120～140kN，转速60～80r/min，排量38～52L/s，泵压10～12MPa。钻头起出新度：40%

3）三开钻头

三开钻头直径 ϕ 215.9mm。

（1）三开共用钻头14只，其中牙轮钻头10只，PDC钻头4只，井段2378.00～4058.00m，纯钻时间1615.75h，平均机械钻速1.04m/h，地层为雷口坡—飞仙关组。

（2）单只钻头最高进尺钻头：36#钻头，型号M1375，厂家为成都百施特钻头股份有限公司，水眼22mm+22mm+22mm+11mm+11mm+11mm+11mm，钻进井段2608.54～3061.19m，进尺452.65m，纯钻时间323.75h，钻速1.39m/h。

钻进参数：钻压40kN，转速80～90r/min，排量24～26L/s，泵压15MPa。

钻头起出新度：30%。

（3）单只钻头最高机械钻速钻头：35#钻头，型号HJT517G，厂家为江汉钻头厂，水眼16mm+16mm+16mm，钻进井段2568.95～2608.54m，进尺39.59m，纯钻时间19.75h，钻速2.00m/h。

钻进参数：钻压120kN，转速60～80r/min，排量24～26L/s，泵压15MPa。

钻头起出新度：50%。

4）四开钻头

四开钻头直径 ϕ 149.2mm。

（1）四开共用钻头18只，其中牙轮钻头11只，PDC钻头1只，取心钻头5只，偏心钻头1只。井段4058.00～4660.00m，纯钻时间624.17h，平均机械钻速0.96m/h，地层为飞仙关—龙潭组。四开共取心10次，其中飞仙关组8次，长兴组2次，岩心总长111.46m，收获率98.17%。

（2）单只全面钻进钻头最高进尺钻头：54#钻头，型号G435P，厂家为川石·克锐达钻头股份有限公司，水眼17mm+17mm+17mm+11mm，钻进井段4208.06～4265.00m、4281.58～4402.07m、4435.55～4453.37m、4460.80～4485.10m、4499.50～4579.63m，进尺299.68m，纯钻时间279.67h，钻速1.07m/h。

钻进参数：钻压20～40kN，转速60～80r/min，排量10～15L/s，泵压18MPa。

钻头起出新度：60%。

（3）单只全面钻进钻头最高机械钻头：46#钻头，型号HA537G，厂家为江汉钻头厂，水眼 16mm+16mm+16mm，钻进井段 4058.00～4094.66m，进尺 36.66m，纯钻时间 30.5h，钻速 1.22m/h。

钻进参数：钻压 20～50kN，转速 50～70r/min，排量 30～35L/s，泵压 13～17MPa。

钻头起出新度：50%。

(4) 单只取心钻头最高进尺钻头：53#钻头，型号 C201，厂家为川石·克锐达钻头股份有限公司，心长 54.35m，钻进井段 4175.56～4208.06m、4453.37～4460.80m、4485.10～44499.50m，进尺 54.43m，纯钻时间 49.17h，钻速 1.11m/h，取心收获率 99.85%。

钻进参数：钻压 40kN，转速 60～80r/min，排量 10～15L/s，泵压 18MPa。

钻头起出新度：60%。

(5) 单只取心钻头最高机械钻速钻头：55#钻头，型号 C201，厂家为川石·克锐达钻头股份有限公司，心长 16.58m，钻进井段 4265.00～4281.58m，进尺 16.58m，纯钻时间 14.75h，钻速 1.12m/h，取心收获率 100.00%。

钻进参数：钻压 40kN，转速 60～80r/min，排量 10～15L/s，泵压 18MPa。

钻头起出新度：70%。

二、新疆地区垂直井实例

1. 地质简况

永 9 井位于新疆维吾尔自治区昌吉市永 1 井西偏南 12.1km，是准噶尔盆地中部 3 区块车莫隆起构造南翼的一口探井，井型为直井，设计井深 6400.00m，钻探目的为侏罗系西山窑组，兼探三工河组及白垩系底部含油性。该井所钻地层及主要岩性见表 7-6，由表 7-6 可以看出，本井上部易井斜、蹩跳钻，下部高压层较多，易井喷、坍塌、井漏，煤层易卡钻。以上情况对上部如何选择合适的钻具组合和钻头类型，提高优快钻井，下部如何提高钻井液的抗温性，防塌、防喷、防卡等提出了较高的要求。

表 7-6 永 9 井地质分层及主要岩性

地质系统				设计地层		岩性描述	故障提示
界	系	统	组	底深 m	厚度 m		
新生界	新近系	上统	沙湾组	2260	—	上部为棕红色泥岩、粉砂岩，下部为棕红色棕灰色泥岩、含砾细砂岩，底部见一层浅灰色含砾粗砂岩	防井斜、防坍塌、防蹩跳钻
	古近系		紫泥泉子组	3500	1240		
中生界	白垩系		东沟组	4120	620	棕红色泥岩、粉砂质泥岩，下部见杂色砾状砂岩	防坍塌、防憋、防井漏
		下统	吐谷鲁群	5940	1820	上部褐红、灰色、棕红色、褐色泥岩，中部泥岩以深褐色为主，下部浅灰色砂岩深灰色泥岩，底部为一套块状细砂岩	防井漏、防油气侵
	侏罗系		头屯河组	—	—		
		中统	西山窑组	6130	190	上部主要为一套灰色含砾砂岩、细砂岩与褐红色、褐色泥质岩互层，下部为灰色泥质岩与灰色细砂岩、浅灰色粉砂岩互层，夹多层灰黑色煤层	防高压井喷、井漏、防油气侵、防煤层卡钻

续表

地质系统				设计地层		岩性描述	故障提示
界	系	统	组	底深 m	厚度 m		
中生界	侏罗系	下统	三工河组	6400	270 未穿	上部为一套灰色泥岩夹灰色泥质粉砂岩、粉砂质泥岩；中部主要发育灰色细砂岩及砂砾岩；下部主要为灰色泥岩夹灰色泥质粉砂岩、粉砂质泥岩及粉砂岩	防高压井喷、井漏、防油气侵

2. 工程简况

井身结构及每次开钻、完钻时间如表7-7、表7-8所示。

表7-7 永9井井身结构

序号	井眼尺寸×井深 mm×m （设计/实际）	套管规格×下深 mm×m （设计/实际）	水泥返高，m （设计/实际）
1	444.50×1502.00/444.50×1505.00	339.70×1500.00/339.70×1503.81	地面/地面
2	311.15×4402.00/311.15×4398.50	244.50×4400.00/244.50×4396.13	1300/1405
3	215.90×6400.00/	139.70×6398.00/	4250/

表7-8 永9井各次开钻时间及钻井周期

序号	开钻时间	完钻时间	钻井周期 d	建井周期 d
一开	2004年11月24日18：00	2004年12月3日7：30	8.57	16.17
二开	2004年12月10日22：00	2004年1月23日5：30	43.31	57.04
三开	2005年2月55日23：00	—	—	—

1）一开直井段施工工程

2004年11月24日18：00用ϕ444.5mmGA114钻头一开，钻具采用塔式钻具组合：ϕ444.5mmGA114钻头+ϕ228.6mm钻铤×2根+ϕ444.5mm螺扶+ϕ228.6mm钻铤×1根+ϕ203.2mm钻铤×6根+ϕ178mm钻铤×7根+ϕ139.7mm钻杆。一开所钻地层为灰黄色、棕褐深灰色泥岩，粉砂质泥岩与浅灰、灰色泥质粉砂岩、细砂岩不等厚互层。一开上部钻进时采用低钻压吊打，钻至导管鞋时适当降低排量，防止冲垮井眼。下部钻进时优选钻井参数：钻压160~180kN，转盘转速120r/min，排量52L/s，泵压13MPa。每钻进200~300m进行一次短起下钻，禁止长时间定点循环，防止冲出不规则井眼，以利于电测。同时做好跟踪测斜，控制好井身质量（表层测斜最大井斜为0.75°）。由于采用了以上技术措施，顺利地钻至井深1505.00m。平均机械钻速为9.45m/h。

2）二开直井段施工工程

2004年12月10日下入ϕ311.15mm牙轮钻头，钻具组合为ϕ311.15mm HAT127钻头+ϕ228.6mm钻铤×2根+ϕ311mm螺稳×1根+ϕ203.2mm钻铤×6根+ϕ178mm钻铤×7根+ϕ197mm随钻震击器×1根+ϕ139.7mm钻杆。钻井参数：钻压180KN，转盘转

速 120r/min，排量 52L/s，泵压 18MPa，钻至井深 2061.88m 起钻。下入 BEST 生产的型号为 MS1952SS PDC 钻头，钻具组合为 ϕ311.15mm PDC 钻头 +ϕ228.6mm DC×2 根 +ϕ311mm 扶正器 +ϕ203.2mmDC×5 根 +ϕ177.8mm DC×7 根，钻井参数：钻压 40～60kN，转盘转速 120r/min，排量 50L/s，泵压 16～21MPa。机械钻速达到了 11.81m/h。

钻至 3144.28m 时，由于泵压太高（22MPa）起钻，起钻后下入了同只 PDC 钻头，采用 ϕ180mm 的缸套，用单泵钻进，钻具组合为 ϕ311.15mm PDC 钻头 +ϕ244mm 螺杆 +ϕ311mm 扶正器 +ϕ203.2mm DC×4 根 +ϕ177.8mm DC×7 根的钟摆钻具组合，钻井参数：钻压 40～60kN，转盘转速 60r/min，排量 42L/s，泵压 12MPa。钻至井深 3853.89m 时。由于钻进时蹩跳严重，判断可能钻遇砾石层，起钻改用牙轮钻头钻进。用牙轮钻头钻至井深 4020.69m 时起钻。起钻后重新下入螺杆 +PDC 钻头钻进，该井段由于地层较硬，我们调整了钻井参数，钻压加大至 60～80kN，机械钻速达 4.82m/h，顺利钻至中完井深 4398.50m。中完电测二开最大井斜为 2.01°，二开实现了安全无事故。

第八章 定向井轨迹控制理论与技术

井眼轨迹控制就是在实钻过程中，设法使实钻的井眼轨迹尽可能符合设计的井眼轨道。井眼轨迹控制的实质，就是不断地控制井眼的前进方向。井眼方向由井眼的井斜角和井斜方位角来表示。井斜角的控制，包括增斜、降斜、稳斜；井斜方位角控制，包括增方位、降方位、稳方位。井眼控制组合有 9 种情况，如图 8-1 所示。

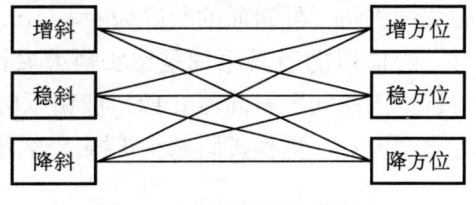

图 8-1 井眼控制九种组合

第一节 定 向 造 斜

定向方法可分为两大类：地面定向法和井下定向法。

地面定向法是在井口将造斜工具的工具面摆到预定的定向方位线上，然后打上"+"标记，在钻杆同一母线的两端接头上也打上"+"标记。然后通过定向下钻，记录每两根钻杆的角度偏差，计算总偏差，根据总偏差量，确定方位的扭转量。这种方法工序复杂，准确性差，已基本被淘汰了。

井下定向法是将造斜工具按常规方法下到井底，然后从钻柱内下入测量仪器，测量工具面在井下的实际方位，如果实际方位与设计方位不符，可以在地面上通过转盘将工具面调整到设计的定向方位线上。这种方法工序简单，准确性高，但需要一套先进的定向测量仪器。

井下定向法的关键是要知道原井斜方位和工具面方位。要把仪器下到造斜工具内部测量工具面的方位，就必须在造斜工具的内部给工具面作个标记。

根据测斜仪器的种类、井的类型及工作环境的不同，目前主要有 4 种定向方法：单点定向法、地面记录陀螺（SRO）定向法、有线随钻测斜仪（SST）定向法和无线随钻测量仪（MWD）定向法。

自 20 世纪 30 年代初定向井出现以来，出现了多种形式的造斜工具，可以划分为四代，如图 8-2 所示。

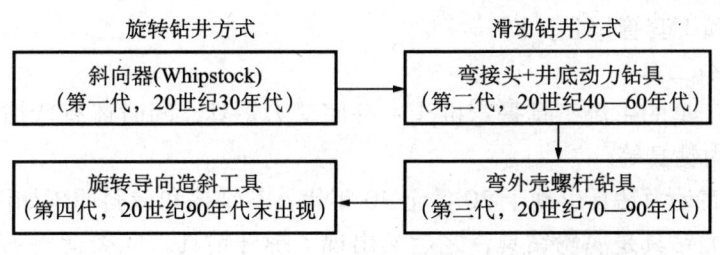

图 8-2 造斜工具的发展

一、造斜工具

1. 第一代造斜工具

最先出现的造斜工具，是适用于旋转钻井方式的斜向器。实际上是以斜向器为主，辅以射流钻头和肘节工具等。斜向器的结构如图 8-3 所示。

它的主要结构是在一个圆柱体的一侧加工出的一个导斜面。导斜面是一个倾斜的不完整的圆柱面，主要结构参数是导斜面的导斜角 γ。导斜角等于导斜面的中心线与斜向器中心线的夹角。导斜面的长度为 4~5m。

斜向器的造斜原理是钻头对井底的不对称切削。它的造斜过程（图 8-4）分为三步：(1) 下入并安置斜向器；(2) 加钻压剪断销钉，沿导斜面钻出一个行程长度的小外眼；(3) 起出斜向器，更换扩眼钻头扩眼。若需要继续造斜，则再重复上述 3 步。

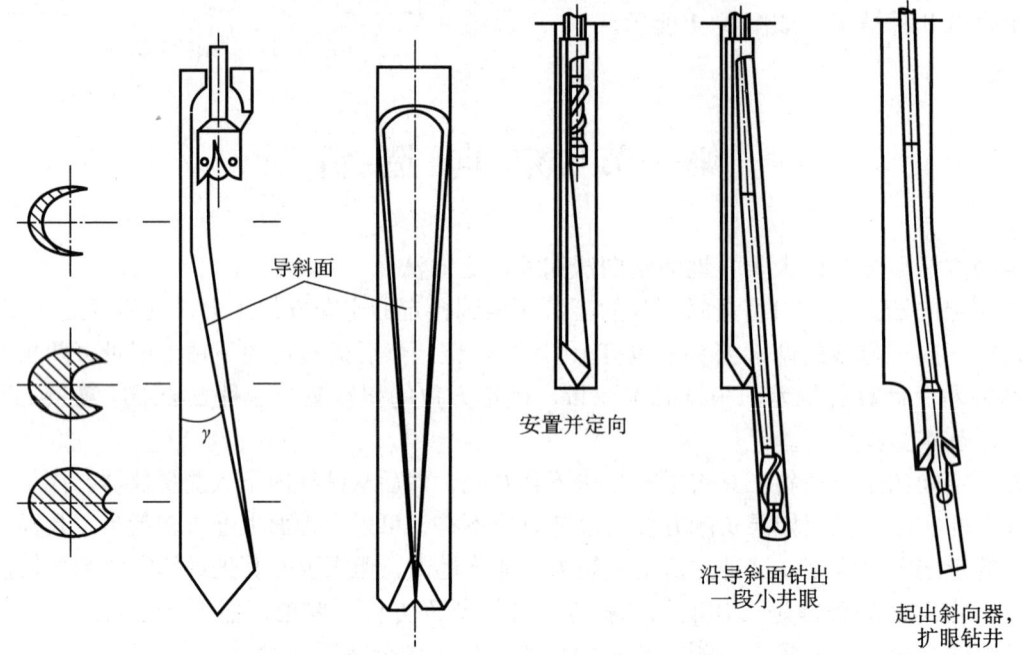

图 8-3 斜向器的结构　　　　图 8-4 斜向器造斜原理

显然，斜向器属于断续造斜工具，每一个造斜行程约为 10m。斜向器的平均造斜率 K 可表示为：

$$K = 导斜角 / 造斜行程$$

斜向器的造斜效率很低，只能钻小斜度定向井，钻出来的井眼轴线大体上是折线形，不利于钻柱运动和下套管作业。

2. 第二代造斜工具

第二代造斜工具的主流工具是弯接头+井底动力钻具，同时还有弯钻杆+井底动力钻具及带垫块的动力钻具等。

弯接头+井底动力钻具出现于 20 世纪 40 年代，其结构和造斜原理如图 8-5 所示。

开始用的动力钻具是涡轮钻具，之后又出现了螺杆钻具。此类造斜工具主要的结构参数是弯接头的弯曲角 γ 和动力钻具的长度 L_T。

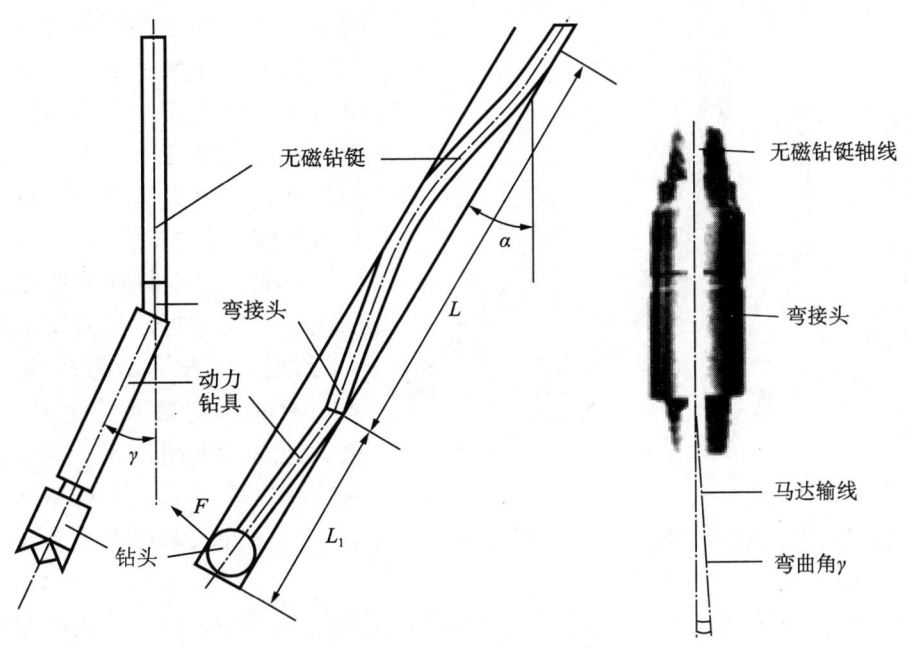

图 8-5 弯接头 + 井底动力钻具原理图

此类造斜工具由于受井眼的约束，弯接头以上钻具出现弹性变形，在钻头处产生侧向力，对井壁进行侧向切削。同时，由于钻头中心线偏离井眼轴线，产生对井底的不对称切削。钻头对井壁的侧向切削可以看做是"力学因素"，钻头对井底的不对称切削可以看做是"几何因素"。对于弯接头 + 井底动力钻具来说，力学因素是主要的，几何因素是次要的。

钻头侧向力 F_C 的大小可用如下定性公式表示：

$$F_C = \frac{6EI}{L_T L}\gamma - \frac{1}{2}W_T \sin\alpha \tag{8-1}$$

式中 L——弯接头到钻柱与井壁下侧的切点的长度；
　　α——井斜角；
　　W_T——弯接头以下钻具的重力；
　　EI——弯接头以上钻柱的刚度。

根据式 (8-1)，可以调整造斜工具的结构参数，改变造斜工具的造斜能力。

第二代造斜工具用于井下动力钻具钻井方式，可以连续造斜钻进，所钻出的井眼轴线为连续曲线，造斜能力和造斜效率都大大提高，因而可以钻出小、中、大斜度定向井，甚至可以钻出水平井。20 世纪 50 ~ 60 年代，我国和苏联钻的水平井就是采用此类造斜工具钻出的。第二代造斜工具出现的同时，还出现了罗盘照相测量仪器和无磁钻铤，可以在下钻后进行井底定向，极大地促进了定向钻井技术的发展，特别是丛式井的广泛应用。

3. 第三代造斜工具

第三代造斜工具的主要代表是弯外壳螺杆钻具，出现于 20 世纪 70 年代，其结构如图 8-6 所示。自左至右为：单弯、柔性单弯、带垫块的单弯、同向双弯、反向双弯。同时出现的还有铰接螺杆钻具等。

弯外壳螺杆钻具的出现，是井下动力钻具的设计、制造技术的突破。因为外壳的弯曲

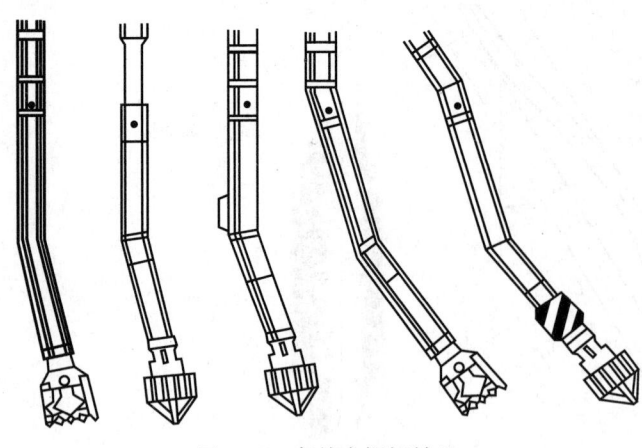

图 8-6 弯外壳螺杆钻具

要求螺杆轴线也要弯曲，弯曲处需要使用万向节连接。第三代造斜工具的核心技术是把弯曲点从弯接头上移到螺杆钻具的外壳上。这一"移动"看似简单，却是具有划时代意义的重大技术革命。

首先，这一移动使弯曲点到钻头的距离大大缩短，从而使造斜能力大大提高。过去使用弯接头+动力钻具，弯曲点到钻头的距离约为 10m，最大造斜率不超过 5°/30m。弯外壳螺杆钻具的弯曲点距离钻头可以小到 1～2m，造斜率可以达到 30°/30m。对于水平井来说，弯曲井段可以大大缩短，钻柱摩阻力大大减小。

更重要的是，弯曲点距离钻头近了，在弯曲角相等的情况下，钻头偏离井眼中心的距离会大大减小。这就使弯外壳螺杆钻具受井眼的约束较小，在结构和弯角合适的情况下，弯外壳螺杆钻具有可能旋转起来。这种可以旋转的弯外壳螺杆钻具被称为导向螺杆钻具，俗称"导向马达"。单弯和反向双弯螺杆钻具就是目前用得最多的导向马达。

导向马达具有两种钻进方式：滑动钻进方式和旋转钻进方式。在滑动钻进方式下，可以改变井眼方向，钻出增斜井段、降斜井段，可以扭方位。在旋转钻进方式下，可以不改变井眼方向，钻出稳斜井段。而且，把两种钻进方式进行恰当组合，一套造斜工具还可以钻出不同曲率的井眼来。

从造斜原理来说，弯外壳螺杆钻具既有对井壁的侧向切削，也有对井底的不对称切削。前者是力学因素，后者是几何因素。与弯接头+井底动力钻具有所区别，对于弯外壳螺杆钻具的造斜，几何因素是主要的，力学因素是次要的。所以，有人根据几何因素采用"几何定圆法"计算弯外壳螺杆钻具的造斜率。

具有这样特点的导向马达，配合以 MWD 随钻监测井眼轨迹参数，再配合以高效能的钻头，在一次下钻后，可以完成增斜、降斜、扭方位、稳斜等各种轨迹控制任务。只要钻头不坏，就可以不更换造斜工具而继续钻进。弯外壳螺杆钻具不仅造斜率很高，而且钻进效率比弯接头+动力钻具要高得多。人们把这种钻井方式称为"导向钻井"，把导向马达+MWD+高效能钻头组成的钻具组合称为"导向钻井系统"。由于这种导向钻井系统改变井眼方向要靠滑动钻进方式，所以称为"滑动导向钻井系统"。

滑动导向钻井系统的出现，导致了现代水平井和大位移井等新技术的诞生和发展。

4. 第四代造斜工具

第四代造斜工具是 20 世纪末出现的。由于结构复杂，而且从诞生开始就与 MWD 和高效能钻头相结合，以旋转导向钻井系统的形式出现，所以第四代造斜工具不能简单地用某个"工具"来命名，而是称为"旋转导向钻井系统"。

旋转导向钻井系统的出现，在于克服滑动导向钻井的缺点。滑动导向钻井存在的主要缺点有：

(1) 在滑动钻进方式下，钻柱不旋转，钻柱与井壁的摩阻力完全在钻柱轴向，导致钻柱屈曲甚至自锁，送钻困难，加不上钻压，钻速很低，容易出现黏卡。动力钻具反扭角严重干扰工具面角的稳定，形成井眼扭曲。

(2) 在旋转钻进方式下，弯曲外壳旋转会造成井眼扩大，加快钻头磨损。

正是由于这些缺点，1997 年使用滑动导向钻井系统钻大位移井的最大水平位移只有 8000m 多点。正是由于旋转导向钻井系统的出现，1998 年大位移井的最大水平位移很快超过了 10000m，显示了巨大的优越性。

按照造斜原理划分，旋转导向钻井系统有两大类：一类称为"侧推钻头式 (push the bit or bias the bit)"，一类称为"指引钻头式 (point the bit)"。

侧推钻头式，以 PowerDrive 工具为例，如图 8-7 所示。

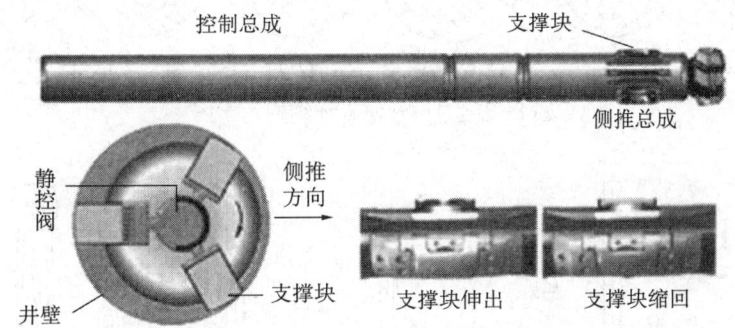

图 8-7 侧推钻头式旋转导向钻井系统

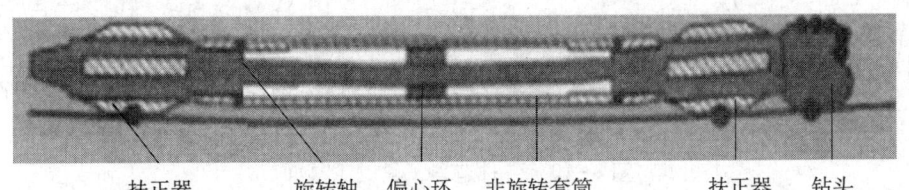

图 8-8 指引钻头式旋转导向钻井系统

侧推总成上有 3 个支撑块，间隔 120°分布，随着钻柱旋转而旋转。侧推总成内有一个不旋转的静控阀，控制钻井液的流出方向。该方向由控制总成根据井眼方向变化的需要确定。每个支撑块平时是缩回状态。只有当旋转到与静控阀的液流方向一致时，在液流压力作用下，支撑块才伸出，给井壁以支撑力，其反作用力把钻头推向井眼的另一侧，造成侧向切削井壁，从而改变井眼方向。

指引钻头式，以 AGS 工具为例，如图 8-8 和图 8-9 所示。在靠近钻头处有一个非旋转套筒，内有两个偏心环：外偏心环和内偏心环。在钻进过程中，偏心环和非旋转套筒都不旋转。驱动钻头旋转的旋转轴在内、外偏心环的不同组合下，可以偏向井壁的任何给定方向。它像船舶的"舵"一样，为钻头指引方向。

钻头偏斜方向和偏转角度依靠井下控制总成改变内、外偏心环的不同转动角度调整，造斜率的大小则依靠钻头轴线偏离角度的大小调整。

各种造斜工具的工具面如图 8-10 所示。

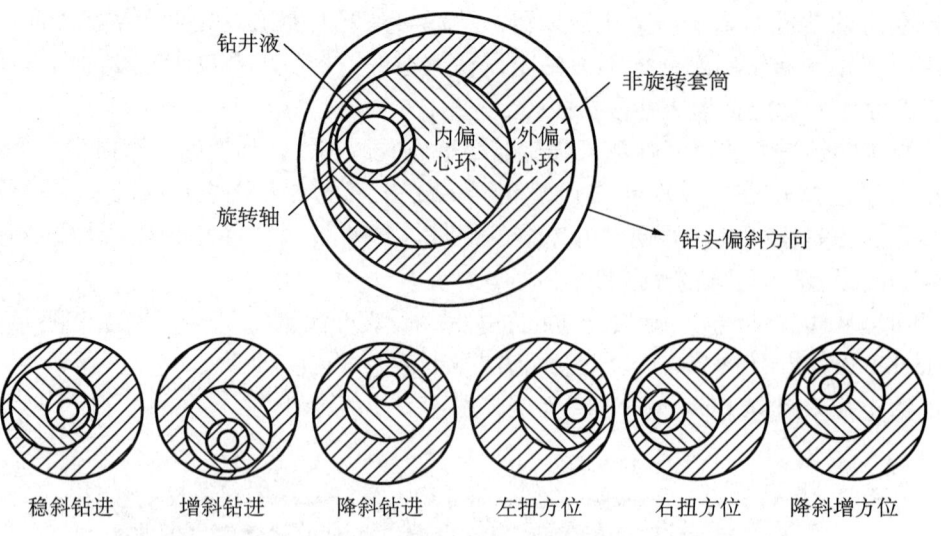

图 8-9 内、外偏心环结构示意图

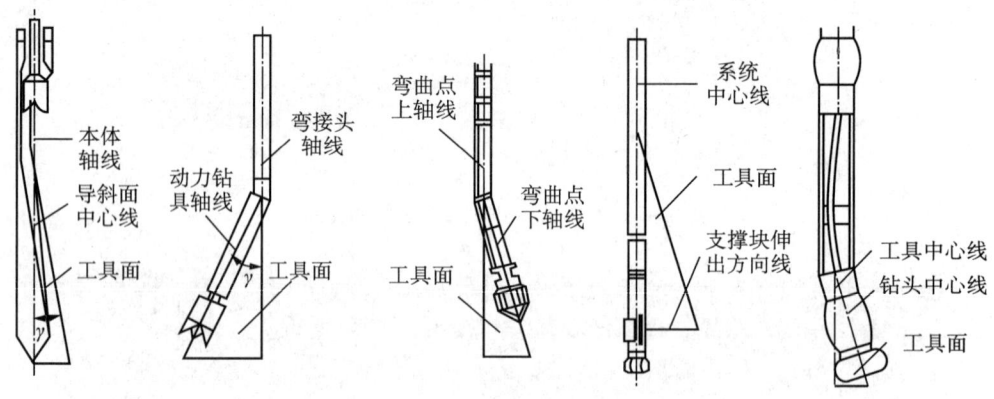

图 8-10 各种造斜工具的工具面

二、定向造斜的钻具组合

1. 定向弯接头造斜钻具组合

(1) 钻具结构：钻头 + 螺杆动力钻具 + 定向弯接头 + 无磁钻铤 + 钻杆。

$8\frac{1}{2}$in 井眼常用组合：$8\frac{1}{2}$in 钻头 +$6\frac{1}{2}$in 或 $6\frac{3}{4}$in 螺杆动力钻具 +$6\frac{1}{4}$in 1°～3°定向弯接头 +$6\frac{1}{4}$in 无磁钻铤 ×（9～18）m（根据实际情况选择）+5in 钻杆。

(2) 钻井参数：钻压 30～50kN，排量根据选用螺杆动力钻具参数确定。

(3) 适用范围：造斜率要求不高的定向井（造斜率在（5°～10°）/100m）。

(4) 优缺点：

优点：钻具结构简单，可以通过更换不同弯曲角度定向弯接头来改变钻具的造斜率，以达到设计要求。

缺点：造斜率较弯壳体螺杆动力钻具低，钻头偏离位移大，下钻困难等。

2. 单弯螺杆动力钻具定向造斜钻具组合

(1) 钻具结构：钻头 + 单弯螺杆动力钻具（双扶或者下单扶）+ 定向接头 + 无磁钻铤 + 钻杆。

$8\frac{1}{2}$in 井眼常用组合：$8\frac{1}{2}$in 钻头 +$6\frac{1}{2}$in 或 $6\frac{3}{4}$in1°～2°单弯螺杆动力钻具 +$6\frac{1}{4}$in 定向接头 +$6\frac{1}{4}$in 无磁钻铤×（9～18）m（根据实际情况选择）+5in 钻杆。

（2）钻井参数：钻压 30～50kN，排量根据选用螺杆动力钻具参数确定。

（3）适用范围：造斜率要求高的定向井、水平井的定向造斜或普通定向井的救急（造斜率在（15°～25°）/100m）。

（4）优缺点：

优点：造斜率高、钻头偏离小、下钻容易。

缺点：万向轴受力情况复杂，寿命短。

3. 双弯螺杆动力钻具定向造斜钻具组合

同单弯螺杆动力钻具定向造斜钻具组合，适用造斜率更高的定向井或水平井，通过改变上下弯度的大小，造斜率可在（25°～65°）/100m 之间调整。

各种常用钻具如图 8-11 所示。

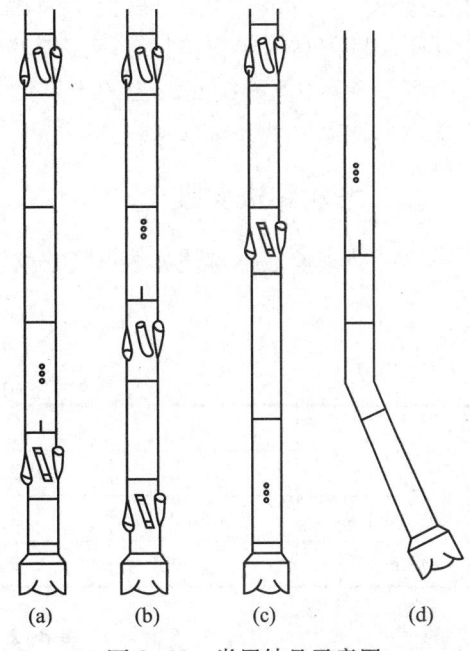

图 8-11　常用钻具示意图
(a) 转盘造斜组合；(b) 转盘稳斜组合；
(c) 转盘降斜组合；(d) 弯接头定向造斜组合

三、定向井定向工序

（1）首先必须熟悉设计数据，定向时必须掌握的主要有以下几个：

①造斜点 KOP 深度，在什么井深定向造斜；

②设计造斜率，选择何种定向造斜组合；

③设计井斜方位角；

④本地区磁偏角；

⑤为了减少方位调整次数，还需要掌握地区方位漂移情况，合理确定定向初始方位。

（2）合理造斜钻具组合的选择：

根据设计造斜率选择定向弯接头定向造斜组合。

（3）一般钻至井斜角 5°～10°，方位符合设计要求时，起出定向造斜组合，更换转盘造斜钻具组合。或者直接把井斜角增到换稳斜钻具组合。目前最常用的是用单弯单扶螺杆定向造斜 10°时，直接开动转盘，利用单弯单扶螺杆在复合钻井时候能够增斜原理进行增斜。

第二节　增斜段控制技术

一、增斜段钻具组合

增斜钻具一般在普通钻具中加 1～3 个扶正器，以下部扶正器起主要作用，扶正器尺寸之差以3～5mm为宜。在技术措施上采用大钻压、低转速、低泵压。目前常用增斜钻具结构如图8-12所示。

图8-12中5种钻具组合的平均增斜率（表8-1）为中原油田统计的结果，供大家参考。

二、增斜钻进参数

增斜钻进参数推荐值如表8-2所示。

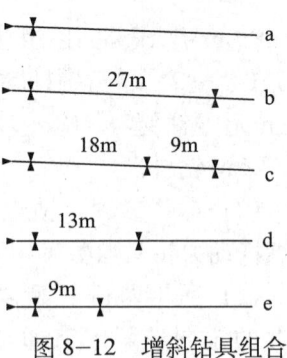

图8-12 增斜钻具组合

表8-1 五种增斜钻具的平均增斜率

井深	平均增斜率，0/100m				
	钻具a	钻具b	钻具c	钻具d	钻具e
2000m 上部	5	5	4	(1.5)	1
2000m 下部	3	3	4	(1.5)	1

表8-2 增斜钻进参数推荐值

钻头尺寸	钻压, t	转速, r/min	排量, L/s	泵压, MPa
311.1mm	18～24	60～110	50	6～10
215.9mm	16～20	60～110	28	10～15

三、复合钻进中钻具组合

在优快复合钻进中，可以用以下钻具组合来增斜：

钻头（PDC）+单弯单扶螺杆+钻铤+钻杆。采用1°单扶单弯加PDC钻头，定向至15°以上即可启动转盘，在启动转盘复合钻进时，增斜率（3°～8°）/100m。这种钻具组合机械转速快、方位稳定，为我们增斜时的首选钻具组合。

第三节 稳斜段控制技术

一、稳斜钻具结构

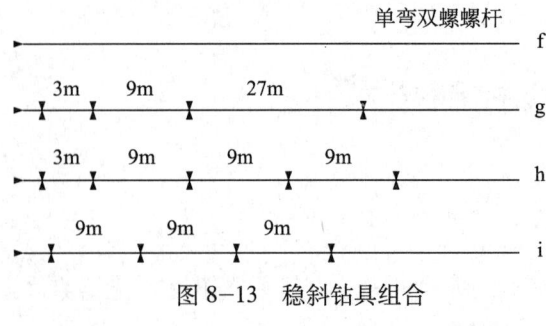

图8-13 稳斜钻具组合

定向井用扶正器稳斜原理和直井使用多扶正器刚性满眼钻具的原理一样，其扶正器的数量、尺寸和位置，也按直井刚满眼钻具选定，一般选用3～5个扶正器。

常见稳斜钻具结构如图8-13所示。

在上述稳斜钻具中，使用较多的是钻具f。钻具g对稳定井斜和方位都比较理想,在需要微增斜或大斜度井段中稳斜,可选用钻具 h。

二、稳斜钻具参数配合

稳斜钻进参数和直井基本相同。可采用较大钻压,适当转速和排量,配合高压喷射钻进,以利于提高机械钻速。

三、稳斜钻进时的降斜问题

在大斜度井段中稳斜钻进,有微降斜的现象,有时降斜还相当严重。稳斜钻进出现降斜的原因,是因为扶正器与井眼存在间隙,钻具受钟摆力的作用。其间隙越大,井斜角越大,降斜现象越严重。

在定向井施工中,降斜问题必须予以考虑。同时还要考虑到因方位变化引起的水平位移损失。所以,施工最大井斜角一般比设计值大。这要根据稳斜段长、地层影响而定。

四、优快复合钻进中的稳斜控制

在优快复合钻进中,稳斜钻具组合为:钻头(PDC)+单弯双扶螺杆+钻铤+钻杆。通常情况下,稳斜段采用0.75°或1°单弯双扶螺杆稳斜。在考虑地层倾角情况下,0.75°或1°单弯螺杆降斜率在(1.5°~2°)/100m,且井斜越大,降斜率越高。若地层为顺向,增斜率(1.5°~2.5°)/100m,若地层为反向,降向率为(2°~4°)/100m。为此,根据地层倾角,倾向与设计井斜、方位的关系,下入双扶单弯螺杆前,应留有一定的增降斜量。一般情况下,对顺向地层,定向完的井斜按下靶进圈10m计算;对逆向地层,定向完的井斜按下靶最远边计算。

虽然一只双扶单弯螺杆可以连续完成直井段、造斜段及稳斜段的施工作业,但是由于各区块地层规律差异很大,稳斜段井斜控制不尽相同。由于井斜变化率的差异,利用复合钻进连续钻穿两靶或多靶比较困难。为解决稳斜问题,首先通过随钻调整井斜,单扶螺杆和双扶螺杆交替使用,使稳斜段井斜控制取得了良好的效果,但是在一定程度上又阻碍了优快复合钻井技术的实施,增加了滑动钻进时间和起下钻时间。而后通过短钻铤的使用调整上扶正器的位置,使稳斜控制上升了一个新台阶,但存在的问题是利用随钻无法直接调整方位。

为进一步完善稳斜段的控制技术,对螺杆上扶正器直径进行了调整,并形成直径系列。目前,特制了 D195、D200、D206、D210、D212 五种螺杆专用螺旋扶正器。根据各区块的地层情况和井眼轨迹的实际情况合理选用。

第四节 降斜段控制技术

定向井降斜钻具的原理,主要是利用钻具的钟摆力来降斜。常用降斜钻具组合如图8-14所示。

在上述降斜钻具组合中,钻具组合 j 为弱降斜钻具,用于对降斜率要求不高的井段。钻具组合 k 为中等降斜钻具,使用比较广泛,在井斜角为10°~30°时,平均降斜超过

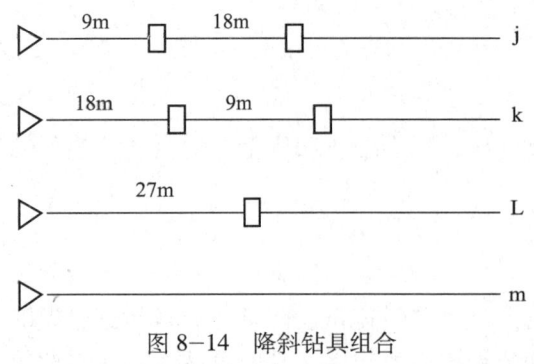

图 8-14 降斜钻具组合

5°/100m。钻具组合 L 为强降斜钻具，降斜率大，但使用的钻压要小些。钻具组合 m 为光钻铤，即能增斜也能降斜，在钻压较小时表现为降斜。钻井实践证明，钻具组合 m 还具有较强的增方位能力，使用时视情况而定。

降斜钻进要求较小的钻压。为了提高机械钻速，可以提高转速，高压喷射钻进，如需提高降斜率，则应降低钻压、转速及喷射水平，采用钢齿钻头。

降斜钻进钻压推荐值（井斜 15°）如表 8-3 所示。

表 8-3 降斜钻进钻压推荐值（井斜 15°）

钻具尺寸	钻压，t			
	钻具 j	钻具 k	钻具 L	钻具 m
12¹/₄in 钻头 +8in 钻铤	14～16	10～12	6～8	4～6
8¹/₂in 钻头 +6¹/₄in 钻铤	8～10	6～8	2～4	1～3

第五节 方位漂移规律分析

方位漂移是客观存在的现实，其中地层走向对方位影响有一定规律，根据地层各向异性原理，井斜方位有着向垂直于地层走向的方向漂移的趋势，如图 8-15 所示。

当地层倾角小于 45°，井斜方位将向上倾（反倾），例如，中原油田某地层倾向 110°，倾角 15°，设计方位为 180°，由方位漂移将会增方位，设计方位如果是 20°，方位漂移将会出现减方位。

导致井眼方位漂移的原因可从地层原因和钻具原因两方面进行分析。

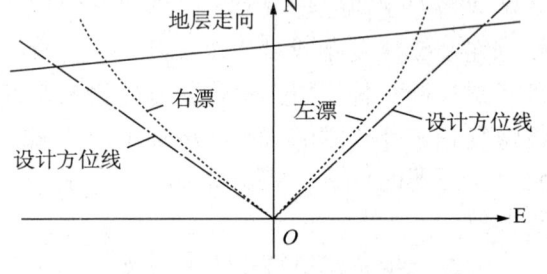

图 8-15 方位漂移示意图

一、地层原因导致方位漂移

出现方位漂移的根本原因是地层可钻性的各向异性和地层的倾斜。所谓可钻性的各向异性，就是地层在不同方向上其可钻性是不同的。对石油钻井所遇到的沉积岩石来说，在通常情况下，垂直地层层面方向的可钻性要大于平行地层层面方向的可钻性。也就是说，垂直地层层面方向钻进要容易，钻速要快，而平行地层层面方向钻进的钻速相对要慢。钻头有"欺软怕硬"的特性，哪里容易钻进，就向哪里靠近。所以钻头前进的方向有着向垂直地层层面的方向靠拢的趋势，这种趋势导致了井眼方位的飘移。在钻定向井时，井眼本身就是倾斜的。井眼倾斜的方位与地层倾斜的方位有一定的夹角，于是地层可钻性的各向异性就会起作用，钻头就会向着垂直地层方位线的方位靠拢，从而导致井眼方位漂移。从地层原因来说，井眼方位可能出现右漂，也可能出现左漂，如图 8-16 所示。

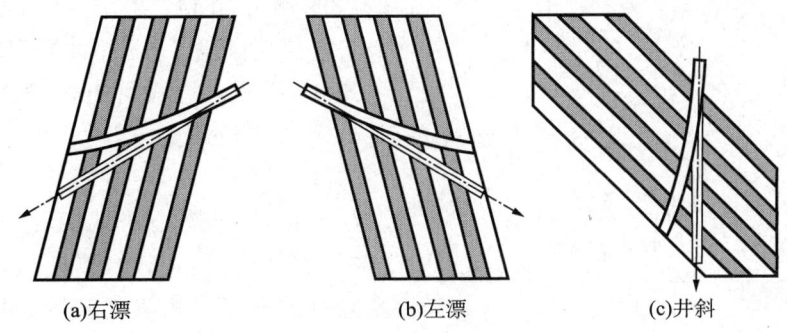

图 8-16　地层与方位漂移图

二、钻具原因导致的方位漂移

出现方位漂移的另一个重要原因是钻柱的旋转方向。将包括钻头在内的下部钻具组合简化成一个圆柱体，在重力作用下它将压向井壁下侧，对井壁下侧造成一定的正压力。当旋转运动时，钻柱和井壁下侧之间将产生摩阻力，此摩阻力会阻止钻柱的旋转运动，即此摩阻力的方向与钻柱旋转方向相反（图 8-17、图 8-18）。

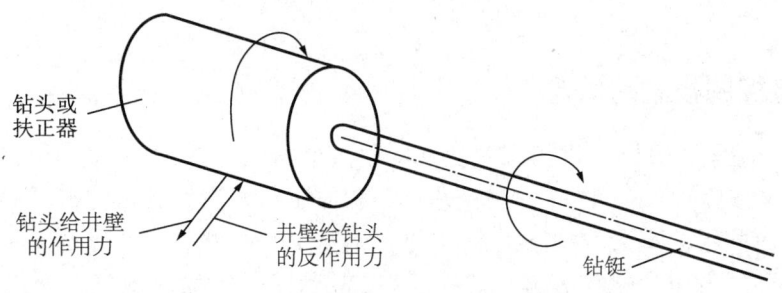

图 8-17　钻头旋转对井斜和方位的影响

由于钻柱都是顺时针方向转动的，所以摩阻力的方向总是"向右的"。也就是说，右旋钻柱的下部组合（包括钻头在内）在井下总是受到一个来自井壁下侧的向右推动的力。在此力的作用下，钻头将偏离井眼轴线，靠向井壁右侧，在切削井底的同时也切削右侧井壁，从而使新钻的井眼不断向右漂移。

综合以上两方面的原因，井眼方位可能向右漂，也可能向左漂，关键要看哪种因素起主导作用。由于钻具原因总是造成右漂，地层原因可能造成右漂，也可能造成左漂，所以总体来说，右漂的可能性要大于左漂，但左漂的可能性也不是没有。

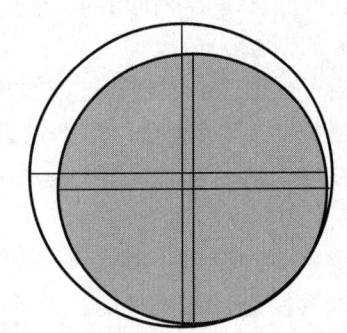

图 8-18　钻头旋转对井斜和方位的影响
（当井眼稍有扩大时，钻头总是偏向右方）

三、现场的做法

现场的通常做法是在轨道设计时不考虑方位漂移，在施工时再考虑。施工时根据本地区的钻井经验，在定向造斜时，估计一个"方位超前角"，以此计算定向方位角。如图 8-19 所示，原设计方位角为 Φ_t、定向造斜的定向方位角为 Φ_s，二者之差 $\Delta\Phi$ 即为"方位超前角"。

现场这种做法的缺点是：凭经验估计"方位超前角是不科学的"。应该说在一个地区井打的多了，积累的资料也就多了，就可以这些资料统计各段地层的方位漂移率，在设计上可以做得更科学一些，使"方位超前角"称为计算值，更为准确。于是出现了在进行轨道设计时就将方位漂移因素考虑在内的做法。在施工时，按照设计给出的定向方位角进行定向造斜，钻进中井眼方位将沿着设计轨道进行漂移。

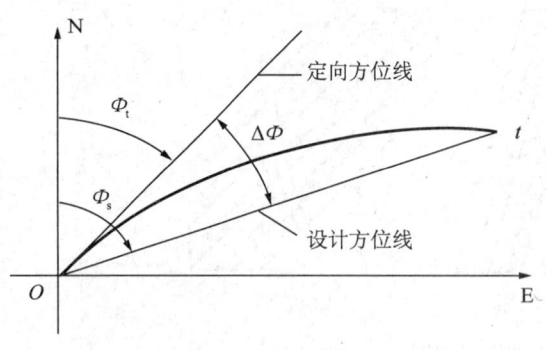

图 8-19　方位超前角示意图

第六节　轨迹控制模式

一、轨迹控制模式的概念

如前所述，造斜工具既可以用来改变井斜角（增斜或降斜），也可以用来改变井斜方位角（增方位或降方位），还可以同时改变井斜角和方位角。造斜工具的造斜率与所钻出的井眼曲率相等。而井眼曲率又取决于井斜角的变化速率——井斜变化率 K_α 和井斜方位角的变化速率——井斜方位变化率 K_ϕ，即在工具造斜率 K 一定的情况下，如果井斜变化率增大，则井斜方位变化率必然减小。那么，用什么办法控制井斜变化率和井斜方位变化率之间的分配关系呢？这里起关键作用的是装置角，或称为高边工具面角。

在井眼曲率 K 相同的情况下，采用不同的装置角得到的井斜变化率 K_α 和井斜方位变化率 K_ϕ 不同。

为了更进一步理解装置角的关键作用，先看看图 8-20 和图 8-21。

图 8-20 所示为全力增斜钻进，此时的装置角 ω 为 0°。很容易理解，按照此装置角继续钻进，钻出来的井眼将是井斜角不断增大，井斜方位角始终保持不变。而且我们还可以判断：井斜方位变化率等于 0，井斜变化率将等于造斜工具的造斜率。

图 8-21 所示为全力降斜钻进，此时的装置角 ω 为 180°。也很容易理解，按照此装置角继续钻进，钻出来的井眼将是井斜角不断减小，井斜方位角始终保持不变。但是当井斜角降到 0°以后，如果不改变工具面，则会向相反方向开始增斜，此时装置角将变为 0°，井斜方位角将会与原井眼相差 180°，即反向增斜。而且我们还可以判断：不管井斜角和方位角如何反向，井斜方位变化率仍等于 0，井斜变化率仍将等于造斜工具的造斜率。

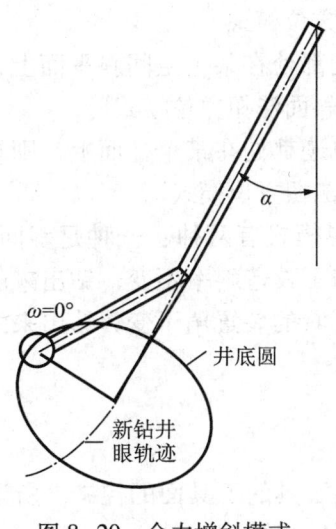
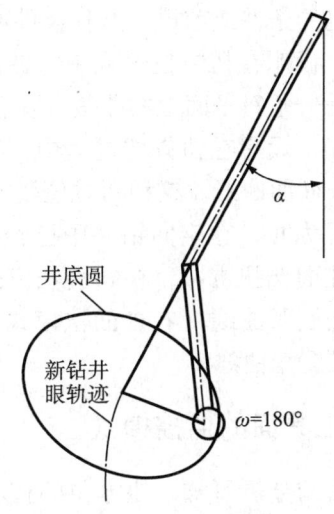

图 8-20　全力增斜模式　　　　　　　图 8-21　全力降斜模式

上述两种情况很容易判断。井眼轨迹的发展变化始终处在同一个铅垂平面上。

现在我们来看图 8-22。图 8-22 所示的是装置角 ω 为 45°的情况。根据这个装置角，我们可以定性地判断新钻出的井眼的井斜角将会增大，井斜方位角也会增加。井眼轨迹的发展变化离开了铅垂平面。我们把这种实钻轨迹不在铅垂平面上发展变化的轨迹控制统称为"扭方位"。

请特别注意"扭方位"这个术语。切不可望文生义地理解为：扭方位就是只改变井斜方位角，不改变井斜角。实际上，除了全力增斜和全力降斜以外，都属于扭方位。只改变井斜方位角，不改变井斜角，仅仅是扭方位中的一个特例而已。在绝大多数情况下，在扭方位井段，既有井斜方位角的变化，又有井斜角的变化。

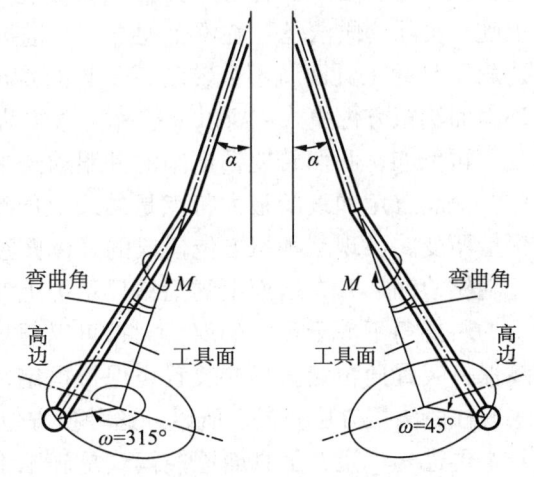

图 8-22　扭方位

显然，我们可以把装置角看做是一个"分配器"，它可以把工具的造斜率分配给井斜变化率和井斜方位变化率。当装置角为 0°和 180°时，造斜率的 100% 被分配给井斜变化率，分配给井斜方位变化率的是 0%。但在扭方位时，造斜率将如何分配，则不能直观地判断。

二、扭方位模式的概念

在扭方位的时候，随着井眼的延伸，井斜方位角将发生变化，因而高边方向线也将发生变化，则装置角将跟着发生变化，不再等于开始钻进时的装置角了。那么，在钻进过程中，装置角又是如何变化的呢？这种变化有什么规律呢？这也是难以直观判断的。

还有，在一个井段钻进过程中，装置角及其变化与实钻的轨迹曲线又有什么关系呢？当我们按照设计轨道的要求，希望钻出某种曲线时，又该如何控制装置角呢？所有上述这些问题，其核心是装置角与轨迹曲线之间的关系。求解装置角与轨迹曲线之间的关系，需要设定一定的条件或前提。这种条件或前提，就是扭方位模式。

例如，设想在扭方位过程中，钻出来的井眼轨迹都处在某个空间斜平面上，则轨迹曲线就可能是一条斜平面上的曲线。这种模式可称为"斜面法扭方位模式"。

再例如，设想在扭方位过程中，钻出来的井眼轨迹都处在某个柱面上，则轨迹曲线就可能是一条柱面曲线。这种扭方位模式可称为"柱面法扭方位模式"。

到目前为止，在定向钻井中已经采用过的扭方位模式有两种：一种是斜面法扭方位，另一种是柱面法扭方位。在斜面法模式中，保持造斜工具造斜率不变，钻出来的井眼轨迹曲线是斜面圆弧曲线；在柱面法模式中，保持造斜工具的装置角不变，钻出来的井眼轨迹曲线是恒装置角曲线。

三、工具面的监控模式

由前面的分析可知，扭方位的核心问题是对造斜工具的工具面的控制。所谓工具面监控模式，就是指在扭方位过程中监控工具面变化的具体方法。

例如，使用弯接头＋动力钻具造斜工具时，我们希望钻出来的井眼轨迹曲线是斜面圆弧曲线，采用斜面法模式扭方位。我们可以通过斜面法模式的有关计算，设计出对工具面的控制要求。但是具体怎样监控工具面呢？怎样做才能保证轨迹曲线始终处在一个斜平面上呢？实际的做法是：在整个扭方位钻进过程中，始终保持钻柱不转动。只要钻柱不转动，造斜工具的工具面就不会转动，工具面就可以保持恒定。只要保持工具面恒定，就可以实现斜面法扭方位模式。所以，这种扭方位监控模式可以称为"锁定钻柱模式"。

再例如，我们希望钻出来的井眼轨迹曲线是恒装置角曲线，打算采用柱面法模式扭方位。恒装置角曲线的最大特点是曲线上任意点的装置角都相等，在钻进过程中装置角始终保持不变。实现这种扭方位模式的具体做法是：在整个扭方位钻进过程中，通过 MWD 进行随钻检测，并在地面上的司钻显示屏上实时地显示出造斜工具在井下的装置角。如果显示的装置角不等于预定的值，司钻可以通过扭转钻柱，从而转动工具面，调整装置角，始终保持装置角恒定。只要装置角保持恒定，钻出来的轨迹曲线就是恒装置角曲线，就可以实现柱面法扭方位模式。所以，这种扭方位监控方法称为"恒装置角模式"。

再进一步说，工具面监控模式是施工中的具体作业方法。本来造斜工具在井下，其装置角的大小和变化在地面上是看不见、摸不着的。工具面监控模式就是设法让司钻能够看得见、摸得着，能够掌握和控制工具面变化，同时也能够掌握和控制装置角的变化。所以，工具面监控模式也可称为装置角监控模式。

四、斜面法扭方位的偏增角问题

韩志勇教授推导井斜角和井斜方位角随装置角的变化关系曲线如图 8-23 所示。

(1) 井斜方位角随装置角的变化关系是：

当装置角在第Ⅰ象限和第Ⅱ象限，即 ω 为 0°～180° 时，井斜方位角增大；当装置角在第Ⅲ象限和第Ⅳ象限，即 ω 为 180°～360° 时，井斜方位角减小。

井斜方位角增量的最大值出现在全力扭方位方式下，即图 8-23 中的 Q 点处。

(2) 井斜角随装置角的变化关系是：

当装置角在第Ⅰ象限和第Ⅳ象限，即 ω 为 0°～90° 和 ω 为 270°～360° 时，井斜角

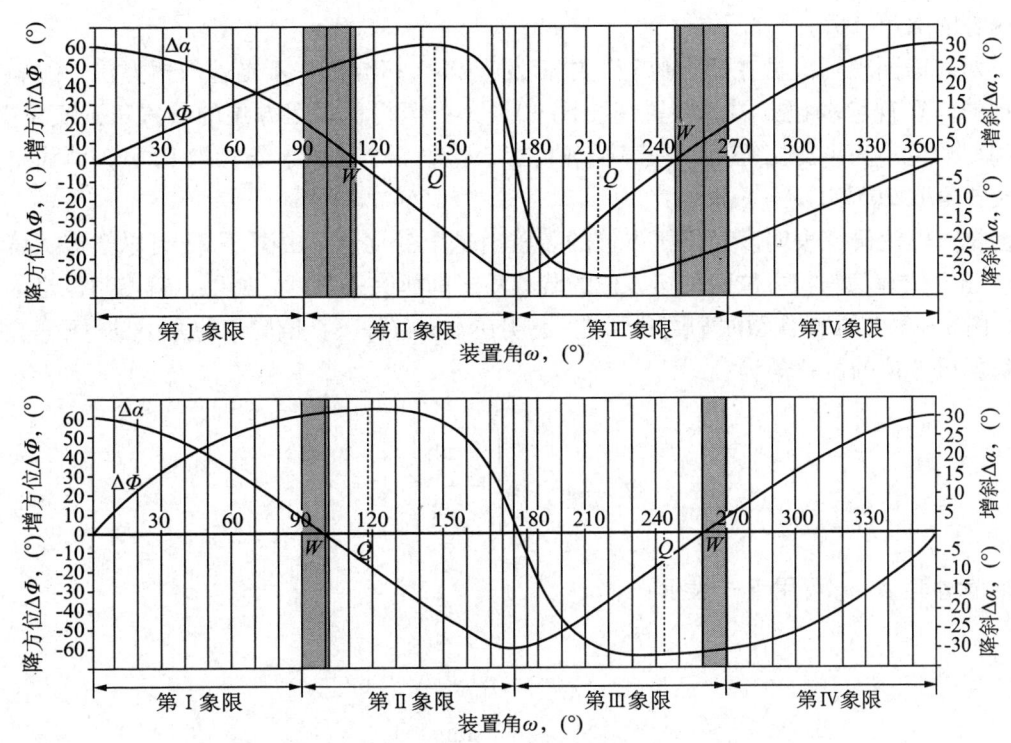

图 8-23 井斜角和井斜方位角随装置角的变化关系曲线

增大；当装置角在第Ⅱ象限和第Ⅲ象限，即 ω 为 90°～180°和 ω 为 180°～270°时，大的变化趋势是井斜角减小。但是我们特别注意到，在第Ⅱ、第Ⅲ象限内都有一个"阴影区"，当装置角处在这个阴影区内时，井斜角是增加的。

我们把这个阴影区称为"偏增区"。偏增区的大小用"偏增角"表示。偏增区的存在表明，井斜角随装置角的变化是不对称的，增斜范围大于降斜范围。下面我们还要专门讨论偏增角问题。

上述两个重要结论，可以用图 8-24 来表述。

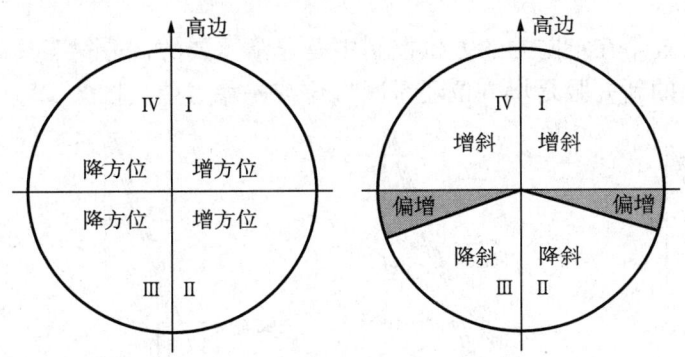

图 8-24 井斜角和井斜方位角随装置角的变化

(3) 关于偏增角的讨论

韩志勇教授认为装置角在大约 95°和 265°时，对反扭角的影响最大。为什么对反扭角影响最大的是在装置角在大约 95°和 265°时，而不是在装置角等于 90°和 270°时呢？原来这与偏增角有关。

早期，美国现场人员在扭方位施工中，发现 90°扭方位并不是稳斜扭方位，井斜角总是增加的。发现稳斜扭方位的装置角要比 90°大。但是稳斜扭方位的装置角到底是多大，并不确切知道。为了施工需要，在美国现场上，稳斜增方位的装置角取 95°，而稳斜降方位的装置角取 265°。

但是，理论研究表明，稳斜扭方位的装置角是个变化值。由图 8-23 可以知道，偏增角是 90°扭方位和稳斜扭方位两种扭方位的装置角之间所夹的角度。所以，偏增角也是这个变化值。图 8-23 中的偏增区的宽度并不同，说明在不同条件下，偏增角的大小是不相等的。

稳斜扭方位的装置角为：

$$\omega = \pm \arccos\left(-\frac{\tan\frac{\gamma}{2}}{\tan\alpha_1}\right)$$

则偏增角 $\Delta\omega_p$ 可用下式表示：

$$\Delta\omega_p = \arccos\left(-\frac{\tan\frac{\gamma}{2}}{\tan\alpha_1}\right) - 90° \tag{8-2}$$

显然，偏增角随着扭方位始点井斜角 α_1 和扭方位井段狗腿角 γ 而变化。当 α_1 增大时，则 $\Delta\omega_p$ 减小；而 γ 增大，则 $\Delta\omega_p$ 增大。上述计算数组 1 的稳斜扭方位装置角为 112.499°，偏增角 $\Delta\omega_p$ 为 22.499°；而数组 2 的稳斜扭方位装置角仅仅为 98.899°，偏增角 $\Delta\omega_p$ 为 8.899°。

可见，美国现场上简单地取偏增角为 5°是很不准确的。

五、装置角的确定

造斜工具的装置角在定向井的方位控制中是非常重要的，造斜工具装置角决定了使用这个造斜工具钻出的新井眼是增方位还是减方位或是稳方位（图 8-25）。正确的装置角可

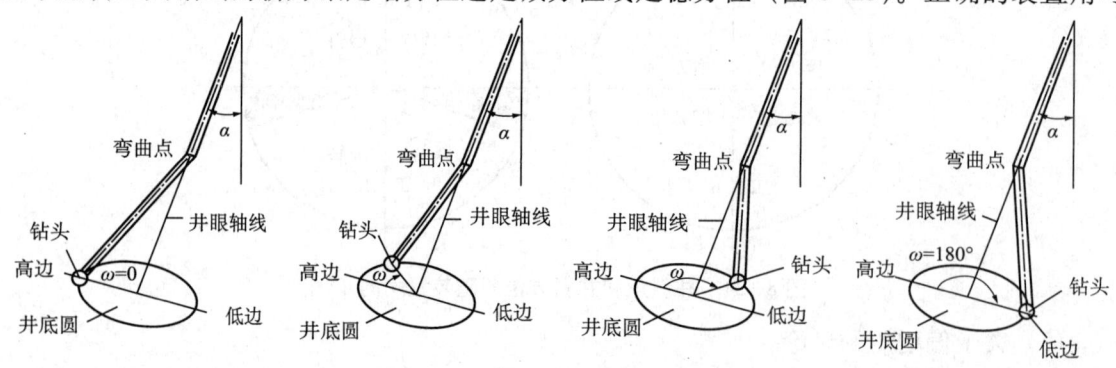

图 8-25 装置角示意图

以决定这个造斜工具造斜率如何分配，即有多少用于改变井斜角，有多少用于改变方位角，关键在于确定好造斜工具的装置角。目前在有线随钻监测下，可以随时了解装置角的大小，这就为准确预测在一定装置角下，井斜、方位、变化提供了可能。

1. 数学计算法

保持装置角不变扭方位，在现场中用多的高边扭方位方式，它的推导出的数学公式为：

$$\Delta\alpha = \gamma\cos\omega \tag{8-3}$$

$$\Delta\Phi = \ln\frac{\tan\frac{\alpha_2}{2}}{\tan\frac{\alpha_1}{2}}\tan\omega \tag{8-4}$$

或

$$\Delta\Phi = \frac{\gamma}{\sin\frac{\alpha_1+\alpha_2}{2}}\sin\omega \tag{8-5}$$

$$K_\Phi = K\frac{\sin\omega}{\sin\alpha} \tag{8-6}$$

式中，K_Φ 为方位变化率，K 为造斜率。

我们注意到当 ω 为 90° 时，就是 90° 扭方位；ω 为 90° 时，井斜角 α 为常数，就是稳斜扭方位。我们可以证明 ω 为 90° 就是主力扭方位（注意，与磁性定向时，90° 扭方位的并不是全力扭方位。

例 8-1 已知 $\alpha_1=22°$，$\Phi_1=150°$，$\Phi_2=120°$，$K=9°/100m$，现要求完成钻进 150m 完成扭方位，求 ω 和 α_2。

解：由

$$\Delta\alpha = \gamma\cos\omega$$
$$\gamma = \Delta L \cdot K$$
$$= 150 \cdot 9°/100m$$
$$= 135°$$

$$\sin\omega = \frac{\Delta\Phi\sin\left(\alpha_1+\frac{\Delta\alpha}{2}\right)}{\gamma}$$

$$\Delta\Phi = \Phi_2 - \Phi_1 = -30°$$

可以求得 $\omega=-67.56°$，$\Delta\alpha=5.15°$，$\alpha_2=27.15°$。

例 8-2 已知条件同例 8-1，现已定 $\omega=-80°$，求完成扭方位钻进的井段长度 ΔL 及扭完方位后的井斜角 α_2。

解：

$$\Delta\alpha = 2\arctan\left(\frac{\Delta\Phi}{\tan 20°}+\ln\tan\frac{\alpha_1}{2}\right)-\alpha_1$$

$$\Delta L = \frac{\Delta\varepsilon}{K\cos 20°}$$

将给定条件代入上式中求出：$\Delta\alpha=2.07$，$\alpha_2=24.07$，$\Delta L=132.25m$。

例 8-3 已知条件同例 8-1，现限定 $\omega=-90°$，求扭方位井段长度 ΔL 及扭方位的井斜角 α_1。

解：代入式 $K_\Phi = (9°/100m) \cdot \dfrac{\sin(-90°)}{\sin 22°} = -24.03°/100m$

$$\Delta L = \dfrac{-30°}{24.03°/100m} = 124.87m$$

从以上三例可看出，对于装置角不变扭方位来说 90°扭方位（也是稳斜扭方位，全力扭方位）的计算最为简单，限定装置角（为 -290°以外的其他任意角度）扭方位计算也不复杂，唯有限定扭方位长度时计算较为复杂，需要用连代法计算。

通过计算得到表 8-4，通过观察分析，我们可以发现随着井斜角增大，在造斜率一定的情况下，方位变化越来越小，所以在现场施工中，要求在井斜角小的时候就要把方位角调整到位。

表 8-4　最大方位角增量计算表

α_1		0°	1°	2°	3°	5°	10°	15°	20°	30°	45°	50°	90°
$\Delta\Phi_{max}$	$\gamma=1$		90°	30°06′	19°12′	11°35′	5°47′	3°53′	2°56′	2°	1°25′	1°18′	1°
	$\gamma=2$			90°	41°	23°36′	11°36′	7°45′	5°51′	4°	2°50′	2°37′	2°
	$\gamma=3$				90°	37°	17°30′	11°40′	8°48′	6°	4°14′	3°35′	3°
$\Delta\Phi_{90}$	$\gamma=3$	90°	71°32′	49°	45°	31°	16°48′	11°27′	8°42′	6°	4°14′	3°35′	3°

2. 图解法

用图解法确定装置角，方法很简便，求解很迅速。但要说明的是沙尼金图解法只是一种近似方法。使用条件是 α 和 γ 都很小，具体地 α 和 γ 应该小到可以认为 $\sin\gamma \approx \gamma$，$\sin\alpha_1 \approx \alpha_1$，$\cos\gamma \approx 1$，$\cos\alpha_1 \approx 1$ 的程度。这也告诉我们在 α 和 γ 较大或者很大时，图解法是不准确或者说是很不准确的。

1）沙尼金图解法

沙尼金图解法使用于磁性工具面定向。

已知：扭方位前的井斜角 α_1，井斜方位角 Φ_1，需要扭的方位扭装角 $\Delta\Phi$，弯接头造斜率 K，以及限定扭方位的井段长度 ΔL，图解前，先根据 K 及 ΔL 计算出 γ，$\gamma = K \cdot \Delta L$。

图解步骤：

（1）选择一定长度线段，代表单位角度值。例如，1cm 代表 1°，或以 1.5cm 代表 1°。

（2）选原点 O，作 N、E 坐标，根据 Φ_1 作井斜方位线 OQ。量 $|OA|=\alpha_1$（长度代表角度），以为圆心，为半径 γ（长度代表角度）画圆。

（3）作线段 OB，使角 $\angle AOB=\Delta\Phi$，交圆于两点 B、B'，连接 AB 和 AB'，注意是有正负之分的，$\Delta\Phi$ 为正时，是方位增加，以 OA 为始边顺时针旋转做出线段 OB，如图 8-26（a）；$\Delta\Phi$ 为负时，是方位减小，反时针旋转作出线段 OB，如图 8-26（b）。

（4）用量角器量得 $\angle QAB$ 和 $\angle QAB'$ 两角，即得增斜扭方位的装置角 $\omega = \angle QAB$，减斜扭方位的装置角 $\omega' = \angle QAB'$。

（5）用直尺量线段 OB 和 OB' 的长度，换算成角度，则增斜扭方位完成之后的井斜角 $\alpha_2=|OB|$，减斜扭方位完成之后的井斜角 $\alpha_2=|OB'|$。

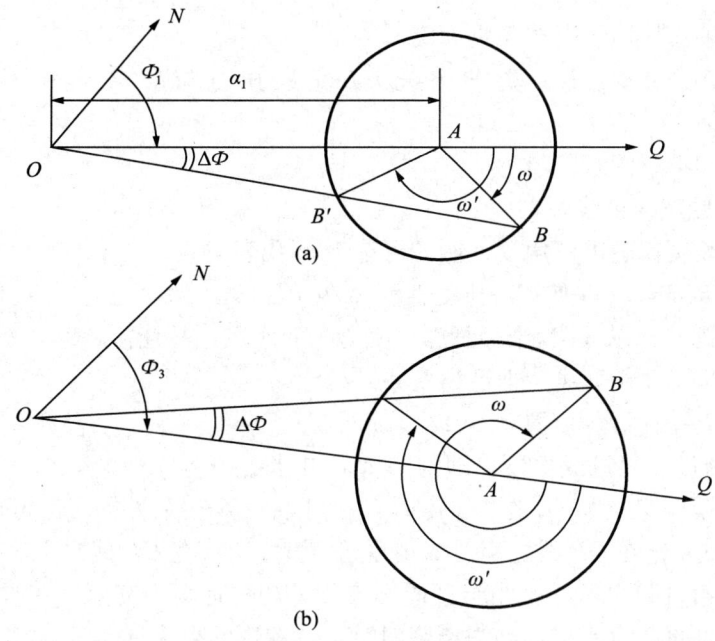

图 8-26 沙尼金图解法

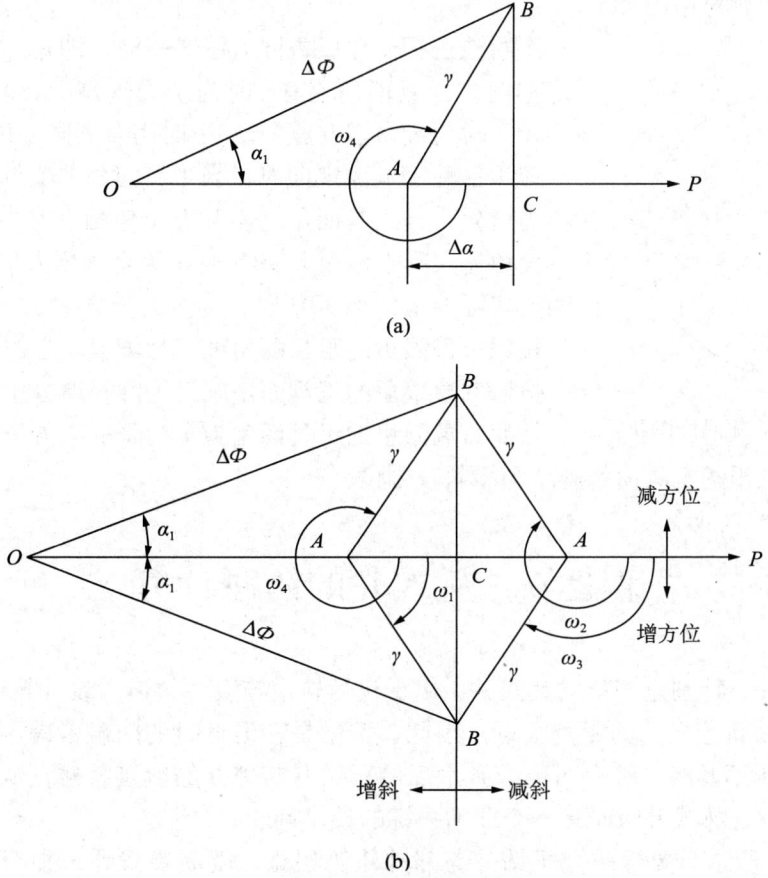

图 8-27 恒装置图解法

2) 恒装置角图解法

恒装置角图解法使用于高边工具面定向。

已知 α_1、Φ_1、$\Delta\Phi$、K。要求钻进 ΔL 完成扭方位,求 ω 和 α_2。图解前计算 $\gamma = \Delta L \cdot K$

图解法步骤如下(图 8-27):

(1) 以 O 为原点作射线 OP;
(2) 选一定长度代表单位角度,例如可选 1cm 代表 1°;
(3) 作角 $\angle BOP = \alpha_1$ 并使 OP 长度表示 $\Delta\Phi$ 角;
(4) 以 B 为圆心,以 γ 为半径画弧,交 OP 于 A 点,并连接 AB;
(5) 自 B 点向 OP 作垂线,垂足为 C 点;
(6) 量角 $\angle PAB$,即为装置角 ω;
(7) 量 AC 长度,换算成角度,即为 $\Delta\alpha$;并求出 $\alpha_2 = \alpha_1 + \Delta\alpha$。

值得注意的是,第(3)步作 α_1 角时,也可以在 OP 线之上;也可以在 OP 线之下;$\Delta\Phi$ 为负值时,α_1 作在 OP 线之上。$\Delta\Phi$ 为正值时,α_1 在 OP 线之上。

还应注意,第(4)步以 γ 为半径画弧交于 OP 线有两个交点,也要注意选择,当需要增斜时,选左边的点为 A 点;当需要降斜时,选右边的点为 A 点。

还应注意,在装置角 ω 时,要量以 AP 线为始边,顺时针转到 AB 线上转过的角度。以上三点注意问题可用图表示。

图解法进行简化成象限(图 8-28),即是:使用高边工具面定向时,工具面角为 0°时为全力增斜、180°时为全力降斜、90°时为全力增方位、270°时为全力降方位。

使用磁性工具面定向时,当工具面角与实际方位角一致时为全力增斜,当工具面角与实际方位角相反时为全力降斜,当工具面角比实际方位角大 90°时,为全力增方位,反之当工具面角比实际方位角小 90°时,为全力降方位。

按照Ⅰ象限里的工具面角施工为增斜增方位。
按照Ⅱ象限里的工具面角施工为降斜增方位。

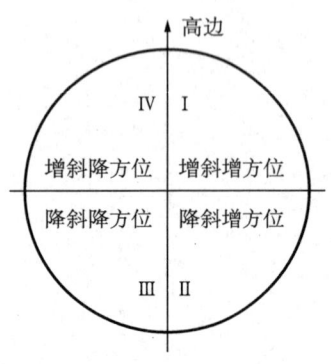

图 8-28 高边定向工具面图解

按照Ⅲ象限里的工具面角施工为降斜减方位。
按照Ⅳ象限里的工具面角施工为增斜减方位。

第七节 丛式井的防碰计算

对于丛式井,特别是密集的丛式井,由于设计轨道与设计轨道、设计轨道与实钻轨迹、实钻轨迹与实钻轨迹之间的距离很近,因此,不论是在设计时的防碰考虑不周,还是在实钻时的防碰控制不及时,都有可能导致最后的正钻井与邻井的轨迹相碰,从而造成严重的工程事故。因此,丛式井防碰是一个非常关键的技术问题。

如图 8-29 所示,要想防止正钻井与邻井轨迹相碰,就需要找到一种有效的分析计算方法,计算出两井在不同井深时的相对距离。并对其相对的发展趋势作出准确的预测,方能防碰于未然。

一、计算方法

目前常用的丛式井防碰分析计算方法有三种，即水平面扫描法、法面扫描法和最小距离扫描法。

1. 水平面扫描法

水平面扫描法计算的是扫描井与相关邻井之间在同一垂深截面上的相互位置关系。如图8-30所示，在扫描井轨迹上任一井段按需要的精度间距，截取许多水平截面，求相关邻井与此水平面的截点坐标。然后在各个水平截面上以扫描点为圆心，作极坐标图，在图上对扫描点与邻井同一垂深点的相互距离和方位进行分析的方法称水平面扫描法。

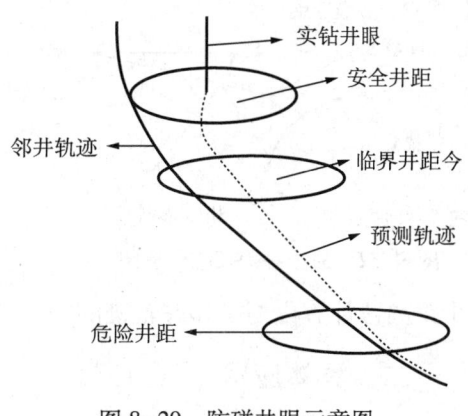

图 8-29 防碰井眼示意图

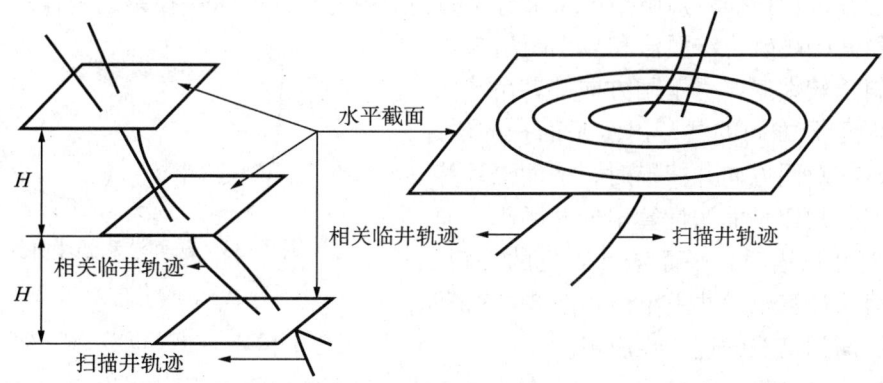

图 8-30 水平面扫描法示意图

2. 法面扫描法

如图8-31所示，法面扫描是以扫描井轨迹上任一扫描点，作一垂直于井眼轨迹轴线的平面（即法面），然后计算该平面与周围相关邻井井眼轨迹在三维空间中的截点坐标，截点到扫描点的相对距离和相对方向，即是扫描井在这一扫描点上与周围相关邻井在法面上的相互关系。以扫描点为圆心所绘制出的即是法面扫描图。

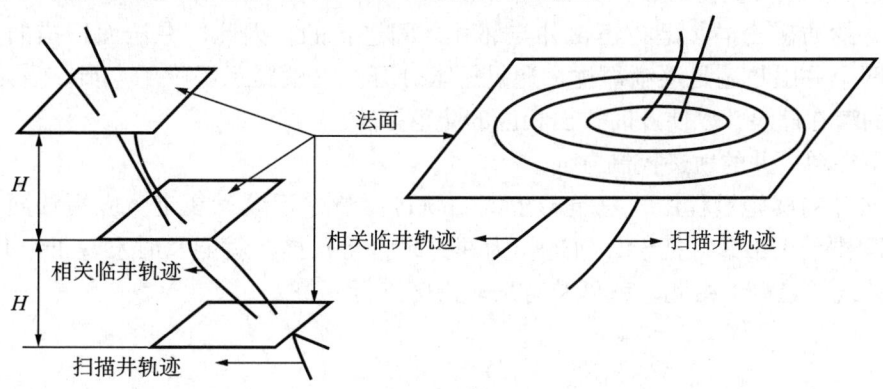

图 8-31 法面扫描法

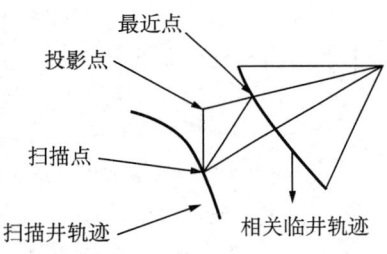

图 8-32 最小井距扫描示意图

法面扫描从另一个角度反映了扫描井与周围相关邻井的相互关系。法面扫描得到的距离，是周围相关邻井到扫描井的径向距离，而方向却是反映了相对扫描井来说：上、下、左、右的关系。

3. 最小距离扫描

如图 8-32 所示，用法面扫描方法和平面扫描方法，计算出的与周围相关邻井的距离，不一定是最小距离。最小距离法计算出的是邻井轨迹的空间最近距离。

二、具体应用

这三种方法以不同的方式求解井与井之间的距离。它们各有所长。

(1) 直井防碰用水平面扫描法。

在直井段或井斜较小的情况下，水平扫描可很清楚地看出各井眼轨迹之间的距离，若是对一口直井进行扫描，则用扫描结果所作的扫描图与丛式井水平投影图一样。

(2) 斜井的防碰用法面法和最小距离法。

在井斜角较大时，对于同方向井，用法面扫描法，对于异方向的井，用水平面扫描法。这是因为，在对同方向井扫描时，法面法计算出的井距，通常比平面法计算出的井距小，而在对异方向井扫描时，平面法计算出的井距，通常比法面法计算出的井距小，如图 8-33 所示。

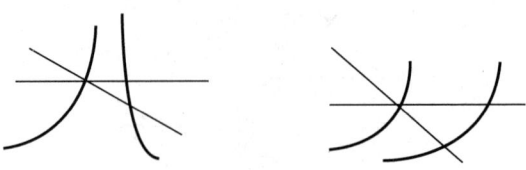

图 8-33 法面法和最小井距法

(3) 法面扫描法的进一步应用。

法面扫描在计算井距的同时，还有一个功能，就是能计算出扫描井与邻井的相对方向，这个相对方向也可以得到一张扫描图，这张图揭示了两口井的相对发展趋势。如图 8-33 所示，在方向图中，垂直中线代表邻井轨迹相对于正钻井左右变化的分界线。水平中线代表邻井轨迹相对于正钻井上下变化的分界线。当在某个扫描点时，方向图上的扫描点落在第一象限，则在井距扫描图中，下一点的发展趋势必然会向右上方发展。法面扫描的这两个特点，可用在两个方面：

①应用在丛式井的防碰预测方面。

丛式井的防碰扫描，是在正钻井与邻井之间进行的。因此，在法面扫描的方向图上，显示出了两个井眼轨迹是逐渐靠拢，还是逐渐分开。这就提示了施工人员，看是否有井眼轨迹相碰的潜在危险，以便及时作出相应的防范措施。

②应用在单口井的轨迹控制方面。

在定向井的实施过程中，总是希望实钻轨迹尽量贴近设计线走。应用法面扫描原理，把实钻井眼作为正钻井，把设计轨道作为邻井来进行扫描，就能及时发现正钻井轨迹是否有偏离设计线的趋势。由此，就可及时采取措施进行调整。

第八节 方位扭转角计算

一、测斜计算

(1) 首先算出当前井段的坐标位置，如图 8-34、图 8-35 所示，线段 OT 为设计的井斜方位线，曲线 Ode 为实钻井眼轴线的水平投影，点 e 为当前的井底。根据原设计可以知道，目标点 T 的坐标为 (E_T, N_T, H_T)，井深为 L_{OT}，根据测斜资料及测斜计算可知，d、e 两点的基本参数为 L_d、L_e、α_d、α_e、Φ_d 和 Φ_e，e 点的坐标为 (E_e, N_e, H_e)。

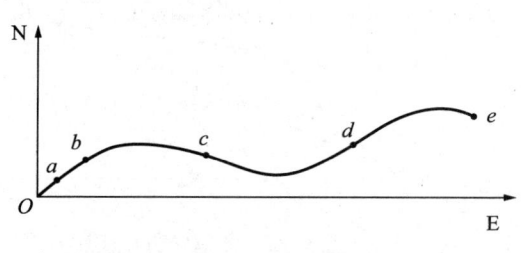
图 8-34　井斜方位漂移率计算示意图

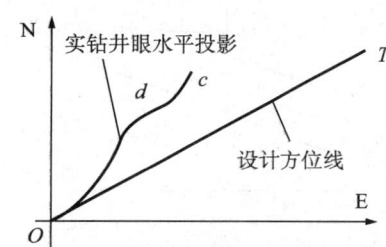
图 8-35　井斜方位漂移投影

(2) 计算现用钻具组合所钻井眼的井斜方位漂移率 K_P。

$$K_P = \frac{\Phi_e - \Phi_d}{L_e - L_d} \tag{8-7}$$

(3) 计算用现用钻具组合钻达目标的总方位漂移量 $\Delta\Phi_P$。

假定用现用钻具一直钻到目标点，如果钻了一段又换了钻具组合，则应重新计算。$\Delta\Phi_P$ 是根据现用钻具组合所钻井眼的井斜方位漂移率 K_P 来计算的：

$$\Delta\Phi_P = K_P(L_T - L_e) \tag{8-8}$$

式中　L_T——目标点的设计井深，m；

　　　L_e——当前井底的实钻井深，m。

显然，这样计算的 $\Delta\Phi_P$ 是一个近似值。

(4) 计算对准目标方位线的井斜方位角 Φ_Z。

如图 8-36 所示，自当前井底 e，对准目标点 T 的方位线 eT，eT 的井斜方位角为 Φ_Z，Φ_Z 可按如下情况分别计算：

① 当 $N_T > N_e$ 时，

$$\Phi_Z = \arctan\frac{E_T - E_e}{N_T - N_e} \tag{8-9}$$

② 当 $N_T < N_e$ 时，

$$\Phi_Z = \arctan\frac{E_T - E_e}{N_T - N_e} + 180° \tag{8-10}$$

(5) 计算当前井底的井斜方位角与目标点井斜方位角之间的偏差 $\Delta\Phi_Z$。

$\Delta\varPhi_Z$ 可由下式计算：

$$\Delta\varPhi_Z = \varPhi_Z - \varPhi_e \tag{8-11}$$

对于偏差角 $\Delta\varPhi_Z$ 如果按照井斜方位均与漂移（漂移率不变），那么从当前井底 e 钻达目标点 T，需要的方位漂移量应该有多大呢？由图8-36、图8-37可以看出，需要的方位漂移量应为偏差角 $\Delta\varPhi_Z$ 的两倍，即 $2\Delta\varPhi_Z$。

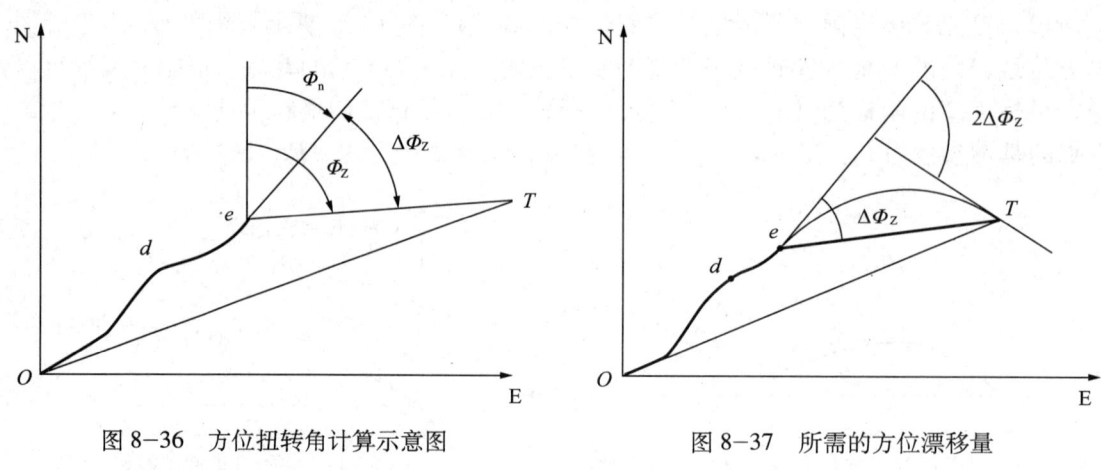

图8-36　方位扭转角计算示意图　　　　图8-37　所需的方位漂移量

（6）选择控制井斜方位的方法。

选择方法的依据是将 $\Delta\varPhi_P$ 与 $2\Delta\varPhi_Z$ 进行对比。$2\Delta\varPhi_Z$ 是需要的方位漂移量。$\Delta\varPhi_P$ 是目前用钻具组合可能达到的方位漂移量。

若 $2\Delta\varPhi_Z \approx \Delta\varPhi_P$ 则使用当前在用钻具组合的自然漂移率即可准确钻至目标点。

若 $2\Delta\varPhi_Z$ 与 $\Delta\varPhi_P$ 相差较大时，则表明必须使用井下动力钻具带弯头强行扭方位。必须注意，在强行扭完方位之后的钻进过程中，仍然会出现井斜方位漂移的现象。所以，在计算使用弯外壳动力钻具扭方位的方位扭转角时，必须考虑井斜方位漂移的影响。

（7）计算用井下动力钻具强行扭方位的方位扭转角 $\Delta\varPhi$。

$\Delta\varPhi$ 可由下式计算：

$$\Delta\varPhi = \Delta\varPhi_Z - \frac{1}{2}\Delta\varPhi_P \tag{8-12}$$

式（8-12）表明，用动力钻具强扭方位时，在计算出的方位扭转角的基础上要"少扭"一个角度（$\frac{1}{2}\Delta\varPhi_P$），留下的这个角度让钻具组合的自然漂移去扭。

（8）计算预计的井底井斜方位角 $\varPhi_T$。

$\varPhi_T$ 可由下式计算：

$$\varPhi_T = \varPhi_e + \Delta\varPhi + \Delta\varPhi_P \tag{8-13}$$

需要指出的是，上述的计算过程是根据该井在用的钻具组合和正在钻进的地层条件下的井眼方位漂移率来计算的。人们自然会问，在继续钻进的过程中，钻具组合和地层都会变化，上述计算还有效吗？很明显，当钻具组合、地层变化了，井眼方位漂移率也会发生变化，原来的计算也就无效了。这时就需要根据井身水平投影图及新的测斜资料，重新计算井眼漂移率。要知道，定向井的方位控制，是一个不断调整的过程，不可能调整一次就能钻达目标点。但是，每一次调整计算都只能是根据靠近当时井底那个井段的方位漂移率来进行的。

二、实例

通过以下实例的分析可以加深对上述计算方法的理解和掌握。

例 8-4 某定向井设计目标点 T 的坐标为 H_T=4053.84m，N_T=1001.02m，E_T=424.92m，设计方位角 θ_0=23°，设计井深设计井深 L_r=4201.67m。实钻了一段以后，根据测斜计算做出实钻井眼的水平投影图，如图 8-38 所示。有关的测斜资料及计算结果如下：

a 点：α_a=15°，$\varPhi_a$=27°，L_a=237.74m，
H_a=229.64m，N_a=55.75m，E_a=26.00m。

b 点：α_b=15.5°，$\varPhi_b$=30°，L_b=2331.72m，
H_b=2246.92m，N_b=539.37m，E_b=297.33m。

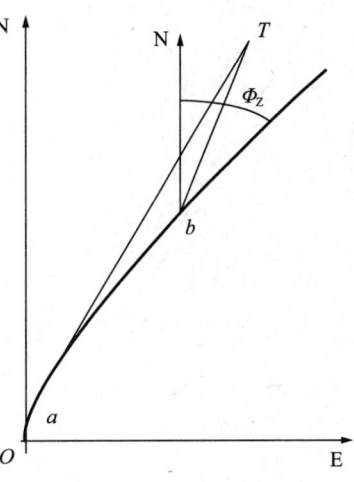

图 8-38 方位扭转角的计算

试问：是否需要扭方位；如需要扭方位，方位扭转角应该是多大。

解：(1) 计算 ab 段的井斜方位漂移率 K_P：

$$K_P = \frac{\varPhi_b - \varPhi_a}{L_b - L_a} = \frac{30 - 27}{2331.72 - 237.74} = 0.1433 \ (°/100\text{m})$$

(2) 计算使用现用钻具组合由当前井底钻达目标点预计的方位漂移量 $\Delta\varPhi_P$：

$$\Delta\varPhi_P = K_P(L_T - L_b) = 0.1433 \times \frac{4201.67 - 2331.72}{100} = 2.68 \ (°)$$

(3) 计算对准目标方位线的井斜方位角 $\varPhi_Z$：

$$\varPhi_Z = \arctan\frac{E_T - E_b}{N_T - N_b} = \arctan\frac{424.92 - 297.33}{1001.02 - 539.37} = 15.45 \ (°)$$

(4) 计算目前井底方位的偏差 $\Delta\varPhi_Z$：

$$\Delta\varPhi_Z = \varPhi_Z - \varPhi_b = 15.45 - 30 = -14.55 \ (°)$$

$2\Delta\varPhi_Z \neq \Delta\varPhi_P$，且 $\Delta\varPhi_Z < 0$ 表示需要向左扭方位。如果只靠钻具组合的漂移来自然扭方位，则需要的总漂移量为 $2\Delta\varPhi_Z$=-29.10°。可是，前面计算出使用在用钻具组合钻达井底可能实现的总漂移量 $\Delta\varPhi_P$=2.68°，两数值相差较大，而且符号相反，所以，仅靠钻具组合的自然漂移，不但不可能将方位扭转过来的，而且还会越漂越远。这时就需要换用弯外壳动力钻具进行强行扭方位。

(5) 计算用弯外壳动力钻具组合强扭方位的方位扭转角 $\Delta\varPhi$：

$$\Delta\varPhi = \Delta\varPhi_Z - \frac{1}{2}\Delta\varPhi_P = -14.55 - 2.68 \times \frac{1}{2} = -15.89 \ (°)$$

$\Delta\varPhi$=-15.89° 说明需要用带弯接头的井下动力钻具强行将井斜方位向左扭 15.89°，扭完方位之后，换用原来的钻具组合，采用转盘钻进，依靠钻具组合的自然漂移，使方位

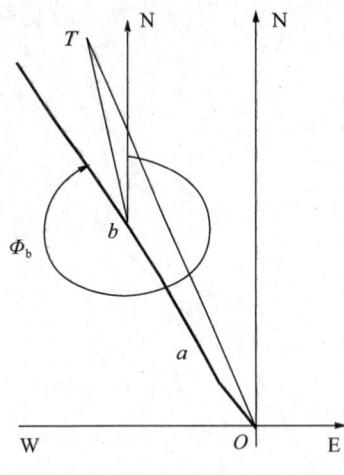

图 8-39 方位扭转角的计算

向右漂移 1.34°，这样正好钻达目标点。

(6) 计算钻达目标点时的井斜方位角 Φ_T：

$$\Phi_T = \Phi_b + \Delta\Phi + \Delta\Phi_P = 30 + (-15.89) + 2.68 = 16.79 \text{ (°)}$$

例 8-5 某定向井设计的井底坐标：$H_T=2682.24m$，$N_T=749.20m$，$E_T=-287.73m$，$L_r=2873.35m$。实钻井段的水平投影图如图 8-39 所示。测斜及计算结果如下：

a 点：$\alpha_a=16°$，$\Phi_a=338°$，$L_a=679.70m$，
$H_a=653.37m$，$N_a=155.54m$，$E_a=-106.53m$。

b 点：$\alpha_b=17.5°$，$\Phi_b=330°$，$L_b=1484.38m$，
$H_b=1415.83m$，$N_b=388.38m$，$E_b=-220.10m$。

试计算方位扭转角。

解：$K_P = \dfrac{330-338}{1484.38-679.70} = -0.9942 \text{ (°/100m)}$

$\Delta\Phi_P = -\dfrac{0.9942}{100} \times (2873.35-1484.38) = -13.81 \text{ (°)}$

$\Phi_Z = \arctan\dfrac{-287.73-(-220.10)}{749.20-388.38} = -10.616(°) = 349.384°$

$\Delta\Phi_Z = 349.38 - 330 = 19.38 \text{ (°)}$

$2\Delta\Phi_Z = 38.76 \text{ (°)}$

可见 $2\Delta\Phi_Z$ 与 $\Delta\Phi_P$ 相差甚远，且符号相反，需要该用弯外壳动力钻具强行扭方位。

$$\Delta\Phi = 19.38 - \dfrac{1}{2}\times(-13.81) = 26.29(°)$$

$$\Phi_T = 330 + 26.29 + (-13.81) = 242.48(°)$$

以上计算结果说明，需要用井下动力钻具带弯接头强行向右扭 26.29°。

例 8-6 某定向井设计目标点：$H_T=2971.80m$，$N_T=2256.43m$，$E_T=1579.96m$，$L_r=4052.32m$。实钻井段的水平投影图，如图 8-40 所示。测斜资料及测斜计算的有关数据如下。

a 点：$\alpha_a=28°$，$\Phi_a=9.5°$，$L_a=838.20m$，
$H_a=740.08m$，$N_a=555.47m$，$E_a=-6.52m$。

b 点：$\alpha_b=38°$，$\Phi_b=37.5°$，$L_b=2093.98m$，
$H_b=1650.07m$，$N_b=1444.26m$，$E_b=216.62m$。

试求方位扭转角的值。

解：$K_P = \dfrac{37.5-9.5}{2093.98-838.20} = 2.2297 \text{ (°/100m)}$

$\Delta\Phi_P = \dfrac{2.2297}{100}\times(4052.32-2093.98) = 43.66 \text{ (°)}$

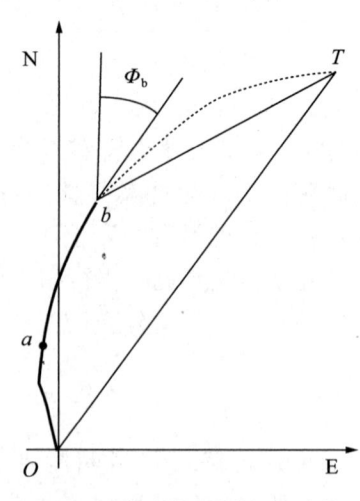

图 8-40 方位扭转角的计算

$$\varPhi_{\mathrm{Z}} = \arctan \frac{1579.96 - 216.62}{2256.43 - 1444.26} = 59.22 \ (°)$$

$$\Delta \varPhi_{\mathrm{Z}} = 59.22 - 37.5 = 21.72 \ (°)$$

$$2\Delta \varPhi_{\mathrm{Z}} = 43.44 \ (°)$$

$2\Delta\varPhi_{\mathrm{Z}}$ 与 $\Delta\varPhi_{\mathrm{p}}$ 基本相等，说明不需要换用弯外壳动力钻具扭方位，只要按照目前井眼的方位漂移率就可钻达目标点。

第九节　二维水平井铅垂靶的入靶计算

如图 8-41 所示，二维水平井是指全井设计方位不变化的水平井。

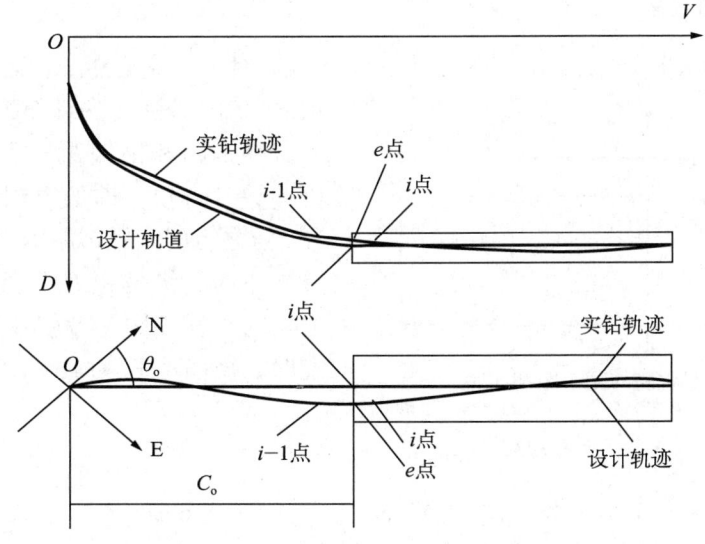

图 8-41　二维水平井铅垂靶的入靶计算

一、入靶点所在井段的判别

一口水平井完钻后，根据轨迹测量数据可以计算出每个测点的坐标和视平移。由于水平井设计方位线与铅垂靶平面相垂直，入靶点 e 和靶心 t 均处在铅垂靶平面上，所以，e 点的视平移 V_{e} 必然与 t 点的设计水平位移 C_{t} 相等，即必然存在 $V_{\mathrm{e}}=C_{\mathrm{t}}C_{\mathrm{o}}$。

据此，经过对比可以找到 e 点所在的测段。如果 e 点处在第 i 测段上，必有：

$$V_{i-\mathrm{e}} < V_{\mathrm{e}} < V_i \tag{8-14}$$

这就是判别条件。

二、入靶点坐标值计算

下面首先给出直线内插法求解入靶点的坐标值（D_{e}，N_{e}，E_{e}）和井深（L_{e}）的计算公式：

$$D_e = D_{i-1} + \frac{D_i - D_{i-1}}{V_i - V_{i-1}}(V_e - V_{i-1}) \qquad (8-15)$$

$$N_e = N_{i-1} + \frac{N_i - N_{i-1}}{V_i - V_{i-1}}(V_e - V_{i-1}) \qquad (8-16)$$

$$E_e = E_{i-1} + \frac{E_i - E_{i-1}}{V_i - V_{i-1}}(V_e - V_{i-1}) \qquad (8-17)$$

$$L_e = L_i - \frac{L_i - L_{i-1}}{D_i - D_{i-1}}(D_i - D_e) \qquad (8-18)$$

对于铅垂靶的入靶点坐标，如果采用圆柱螺线法或最小曲率法等曲线法进行插值计算，则较为复杂，所以只能用试错法进行求解，本书不再详述。

三、靶心距计算

对于铅垂靶的入靶计算，如图 8-42 所示，不仅要计算出靶心距 J_e，而且还要计算入靶点 e 相对于靶心 t 的纵偏距 H 和横偏距 W。

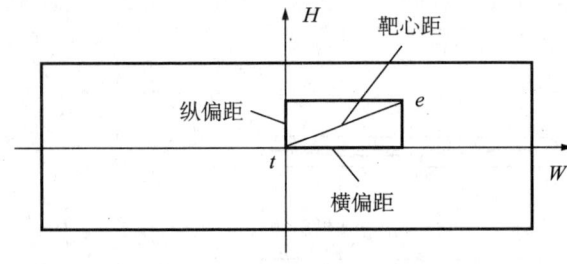

图 8-42 铅垂靶的靶心距和偏距

纵偏距和横偏距的正负可以定义为：面向设计方位，即面对靶区窗口，当 e 点在 t 点之上时，纵偏距 H 为正；当 e 点在 t 点之下时，纵偏距 H 为负；当 e 点在 t 点之右时，横偏距 W 为正；当 e 点在 t 点之左时，横偏距 W 为负。计算公式如下：

$$H = D_t - D_e \qquad (8-19)$$

$$W = (N_t - N_e)\sin\theta_0 - (E_t - E_e)\cos\theta_0 \qquad (8-20)$$

$$J_e = \sqrt{H^2 + W^2} \qquad (8-21)$$

四、三维水平井铅垂靶的入靶计算

三维水平井进入目标前的设计轨道具有方位变化，如图 8-43 所示。这种水平井的特点之一是目标点 t 的设计方位角（目标点位置相对于井口的方位角）θ_0 与设计轨道上的目标点的井斜方位角 Φ_t 并不相等。所以，这种井入靶点的计算不能采用前面叙述的二维水平井入靶点的计算方法和公式。

1. 入靶点所在测段的判别

要找到入靶点 e 所在的测段，需要先作如下计算：

首先，将目标点相对井口的水平位移 C_0 投影到目标点 t 的设计井斜方位线上，称为修正水平位移，以 J_{C_0} 表示，则：

$$J_{C_0} = C_0 \cos(\theta_0 - \Phi_t) \qquad (8-22)$$

其次，将实钻轨迹上所有测点的视平移也都投影到目标点 t 的设计井斜方位线上，称为修正视平移，以 J_{V_i} 表示，则：

$$J_{V_i} = V_i \cos(\theta_0 - \Phi_t) \tag{8-23}$$

入靶点 e 的修正视平移 J_{V_e} 必然等于修正水平位移 J_{C_0}，即：

$$J_{V_e} = J_{C_0}$$

于是，e 点所在测段的判别式为：

$$J_{V_{i-1}} < J_{C_0} < J_{V_i} \tag{8-24}$$

2. 入靶点坐标值的计算

与二维水平井相似，下面也仅仅给出直线插值法求解入靶点的坐标值（D_e，N_e，E_e）和井深（L_e）的计算公式：

$$D_e = D_{i-1} + \frac{D_i - D_{i-1}}{J_{V_i} - J_{V_{i-1}}}(J_{V_e} - J_{V_{i-1}}) \tag{8-25}$$

$$N_e = N_{i-1} + \frac{N_i - N_{i-1}}{J_{V_i} - J_{V_{i-1}}}(J_{V_e} - J_{V_{i-1}}) \tag{8-26}$$

$$E_e = E_{i-1} + \frac{E_i - E_{i-1}}{J_{V_i} - J_{V_{i-1}}}(J_{V_e} - J_{V_{i-1}}) \tag{8-27}$$

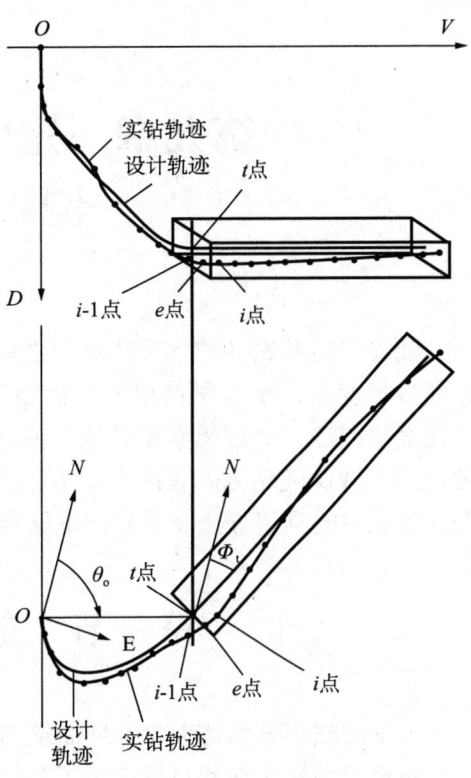

图 8-43 三维水平井铅垂靶的入靶计算

3. 靶心距的计算

横偏距的计算公式为：

$$W = (N_t - N_e)\sin\Phi_t - (E_t - E_e)\cos\Phi_t \tag{8-28}$$

入靶点井 L_e 以及纵偏距 H、靶心距 J_e 的计算，分别与式（8-19）以及式（8-20）和式（8-21）相同。

第九章　定向井常用定向方法及测斜仪操作规程

随着定向井钻井技术和测量仪器的发展，定向井施工技术也不断向着更科学更精确的方向发展变化，从最早使用的转盘钻井定向钻进，发展到目前的井底动力钻具定向钻进，从地面定向法，经过氢氟酸井底定向法、磁力测斜仪井底定向法、有线随钻测斜仪定向法发展到 MWD 随钻测斜仪配合动力钻具的导向钻井系统甚至旋转导向钻井系统。本章就定向井施工中的常用方法及部分常用仪器的操作规程进行分述。

第一节　定向井常用定向方法

定向方法可分为两大类：地面定向法和井下定向法。

地面定向法是在井口将造斜工具的工具面摆到预定的定向方位线上，然后打上"+"标记，在钻杆同一母线的两端接头上也打上"+"标记。然后通过定向下钻，记录每两根钻杆的角度偏差，计算总偏差，根据总偏差量，确定方位的扭转量。这种方法工序复杂，准确性差，已基本被淘汰了。

井下定向法是将造斜工具按常规方法下到井底，然后从钻柱内下入测量仪器，测量工具面在井下的实际方位，如果实际方位与设计方位不符，可以在地面上通过转盘将工具面调整到设计的定向方位线上。这种方法工序简单，准确性高，但需要一套先进的定向测量仪器。

井下定向法的关键是要知道原井斜方位和工具面方位。要把仪器下到造斜工具内部测量工具面的方位，就必须在造斜工具的内部给工具面作个标记。

根据测斜仪器的种类、井的类型及工作环境的不同，目前主要有 4 种定向方法：单点定向法、地面记录陀螺（SRO）定向法、有线随钻测斜仪（SST）定向法和无线随钻测量仪（MWD）定向法。

一、单点定向

单点定向法只适用造斜点较浅的情况，通常井深小于 1000m。因为造斜点较深时，反扭角的大小很难控制，且定向时间较长。

这种方法是使用磁性单点测斜仪与斜口管鞋装置配合使用，斜口管鞋分为两部分，上部为仪器悬挂头部分，悬挂头插入测量仪器中罗盘的 T 形槽内，下部为斜口管鞋。使用时必须配合定向接头或定向弯接头一起使用，仪器悬挂头和斜口管鞋的斜口在同一母线上，定向接头内的定向键和定向弯接头的弯曲方向是一致的（图 9-1、图 9-2），罗盘内部有一条刻线与罗盘T形槽在同一母线上,当仪器被测斜钢丝送入无磁钻铤时,斜口管鞋的键槽在斜口的导向作业下骑入定向弯接头中的定向键,这时盘内的刻度线就和定向键在同一母线上了,仪器照相时,坐在转盘上的钻杆接头作一个记号和转盘面上的某一记号重合,这时弯接头弯曲方向就被记录在测斜胶片上了,测斜胶片上共计记录了三个数据,分别是:井斜角、井斜方位角和磁性工具面角。这样通过转动钻杆就可以把工具转到要求的方位上去了。这种方法仅使用于与井斜角角度小于5°的井。磁力单点测斜仪配合斜口管鞋、高边工具面角定向法,当井斜角大于5°,(需要根据仪器精确度适当调整井斜角)测斜胶片上的工具面角就不能使用磁性工具面角了,而要使用高边工具面角进行弯接头的定向。

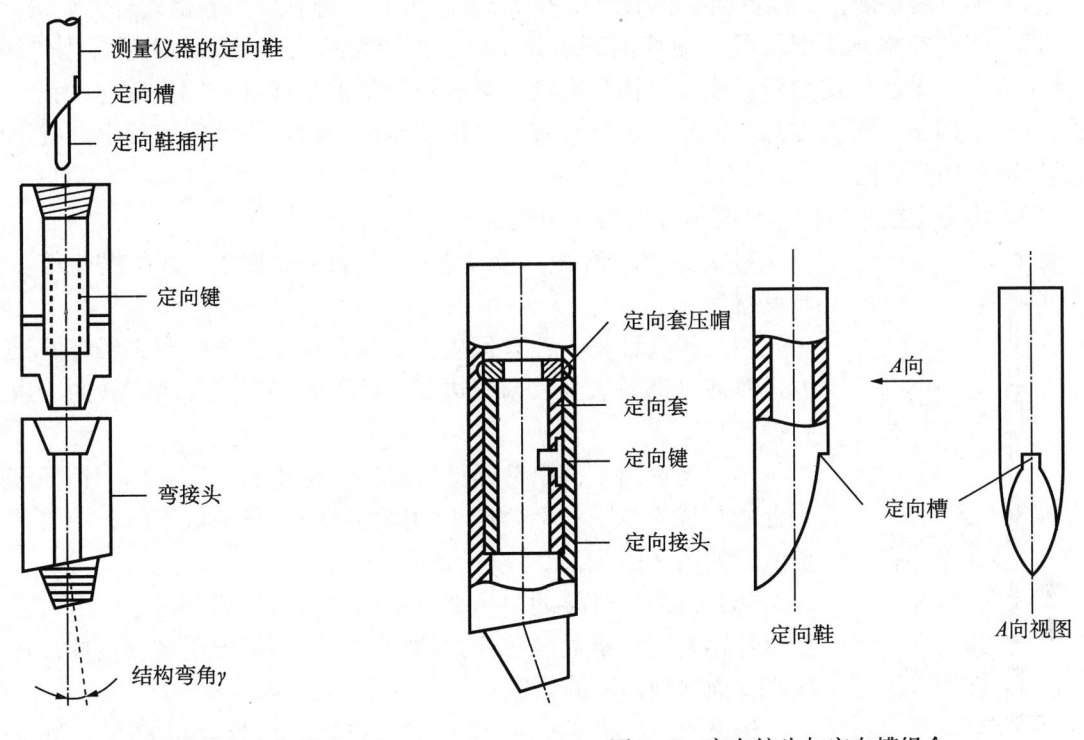

图 9-1 斜口管鞋与定向接头　　　图 9-2 定向接头与定向槽组合

1. 单点定向过程

1)准备工作

(1)井眼准备:钻达造斜点深度,充分调整并循环好钻井液起钻,保证下趟造斜钻具能顺利下入。

(2)设备准备:设备必须保证运转正常。检修好两台钻井泵,固定好转盘,保证转盘锁销好用;水龙带保险绳、钻井泵保险销等保险系统可靠,确保施工安全。

(3)地面准备:测斜系统及定向工具、钻杆打钢印。将钻杆在钻杆架上水平放置,用带水平尺的打印规,先后卡在两端公母接头上,打平后画线,打上"│"记号,则两端接头上的"│"记号在同一条铅直线上。需要打多少根钻杆,这要视对造斜井斜角的要求及钻具造斜率而定:

$$需要打印钻杆根数 = \frac{造斜井斜角}{钻具造斜率} + 2（附加）$$

(4) 动力钻具试运转。动力钻具必须进行试运转合格后方能下钻。

2) 下钻

一切检查合格，组合钻具下钻。

造斜钻具下钻要控制下放速度，不得硬压、下冲、划眼。遇阻时可依次转动90°、180°、270°下放，严重遇阻要起出，用直井钻具通井后再下。

3) 测斜及定向

下钻到底，上下活动钻具，幅度不低于5m。锁上转盘销子，吊卡平坐在转盘正中，在钻杆母扣端打一钢印，并在转盘相应位置做一记号，然后单点测斜。

(1) 单点测斜前，检查定向杆斜槽与马槽刻线是否对正，并在定向斜槽处打上铅块。

(2) 测斜完检查坐键情况，测斜坐键才算成功，否则重测。这是因为通过下列传递：弯接头方向→键块→定向杆斜槽→马槽→罗盘上刻线→胶片上刻线（弯接头方向）我们才能在胶片上读出弯接头方向，上述传递环节有一处出现差错，就会使测斜胶片上刻线不能真实反映弯接头方向。

(3) 读出弯接头方向，计算弯接头需转角度：

弯接头转动角度＝设计方位－弯接头方向－方位提前角＋钻具反扭角

(4) 接头钻杆，在方保接头上打上钢印，印痕与方钻杆的一条方边对齐（这条边与其余三边要有区别，一般选焊刻度线的一边上打钢印）。

(5) 测量角差，用钻杆量角器测量角差的方法：以下钻杆母接头上的刻线为基础，上公接头的刻线在左，角差取正值，在右则为负值，如图9-3所示。

(6) 定向钻进接的每一个单根都必须这样测量角差。用代数相加累计角差值，最后推算到方钻杆方边上，用转盘转动钻杆，将弯接头方向转到需要的位置。

例9-1 某井钻达井深1500m定向，设计方位85°，测出弯接头方向32°，预计反扭角20°，接第4个单根方钻杆应转多少度数？数据列表如下（方位提前角取15°）。

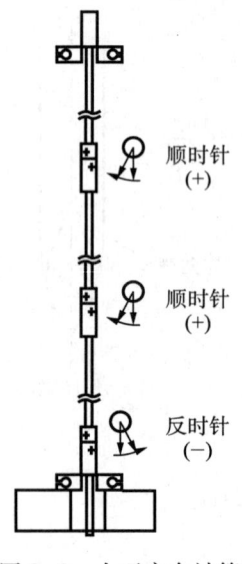

图9-3 人工定向计算图

	下钻完应转角度：85° －32° －15° ＋20° ＝58°		
单根编号	钻杆角差，(°)	方钻杆旋转角，(°)	角差累计，(°)
1	+50	—	—
2	-127		
3	-153		
4	+172	+95	+95

角差累计结果：有记号方钻杆方边应相对转盘记号正转95°。

(7) 继续定向钻进到井斜、方位满足定向要求为止。

2. 单点定向注意事项

（1）场地打钢印应检查，不能与原记号混淆。

（2）接单根必须旋绳卸扣。

（3）接完方钻杆调整弯接头方向时，如果很难调至需要的方向，可能是数据有误，必须重新核实数据。

（4）动力钻具反扭角以实测为准（钻进两单根测斜后校正）。

（5）造斜点井斜角较大时，按扭方位工艺施工。

单点定向过程中往往根据钻具结构、钻压大小、钻速快慢、地层岩性、螺杆质量等特点判断反扭角大小，通过单点照相总结出工具面应摆放的位置以便提高单点定向钻井速度。具体施工方法为下钻到底测量井底工具面，根据经验加上一定的螺杆反扭角，摆放定向工具面；后按照均一、稳定钻压钻井 2～3 个单根测量井斜角、方位角的变化。根据井斜角、方位角变化重新修正定向工具面，以此类推进行定向钻进直至定向结束。

二、地面记录陀螺（SRO）定向

在有磁干扰环境下的定向造斜（如套管开窗侧钻、钻丛式井），需采用 SRO 定向法。这种仪器可将井下数据通过电缆传至地面处理系统，由计算机显示并打印出来，直至工具面调整到预定位置，再起出仪器。

施工过程如下：

（1）选择参照物，参照物应选择易于观察的固定目标，距井口 40m 左右；

（2）井口和参照物之间或其延长线上必须有可放置罗盘支撑架的位置，且周围 15m 以内无磁干扰；

（3）预热陀螺不少于 15min，陀螺工作正常才可下井；

（4）瞄准参照物，并调整陀螺初始读数；

（5）接探管，连接陀螺外筒，再瞄准参照物，对探管和计算机状态初始化；

（6）下井测量，按规定作漂移检查；

（7）起出仪器坐在井口，再次瞄准参照物记录陀螺读数；

（8）校正陀螺漂移，确定测量的精度；

（9）定向钻进。

三、有线随钻测斜仪定向

通过使用有线随钻测斜仪可以在地面直接读出工具面所在方位，通过转动转盘就会很方便地将弯接头弯曲方向转到所要求的方位上，该方法同样有磁力和高边两种方式，它和磁力单点测斜仪相比具有精度高、准确、不用估算反扭角（可以测量出反扭角的大小）等优点，但存在施工工序较磁力单点测斜仪复杂等缺点。

四、无线随钻测量仪（MWD）定向

MWD 总成安装在下部钻具组合的无磁钻铤内，下井前要调整好工作模式和传输速度，并准确地测量偏移量，输入计算机。仪器在井下所测的井眼轨迹参数可通过钻井液脉冲传至地面接收装置，经计算机处理后，可迅速传到钻台上。MWD 不仅可用于定向造斜，也可用于旋转钻进中的连续测量,是一种先进的测量仪器。

第二节 电子多点测斜仪操作规程

一、范围

本规程规定了电子多点测斜仪的测量技术指标,操作方法及维护与保养。

本规程适用于钻井作业中能测量单个或连续多个点的井斜角、方位角、工具面角的电子多点测斜仪。

二、结构与工作原理

1. 结构

测斜仪标准配置由探管、接口电源箱、计算机、打印机、连接电缆等组成。其中探管由测量头、电子柱和电池筒组成。

2. 工作原理

测斜仪探管中的测量头包括三个加速度计和三个磁通计。三个加速度计测量重力加速度在相互垂直的三个轴向上的分量。三个磁通计测量相互垂直的三个轴向的地磁分量。传感器与其伺服电路,将输入量变成了与之相对应的输出电压。温度传感器及其电路将温度变换成输出电压。这7个输出电压和一个基准电压,经选通开关依次输入到A/D变换器,生成数字信号,存入存储单元,就完成了测量采集数据的过程。

三、仪器技术指标

1. 测量范围

井斜角:0°~180°

方位角:0°~360°

工具面角:0°~360°

2. 重复测量精度(表9–1)

表 9–1　仪器精度

项　　目	精度范围,(°)
井斜 INC	±0.2
方位 AZ	±1.5
工具面 TF1(井斜>10°重力高边)	±2
工具面 TF2(井斜≤10°磁性高边)	±2

3. 其他技术指标

(1)探管工作温度范围:+6~+125℃。

(2)抗压筒最大承受压力:120MPa。

(3) 抗压筒外径：45mm/35mm。
(4) 测量点数：2000 个。
(5) 测量延迟时间：1s 以上可调。
(6) 测量的间隔：5s 以上可调，标准为 1min。

四、操作方法

1. 测斜操作所需的设备及软件

(1) 地面部分：计算机、接口电源箱、测试电缆线。
(2) 下井部分：探管、外保护筒。
(3) 软件：地面检查软件、下井测斜软件、补偿软件。

2. 地面检测

(1) 连接好地面设备，接口电源箱的开关置于地面检查状态，如图 9-4 所示。
(2) 检查接口电源箱电源，确保交流电压在设计值 220V±10%，必要时可选用 UPS 稳压电源。
(3) 检查电池筒通电的各连接部位，测量电池的电量，以防电量不够，取不上数据。
(4) 自动检测软件，检测加速度计且显示井斜、方位、工具面等数据，在地面温度低于 6℃时，应将探管预热 30min。
(5) 将接口电源箱开关置于测量状态，检查存储器，设置初始化菜单，即测量延迟时间、测量间隔。
(6) 检查地面测斜绞车运转情况及测斜仪外筒密封、减震情况，及时更换"O"形密封圈及减震胶棒或弹簧。

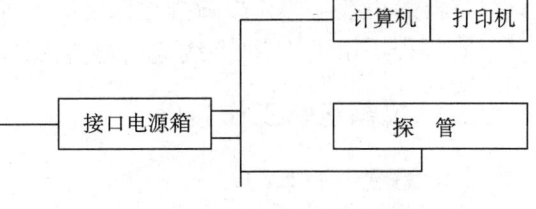

图 9-4 仪器连接示意图

(7) 有下列情况之一，仪器不准入井：
①指示悬重与实际悬重不符。
②井下有涌、漏、阻、卡现象。
③井下摩阻大，黏卡严重。

3. 下井测量

(1) 地面工作完成后，拨动开始测量开关，指示灯灭，开始计时，将仪器装入外筒，下井测量。
(2) 下井测单点时，可用钢丝绳吊测，也可投测，且钢丝绳入井处要做两个以上的记号。
(3) 起钻进行多点测量时，根据所定时间间隔，确定好测量点的井深，测量数据与井深相对应。且每个测量点前后 15s 应保持钻具处于静止状态。
(4) 起出仪器后，把仪器从外筒中取出，关闭电源开关，卸下电池筒，把探管与电源箱及计算机连接，读取测量数据。
(5) 读取数据后，把测得的数据进行分析，处理完通过打印机打印出来。

五、维护和保养

1. 测斜仪器的维护
（1）仪器在存放过程中要防尘、防潮、温度要小于30℃。
（2）仪器在运输过程中要防震。

2. 测斜仪器的保养
（1）每次上井前对探管、接口电源箱、计算机、打印机进行联机检查，保持本体清洁。
（2）每次上井前对仪器各部位的紧固螺钉进行检查，发现松动及时拧紧。
（3）仪器每使用一年后，应进行有关参数的标定和检测。

第三节　45型有线随钻测斜仪操作规程

一、范围

本规程规定了45型有线随钻测斜仪的工作条件，仪器、设备、工具使用前的准备和检查，仪器的组装与操作故障排除以及维护保养等要求。

本规程适用于45型有线随钻测斜仪，其他类型的有线随钻测斜仪亦可参照使用。

二、仪器正常工作条件

（1）温度小于125℃。
（2）井下压力小于172MPa。
（3）钻铤（包括无磁钻铤）内径与仪器外径的环形间隙大于10mm。

三、准备和检查

1. 准备
（1）45型有线随钻测斜仪的配备标准见表9-2。

表9-2　仪器配备标准

主机箱	1台
司钻显示器	1台
司钻显示器电缆	1根
交流电源线	2根
打印机	1台
打印机连机电缆	1根
探管电源	2根
电源插座板	1个

续表

1000W 稳压电源	1台
1000WUPS	1台
探管	2根
加长杆	2根
定向引鞋	2个
减震器	2个
绳帽头总成	2套
水平气泡仪	1个

(2) 电缆绞车及设备标准参见表9-3。

表9-3　电缆滚筒车及设备标准

行车及滚筒驱动动力	1套
8mm 单芯电缆	1盘
滚筒装置	1套
滚筒操作台	1套
深度计数器	1台
天滑轮	1个
地滑轮	1个
地滑轮支架	1个
辗木	2个
电缆引绳	100m

(3) 电缆头工具、配件标准参见表9-4。

表9-4　电缆头工具配件标准

榔头	1台
手钳 8in	1台
剥线钳	1根
尖嘴钳	2根
偏口钳	1台
水眼钳	1根
剪刀	2根
园冲	1个
板锉	1台
三角锉	1台
螺丝刀 8in	2根

续表

改型起子	2 根
开口扳手	2 个
内六方搬手	2 个
扎绳	2 套
胶带	1 个
铜质密封脂	1 盒
高压密封脂	1 盒
清洁剂	1 桶
电缆头密封圈	10 个
绝缘胶管	2m
电缆卡环	3 套
定位螺丝	6 个

（4）循环头及附件、工具标准参见表 9-5。

表 9-5 循环头及附件、工具标准

循环头（带密封件）	1 套
钻杆配合接头	1 个
水龙带由壬	1 套
液压缸	2 个
手压泵	2 台
液压管线	60m
连锁座	2 付
密封橡胶	3 付
电缆补芯	2 付
电缆卡子	1 付
备用快速接头	1 付
液压油	5L

（5）侧入接头及附件、工具标准参见表 9-6。

表 9-6 侧入接头及附件标准

侧入接头带密封件	1 套
备用电缆内、外夹板	1 副
备用固定螺栓	4 只
备用顶紧机构	4 套
备用密封环	4 只
备用石棉盘根	1 卷

(6）辅助工具参见表 9-7。

表 9-7 辅助工具标准

摩擦管钳	2 把
24in 管钳	2 把
36in 管钳	1 把
18in 活动扳手	1 把
48in 断线钳	1 把
黄油枪	1 个
万用表	1 块
兆欧表	1 只
手电筒	1 个
对讲机	1 付
保险带	2 条
75mm 台钳	1 台

2．检查

1）电源

（1）外接电源输出功率应大于 6kW。

（2）输入变压器的电源电压为 AC220V±10V，频率 50±5Hz。

（3）仪器的地线应可靠接地。

2）电缆滚筒车

（1）操作室内手柄完好，其位置分别在：

①液压总阀关闭；

②油门手柄位置在低速位置；

③滚筒操作手柄在中间位置；

④挡位手柄在空挡位置；

⑤刹车手柄在刹车位置。

（2）排绳器完好和计数器准确。

3）电缆

（1）直径 ϕ8mm 电缆电阻，电缆电阻应在（3.30～4.20Ω）/300m 范围内；

（2）电缆绝缘性。用万用表 R×10k 最高欧姆挡测量电缆钢丝和缆芯之间的阻值应为无穷大，或用 500V 兆欧表测电缆钢丝与缆芯的绝缘电阻，阻值大于 20MΩ 为正常。

4）地面仪器和探管

（1）记录探管号、地面主机号、司钻显示器号和打印机号。

（2）地面主机。

①接上探管，开启系统电源后，驱动器工作约 30s 后自动进入探管应用程序；

②检查指示灯的各种状态和显示器的显示应正常。

（3）司钻显示器。

司钻显示器与地面主机连接后，司钻显示器所显示的井斜角、方位角、工具面角应与地面主机显示一致。

（4）探管。

①探管无外伤、无弯曲变形，探管上端螺纹清洁无损伤，并配有保护套、外壳清洁；

②探管工作电压、电流应在正常范围内；

③探管水平放置，输入校正值后，高边工具面角误差应小于0.1°；

④转动探管显示高边工具面角90°、180°、270°，方位角变化应小于2°，井斜角变化应小于0.5°；

⑤垂直时井斜角应小于0.5°。

5）电缆密封部分及井下总成

（1）电缆密封部分。

①循环头密封。

a. 循环头本体、螺纹无外伤，各轴承密封、润滑、活动良好，配合由壬应与水龙带由壬匹配；

b. 液压缸螺纹清洁无损伤、活塞上下活动自如、密封良好；

c. 连锁座、电缆铁补心及密封橡胶补心完好，其内径与电缆直径相匹配，其外径应与液压缸、循环头相匹配；

d. 手压泵部件齐全完好，并加满液压油；

e. 液压管线清洁、无外伤，耐压不低于20MPa，接头螺纹完好与液压管线、手压泵接头匹配。

②侧入接头密封

a. 侧入接头无外伤，螺纹清洁完好；

b. 侧入孔清洁无磨损；

c. 密封盘根、橡胶补心、内外夹板及固定机构清洁完好，并涂有润滑脂；

d. 检查方补心开口槽、开口销，保证电缆不致挤伤。

（2）井下总成。

①电缆头应绝缘可靠，螺纹密封圈完好无损，配有保护套；

②定向减震器无损伤、无变形，弹簧应伸缩自如；

③加长杆长度一般为3.0m左右，可根据现场需要进行调整；

④定向引鞋无损伤，应与循环套相匹配；

⑤抗压管无损伤无变形，螺纹完好；

⑥各部分螺纹清洁无损伤，应连接匹配。

3. 施工前准备

（1）安装天、地滑轮钢丝绳的要求。

①采用直径ϕ12.5～ϕ15.5mm，长度1.7～2.5m钢丝绳；

②钢丝绳无死结、扭伤、断丝、松散；

③钢丝绳套采用Y5-15型绳卡卡紧。

（2）电缆绞车应摆放在距离井架大门30～50m处，使电缆绞车、天地滑轮在同一平面内，要求场地平整、安全，不影响其他施工，然后放好辗木并接好地线。

(3) 仪器车与电缆绞车宜并排摆放，连接电源并接好地线。

(4) 重新对仪器、设备、工具检查，同第 2. 条。

(5) 了解并记录待测井资料。

①该地区的地磁强度、地磁倾角、磁偏角、地层倾角和岩性；

②测量井段、井眼尺寸、套管尺寸及下深，造斜点位置，井底井斜角、方位角，要求随钻达到的井斜角、方位角等；

③钻具结构、钻头类型和钻井液性能；

④无磁钻铤的根数、长度、内外径。

(6) 对井队的要求。

①井下钻柱的最小内径应大于 54mm；

②吊环长度应不小于 54mm；

③大钩销子能够销死，并且操作灵活；

④下钻、接单根、组装循环头应双钳紧扣；

⑤调整工具面时，应先坐好吊卡，放松大绳拉力，顺时针调整工具面角。

(7) 仪器入井前的要求。

①泵压正常；

②钻具能放到井底且放入准确；

③指示悬重与实际悬重相符；

④钻井液性能良好；

⑤井下无涌漏、阻卡现象；

⑥井下摩阻小；

⑦大钩销子灵活好用。

四、组装与操作

1. 滑轮与电缆的安装

(1) 天、地滑轮的安装位置与绞车中心线在同一平面内。

(2) 天滑轮挂在天车现面，离转盘面不小于 35m，天滑轮安装要牢固。

(3) 地滑轮固定在大门前方，并用支架支撑地滑轮，然后将计数器同步电机安装在地滑轮上，上紧固定螺丝、接好信号电缆。

(4) 启动电缆滚筒，电缆穿过地滑轮，并拉一定长度的电缆到钻台上。

(5) 将引绳穿过天滑轮，一端固定在电缆头上，拉引绳，将电缆穿过天滑轮。

2. 循环头的安装

(1) 吊一根钻杆放入鼠洞，将循环头接到钻杆上，用大钳上紧。

(2) 连接循环头与水龙带，拴上保险绳。

3. 仪器的连接与组装

(1) 连接地面仪器的电源电缆、司钻显示器电缆，开机预热 20min，使仪器显示正常。

(2) 组装井下仪器。

①组装绳帽头

a. 电缆装到绳帽头固定套上，连接要牢固不能损伤缆芯绝缘层；

b. 将缆芯接到转换接头上，用胶布包好连接处；

c. 套上绝缘胶套，两端用线扎紧；

d. 连接绳帽头部分，用管钳上紧螺纹，上好固定螺钉；用万用表检查组装好的绳帽头。

绝缘：用万用表的最高欧姆档，测量绳帽头的触点与本体之间的阻值，应为无穷大。

导电：用万用表的（Ω×1）档测量测量绳帽头的触点与电缆另一端的缆芯之间的阻值，其值应为电缆阻值。

②探管及井下总成的组装。

a. 依次连接定向引鞋、加长杆、减振器，上紧螺纹；

b. 清洁减震器、上铜接头螺纹，装好密封圈；

c. 依次连接探管、探管上铜接头并装进抗压筒，下端与定向减震弹簧的"T"型键连接；

d. 探管上铜接头上扣前反转上铜接头7圈，用手上紧各连接螺纹后，再用管钳上紧；

e. 连接绳帽头与上铜接头，用管钳上紧；

f. 用水平尺调节定向引鞋键槽面水平。

g. 记录高边工具面角数据，并输入计算机。

4. 仪器下井与操作

(1) 将仪器放入带循环头的单根内，位于密封电缆的液压缸以下。

(2) 卸开密封电缆的液压缸，按顺序放入连锁座、密封橡胶、电缆铁补心，将密封电缆的液压缸螺纹上紧后再倒回半圈，使电缆在液压缸内能自由通过。

(3) 连接液压管线及手压泵。

(4) 将手压泵压力泵至3.5MPa。

(5) 转动大钩使背面朝向仪器车、锁定大钩销子。

(6) 用大钩提起带循环头的单根，电缆车同步操作。

(7) 刹住电缆滚筒，释放手压泵压力，接单根。

(8) 深度计数器调零。

(9) 接好单根后，缓慢下放仪器，最大下放速度不大于2m/s。

(10) 下放仪器时，主机箱上探管温度显示小于125℃，如果探管温度超过上述值，则停止下放仪器，循环钻井液；如果无效，则起出仪器。

(11) 根据井斜情况，选择定向方式：井斜角不小于6°，采用高边工作方式；井斜角小于6°采用磁性工作方式。工作方式一旦确定，仪器工作中不得任意改变。

(12) 将司钻显示器电缆拉上钻台，把司钻显示器放在司钻易于观察且安全的位置。

(13) 当下井仪器接近定向接头时，缓慢下放速度，并观察工具面角显示的数值，磁强、磁倾角读数，以便判断仪器是否进入无磁钻铤。

(14) 司钻充分活动钻具后，使密封电缆的液压缸处在二层台高度便于大电缆卡子。

(15) 观察电缆拉力及工具面角变化，下放仪器座键三次，工具面角读数误差小于2°，表明坐键成功。

(16) 每次提起仪器时，记录脱键深度、最后一次坐键超过记录脱键深度1.5~2.0m的位置刹车，将手压泵压力泵至7.5MPa后，将电缆卡子卡在密封电缆的液压缸顶部的电缆上。

(17) 下放钻具，调整工具面达到工程要求。

(18) 钻头接近井底，记录初始测点的测量数据。

(19) 钻进中，电缆滚筒应与钻机同步操作，为了防止活动钻具时电缆打扭，宜安装电缆防跳装置。

(20) 仪器工作时，观察主机箱上显示的探管温度和探管电压值不超过规定值。

(21) 钻进过程中每钻进 10m，记录相应测点的测量数据。

(22) 接单根时先启动绞车缓慢绷紧电缆，后卸下电缆卡子，释放手压泵压力，上提电缆速度不大于 2m/s，当仪器距井口 150m 时逐步减速，距井口 20~50m 时必须卸开钻柱，否则停止上提仪器，待卸开单根后，慢慢上提仪器，使仪器进入带循环头的单根。

(23) 井深计数器调零。

(24) 接上单根后，缓慢下放仪器，最大下放速度不大于 2m/s。

5. 仪器和地面设备的回收

(1) 停泵、上提钻柱 2m 后静止，记录测点的测量数据。

(2) 收回司钻显示器与显示器电缆。

(3) 先起动绞车缓慢绷紧电缆，卸下电缆卡子，释放手压泵压力。

(4) 上提电缆和卸单根。

(5) 上提仪器时应将电缆清洗干净，向电缆喷油防腐。

(6) 将带循环头的单根放入鼠洞里，卸开密封电缆的液压缸及密封组件，拉出仪器并用水清洗干净，卸下水里头和循环头。

(7) 将下井仪器拉到场地上，放到探管架上并关掉并关掉仪器电源，从电缆头处依次卸开仪器连接螺纹。

(8) 依次回收地面仪器及各种电缆。

(9) 探管擦净后放入探管箱，收回加长杆、减振器、导向引鞋及工具。

(10) 卸开电缆头后，戴好护丝，用引绳卸下电缆。

(11) 清洗循环头及密封件。

(12) 卸下天滑轮和地滑轮。

(13) 收回循环头、手压泵、液压管线、天地滑轮及附件。

(14) 检查已经回收的仪器和工具是否齐全，并关掉各种灯具和空调，收回电源电缆。

(15) 填写仪器使用记录、电缆使用记录和各测点测量数据并存档。

6. 使用侧入接头

1) 组装

(1) 仪器下井前，将电缆穿过侧入接头，然后装配电缆头。

(2) 再侧入接头上安装密封盘根，内外夹板及顶紧机构，并保证电缆可以上下活动。

(3) 将侧入接头吊上钻台，将电缆头与探管总成连接。

(4) 将天地滑轮和电缆一同吊起，挂在井架二层台处的横梁上固定。地滑轮的安装和使用循环头时相同。

(5) 将侧入接头提离转盘面 15m，操作电缆滚筒，提起下井仪器，使仪器下端位于转盘面，将计数器调零。

(6) 将下井仪器下入钻具内,侧入接头与钻杆替根和方钻杆连接,并用吊钳紧扣。

2) 操作

(1) 开机预热探管,并缓慢下放仪器,最大下放速度不大于 2m/s。下放电缆过程中,侧入接头不得低于转盘面。

(2) 下放仪器时,主机箱上探管温度显示小于 125℃,如果探管温度超过上述值,则停止下放仪器,循环钻井液;如果无效,则起出仪器。

(3) 根据井斜情况,选择定向方式:井斜角不小于 6°,采用高边工作方式;井斜角小于 6°采用磁性工作方式。工作方式一旦确定,仪器工作中不得任意改变。

(4) 将司钻显示器电缆拉上钻台,把司钻显示器放在司钻易于观察且安全的位置。

(5) 当下井仪器接近定向接头时,缓慢下放速度,并观察工具面角显示的数值,磁强、磁倾角读数,以便判断仪器是否进入无磁钻铤。

(6) 充分活动钻具后,使侧入接头位于转盘面以上 1.0～1.5m 位置。

(7) 观察电缆拉力及工具面角变化,下放仪器坐键三次,工具面角读数误差小于 2°,表明坐键成功。

(8) 每次提起仪器时,记录脱键深度,最后一次坐键,下放不超过记录的脱键深度 15～2.0m 位置刹车,上紧侧入接头固定螺栓和顶紧机构,保证开泵时不漏钻井液。

(9) 电缆从方补心开口槽内通过应不受挤压。

(10) 下放钻具,调整工具面达到工程要求。

(11) 钻头接近井底,记录初始测点的测量数据。

(12) 钻进中,电缆滚筒应与钻机同步操作,为了防止活动钻具时电缆打扭,宜安装电缆防跳装置。

(13) 接单根时,将反钻杆以下的电缆拉紧,并用尼龙胶带、专用卡子固定在钻杆上,防止挤坏电缆。

(14) 钻进过程中每钻进 10m,记录相应测点的测量数据。

3) 回收

(1) 当侧入接头起到井口时,应先松开顶紧机构和内外夹板,然后上起电缆。当仪器离井口 20～50m 时,刹住滚筒,卸下侧入接头并吊起,再操作滚筒,起出仪器。

(2) 将下井仪器拉到场地上,关计算机电源,用断线钳从电缆头处断开。

(3) 其他回收操作同循环头操作。

五、故障排除

1. 司钻显示器无信号

关掉主机,重新启动;如仍无信号,检查信号线,检查主机输出保险丝,如无问题,更换司钻显示器。

2. 循环头液压缸漏钻井液

(1) 检查手压泵工作压力,如压力降低,重新打压至 14MPa;

(2) 压力打不起来则应检查液压管线、液压缸有无损坏漏油的地方;

(3) 如仍然漏钻井液,则上紧密封螺帽或更换密封胶皮。

3. 仪器读值不准或无信号

1）仪器无信号

(1) 如果刚到现场应检查各连接线和电缆插头是否已经连接正确；

(2) 用地面测试电缆测试探管和主机，判断探管和主机是否有故障；

(3) 检查主机与电缆车连接触点及连接电缆是开路或是短路；

(4) 检查滑环接触的可靠性；

(5) 检查主机与计算机之间的连接线路及各连接接头；

(6) 起出仪器，检查电缆头和探管连接线是否短路或断路及电缆绝缘情况；

(7) 检查电缆头上触点到电话线的短路或断路情况。

2）仪器显示不准确

起出仪器，卸掉探管进行地面测试，显示读数仍然不准确，更换探管。

六、仪器设备的维护和保养

1. 仪器设备的维护

(1) 仪器在存放过程中要防尘、防潮，温度低于30℃。

(2) 仪器在运输过程中要防震。

(3) 循环头的螺纹配戴保护护丝。

(4) 手压泵、液压管线的放置应防止重物碰坏压力表接头和管线。

2. 仪器设备的保养

仪器设备的保养如表9-8所示。

表9-8 仪器设备的保养

名称	部位及内容	周期	使用润滑脂（油）
地面主机箱	清洁面板，背面插座及插头	每次工作完	—
司钻显示器	清洁外壳，插座及连接插头	每次工作完	—
打印机	清洁面板，接口及插座	每次工作完	—
电源部分	清洁稳压电源、UPS及电源及电缆、插头	每次工作完	—
探管	清洁本体并定期校验	400h以内	
主机箱、打印机、司钻显示器	对探管、主机箱、打印机、司钻显示器进行联机检查	每次上井前	—
循环头	1. 清洗本体、液压缸、放松弹簧 2. 转动轴承、并给轴承注润滑剂	每次工作完	钙基润滑脂
侧入接头	清洗本体、螺纹并涂油。	每次工作完	钙基润滑脂
液压管线	清洗管线及接头	每次工作完	
手压泵	1. 清洗拧紧各活动部件 2. 加满液压油	每次工作完 每次上井前	—
加长杆、减震器及引鞋	1. 清洗 2. 螺纹处涂油	每次工作完 每次组装前	铜质密封脂
滑轮	1. 清洗 2. 轴承注油	每次工作完	钙基润滑脂

续表

名称	部位及内容	周期	使用润滑脂（油）
电缆	1. 刮泥、清水冲洗 2. 涂机油	每次工作完	0～10# 机油
电缆滚筒	注润滑剂	每100h	钙基润滑脂
排缆器	1. 清洗 2. 注润滑剂	每次工作完 每100h	—
深度计数器	1. 清洗 2. 保养、校对	每次工作完 每100h	—

第四节　P-MWD无线随钻测斜仪操作规程

一、范围

本规程规定了钻井液负脉冲无线随钻测斜仪（简称P-MWD）的准备、检查步骤、仪器的组装、测量操作、回收及维护保养要求。

本规程适用于P-MWD无线随钻测斜仪，同类型的钻井液负脉冲无线随钻测斜仪也可参照使用。

二、规范性引用文件

下列文件中的条款通过本标准的引用而成为本标准的条款。凡是注日期的引用文件，其随后所有的修改单（不包括勘误的内容）或修订版均不适用于本规程，然而，鼓励根据本标准达成协议的各方研究是否可使用这些文件的最新版本。凡是不注日期的引用文件，其最新版本适用于本规程。

三、准备

1. 上井前的准备

1）仪器、工具配备

钻井液负脉冲随钻测斜仪（简称P-MWD）的仪器、配件及工具配备如表9-9所示。

2）工作间

（1）接入210～230V、50～60Hz电源。

（2）室内电源线路完好，漏电保护器、过载保护器工作正常。

（3）稳压电源、变压电源和不间断电源工作正常。

（4）室内空调工作正常。

3）下井探管总成

（1）P-MWD探管外观无损坏、无弯曲变形，地面通电检查工作正常，保护筒无过度冲蚀，两端螺纹无损伤，配有保护帽；扶正器外径与所用无磁钻铤内径匹配。

(2) P-MWD 驱动器、探管、电池筒外观无损坏、无弯曲变形，地面通电检查工作正常，电池筒电量满足作业要求；驱动器、探管、电池筒整体连接工作正常。

4）脉冲发生器总成

(1) P-MWD 脉冲发生器整体外观无损坏变形，螺纹无损坏，接线端子清洁无损坏，探管连线性能正常，配件及"O"形圈清洁无损坏。

(2) P-MWD 脉冲发生器整体外观无损坏变形，内高压接头高边位置正常，压力开关工作正常，泄压阀工作正常，阀芯阀座配合严密，配件及"O"形圈清洁无损坏。

5）脉冲发生器短节

(1) P-MWD 短节本体完好无磨损，两端螺纹及端面无磨损，配有保护帽，内孔清洁，涂润滑脂；水眼孔及螺栓固定孔密封面光滑、无划痕。

(2) 螺栓和喷嘴外观无损坏变形，螺纹无损坏，密封圈清洁无损坏；根据实际情况选择合适的喷嘴水眼。

6）地面操作系统

(1) 司钻读出器及压力传感器与地面仪器连通，输入指令，工作正常；电压测试，司钻读出器与压力传感器的输入电压均为 24V DC。

(2) 连接好探管、模拟测试器、图形记录仪、地面主机和计算机，通电显示正常。

2. 施工现场的准备

(1) 仪器工作间放置在井场平整的场地上。

(2) 压力传感器通道安装在立管上，开泵至工作压力，密封完好。

(3) 接入 210～230V、频率 50～60Hz 电源。

(4) 收集如下数据，建立数据文件：

①该地区地磁场强度、地磁倾角、地磁偏角及地理经纬度；

②钻井液密度、黏度及含砂量；

③钻井泵缸套直径、冲程、容积效率及钻进时的泵冲数，并计算排量；

④套管尺寸及下深；

⑤造斜点深度、设计方位及最大井斜角，目前井底井斜角及方位角；

⑥下部钻具组合、弯接头度数、钻头水钻尺寸及个数。

(5) 根据排量及下部钻具结构选择下井仪器及配件，并记录。

(6) 检查仪器、设备按规定执行。

(7) 准备钻杆滤清器。

四、组装

1. P-MWD 井下仪器的安装

1）电子测量总成 SEA 的组装

(1) 将半瓦扶正连接器与探管 SEA 的减震器相连，上好 4 个固定螺丝（M4×12），上螺丝前要滴乐泰胶 242。

(2) 将十芯连接软线与探管 SEA 的另一端相连。

(3) 先将软十芯连接软线塞入抗压筒并将抗压筒倾斜至一定角度，使线头呈自然下放状态以避免挤线，将探管插入抗压筒，在密封圈上涂上"O"LUBE 胶，慢慢将探管旋进抗压筒并用抱钳上紧。

2) 电池总成 PSA 的组装

(1) 将半瓦扶正连接器与电池的减震器相连，上好固定螺丝（M4×12），上螺丝前要滴乐泰胶 242。

(2) 将十芯连接软线与电池的另一端相连。

先将软线塞入电池抗压筒并将抗压筒倾斜至一定角度，使线头呈自然下放状态以避免挤线，将电池插入抗压筒，在密封圈上涂上"O"-LUBE 胶，慢慢将电池旋进抗压筒并用抱钳上紧。

3) 激活电池

电池组 PSA 在使用前必须进行加载和全面的测试，通过加载除去电池表面的氧化膜，不管是新电池还是用过的电池，使用前都得进行加载。

(1) 在空载和加载条件下用电池测试盒检测电池电压，将电池测试盒与电池通过十芯自锁双公连接线连接，拨动开关置"空载"位置，空载电压为 34～36V；"VB+"和 GND 的电压，其值应为 17～18V；"VB−"和 GND 的电压，其值应为 −17～−18V；

(2) 拨动开关至"加载"，对新电池或已使用的电池进行加载，开始电压可能降至 30V 以下，但很快会上升至 33～36V（受环境温度的影响，上升时间为 5～30min 不等，已用过电池其加载电压为 31～34V），如电池电压值偏低，说明电池有问题，应返回室内做进一步的测试。

4) 井下仪器的串测试

MWD 井下仪器在下井前必须做串测试，以保证整串仪器工作正常。

(1) 脉冲发生器连 APC，APC 连 PSA，PSA 的末端用十芯电缆连到中间测试盒标有 PSA 字样的插孔中。

(2) 中间串测试盒标有 SEA 字样的插孔，用十芯电缆与 SEA 的电路插孔相连。

(3) 中间串测试盒自带的 25 芯并口电缆与计算机的并口（LPT）相连。

(4) 中间串测试盒上的开关置于"DOWN"位置。

(5) 计算机接通 220V 交流电源，运行 MWD2003 程序。

(6) 中间串测试盒上的开关打到"UP"位置，此时屏幕上"PRESSURE"下的英文由"DOWN"变为"UP"。

(7) 等待约 52s 整个仪器串将发出一组反映当前 SEA 所处环境的静态测量值，随着信号的发生可以听到脉冲发生器发出的"咔哒"、"咔哒"的声音。

(8) 在连接不正常的情况下，将没有信号或声音，仪器不能下井。在现场或送回车间进一步检查故障。

5) 脉冲器与 APC 连接

把 APC 抗压筒与脉冲发生器对接好，在脉冲发生器的连接扣上滴几滴乐泰胶，将 APC 的锁紧套逆时针与脉冲发生器旋紧，用叉扳手卡在脉冲发生器上，把 C 型扳手扣在锁紧套上拧紧，最后用橡皮榔头砸紧。

6) 无磁悬挂短节的组装

应先了解钻井工程情况，确定所用悬挂短节型号，并根据现场实际测量内径切割扶正块，必须严格执行内径标准。

脉冲发生器螺栓密封圈的安装：

组装螺栓和喷嘴的密封圈。为防止损坏密封圈先用塑料布裹住螺栓的螺纹部分，把密封圈25-00-002和25-00-004涂上"O"-LUBE胶，依次装到相应的螺栓部位。

根据实际井深选择合适的喷嘴水眼，装上涂了"O"-LUBE胶的密封圈（25-00-003），首先装上喷嘴内衬套（23-00-002）（较长19mm，其中8in喷嘴2个、6 $\frac{1}{4}$in和7in喷嘴1个、4$\frac{3}{4}$in喷嘴无内衬套），其次放入选好的水眼，并安装到位，用与上述同样的方法把密封圈25-10-008，25-00-015装到喷嘴上（8in喷嘴2个25-10-008密封圈）。

注意：密封圈25-10-008的后备圈（白圈）的圆弧面对着密封面。

支撑套23-00-025（较短16mm）放入脉冲发生器的喷嘴口中，确保放到位。注意搬运过程中别掉出来。

两个人小心地把APC保护套抬起，徐徐套进APC并与无磁短节连起来，在无磁短节母扣处戴上提升接头，等待把组装好的仪器短节吊上钻台。

7）SEA与PSA在滑道上连接

把电池与探管放到V形架上，将探管内的软线与电池扶正连接器的另一端相连，将扶正连接器倒转9圈，然后正转上紧。同理装好APC下的扶正连接器。

8）仪器角差的读取（IFO）

将仪器串放到V形架上并使APC下的扶正连接器上的定位键朝上，测量前应确保所有丝扣已用抱钳上紧，用软线将探管下端十芯插头与角差测试盒相连，用一根串口线将角差测试盒与计算机串口相连，进入角差测试程序并读出当前仪器角差IFO并记录，上好尾锥（用抱钳上紧）与上面扶正连接器的保护套。

2. P-MWD井口安装

1）井下仪器串的吊装

（1）水眼选择。

一般情况下，都是采用12#水眼，也可以灵活选择钻头水眼，大小以满足正常的压耗范围。当使用动力钻具时，钻头水眼应尽可能大（2000m以内的井，钻头水眼直径不低于3个12mm）。

（2）组装。

①放置无磁悬挂短节于平整地方，把已经连好APC的仪器串从无磁悬挂短节的母扣端送入，5个孔相应对准。

②将提升棒旋进中间孔，再转动提升棒转盘把仪器串提升到贴紧无磁短节内壁上，核实螺栓和喷嘴内孔干净、密封圈已装好，把第一和第五个固定螺栓上紧，卸下提升棒，装上另外两个螺栓和喷嘴，将扭力扳手扭矩定为110（ft·lb❶）lb·ft左右，依次将螺栓上紧，并一一对好固定螺丝孔（螺栓圆弧对固定螺丝孔时，扭力扳手扭矩宜大为好）。

③把扭矩扳手调到75ft·lb左右上紧喷嘴（喷嘴圆弧对固定螺丝孔时，扭力扳手扭矩宜小），然后上好5个固定螺丝和挡圈。

④将吊装夹板装在电池抗压筒上部靠近扶正连接器位置，起吊时两人将仪器串抬起，当吊绳吃劲时，第一个人将电池抗压筒举起，第二个人抓住仪器串的尾部向后拽住。

---

❶ 1ft·lb=1.3549N·m

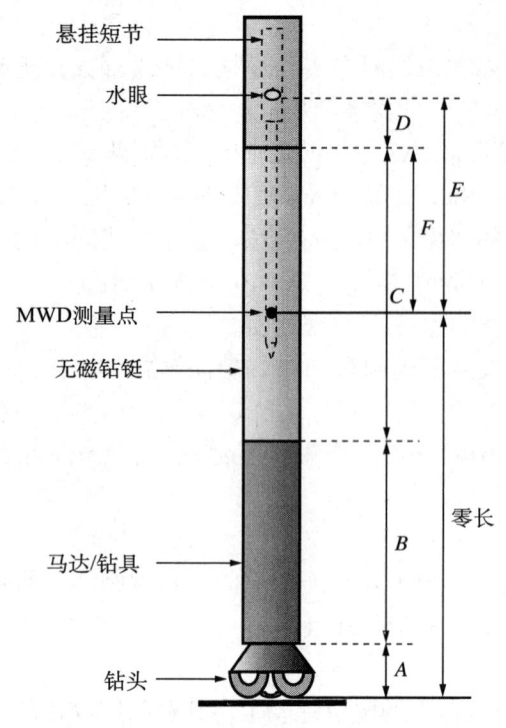

⑤吊绳缓慢起吊,第一个人在够不着情况下由前向后举起仪器串,第二个人抓住仪器串的尾部向后拽住。

⑥在第一个人够不着的情况下与第二个人一起抓住仪器串的尾部向后拽,一边拽一边向坡道送,将仪器串轻放到坡道上后放手。

2) 钻台上井下仪器串的连接

（1）指挥司钻吊起无磁短节,使之垂立于钻台上,卸下保护套,边提边卸,直到APC抗压筒全部提出保护套。

（2）将仪器串吊起放入无磁钻铤,将APC插进吊起的APC抗压筒中,两个人抬起吊装夹板以使扶正连接器与APC抗压筒相连,另外一人上好固定螺丝。

（3）卸下吊装夹板,在扶正器上涂抹铅油,缓缓将仪器串放入无磁钻铤并低速上扣。

3) 测斜零长的计算

测斜零长 = 钻头距 MWD 传感器测量点的距离 = 钻头的长度 + 动力马达的长度 + 无磁钻铤的长度 −4237mm（图 9–5）。

图 9–5 测斜零长的计算

测斜零长 = 钻头距 MWD 传感器测量点的距离

零长 = $A + B + C + D - E$

$\quad = A + B + C - F$

$\quad = A + B + C - 4237$

其中, $F = E - D = 5215 - 978 = 4237$（mm）

式中　A——钻头的长度;

　　　B——动力马达的长度;

　　　C——脉冲发生器短节下所接钻铤的长度;

　　　D——从标志线到脉冲发生器短节下界面的距离;

　　　E——从标志线到传感器测量点的距离;

　　　F——从无磁钻铤上界面到传感器测量点的距离。

4) 钻具偏差角（DFO）的获取

仪器在下钻前,必须测量 MWD 仪器工具面与动力钻具弯接头刻线之间的角差,然后减去仪器角差 IFO,输入 MWD2003 软件包进行工具面校正,方法如下：

以 MWD 仪器短节上面的参考标记为基准,顺着井眼,从上往下看,顺时针量取仪器工具面与动力钻具弯接头刻线之间的夹角（0°～360°）即为偏差角（图 9–6）：

工具面偏差角 TFO = 钻具角差 DFO − 仪器角差 IFO

然后输入 MWD2003 软件包进行工具面校正。

3. 地面仪器的安装

（1）司钻阅读器按井队人员的要求安放在司钻能看清楚的位置,连接好司钻阅读器的信号电缆。

(2) 压力传感器安装在压力传感器通道上，开泵至工作压力，密封完好，连接好压力传感器的信号电缆。

(3) 压力传感器电缆和司钻读出器电缆架离地面，确保安全。

(4) 把压力传感器信号线和司钻阅读器信号线电缆引入值班室内。按电缆插头标注连接好司钻显示器（简称司显）电源箱、微机、地面接口箱和微型打印机。

(5) 地面接口箱的设置

"模拟"开关，拨到"内泵"，滤波频率设为"01"，脉冲系统设置为负脉冲"NEG"，门槛值设为"0020"，放大倍数设置为"03"，可以根据现场具体情况进行调节。

(6) 启动计算机，进入 PMWD 程序设置工作参数，存档记录。

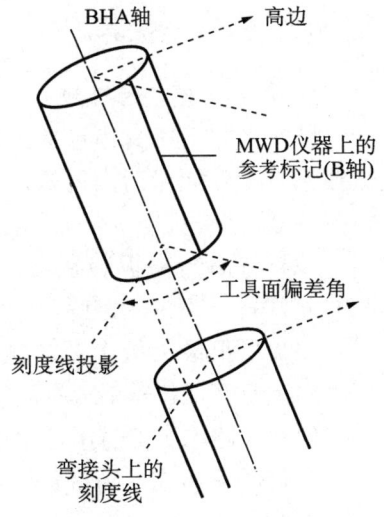

图 9-6　确定钻具偏差角

五、测量

1. 试测

(1) 仪器安装完毕后做井口测试。

(2) 钻杆滤清器放入方钻杆下端的钻杆内，连接方钻杆。

(3) 静止钻具后停泵，泵压回零 1min 再开泵，静置 4～5min，等候井斜数据出现在司显（在此期间不要活动钻具）。

(4) 在地面图形记录仪上观察脉冲波形，并记录测试情况。全测量数据显示清晰，判定仪器工作状态良好方可下钻。

(5) 根据不同井深可每 600～800m 做一次开泵测试。若出现异常需要取出仪器进行检查，采取相应措施，必要时也可以更换有关部件。

2. 随钻测量

(1) 需要井斜数据时，充分活动钻具后静止钻具再停泵，泵压回零 1min 后再开泵，静置 4～5min，等候井斜数据出现在司显（在此期间不要活动钻具）。完成后可继续井下作业。

(2) 测斜后记录井斜、方位数值，填写仪器使用记录表，打印处理测量数据。

(3) 在关闭工具面的情况下，通过短停泵（在开泵状态下停泵 15～25s 开泵）可以打开工具面工作方式；如不需要工具面（如转盘钻进）时，可通过短停泵关闭工具面工作方式。(如需倒泵尽可能停泵时间短于 10s 或长过 1min) 当井下仪器做完全测量后，如果井斜大于 3°，此时工具面方式将由磁工具面自动转为重力工具面。

(4) 手工译码，在计算机上安装的 MWD 操作软件可对钻井液脉冲时序进行自动译码，但有时由于钻进或泵干扰等现象造成脉冲波形杂乱，使无效的信号作为有效数据进入计算机，造成计算机译码错误或无法自动译码，这时需要现场工程师用信号量规进行手工解码。

六、拆卸及保养

1. 井下仪器串的拆卸

（1）当井下工具串被提出井口时，应从无磁悬挂短节下部卸扣。当把仪器刚刚提出无磁钻铤约十几厘米后，用棉纱或破布塞住仪器与无磁悬挂短节之间的环形空间，防止上面的钻井液往下滴。

（2）将吊装夹板装在电池抗压筒上部靠近扶正连接器位置，把仪器坐在井口，拆下APC抗压筒下面的固定螺丝，缓慢上提钻具，小心地将APC从抗压筒中取出来。

（3）用吊装夹板上提，将仪器串提出无磁钻铤，把仪器串移到坡处，吊绳一边下放，一边向上换手把仪器串放在坡道上，吊绳停止起吊。

（4）仪器串下落时滑道上须两个人，且注意4点：

①仪器串落在坡道底部人能够着时，暂停下放，第一个人抓住向后拖，一边住向后拖一边下放。

②第二人在够得着情况下由后向前扶住仪器串。

③第二人扶到吊装夹板处时，暂停下放，第一个人扶住仪器串的尾部，一边向后拖一边下放，直到滑道中部，放在V型架上，拆下吊装夹板。

④两个人一起把仪器串抬走，到合适的地方去拆卸。

2. 地面部分

（1）将司钻读出器从钻台收回，擦拭干净，装入保护箱中。

（2）卸下立管压力传感器，装好堵头，并将压力传感器擦拭干净，螺纹处涂润滑脂，装入保护箱。

（3）回收泵冲计数器，擦拭干净并放好。

（4）收回钻杆滤清器并冲洗干净。

（5）收回并擦拭干净司钻读出器电缆和压力传感器电缆。

（6）将地面操作系统和仪器及连接线擦拭干净，并装入各自保护箱中。

（7）清洗无磁悬挂短节，无磁悬挂短节的内壁、螺栓孔、螺栓锁定螺丝孔等要擦洗干净，公母扣带上护丝，螺栓孔用胶带封上。

（8）SEA、PSA、APC保养。

①把SEA、PSA、APC的抗压筒擦干净，把每节上的密封"O"形圈和GT圈及挡圈小心地剥掉，把密封圈投入放有洗衣粉的温水中，用布擦干净表面的油污，放到塑料袋中保存。

②仪器上的密封槽用布条擦干净，用最细的钟表起子抠干净留在螺丝孔中的乐泰胶碎片。

③每段仪器的两端带上保护套，放入仪器箱中保存。

表9-9 P-MWD的仪器、配件及工具配备

序号	产品代号	名称	单位	数量	备注
1	MWD1-53-01	6.25in出口水眼总成	套	2	
2	MWD1-53-02	8in出口水眼总成	套	2	

续表

序号	产品代号	名称	单位	数量	备注
3	MWD1-55-03	6.25in 悬挂螺栓总成	个	8	
4	MWD1-55-04	8in 悬挂螺栓总成	个	8	
5	MWD1-57-01	定位螺丝	个	40	
6	MWD1-59-01	挡圈	个	20	
7	MWD1-61-01	出口支撑套	个	2	
8	MWD1-63-01	喷嘴外衬套	个	2	
9	MWD1-65-01	12# 喷嘴	个	2	
10	MWD1-67-01	喷嘴端面密封圈 25-00-003	个	5	
11	MWD1-69-01	喷嘴密封圈 25-00-015	个	5	
12	MWD1-71-01	喷嘴密封 GT 圈 25-10-008	个	2	
13	MWD1-73-01	螺栓端面密封圈 25-00-004	个	8	
14	MWD1-75-01	螺栓密封圈 25-00-002	个	8	
15	MWD1-77-01	衬板紧固螺钉	个	10	
16	MWD1-79-01	锁紧套	个	2	
17	MWD3-01	电池/探管电缆	根	4	
18	MWD4-08	密封尾锥	只	2	
19	MWD-52-1	6.25in 提丝	个	1	
20	MWD-52-2	8in 提丝	个	1	
21	MWD-53-01	6.25in 保护接头	个	2	
22	MWD-53-02	8in 保护接头	个	1	
23	MWD8-03	电池加载盒	个	1	
24	MWD8-10	MWD 地面系统检测盒	个	1	
25	MWD8-05	角差测试盒（含配套电缆）	个	1	
26	MWD9-02	微型热敏打印机	台	2	
27	MWD9-03	微型热敏打印机纸	卷	50	
28	MWD9-07	MWD 专用数据处理仪	台	2	
29	MWD9-30	MWD 软件包	套	1	
30	MWD9-08	计算机通信电缆串口	根	2	
31	MWD9-09	计算机通信电缆并口	根	4	
32	MWD9-10	司钻阅读器电缆（80m）	盘	2	
33	MWD9-11	司钻阅读器转接电缆（20m）	根	2	
34	MWD9-12	泵压传感器（含转接头）	只	4	
35	MWD11-04	丝堵	个	2	

续表

序号	产品代号	名称	单位	数量	备注
36	MWD9-13	泵压传感器电缆（80m）	盘	2	
37	MWD9-14	泵压传感器转接电缆（20m）	根	2	
38	MWD10-01-01	钻杆钻井液过滤网（ϕ71.4）	个	2	
39	MWD11-51-07	扭力扳手（含专用六方和四爪工具）	套	1	
40	MWD11-51-11	C型扳手和叉扳手	套	1	
41	MWD11-51-13	脉冲器提升栓	个	1	
42	MWD11-51-15	脉冲器卡簧钳	把	1	
43	MWD11-06-01	摩擦管钳	只	2	
44	MWD11-06-02	摩擦片	包	1	
45	MWD11-07	V型支架	个	6	
46	MWD11-51-17	橡皮榔头	个	1	
47	MWD11-51-19	井口卡子	套	1	
48	MWD11-51-21	井下仪器吊装工具	套	1	
49	MWD11-51-23	驱动器外筒螺丝	个	1	
50	MWD11-51-25	六方扳手（3mm,4mm,5mm）	套	2	
51	MWD11-51-28	242乐泰胶	支	2	
52	MWD11-51-29	硅脂胶	盒	2	
53	MWD11-08	工具箱	只	1	
54	MWD12-1	脉冲器箱	个	2	
55	MWD12-2	探管箱	个	1	
56	MWD12-4	电池包装箱	个	1	
57	MWD12-5	驱动器包装箱	个	1	
58	MWD2-53-01	驱动器抗压管	个	2	
59	MWD2-55-01	转接扶正器	个	2	
60	MWD3-03	电池抗压管	根	2	
61	MWD4-06	探管抗压管	根	2	
62	MWD9-05	司钻显示器	套	2	
63	MWD10-51-01	无磁悬挂短节 6$\frac{1}{4}$in	只	2	
64	MWD10-51-02	无磁悬挂短节 8in	只	1	
65	MWD4-07	探管/电池 扶正器 6$\frac{1}{4}$in	只	4	
66	MWD9-01	系统接口箱	台	2	
67	MWD2-51-01	脉冲驱动器	个	2	
68	MWD4-05A	探管（石英加速度表和磁通门组成测量短节＋电压采集计算编码计算机＋双向通信命令模式＋自然伽马数据编码上传）	根	2	
69	MWD1-51-01	B型脉冲器发生器	套	2	

七、P-MWD 无线随钻使用要求

1. 对钻井液和净化设备的要求

（1）钻井液的含沙量必须小于 0.3%，含沙量越小越好。

（2）若调整钻井液性能，应预先通知 MWD 仪器工程师做好准备，因为调整钻井液性能，有可能造成井下仪器一段时间工作不正常。

（3）禁止在钻井液中加堵漏剂和玻璃球等大颗粒物质，以免损坏井下仪器或造成井下仪器工作不正常（随钻堵漏剂除外）。

（4）对钻井液的黏度和密度等其他参数无特殊要求。

（5）正常钻进时，必须保证两级（振动筛、除砂器）以上钻井液净化设备正常工作。

2. 对钻井泵和循环系统的要求

（1）钻井泵的上水要好，泵的效率要求在 95% 以上。

（2）钻井泵的空气包压力要稳定，按要求补充其压力为钻井泵正常工作时压力的 1/3，若使用双泵，两台泵的空气包的压力应一致。

（3）泵的阀体、阀座、阀、缸体、缸套、活塞和弹簧要完好，确保泵上水良好，如发现某一部分有不正常工作迹象，应及时检修泵，以免影响 MWD 仪器正常工作。

（4）整个循环系统所使用的滤网要干净，泵出口滤网在使用 MWD 仪器前要进行清洗，确保钻井液通过自如。

（5）尽量使用钻杆滤清器，以防大颗粒或其他物质卡住仪器，造成仪器不工作或损坏。

3. 对井队电源的要求

必须提供连续的 220V、50～60Hz 的交流电源，若要停电或倒发电机，应预先通知 MWD 仪器工程师；根据 MWD 仪器工程师的要求，将仪器房电源接到相应位置（尽可能配专线）。

4. 钻台仪器对接、拆卸和量角差要求

（1）无磁钻铤在使用前要通径，内部干净无杂物，要打好记号。

（2）在钻台，仪器的对接、拆卸，必须用提升短节，只能在井口进行，禁止在鼠洞进行。

（3）不同的短节，其旋紧扭矩不同，现场工程师要提醒司钻注意（与相应的钻杆旋紧扭矩相同）。

（4）量角差时，必须两人以上在场，并一一核实。

第五节　SDI MWD 无线随钻测斜仪操作规程

一、范围

本规程规定了 SDI MWD 无线随钻测斜仪及辅助设备的检查步骤，仪器的组装与操作及维护保养的要求。

本规程适用于 SDI MWD 无线随钻测斜仪，其他类型的无线随钻测斜仪也可参照使用。

二、上井前的准备与检查

1. 准备

(1) 仪器配备,如表 9-10 所示。

(2) 工具及配件配备如表 9-11 所示。

(3) 了解上井井号、井位、井深、井温、施工目的及井况,必须保证井下正常。

2. 检查

1) 工作间检查

电源在 (1±10%) 220VAC。

2) MWD 专用电池检查

(1) MWD 电池电压为 21~22V。

(2) 外表没有变形损伤。

(3) 检查电池使用时间记录是否满足工程施工要求。

3) 仪器检查

(1) 开关短节、控制短节、MWD 探管无外伤,无弯曲变形,外壳清洁。

(2) 记录开关短节、控制短节、MWD 探管、控制箱、传感器、司钻阅读器编号。

(3) 室内检查仪器正常。

4) 外筒部分检查

(1) 脉冲发生器检查。

①清洁。

②外表没有损伤、上端"O"形圈完好。

③用万用表测量湿接头、电磁阀两端电阻值正确且无断路、无短路。

(2) 外筒检查。

①无弯曲变形和损伤。

②螺纹无磨损,带有螺纹堵头。

③外筒内壁清洁。

④外筒分开关短节外筒、控制短节和 MWD 探管外筒、MWD 专用电池外筒。

三、井场准备

1. 井队设备和钻井液性能要求

(1) 钻井液含沙量小于 0.3%,推荐钻井液漏斗黏度小于 60s。

(2) 离心机、除砂器、除泥器运行良好。

(3) 泵上水良好,空气包压力为立管压力的 30%~40%,用单泵时空气包应隔离,用双泵时,泵冲大小应控制一致。

(4) 提供连续 220V 50Hz 交流电,停电前须通知仪器工程师,否则则易损坏仪器。

(5) 泵压应不小于 11MPa。

2. 确认钻具组合和做高边记号

(1) 和井队联系确定钻具尺寸、接头型号。

(2) 仔细确认单弯螺杆或弯接头弯曲方向并做好记号。

(3) 在无磁钻铤两端用水平尺做记号，记号应在一条直线上。

3. 仪器组装

1) 组装前的检查

(1) 确定三节外筒外表和螺纹无损伤、变形。

(2) 确定三个中间短节外表无损伤变形，扶正器尺寸大小合适。

(3) 确定脉冲发生器外表无损伤、无毛刺；用万用表测量脉冲发生器内部电磁阀阻值大小为 18～21Ω；湿接头导线导通、绝缘良好。

(4) 用万用表测量 MWD 专用电池电压大小为 19～21V。

2) 井下仪器的组装

(1) 清洁所有连接螺纹并涂上密封脂。

(2) 开关短节放入开关短节外筒内，对准脉冲发生器底部螺纹，用手上满螺纹。

(3) 开关短节与上部中间短节连接，用手上满螺纹。

(4) 在 MWD 专用电池两端装上公母接头，注意对准销子。

(5) 将装上螺纹接头的电池放入电池外筒内，将电池和上部中间短节连接，上满螺纹。

(6) 中部中间短节连接到电池下端，上满螺纹；将和尚头和下部中间短节连在一起，上满螺纹。

(7) 控制短节和探管连接上，注意方向，并上好定位六方螺丝。

(8) 猪尾巴线拧到控制短节上端，并用专用钳子上紧。

(9) 将猪尾巴线、控制短节和探管一起放入控制短节和 MWD 探管外筒。

(10) 将和尚头和下部中间短节的 T 型杆套入探管下端的 T 型槽内，上紧定位螺丝，连上控制短节和 MWD 探管外筒。

(11) 控制短节和 MWD 探管外筒的另一端连在中部中间短节上，上满螺纹。

(12) 从上到下用圆管短钳依次上紧各连接螺纹。

3) 按图 9-7 连接地面设备

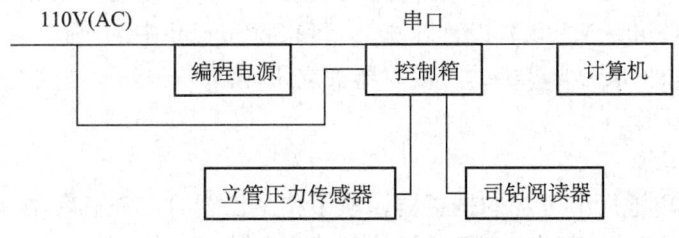

图 9-7　MWD 地面设备组装图

(1) 在离地面 1.5m 高处的立管上焊传感器底座，焊完后注意清理，保证底座和立管连通且底座内无异物。

(2) 在立管压力传感器连通阀缠上密封胶带，连接在底座上，用管钳上紧。

(3) 在压力传感器螺纹上缠上密封胶带，连接在连通阀上，用专用扳手上紧，打开传感器连通阀。

(4) 在司钻前方合适的地方放置司钻阅读器。

(5) 连接压力传感器、司钻阅读器信号传输线，注意防碰、防砸。

四、施工

1 仪器的检查和地面模拟测试

(1) 检查编程电源、控制箱、计算机之间信号线的连接，在控制箱上接上湿接头线。

(2) 验证脉冲发生器记号是否水平朝上，连上湿接头。

(3) 打开控制箱和编程电源，启动计算机，进入工作目录，键入 Mlink 进入界面。

(4) 按 F3（F3—Power Card）设置编程电源，根据界面提示，输入 125mA，键入"0"，按空格键，注意观察编程电源示数，电流应为 125mA，电压为 25V。

(5) 按 E 键（Eye Reading），观察各传感器读数。井斜（Inclination）、方位（Azimuth）、高边（Hs）、重力值（gT）、磁场强度（hT）、磁倾角（Dip）、伽马值（Gamma）、温度（℃）。

(6) 按 D 键（A/D Readings），检查探管设置和流量计（FlowAccel）。探管静止无振动时，流量计示数应为 0。用胶带将震动器绑在探管末端，起震将会看到流量计的示值。

(7) 检查脉冲发生器功能，按 Z 键（Zycle Mode），用缺省值 1sec on/2sec off，这时脉冲发生器主阀不动，但可以听到电磁阀工作的声音。

(8) 中断 Zycle，H 键（Halt）。

(9) 下载仪器设置信息，按 G 键（Get TD Table），输入下载信息的文件名 *.tbl。

(10) 退出 Mlink，EditXXX.tbl in DOS，根据需要改变脉宽高、低，改变 talkdown 信息，确保无误保存退出。

(11) 编辑 Setting.ini，此文件配合 Mfilt 解码。用来设置脉宽、压力传感器量程、钻井泵的排量（桶/行程）、PS1 门限的缺省值。存盘退出。

(12) 重新进入 Mlink。按键 S（Set TD Table），输入文件名，设置仪器 talkdown 信息。

(13) 设置仪器工作方式，按键 M（TD Message#）。一般选缺省。

(14) 按键 O（Talkdown On/Off）使能或禁止 talkdown 功能，可根据实际选择。

(15) 按键 P（Pulse Width）设置脉宽，须和 Setting.ini 中的一致。

(16) 按键 1（1—Stand Alone），使仪器独立工作。

(17) 安装模拟箱。

①关掉编程电源。

②断开探管和电池短节下部的扶正器，取下猪尾巴线时，注意转动探管。

③模拟箱公接头接扶正器，将探管模块的猪尾巴线插入模拟箱。

④连接模拟箱和控制箱 Y 型电缆。

(18) 键入 Mfilt，按"H"型键进入信号显示界面。

(19) 打开震动器，等待 60s，显示主同步、子同步脉冲，测量开始，测量结束时，将会看到井斜、方位、工具面，然后是 HTF 或 HTF-GAMMA 的子同步脉冲。

(20) 转动仪器，检查工具面。另外可通过开关震动器，验证 Talkdown。

(21) 关震动器，移去模拟箱，用专用钳子上紧猪尾巴线的螺纹。

2. 仪器的高边校正和地面设置

(1) 上紧所有保护外筒的螺纹，猪尾巴线用专用钳子上紧。

（2）转动仪器使脉冲发生器的高边记号朝上，并用水平仪校准。

（3）运行 Mfilt，设置高边修正值（Tool offset）为 0，设置正确的磁偏角（Declination）。

（4）检查地面解码设置文件 Settings.ini。

（5）打开控制箱和编程电源，进入工作目录，键入 Mlink 进入界面。

（6）按 F3（F3—Power Card）设置编程电源，根据界面提示，输入 125mA，键入 0，按空格键，观察电源示数，电流应为 125mA，电压 25V。

（7）检查设置流量计，按"F"键（Flow Accel Trip），输入 0.050。

（8）按 E 键（Eye Reading），观察各传感器读数，井斜（Inclination）、方位（Azimuth）、高边（Hs）、重力值（gT）、磁场强度（hT）、磁倾角（Dip）、伽马值（Gamma）、温度（℃）。记下高边校正值。

（9）设置仪器时钟，按键"K"（Set Clock）。

（10）清除井下仪器的记录，键入"C"（Clear Log）。

（11）检查设置 Talkdown 信息，键入"？"验证当前设置。

（12）检查设置 Talkdown 模式，键入"O"（Talkdown On/Off）。

（13）检查设置脉宽，键入"？"验证当前设置，须和 Settings.ini 中的一致。

（14）若需要测量伽马时，检查设置伽马采样方式，键入"L"（Gamma SampLing），S 表示采样方式，C 表示连续方式，一般选连续方式，采样平均时间一般为 10s。

（15）挂起仪器，键入"H"（Halt），退出 Mlink。

（16）进入 Mfilt，输入高边校正值，并写文件，退出。

（17）再进入 Mlink，按"E"键（Eye Reading）检查高边工具面，应是 0°或是 360°。

（18）按键"1"（1—Stand Alone），使仪器独立工作。

（19）关闭电源，移去湿接头。

（20）震动仪器，验证电磁阀工作的声音。

3. 引高边记号

（1）根据施工要求组合钻具。

（2）提放钻具，利用单弯螺杆或弯接头上的高边记号和无磁钻铤两端的记号将高边记号引到随钻无磁短节上。

（3）将钻具下放至无线随钻无磁短节处，卡上安全卡瓦。

4. 井口测试

（1）打开控制箱\计算机电源，进入工作目录，键入 Mfilt。

（2）将仪器缓慢放入无磁短节里，确认坐到短节底部的衬环上。

（3）用调向手柄将仪器高边对准引上来的高边记号。

（4）指导司钻将钻具提至无线随钻无磁短节底部的固定螺丝眼处，上紧两个固定螺丝。

（5）按方钻杆开泵循环，观察脉冲信号，待井斜、方位数值显示正常后，通知下钻。

5. 下钻过程中注意事项

（1）下钻过程中不得使用螺纹膜。

（2）不能放测斜托盘。

(3) 每下 20 柱接方钻杆灌钻井液一次，灌钻井液时须用无线随钻专用钻杆滤清器，用完后取出。

(4) 防止井口和钻具内落物，下钻时每个立柱底部清干净。

(5) 下钻时控制下放速度，严禁猛放猛砸。

6. 钻进

(1) 下钻到底后，开泵循环观察脉冲信号。

(2) 信号正常后通知定向工程师调整工具面并钻进。

(3) 测斜后记录井斜、方位数值大小，填写仪器的使用记录表，打印测量数据并处理。

7. 钻进过程中注意事项

(1) 钻进时使用无线随钻专用钻杆滤清器，防止杂物堵塞仪器。

(2) 接单根时应将滤清器清洗干净，保证单根内无异物。

(3) 钻进时由司钻操作刹把，控制好工具面角度，均匀送钻。

(4) 定向钻进时，不许转动转盘，接单根时不得用转盘卸扣。除测量外，钻具在井内静止时间不要超过 3min。

(5) 钻进时，井下正常情况下，严禁钻具猛停猛放，预防仪器传输错误信号。

(6) 测斜工作应在接单根之前，钻具上下活动后，离井底 2m 静止，停泵 3min，再开泵 3min 直到井斜、方位数值显示后再接单根。

(7) 应保护司钻阅读器、立管传感器及传输电缆，防止溅水、磕碰。

(8) 仪器使用期间，调整钻井液性能，应征求仪器服务工程师的意见，加药要搅拌均匀。

8. 仪器回收

(1) 司钻将钻具提至无线随钻无磁短节底部的固定螺丝眼处，拧下两个固定螺丝。

(2) 下放钻具至无线随钻无磁短节上部，卡上安全卡瓦，卸开扣后，套上提升工具，用汽葫芦提出。

(3) 将下井仪器拉到场地上，仔细擦洗干净，并观察外筒、中间短节钻井液冲蚀情况。

(4) 从脉冲发生器处依次卸开连接螺纹。

(5) 取出开关短节、电池、控制短节、探管，擦干净，小心放入仪器箱中。

(6) 外筒两端装上护丝放在室内固定好。

(7) 依次卸下地面仪器和连接线并装箱。

(8) 检查已回收的仪器和工具是否齐全。

五、仪器的维护与保养

1. 维护

(1) 仪器要防尘、防潮、防高温。

(2) 仪器在运输过程中要防震。

(3) 仪器组装与拆卸时小心操作，防碰、防摔。

(4) 组装之前，所有螺纹必须清洁，用润滑脂润滑所有螺纹和 O 形密封圈。

2. 保养

(1) 仪器保养如表 9-12 所示。

表9-10 MWD仪器配备清单

一、地面设备					
序号	名称	数量	序号	名称	数量
1	工控计算机	1台	10	湿接头电缆线	1盘
2	软件磁盘	1张	11	司钻阅读器	2个
3	110V电源	1个	12	信号电缆线	4盘
4	220V、110V多用插座	各1个	13	立管压力传感器底座	1个
5	控制箱MSI	2台	14	压力传感器开关阀总成	2个
6	MSI电源箱	2根	15	5K立管压力传感器	2个
7	MSI Y型线	1根	16	泵传感器	2个
8	MSI至计算机串口线	1根	17	震动器	1个
9	编程电源	2个	18	脉冲模拟盒	1个
二、井下设备					
1	探管	2根	11	上部中间短节	1节
2	MWD控制器	2根	12	中部中间短节	1节
3	脉冲发生器开关短节	2根	13	下部中间短节	1节
4	脉冲发生器	2个	14	开关短节抗压外筒	1个
5	锂电池	2节	15	锂电池抗压外筒	1个
6	锂电池弹簧接头	2个	16	探管控制器抗压外筒	1个
7	锂电池框架接头	2个	17	和尚头	1个
8	锂电池卡环	4个	18	减震器	1个
9	锂电池O形圈	6个	19	随钻无磁钻铤短节	1根
10	猪尾巴线	4根	20	配合接头	2个

表9-11 工具及配件清单

序号	名称	数量	序号	名称	数量
1	调向手柄	1个	21	222胶	1管
2	提升工具	1套	22	高压密封脂	1管
3	探管支架	5个	23	密封胶带	1卷
4	钻杆滤网和打捞头	1套	24	绝缘胶带	1卷
5	美制24in管钳	2把	25	棉纱	若干
6	橡胶扶正块	9个	26	套筒	1套
7	三线公测试头	1个	27	六方	1套
8	三线母测试头	1个	28	扳手	1套

续表

序号	名称	数量	序号	名称	数量
9	万用表	1个	29	螺丝刀	1套
10	电烙铁及配套件	1套	30	剥线钳	1把
11	猪尾适配环及六方螺丝	2套	31	榔头	1把
12	O形圈（6种尺寸）	1套	32	断丝钳	1把
13	鳄鱼夹	2个	33	手钳	1把
14	75Ω电阻	1个	34	紧扣钳	1把
15	脉冲发生器定位六方螺丝	4个	35	钢锯	1把
16	探管定位螺丝	4个	36	刻刀	1把
17	T型管定位螺丝	1个	37	手电筒	1个
18	减震胶带	若干	38	砂纸	若干
19	电缆中间接头	1根	39	仪器使用记录	若干
20	香蕉插头	8个	40	结算单	若干

表9-12 仪器、设备的保养

序号	名称	保养部位及内容	保养周期	使用润滑剂种类
1	计算机	清洁面板、背面插座及相应插头	每次工作后	
2	探管	清洁本体、插头	每次工作后	
3	开关短节	清洁本体、插头	每次工作后	
4	控制短节	清洁本体、插头	每次工作后	
5	脉冲发生器	在仪修房全面清洗调试	每次工作后	
6	外筒和中间短节	螺纹清洁涂密封脂	每次工作后	铜基密封脂
7	弹簧接头	清洁本体、插头	每次工作后	
8	框架接头	清洁本体、插头	每次工作后	
9	锂电池	清洁本体、插头	每次工作后	钙基密封脂
10	控制箱	清洁本体、插头	每次工作后	
11	编程电源	清洁本体、插头	每次工作后	
12	稳压电源、UPS	清洁本体、插头	每次工作后	
13	司钻阅读器	清洁本体、插头	每次工作后	
14	信号电缆线	清洁本体、插头	每次工作后	
15	调向手柄	清洁本体	每次工作后	
16	提升工具	检查无过度磨损、清洁本体	每次工作后	钙基密封脂
17	钻杆滤网	清洁本体	每次工作后	
18	探管支架	清洁本体	每次工作后	
19	美制24in管钳	清洁本体、钳牙	每次工作后	钙基密封脂

第六节　KEEPER 陀螺测斜仪操作规程

一、现场准备与检查

(1) 电缆滚筒车到井后,对仪器、设备、工具进行检查。

(2) 电缆滚筒车的摆放距离井架大门前 25m 外,使电缆滚筒朝向井口。要求场地平整、安全、后轮放好垫木,并接地线。

(3) 天、地滑轮的安装:

①天、地滑轮的安装位置与电缆滚筒车的中心线在同一平面。

②天、地滑轮的钢丝绳套外径不得低于 1/2in,且连接牢固,无断丝。

(4) 深度传感器:

①排绳器上的转动销与深度传感器上的转动销配套。

②深度传感器安装螺母与排绳器上的安装螺纹配套。

③深度传感器测量深度准确。

(5) 数据、资料收集:

①测量井段、套管尺寸和下深、造斜点位置、人工井底位置、井斜角、方位角、补心高度。

②井内液体类型和井温。

二、仪器的组装与调试

1. 地面仪器连接

(1) 将计算机、热敏打印机、陀螺电源箱、接口箱和深度显示器放在安全、便于操作的位置。

(2) 连接计算机、打印机、接口箱、陀螺电源箱、深度传感器、深度显示器、司钻阅读器。

(3) 将滑环线与接口箱连接。

(4) 检查交流电源,输出电压为 120±5V,启动仪器工作。

2. 井下仪器连接

(1) 连接陀螺与探管,并用定位螺丝拧紧。

(2) 取下仪器外筒顶部的护丝,将连在一起的陀螺探管放入仪器外筒。

(3) 将陀螺供电总成与陀螺探管连接,用定位螺丝上紧后,将陀螺供电总成与仪器外筒连接,并上紧。

(4) 在仪器外筒下部依次连接加重棒、下部扶正器、加长杆、斜口管鞋或底部防碰器,并上紧。

(5) 在仪器外筒下部依次连接上部扶正器、电缆头,并上紧。

3. 仪器调试

(1) 地面设备和下井仪器连接好后,在电源正常的情况下,给仪器供电,启动仪器工作。如果陀螺能顺利启动，则说明仪器工作正常，关闭陀螺供电箱和接口箱电源，在确保陀螺停止转动后，将仪器下入井口，准备正式启动仪器施工。

（2）陀螺不能正常启动，则检查、排除故障。确保故障排除后，重复步骤（1）。

三、测量过程

1. 全井测量

（1）操作电缆滚筒，缓慢提起下井仪器，注意防止碰撞。

（2）将下井仪器放入井口，使仪器测量点位于转盘面或位于井口平面。

（3）待仪器静止后，给地面仪器设备供电，启动陀螺工作。

（4）标定陀螺参数。要求 $DI < 0.6°g/h$，$DS < 1.0°g/h$，$ASF < 0.033v/g$，$STSF < 0.6v/g$。

（5）深度计数器清零，输入标定参数。

下放仪器至一定的位置，在确保井斜小于 3°的情况下，启动陀螺自动寻北。仪器至少要读取两组数据，在确保地球角速度接近当地实际角速度值的情况下，选取其中多组读数的平均值作为陀螺寻北的参数。

（6）进行漂移检查，在漂移检查合格的情况下，进入低角度高速工作方式。

（7）下放仪器开始测量。仪器下放速度不得大于 140m/min。

（8）测量过程中，每下放 15min 做一次漂移检查。

（9）仪器下放过程中，监视井斜角的变化。当井斜角接近 20°时，停止下放仪器，做最后低角度高速工作方式下的陀螺漂移检查。

（10）检查陀螺漂移检查的结果。在符合陀螺漂移要求的情况下，进入高速工作方式。如果陀螺漂移检查的结果不符合要求，则应重新测量低角度高速工作方式所测量的井段或更换仪器重新测量。

（11）进入高速工作方式后，启动陀螺做高速工作方式下的漂移检查。漂移率不得大于 0.05°/h。如果陀螺漂移符合要求，下放仪器测量下部井段。如果陀螺漂移检查的结果不符合要求，则应查明原因或更换仪器进行下一步的测量。

（12）在高速工作方式下下测，测量速度不得大于 75m/min。

（13）下测过程中，每隔 15min 做一次漂移检查。

（14）下测过程中，井斜每增加 15°做一次漂移检查。

（15）高速工作方式下，G 值最大的偏差允许为 0.6°/h，A 值应小于等于 0.9G。漂移检查符合要求，继续测量。否则应缩短漂移检查的间隔时间。如果因仪器损坏而导致漂移过大，应更换仪器，重新测量。

（16）下放仪器接近井底时，缓慢减速，距井底 20m 时，停止下测。

（17）做下测的最后一次漂移检查。漂移检查合格后，准备上提仪器。

（18）在井口装上电缆刮泥器后，缓慢上提仪器，确保无井下事故后，加速上提。上测速度不得大于 75m/min。

（19）上提仪器的过程中，每隔 15min 做一次漂移检查。

（20）在到达下测时由低角度高速工作方式转换为高速工作方式时的测量点前，井斜每增加 15°做一次漂移检查。

(21) 到达下测时由低角度高速工作方式转换为高速工作方式时的测量时,停止上提仪器。
(22) 进行高速工作方式下的最后一次漂移检查。
(23) 漂移检查合格后,进入低角度高速工作方式。
(24) 继续上提仪器。在低角度高速工作方式下,仪器上测速度不得大于 140m/min。
(25) 在低角度高速工作方式下,仪器上测,每 15min 做一次漂移检查。
(26) 在距离井口 50m,缓慢减速,仪器接近井口时,卸下电缆刮泥器。
(27) 进行陀螺中心校正。
(28) 结束测量之前,打印出质量控制报告。

2. 单点、定向测量
(1) 操作电缆滚筒,缓慢提起下井仪器,注意防止碰撞。
(2) 将下井仪器放入井口,使仪器测量点位于转盘面或位于井口平面。
(3) 待仪器静止后,给地面仪器设备供电,启动陀螺工作。
(4) 标定陀螺参数。要求 $DI < 0.6°$g/h,$DS < 1.0°$g/h,$ASF < 0.033$v/g,$STSF < 0.6$v/g。
(5) 将仪器提出井口,将斜口管鞋与仪器的工具面位置对正。
(6) 将下井仪器上提至转盘面,将斜口管鞋定向槽置于正高边,高边数据设置为零。
(7) 深度计数器清零,输入需要输入的一切参数。
(8) 下放仪器,仪器下放速度不得大于 175m/min。
(9) 仪器到测量点后,启动仪器工作。选择手动输入 SETTLE/FETCH-122/3,然后进入随钻方式。
(10) 如果使用隔热套仪器外筒,执行步骤(12)。
(11) 将陀螺设置为 SHUTDOWN 工作方式。
(12) 静止钻具,停泵。初始化仪器。启动陀螺自动寻北。仪器至少要读取两组数据,在确保测量地球角速度和当地实际地球角速度符合的情况下,选取其中的多组读数的平均值作为陀螺寻北的参数。
(13) 进行漂移检查,在漂移检查合格的情况下,进入低角度高速工作方式。
(14) 仪器坐键。至少重复 3 次,每次误差不得大于 2°。
(15) 测量数据符合要求,转动钻具,将钻具摆在合适的位置。
(16) 记录最终的测量数据。
(17) 在井口装上电缆刮泥器后,缓慢上提仪器,确保无井下事故后,加速上提。上测速度不得大于 175m/min。
(18) 在距离井口 50m,缓慢减速,仪器接近井口时,卸下电缆刮泥器。
(19) 仪器处于井口时,检查深度计数器是否清零。
(20) 将仪器拉出井口,冲洗仪器外筒和扶正器,放松电缆,准备回收地面、井下仪器。

四、维护保养

1. 维护
(1) 仪器要防尘、防潮、防高温。
(2) 仪器在运输过程中要防震。

(3) 打印纸在10℃以下保存，不能靠近热源。
2. 保养
仪器、设备及附件保养按 SY/T 5416—1997 执行。

第七节　磁性单点照相自浮测斜仪测量规程

一、仪器的使用条件

(1) 测斜前要充分循环，有泵压下降或不稳定不能测斜。
(2) 发生井涌、悬重下降不能测斜。

二、操作方法

1. 仪器下井前的准备工作
1) 仪器运载装置总成下井前的准备工作

仪器包作为保护仪器测量机构总成的主要部件，要求平直，不能弯曲、变形等，且密封性能要好，密封面与密封接头配合处螺纹不能有损伤，而且必须注意仪器仓内要清洁干净、无杂物。

减震器是当仪器到达井底时起缓冲、减震作用的部件，每次下井应进行检查，减震器弹簧及托盘如有问题应当即更换，以免托盘被刺坏而卡住仪器。

悬挂胶棒、密封圈等每次测斜前后要进行检查，应无伤残老化等现象，如发现损坏，请及时更换。

2) 仪器测量机构总成下井前准备工作
(1) 电池充电。

待充电器与电池连接后，将充电器插入电源插孔即可充电，电池充电后应及时取出。注意：电池充电过程中充电器以红灯显示，电池充足后充电器以绿灯显示。

(2) 照相机的检查。

使用前应首先检查照相机片按钮的灵活性，要不卡不碰，应可看到片包按钮下端的红线；检查反光瓦是否保持清洁；胶片打入口是否卡阻胶片；照相机灯泡是否全部完好等。

3) 定时器的检查

同时按下时间设定按钮中"定时"和"启动"按钮，使时间设定在初始化，时间显示屏正常显示状态为"88"，待显示屏时间熄灭后，再定时，启动定时器，当照相机灯泡在设定时间正常照亮则定时器工作正常，如果定时器工作不正常，则可小心卸下灯泡座并仔细再次安装，以进行调整。

4) 罗盘的检查

检查罗盘内有无气泡，阻尼液是否浑浊，罗盘吊丝环晃动是否正常，镜头是否干净。

2. 仪器现场操作步骤
1) 照相机中装入胶片
(1) 在暗袋中将适量胶片装入打片器中。

(2) 将打片的定位销插入照相机的定位槽中,使打片器的出口对准照相机片包的装片上,吻合之后再按下片包按钮,推动打片器的打片板将胶片装入照相机片盒内。

(3) 若片盒按钮底端的红线槽隐藏,表示胶片已装入;否则胶片装入不正确,请重新装入胶片。

2) 定时器定时设置

定时器定时计算方法如下:

$$t = t_1 + t_2 + t_3$$

$$t_1 \approx 井深(m) \times 钻杆单位容积(L/m) \div 泵排量(L/s) \div 60$$

式中 t——测斜时间,min;

t_1——开泵后仪器在钻具内下行时间,min;

t_2——仪器组装时间 + 卸接方钻杆并将仪器投入钻具内时间,min;

t_3——适当调节时间余量,一般约为 3~5min。

3) 定时器定时设置

(1) 时间显示屏上时间设定初始化后,按下时间设定中的"定时"按钮,设定测斜所需的时间 t;显示屏将显示设定时间。

(2) 到达设定时间 t 时,照相机开始照相,曝光 6s 后照相结束,回到初始状态,等下次工作。

(3) 时间显示屏显示设定时间在持续 3s 后熄灭,若需重新调整设定时间,可同时按下"定时"和"启动"两按钮,使时间设定初始化,时间显示屏显示为"88"状态,熄灭后即可重新设定测斜时间。

(4) 若想检查所设定的时间 t,则可按"定时"按钮,时间显示屏即显示为所设定的时间 t,定时器时间设定的范围为:0~99min。

4) 仪器整体组装步骤

(1) 将悬挂胶棒与引导矛连接,再将仪器测量机构总成装入仪器仓中,用专用钳拧紧引导矛与仪器仓的接箍。

注意:仪器在装入仪器仓时,如出现卡阻现象应立即清洗仪器仓内筒,方法如下:将一根细长杆(<20mm)一端绑上棉纱,沾取适量酒精后深入仪器仓内进行精洗。

(2) 将仪器仓、浮力仓以及减震器连接起来,用专用钳拧紧接箍。

5) 仪器下井测量操作步骤

(1) 卸开方钻杆,将投掷式托盘技入钻具中,将托盘下落至无磁钻铤中,再将自浮测斜仪投入钻具中(注意:一定要将减震器一端朝下)。

(2) 接上方钻杆开泵循环,司钻可上下长距离活动钻具,也可用最低速度间断性转动钻具,但不可长时间连续转动钻具,以防止仪器脱扣。

(3) 测斜时间 t 快到时,需提前 2~3min 停止活动钻具,到达设定时间后应延迟 1min 停泵,以使仪器上浮,此时可大幅度上提下放钻具,低速转动转盘活动钻具,如果井下不正常,可待循环正常后再停泵让仪器上浮。

(4) 影响仪器上浮速度的直接因素是钻井液性能,在漏斗黏度低于 60s 的情况下停泵后上返速度一般为 100m/min,待仪器快要浮升至井口时提前卸开方钻杆,方钻杆与井口距离约保持 1m，同时保持方钻杆与钻具同轴，方钻杆不要左右晃动太大，以免撞断浮出的仪器（当钻具内液面太低时，可往钻具内灌入水或钻井液，使仪器浮出井口）。

(5) 将仪器从井中取出，即可进行胶片的显影及读片工作。

6) 胶片取法

(1) 将罗盘与照相机一同拧下，注意：不要拧动罗盘与相机的接口，以免胶片曝光。

(2) 在显影罐中加入适当洗像液后盖紧，打开显影罐槽口，将照相机胶片打入口与显影罐槽口对接好，按下照相机片仓按钮，使胶片进入显影罐内，关闭显影罐槽口，移开照相机。

(3) 转摇显影罐，以消除附着在胶片上的气泡，使胶片显影均匀；显影时间为 3～5min（注意：当气温太低如在冬天可适当加温），显影结束后取出即可读片。

7) 读胶片

(1) 将胶片放入读片器底部，使刻度数瞄准线准确地通过读片器的中心吊丝环十字线的交点，然后通过目镜读片。

(2) 方位角：瞄准线片对准的罗盘刻度数就是方位角度值（方位角度以 N 为 0 逆时针旋转 360°）。

(3) 井斜角：吊丝环十字线交点落在哪一条同心轴上，则该同心圆的圈数值即为被测点的倾角值，每一周同心圆表示倾角 1°。

三、仪器的维护与保养

1. 仪器运载装置总成的维护与保养

(1) 仪器使用后，要及时将仪器仓、浮力仓、减震器、引导矛等清洗干净并充分晾干，各处螺纹在刷洗干净并涂抹上黄油之后再装入仪器箱内。

(2) 严禁坚硬物体碰、砸仪器及浮筒；仪器使用后应及时检查运载总成各个部位，如外壳因碰产生凹痕或裂纹，各接箍脱、连接松动等，应停止使用并进行维修。

2. 仪器测量机构总成的维护与保养

(1) 每次使用仪器之后，需用棉纱粘取适量酒精仔细擦拭照相机、定时器、罗盘、电池及其连接螺纹、香蕉插头及插部芯部位，以保证仪器再次使用时各部位接触良好，导电可靠。

(2) 罗盘必须加倍爱护，保持清洁，严禁用手或粗布擦拭镜头，应定期对罗盘进行准确度校验和更换阻尼液。

(3) 电池每使用一次后，应及时充电；防止因电量不足，影响仪器正常使用。

第八节　650MWD 系统仪器操作

一、定子、转子、限流环选择

1. 定子、转子选择

定子角度指的是定子叶片的角度（27°、42°和 52°），转子角度是指转子叶片的角度

（35°和30°）。钻井液流经定子叶片，转子转动速度取决于定子角度和一定的流量。选错了定子，就可能造成发电机超速，因而缩短井下工具的寿命；或者发电不足，不能正常地向井下工具提供电能，因而需要正确选择施工所用的定子的角度。

注意：650施工所用缸套应在165mm（$6\frac{1}{2}$in）以上，如果低于该值，施工前应换大的缸套。如果双泵可以施工，可以考虑用稍小一点的泵。

选择步骤：

（1）通过与公司代表和定向工程师商量，为下一个钻头的运行确定流量的变化范围。

（2）在定、转子选择表上，用直角尺从预计的流量处画三条（正常流量，预计最高和最低流量）垂直线穿过工具操作限制区域，并在定、转子曲线和垂线的交点上，向左边发电机转速坐标线分别画三条正交线。

（3）选择提供发电机转速参考的定、转子角度必须在工具操作限制区域内，预计的最高和最低流量范围不得超过该区域。选择的定、转子最好在该区域的中间。

2. 限流环选择

限流环尺寸是指安装在限流环座上的限流环的内径。限流环的尺寸决定在脉冲发生器发送脉冲时施加在蘑菇头上的压力。地面接收到的脉冲的幅度随着限流环内径的增大而减小。脉冲发生器所承受的负荷应在保证一定的脉冲信号幅度的情况下脉冲发生器仍能正常工作，这就要求对限流环进行选择。

现场主要用PULl21选择限流环尺寸。

（1）所需信息。

系统类型：如选择650系统施工，则输入650；用1200系统施工则输入1200；

钻井液排量：输入所设计的钻井液排量值；

钻井液密度：输入所设计的钻井液密度值；

脉冲发生器类型：对650系统，输入2、3、4均可；1200系统，输入4即可；

钻杆尺寸：输入钻杆内径值；

钻头水眼数：输入钻头上水眼的个数。如果不知道钻头水眼的个数，输入0即可；

钻头水眼直径：软件自动要求输入某号水眼直径。输入值为英制尺寸，如14/32in的水眼输入14。对于非英制的尺寸，应换算成英制的尺寸后再输入。

钻头水眼总面积：如果输入钻头上水眼的个数为0，软件会提示输入钻头水眼的总面积。输入钻头水眼总的面积即可。

有效的钻头压力降：如果输入的钻头水眼总的面积值为0，软件要求输入该值。输入所希望的钻头压降值即可。钻头压力降指钻头内部的压力与外部所受的压力差。

排量衰减量：该值需经过分析、计算得出后输入软件即可。

（2）PULl21软件数据输入。

在电脑上进入PULl21软件后，光标会按顺序出现一些信息，现规定如下：

①输入在"（ ）"提示输入的某一范围内的值；

②"（ ）"里的值为当前缺省值。

PULl21软件允许输入在允许范围内的值，如果输入的值无效，PULl21软件将要求重新输入。如果用"（ ）"内的缺省值，直接按回车键即可。

有些参数的输入范围与选择的系统、脉冲发生器类型、钻井液排量、钻井液相对密度等有关。

③ PUL121 软件输出变量定义：

a. 钻头压降：指立管压力与钻井液经过钻头后的压力之差；

b. 偏移尺寸：当用蘑菇头定位工具确定蘑菇头位置时使用，该参数只用于 1200 系统；

c. 产生脉冲：给定的钻井液条件下，在蘑菇头处产生脉冲。该脉冲不表示在地面检测到的脉冲；

d. 蘑菇头指数：指相应的钻井液条件下，蘑菇头推盘轴向所受到的负荷指数（只用于 1200 系统），程序将给定的钻井液条件下的该指数限制在 800 以内；

e. 最大无脉冲钻井液排量：指井底设备仍在运转、但探管却不发射脉冲的最大钻井液排量。

二、分井下仪器总成组装

1. 脉冲发生器组装

组装步骤：

(1) 将脉冲发生器放在链式台钳上，固定其直径 2in 本体。

(2) 安装底部轴承，在底部轴承底台阶和脉冲发生器中间筒距台阶 1in 均匀涂上一层 620 金属固定胶，用转子压在底部轴承上，让 620 胶凝固 12h。

(3) 在脉冲器本体"O"形圈槽安装 125# "O"形圈（所有"O"形圈安装时均使用硅脂润滑，安装拆卸使用铜钩子。注意：所有"O"形圈及橡胶件禁止接触柴油等其他腐饰性油脂，否则，应清洗干净或更换）。

(4) 安装转子。

(5) 安装定子支撑管总成。它由顶部轴承、分流器和定子支撑管三部分组成，由反扣连接。在顶部轴承上安装 031# "O"形圈和 033# "O"形圈，然后与定子支撑管连接，上扣扭矩为 34N·m（25 ft·lb）。定子支撑管总成由三个固定螺丝（两个圆头一个平头）与脉冲发生器固定，其上扣扭矩为 9N·m（80 in·lb）。定子支撑管上有三个注油孔，要求注满硅胶。

(6) 在定子支撑管尾端"O"形圈槽上安装 141# "O"形圈，安装定子。

(7) 安装护罩。

(8) 在定子支撑管前端"O"形圈槽上安装 032#、030# "O"形圈。

(9) 使用链钳反扣连接鼻帽，上扣扭矩为 68N·m（50ft·lb）。

(10) 脉冲器最前端"O"形圈槽上安装 020# "O"形圈。

(11) 使用蘑茹头安装工具安装蘑茹头，上扣扭矩为 22N·m（16ft·lb）。

(12) 安装固定键。

(13) 安装直翼导流筒。

(14) 安装轴卡圈。装上后转动轴卡圈，确保轴卡圈完全卡在槽内。

(15) 安装隔套。

(16) 安装 218# "O"形圈（2个）。

(17) 戴上脉冲发生器保护冒。

2. 流筒总成的组装

(1) 鱼颈总成的组装。

①清洁鱼颈和限流环座，确保螺纹、密封圈槽干净、无毛刺。
②在限流环座内部底部密封圈槽内装入036#"O"形密封圈。
③将选好的限流环装入限流环座内，并用橡皮榔头压紧。
④在限流环座内部密封圈槽内装入229#"O"形密封圈。
⑤在限流环座外部密封圈槽内装入339#"O"形密封圈。
⑥将鱼颈卡在链虎钳上。注意不要损坏鱼颈上"O"形密封圈槽。
⑦限流环座锁片和鱼颈锁片装到鱼颈上。
⑧在限流环座螺纹上抹上铜质螺纹油，然后将限流环座组装到鱼颈上。用勾头扳手将限流环座上紧。
⑨转动限流环座锁片，使凸型锁卡对好限流环座和鱼颈两边的槽，用小冲子将两片凸卡分别砸入鱼颈和限流环座对应的槽内。鱼颈总成组装完毕。

(2) 脉冲发生器总成装入流筒及底环安装。
①检查流筒内部的耐磨套是否完好。如果耐磨套破裂，应更换后才能下井。同时检查或更换流筒内部的密封圈，必须保证密封圈下井前全部安装且完好。
②将流筒放在链虎钳上固定，其底部朝外。
③一定要保持流筒内部清洁，涂上一层润滑油。
④将脉冲发生器总成上直翼导流筒上的键槽对准流筒上耐磨套座的键块，然后将脉冲发生器总成安装到位。
⑤在底环螺纹上涂上铜质螺纹油，然后装入流筒，拧紧后卡入流筒C型卡子。

(3) 鱼颈总成装入流筒。
①松开链钳，倒转流筒方向并在链钳架上将流筒再次固定。
②确保锁紧螺母和鱼颈锁片仍在鱼颈总成上，在鱼颈的螺纹上涂上铜质螺纹油，然后将鱼颈总成装进流筒顶部，稍微拧紧，准备定位。

(4) 蘑菇头定位。
①将蘑菇头间隙指示器放入鱼颈内，用手推蘑菇头，松手后定位工具完全被顶回。
②转动鱼颈，使蘑菇头间隙指示器上的"MK Ⅵ"面精确地对正杆上的刻度，然后用勾头扳手拧紧锁紧螺母。在拧紧锁紧螺母时，鱼颈绝对不能转动。
③找出鱼颈和流筒上正好能分别对正鱼颈锁片凸头的孔所在的位置，做好记号。
④用勾头扳手松开锁紧螺母，将凸型锁片转到作标计的位置。
⑤将凸型锁片的凸头砸进流筒的槽内，再将锁紧螺母拧紧，这时鱼颈不能转动。在砸第二个凸头之前，再检查一次蘑菇头在流筒中的位置。然后将凸型锁卡的凸头砸进锁紧螺母的槽内。
⑥在鱼颈尾端"O"形圈槽内装两个345#"O"形密封圈，用胶带裹好，使其不被损坏。
⑦沿底环键槽方向，在流筒上画一道与流筒轴线平行的记号线，方便将仪器放入悬挂短节时准确坐键。然后测量流筒总成长度，应为$35.75\text{in} \pm 0.1\text{in}$ (90.8cm)。
⑧在流筒上注明脉冲发生器系列号、定子与转子角度、限流环尺寸。
⑨将组装好的流筒总成放在流筒支架上备用。

3. 井下仪器总成组装

1) 选择及安装扶正器

(1) 无磁钻铤内径为 71～72 mm，扶正器尺寸选 71.5mm（2.815in）。

(2) 无磁钻铤内径为 72～73 mm，扶正器尺寸选 72.3mm（2.845in）。

(3) 使用三个好的扶正器，在每个扶正器里面的密封圈槽内装上 031# "O" 形密封圈。

(4) 在探管保护筒上均匀地抹上润滑油，然后在朝下一端套上扶正器塞型安装工具。

(5) 将扶正器依次装入探管外筒，对齐扶正条，按 813mm（32in）的间距分布扶正器，然后上紧扶正器固定螺丝，上紧扭矩为 57N·m（70lbf·ft）。

注意：扶正器应经常变化安装位置，防止钻井液经常冲蚀探管保护筒的同一位置而损坏探管保护筒。理论上第一个扶正器金属端距底环的距离为 32in，但如果该位置探管保护筒冲蚀严重，应改变位置，然后下面的扶正器以第一个扶正器为基准，依此按 32in 分布。

2) 下井仪器总成的地面连接

(1) 把组装好的流筒总成和探管总成放在支架上。

(2) 在探管保护筒上抹上润滑油，装上合适的扶正器。

(3) 用电子清洁剂对探管接头、脉冲发生器底部接线柱、螺旋线接头进行清洁，待清洁剂干后牢固地连接好螺旋线和探管。

(4) 将探管装入保护筒，然后将定向总成与探管"T"形槽连接。

(5) 将定向总成与保护筒连接，用 45mm 摩擦扳手紧扣，扭矩为 100～150ft·lbf。

(6) 拧松芯轴螺母，退到螺纹外端，装上定向后帽，用摩擦扳手使定向后帽旋动，将主轴顶松。

(7) 用活动扳手固定主轴，保护筒可以相对主轴自由活动。

(8) 将螺旋线从保护筒拉出，与脉冲发生器连接。

(9) 连接保护筒和脉冲发生器。

(10) 用水平仪将探管和流筒的工具面调平，误差小于 1°，如果一次不能调水平，要用定向后帽将主轴顶松，重复调水平。然后将芯轴螺母和背母上紧，最后上紧定向后帽。

4. 各连接部位上扣扭矩

组装 650 系统井下仪器时，带螺纹部件的上扣扭矩如表 9-13 所示。

表 9-13　各连接部位上扣扭矩

连接部位	扭矩	
	ft·lbf	N·m
顶部轴承/定子支撑管	25	34
定子支撑管定位螺丝	80in·lbf	9
鼻帽	50	68
蘑菇头	16	22
限流环座/鱼颈	50～100	68～136
底环/流筒总成	100	136
鱼颈锁紧螺母	100～150	136～203
仪器外筒和定向器、定向器护帽	100～150	136～203

三、井下仪器总成井口安装

本部分所述内容为推荐的仪器井口安装的方法，具体的方法应根据实际情况确定。井口安装仪器前，需测量、计算好各配件的长度，具体的需要测量或计算的配件的尺寸如表9-14所示。

表9-14　650 MWD 系统施工需要测量的尺寸

名称	记录符号	值，in	数值类型
悬挂短节（HOS）长度	A	51.7	地面测量
流筒总成的长度	B	35.75	地面测量
HOS 上部螺纹平面到鱼颈顶部的距离	$C=A-B$	15.95	计算，钻台测量
与 HOS 上部螺纹连接的钻具的外螺纹长度	D	4.5	地面测量
2.0 in 挡板高度	—	2	规定
弹簧总成长度		5.00	规定
弹簧总成缩量	—	0.625	规定，实际太大
垫片高度	$E=C-2-5-D$	4.09	计算，地面准备
HOS 螺纹平面到挡板的距离	$F=D-0.625$	3.875	计算，钻台测量

注：(1) 表中的测量值为示范值，实际施工中应以实际测量或计算的数据为准。
(2) 弹簧总成压缩量考虑为 0.625in，实际施工中压缩量太大，容易压碎底环橡胶。实际考虑 0.2～0.4in 即可。那样 HOS 螺纹平面到挡板的距离应为 $D-(0.2～0.4\text{in})$。实际测量时，应以测量的数据为准，垫片高度应在井口调整。

1. 转盘钻进仪器井口安装

(1) 将无磁钻铤下入井内，坐于转盘，卡上安全卡瓦。
(2) 如果悬挂短节与无磁钻铤的扣型不一样，连接时需要使用无磁配合接头。
(3) 在悬挂短节上装上提升工具，上提，与无磁钻铤或无磁配合接头连接。
(4) 下放悬挂短节使其内螺纹距钻台面 0.8m 处，卡上卡瓦，打上安全卡瓦。
(5) 用提升工具将下井仪器组合吊起，使其进入悬挂短节，并坐键。必须确保坐键成功。
(6) 将弹簧总成、计算好的调整垫片和 2in 挡板装入悬挂短节。测量 2in 垫片距悬挂短节螺纹平面的距离是否与计算的一样，必须保证弹簧总成的压缩量不超过 0.625in。
(7) 连接上部钻具。

2. 随钻钻进仪器井口安装

随钻钻进仪器井口安装方法与转盘钻进仪器井口安装方法基本一样，不同之处如下所述：

1) 工具面传递
(1) 在转换接头上装上一个提升护丝并用大钳紧扣。
(2) 在钻铤上的刻度线处做上一个明显的记号。
(3) 上提钻具，直到定向刻度线露出转盘面约 1～2ft 的高度。
(4) 将钻铤上的刻度线引到定向刻度线处的环面，做上标记，并要求定向工程师确认是否准确，直到准确后做上确认记号。

2) 工具面偏移量测量

(1) 测量定向刻度线与钻铤上的刻度线引线处于同一环面的钻具的周长，记为 A。
(2) 从上向下看顺时针方向，测量确认记号到定向刻度线间的距离，记为 B。
(3) 计算工具面偏移量。计算公式为：$OFFSET = B/A \times 360$。
(4) 将该工具面偏移量输入到 PCDWD 软件中。

四、钻井液控制要求

650 系统的转子对钻井液中的杂质特别敏感，钻井液中的固相、磁性物质、管垢或其他杂质都很容易导致转子受阻而停止转动，从而导致井下仪器不工作。

使用 650 系统施工，要求井队、定向井工程师、测量工程师、钻井液工程师共同合作、监督，控制好钻井液的性能，确保施工的正常运行。

(1) 这种结构的 MWD 仪器，不允许在有微珠和其他堵漏材料，包括核桃壳、纤维材料等的钻井液条件下工作，并要严格控制钻井液的固相含量不超过 0.5%、塑性黏度不超过 50mPa·s。
(2) 对于长时间没有使用的钻杆，下井前要通径，并用大铁榔头敲击，震落里面的管垢和其他杂质后再下井。
(3) 必须使用浮阀，防止下钻过程中钻井液倒返带入的岩屑阻碍钻井液的流通及转子的转动。
(4) 650 系统下井施工前，如果钻井液中的杂质过多，要求井队循环处理钻井液，同时在地面用钻井液滤网和大磁铁清除钻井液中的杂质，直到钻井液符合施工要求为止。
(5) 650 系统施工过程中要放钻井液滤网。钻井液滤网放在方钻杆下面的单根里面，每次接单根前取出，清铣干净后再放入下一个单根。
(6) 开窗井从开窗锻铣开始，都要在振动筛钻井液出口和钻井液槽内放置专门的磁铁，并要定时清洗，以消除钻井液中的铁屑、钻杆中冲下来的铁垢。

五、井下仪器总成出井

井下仪器总成出井的操作步骤如下：
(1) 将悬挂短节提离转盘面约 2in，然后将悬挂短节坐在卡瓦上，打上安全卡瓦。
(2) 卸掉悬挂短节上面的钻具，上提至可以安全提出井下仪器的位置。
(3) 用清水清洗悬挂短节里面的脉冲发生器总成和 2in 垫片、调整垫片和弹簧总成。
(4) 取出 2in 垫片。
(5) 用专用提升工具取出垫片和弹簧总成。
(6) 用专用提升工具或插入—取出工具取出井下仪器总成，检查仪器外观有无冲蚀、损坏，然后将井下仪器用气葫芦下放到坡道上后，放置到安全的地方，准备拆卸。

注意：如果井下仪器用提升工具难以取出，则要使用插入—取出工具松动井下仪器总成，同时必须查明导致仪器难取出的原因。如果用提升工具上提井下仪器困难，千万不要硬拔，防止导致更复杂的情况。在提升工具提不动井下仪器的情况下，不要卸下 HOS，这样有可能会将井下探管保护筒和脉冲发生器总成间的连接松开，导致钻井液灌入探管外筒内。或者扭动流筒总成，或者是将井下仪器与 HOS 一起拉出，在这种情况下，井下仪器总成没有保护的设备，说不定什么时候会掉下来，这样能防止损坏井下仪器总成。

(7) 在悬挂短节上装上提升短节，上紧后用游车上提下部钻具，待卡住悬挂短节的卡瓦松开后，取出卡瓦，卸下安全卡瓦。

(8) 继续上提下部钻具直至配合接头或钻铤露出转盘面 1～2ft，将配合接头或钻铤坐于转盘，打上安全卡瓦，然后卸下悬挂短节，检查，用水清洗干净后将悬挂短节用气葫芦下放到坡道上。

(9) 再依次卸下配合接头、无磁钻铤并将它们安全下放到坡道上。

六、现场施工流程图

1. 仪器组装流程图

仪器组装流程如图 9-8 所示。

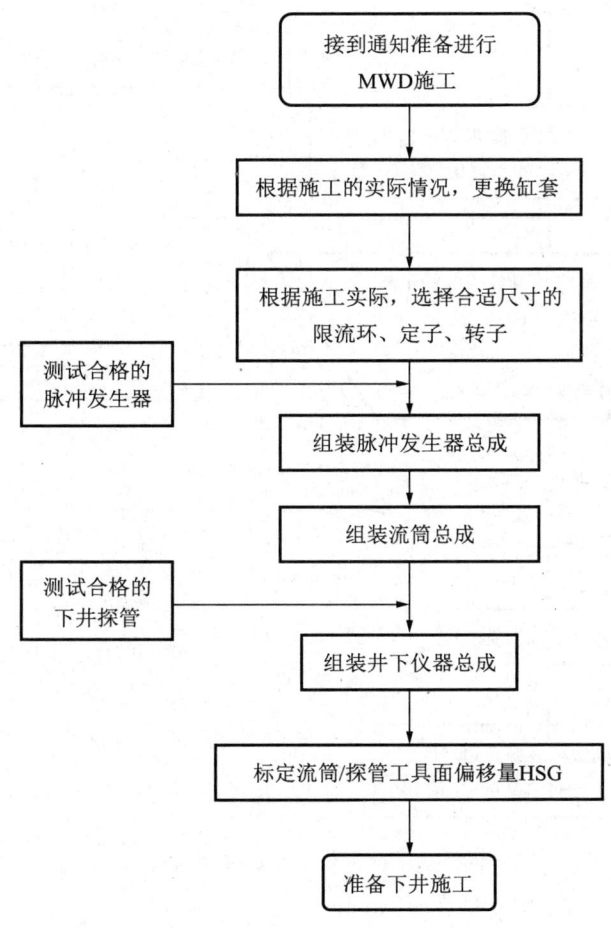

图 9-8　仪器组装流程图

2. 井下仪器井口安装流程图

井下仪器井口安装流程如图 9-9 所示。

3. 井下仪器出井井口操作流程

井下仪器出井井口操作流程如图 9-10 所示。

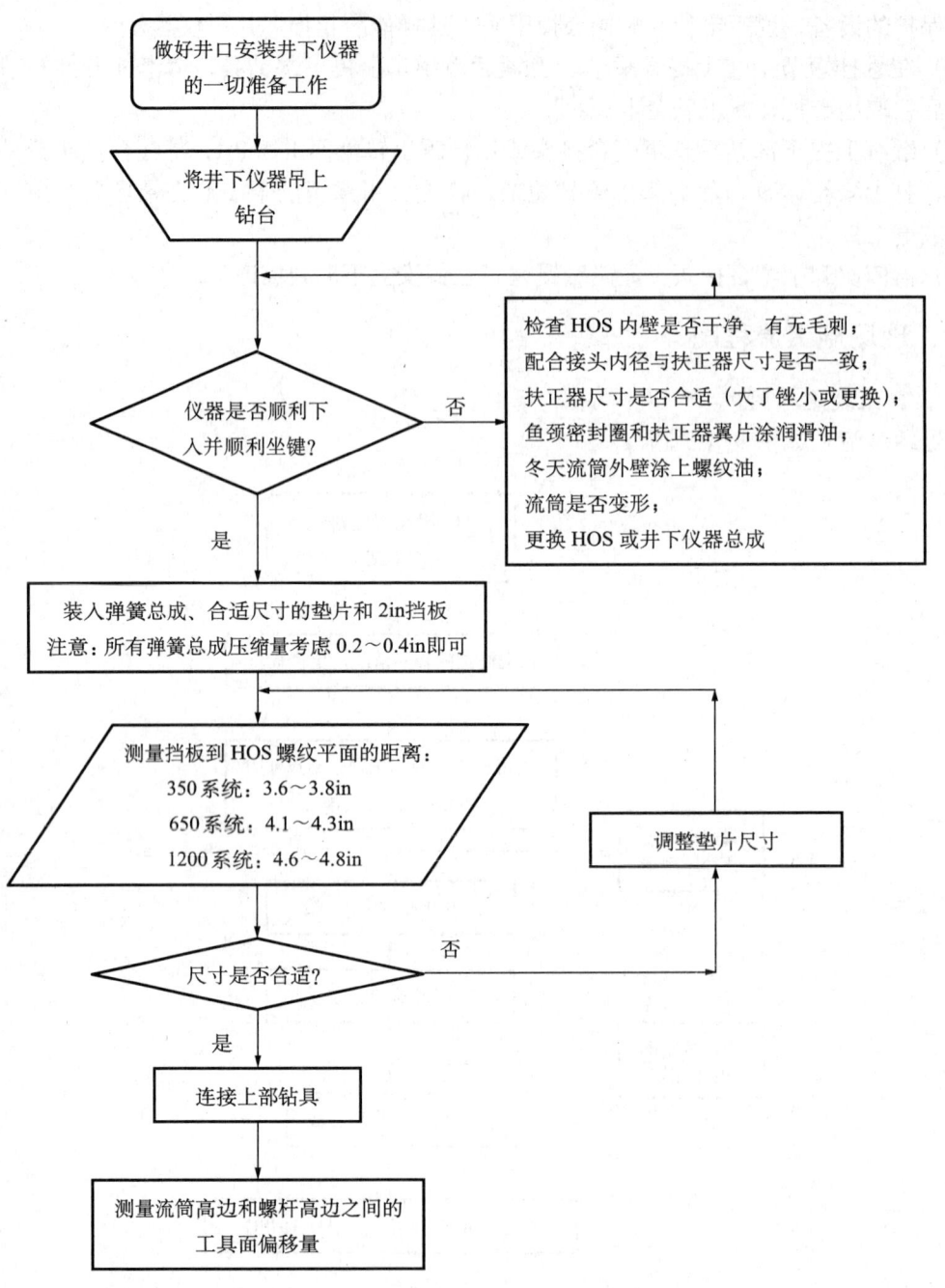

图 9-9 井下仪器井口安装流程

七、故障排除

1. 无信号

1) 浅层试验无脉冲

浅层试验的主要目的是为了检查井下仪器是否发射脉冲。当带动力钻具做浅层试验时由于钻具的振动造成压力不稳、在套管里面钻头容易受损，要想检测到完整的正确的数据比较难，因此只要检测出明显的波形，说明井下仪器发射脉冲，浅层试验就算获得成功。

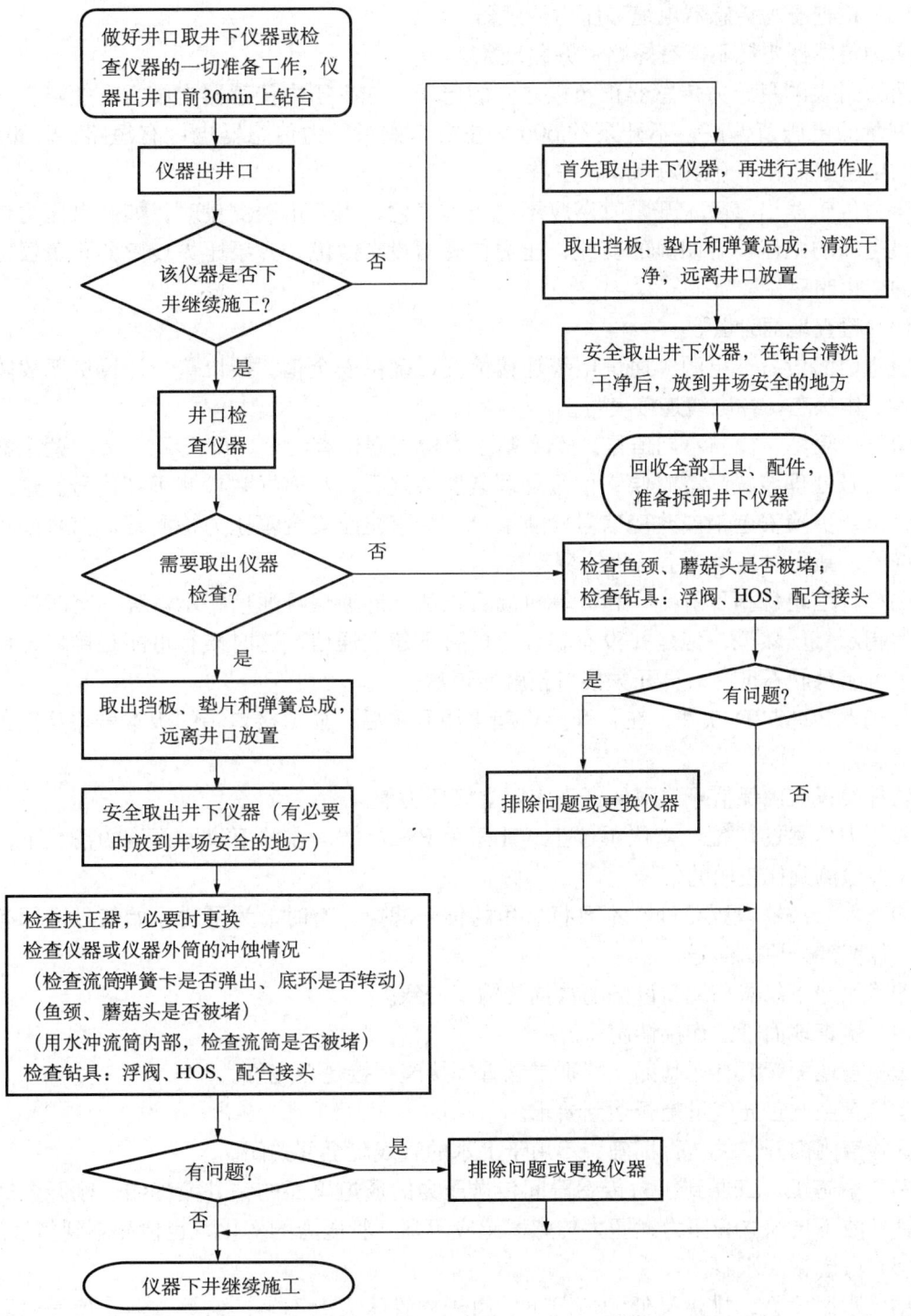

图 9-10　井下仪器出井井口操作流程

浅层试验无脉冲信号，如果不是井下仪器本身的故障，可以考虑以下几个方面的因素：
(1) 核实定子、转子角度和限流环尺寸是否符合要求。
对选择的定子、转子及限流环进行再次分析，确保定子、转子及限流环符合施工排量的要求，同时相应调整流量，使钻井液排量尽量达到设计的正常施工时的排量。

(2) 检查压力传感器电缆和压力传感器。

压力传感器电缆不能有短路、开路现象。

用万用表测量压力传感器正负极之间的电压。如果压力传感器电缆没有短路、开路现象，测量的电压值偏高，不开泵约 60mV 左右。如果压力传感器电缆有短路、开路现象，测量的电压值低，不开泵约 30mV 左右。

压力传感器出故障，开泵时感应不到压力变化，用万用表测量时，如开泵压力传感器正负极之间的电压没有明显的变化，压力传感器没有故障，开泵压力传感器正负极之间的电压的变化明显。

(3) 检查地面设备。

检查地面设备、电源、通信电缆连接情况，确保安全箱、接口箱、计算机无故障且已经进入工作状态，各电缆连接良好。

①安全箱坏，检测不到信号。安全箱压力检测端口有两个，即 Tx0、Tx1。两个端口里面都有信号处理装置，有时候该信号处理装置会烧毁，从而导致检测不到信号。这样的情况下，可以更换安全箱或改变信号检测端口。为了防止安全箱压力检测端口信号处理装置全部烧毁，施工时只用一个信号检测窗口。

②接口箱电源指示灯亮，和计算机间真正建立起通信且通信指示灯亮。有时接口箱上的通信指示灯虽然亮，但是并没有和计算机真正建立通信，这时候有可能是接口箱已经损坏，也可能是假不正常，再开关接口箱就能正常。

③进入 PCMWD 软件，在打开接口箱电源开关后，显示接口箱的版本号才算真正进入工作状态。

软件设置应确保信号门限值低于实际立管压力值。

④压力信号的单位，毫伏单位小，比采用 PSI 灵敏，在井下仪器正常的情况下，用毫伏单位能检测到比较弱的信号。

⑤确保滤波器设置正确，不要将有用的信号滤掉。有时，为了对原始信号进行有效分析，应保留部分原始信号。

⑥确保井下仪器和地面设备的数据传输率一致。

(4) 检查地面管汇连接情况。

①检查地面管汇有无刺漏，特别是立管焊接座焊接是否完好。

②检查空气包充气量是否达到要求。

③检查闸门开、关是否正确。不用于上水的管线应全部关闭。

④冬季施工，三通到压力传感器间传送压力的通道里面的钻井液冻结，刚开泵时，冻结的钻井液不传递立管压力，压力传感器感应不到立管压力的变化，也检测不到信号。

(5) 考虑钻头水眼。

钻头水眼太大，排量又低的情况下，由于立管压力上不来，信号过弱，信号检测就困难。有时候怕做浅层试验损坏钻头而不加钻头，不接钻头和马达直接做浅层试验，也很难出信号。

(6) 继续下钻试验。

在以上情况都正常的情况下仍检测不到信号，下钻至 10 柱左右后，开泵重做浅层试验。如果再不出信号，则应考虑起钻更换仪器。

2）下钻到底无信号

（1）检查地面设备和各通信电缆。

结合浅层试验无脉冲的有关情况，检查地面仪器和电缆的情况，首先排除地面故障。

（2）考虑排量是否满足定子、转子、限流环的工作需要。

钻井液相对密度过大而限流环偏大、限流环和蘑菇头间的距离偏大时，通常会导致信号衰减厉害，传到地面信号几乎全被衰减掉，导致地面检测不到信号。排量不足也使信号紊乱。提高排量，满足定、转子的工作需要，能排除故障。

（3）检查上水管汇。

结合浅层试验无脉冲的有关情况，检查上水管汇，确保信号不是因为上水管汇的原因造成的。

（4）检查立管压力。

检查立管压力，超深井施工时，压力在 16～19MPa 时，不影响信号的传输。

当立管压力高达 20～22MPa 而泵上水又不好时，钻井泵上水时的瞬间高噪声信号往往会覆盖掉有用信号而导致检测不到信号。这时可以在满足井下仪器正常工作的情况下适当降低泵冲数以降低瞬间高压噪声信号对正常信号的干扰。

（5）检查数据传输率。

数据传输率对信号影响很大。如果井下仪器和地面设备的数据传输率不一致，正确的信号肯定检测不到。同时，根据施工的经验，当井下仪器数据传输率为 0.8Hz 时，有时地面信号与杂波一样，毫无规律可循，即使地面设备的数据传输率也为 0.8Hz，也看不出有用的信号，仪器也检测不到信号。这时通过改变井下仪器的数据传输率，可以得到质量很高的信号。仪器在 0.5Hz 工作，既可延长仪器的使用寿命，又可得到很好的信号。

（6）改变泵冲数。

泵冲频率应绝对避免在工作的数据传输率附近，这样会导致有效信号的丢失。特别是 350 系统，施工前就应通过改变缸套尺寸使正常施工的泵冲数避开 30 冲/min 和 48 冲/min 的频率。如果泵冲频率与正在工作的数据传输率一致，应改变泵冲数。

（7）检查钻井液是否存在气侵。

对于高压油气层，钻井液往往会受到气侵。受到气侵的钻井液，对信号的衰减特别厉害，这时需要在钻井液中加入除泡剂，充分循环钻井液。

（8）循环钻井液一周，排除钻井液柱里面的空气。

在下钻过程中，灌钻井液时，往往会在钻具中留下一些空气柱。刚下钻到底时，由于空气柱的存在，信号肯定传不到地面。这时循环钻井液，排除空气柱，信号即可恢复正常。

（9）检查泵。

泵不好经常导致信号检测困难。检查泵的噪声是否过大、有无刺漏、密封圈是否损坏、是否吸入金属碎块等。必要时维修、更换。

（10）再无办法，起钻检查仪器。

2. 探测问题

井下仪器发射的脉冲正常，但是往往要花很长时间才能检测到测量数据。这主要是测量过程中存在的一些不足，只要处理得当，会很快得到测量的数据。

（1）缓慢活动钻具，因为迅速运动会造成很大的压力变化，影响脉冲信号的传递，接口箱或计算机准备破译信号时,应该保持钻具静止。转动钻具通常对信号传递影响小一些。

(2) 仪器进入工作状态后,逐渐变化泵速。如果传送数据时快速变泵速,可能使立管压力突然变化,造成数据信号变形或把人为泵压变化当成井下信号压力变化而导致检测错误。

(3) 尽可能减小突然钻压。突然的钻压变化,也可能丢失好的脉冲波形。

(4) 加压平稳,并把钻压控制在一定的范围内。钻压过大,使钻井液马达扭矩过大或停止转动,造成数据不稳定。

(5) 尽可能避免顿钻、溜钻及快速钻进。这些因素都有可能造成脉冲信号紊乱。

(6) 空气包充气适量。应是立管压力的30%~40%。充气不适量,因为上水管汇剧烈震动,使脉冲信号探测不好。

(7) 监视地面管线连接。关闭不用管线上的阀、未使用的泵和其他死端管线。如果没有关闭阀,脱离非工作系统,也会极大影响脉冲探测。

(8) 减小泵噪音。如果泵状况不好,如有严重磨损或阀弹簧破碎,就会增加钻井液管线额外噪音干扰。泵状况好,脉冲探测则良好。

(9) 使用软件滤波。根据最小泵冲数定好奇数共振滤波,冲数小于40冲/min通常会影响脉冲探测。同时,泵冲频率应避免当时传输数据时的数据传输率。

(10) PCDWD保存文件对测量数据的影响。

PCDWD系统在施工过程中,每隔一定的时间或一定大小的文件会对测量数据自动保存。在保存文件的过程中,计算机可能是太忙,对信号不进行检测。文件保存完毕,再显示的本组测量数据的剩余的数据基本上全是错误的数据。

(11) 正常施工时,如果在钻井液中添加药品或改变钻井液性能,信号会受到干扰,循环一段时间后,信号会自动恢复正常。

(12) 正常施工时,若交叉换泵(开双泵),信号会受到干扰。

(13) 轻微井漏时,信号也会受到干扰。这时合理选择泵冲数,保持一定范围内的排量,也会检测到正确的信号。严重井漏则不能继续施工,以确保井下仪器的安全。

八、不适应MWD施工的环境

(1) 在有微珠的钻井液中工作。

钻井液中含有微珠,会卡在底部轴承和定子之间,阻碍转子转动。对于带护盖的转子,还会卡在转子护盖和流筒的间隙间,导致转子更难转动。

对于350系统和650系统,由于转子不带护盖,在加大定、转子角度,工作时间不长的井中,可以慎重施工。

(2) 在有堵漏材料的钻井液中施工。

堵漏材料包括中、细核桃壳,各种纤维材料、编织袋、密封材料等。

这些材料有可能发生堵死定子、卡死转子、缠死蘑菇头、阻止蘑菇头伸缩等现象,导致仪器不工作。

(3) 钻井液的固相含量高、塑性黏度高。

钻井液固相含量高,会导致大量固体物在转子的磁芯里面堆积,最终容易导致转子受阻。

塑性黏度高，信号衰减厉害，在深井中难以工作。

打完水泥没有循环好，钻杆中有水泥块，钻井液中有大的橡胶块没滤掉，钻井液中有大的固体等，都有可能发生卡死转子、卡死蘑菇头、阻止蘑菇头伸缩等现象，导致仪器不工作。

（4）钻杆铁锈特别多。

长时间没有使用的旧钻杆，铁锈特别多，如果这些铁锈进入钻井液中，有可能发生堵死定子、卡死转子等事故。

这种情况下，下井前要通径，并用大铁榔头敲击，震落里面的管垢和其他杂质后再下井。

（5）钻井液 pH 值小于 7。

pH 值小于 7，钻井液呈酸性，会腐蚀井下仪器。

（6）井底钻井液温度低于 70°F（21℃）。

仪器工作温度低于 70°F（21℃），脉冲发生器可能很难进入工作状态。特别是在新疆冬天进行浅层实验，在很低的温度下，脉冲发生器有可能没有进入工作状态，信号检测不到，并不一定是仪器不工作。

（7）在柴油油基钻井液中工作。

柴油会使脉冲发生器的胶杯软化，最终使胶杯鼓起来，从而导致井下事故。

（8）钻井液密度大于 12 ppg（1.45g/cm^3）

钻井液密度高，信号衰减幅度大，在深井中会导致信号检测困难。

（9）钻头水眼特别小。

钻头水眼特别小，会导致立管压力很高，这种情况下如果泵上水又不好时，钻井泵上水时的瞬间会产生很高的压力信号，高噪音信号往往会覆盖掉有用信号而导致地面检测不到信号。同时，钻头水眼特别小，立管压力很高，脉冲发生器发射脉冲需要的力很大，往往会导致脉冲发生器损坏。

（10）平底 PDC 钻头。

使用平底 PDC 钻头，由于钻井液必须从钻头底部往外流出，加压时往往容易憋泵，导致地面检测不到信号。

（11）钻井液存在气侵。

对于高压油气层，钻井液往往会受到气侵。受到气侵的钻井液，对信号的衰减特别厉害，这时需要在钻井液中加入除泡剂，充分循环钻井液，直到气侵排除。

（12）严重井漏。

轻微井漏时，仪器能检测到信号。严重井漏时，仪器检测信号困难，且井下仪器不安全，因此严重井漏时仪器不能下井。

（13）井下温度高于 257°F（125℃）。

井下温度高于 257°F（125℃），脉冲发生器有可能不工作或工作寿命将大大缩短。

（14）赤铁矿作为钻井液加重剂。

赤铁矿作为钻井液加重剂，钻井液相对密度很高，会增加信号的衰减量，在深井、超深井中施工会影响信号的传输，导致信号检测困难。此外，使用赤铁矿会加大对仪器的冲蚀，同时其本身的磁性会影响仪器的测量精度。

在以上条件下施工，对仪器工作不利，甚至会导致井下仪器会不工作，应尽量避免。

九、对 MWD 施工有影响的操作方法

（1）下钻过程中不按时灌钻井液。

下钻过程中，如果不按时灌钻井液，会使胶杯因承受太大的压差而破裂。使用单向阀施工，下钻过程中，仍需要灌钻井液。

（2）不放钻井液滤网。

不放钻井液滤网，会导致较大的固体或编织物进入井下钻具，导致堵死定子、卡死转子、缠死蘑菇头、阻止蘑菇头伸缩等现象，导致仪器不工作。

（3）多次快速开关泵。

多次快速开关泵，使定子支撑管多次受到冲击，容易导致定子支撑管定位螺丝震断。

另外多次快速开关泵，还有可能改变井下数据传输频率和长、短测量工作方式。

（4）锻铣不清除钻井液中的铁屑。

铁屑进入井下钻具，阻碍转子转动，磨蚀脉冲发生器本体，对马达也不利。

（5）突然的钻压变化。

钻进过程中，突然的钻压变化，可能丢失好的脉冲波形。

（6）正常钻进时改变钻井液性能。

正常施工时，如果在钻井液中添加药品或改变钻井液性能，信号会受到干扰。循环一段时间后，信号会自动恢复正常。

（7）钻进过程中交叉换泵。

正常施工时，若交叉换泵（开双泵），信号会受到干扰。应尽量避免交叉换泵。

（8）不使用浮阀。

不使用浮阀会使下钻过程中钻井液倒返，有可能带岩屑进入脉冲发生器总成，阻碍钻井液的流通及转子的转动，影响仪器正常工作。

（9）使用 0.8Hz 的频率施工。

蘑菇头伸缩频率快，伸缩不到位，导致信号质量差，信号在地面很难被检测到，有时会误判断井下仪器坏损坏，同时缩短脉冲发生器的有效工作寿命。

（10）跳钻、墩钻、憋钻、溜钻。

容易导致井下仪器损坏、信号紊乱及井下安全事故。

第十章 水平井钻井技术

第一节 概 述

水平井设计是水平井钻井成套技术中的首要环节。水平井设计工作的优劣，决定着一口水平井能否顺利地进行钻井施工，乃至能否取得预期的经济效益，因此必须引起足够的重视。

如果说钻定向井的目的主要是解决地面障碍，问题的性质仍局限于钻井工程技术本身的范畴，那么，钻水平井的目的则主要是解决地下油藏的效益和产量问题，问题的性质已经从钻井工程技术本身进一步扩展到产层的地质与油藏工程方面。为了达到提高水平井单井产量的根本目的，水平井的设计思路和方法与常规的直井、定向井不同。它把产层的油藏特性描述和地质设计作为整个设计工作的重点。由于水平井的投入成本一般明显高于直井和定向井，所以在水平井的整个设计工作中，除直井、定向井要考虑的因素以外，还要包含产量预测和经济评价这两个环节。

水平井的设计思路和基本方法是：

目的层油藏地质设计—产量预测—完井方法选择—水平段设计—目的层以上的剖面设计—套管程序设计—井下工具及测量方法选择—水力参数设计与地面设备选择—经济评价。

简而言之，水平井设计是一个"先地下后地面，自下而上，综合考虑，反复寻优"的过程。此过程涉及大量的分析计算和对比选择，因此一般需在计算机上实施。

一、水平井靶区参数设计

与定向井的靶区不同，水平井的靶区一般是一个包含水平段井眼轨道的长方体或拟柱体。靶区参数主要包括水平段的井径、方位、长度、水平段井斜角、水平段在油层中的垂向位置以及水平井的靶区形状和尺寸即水平段的允许偏差范围。确定这些参数要综合考虑地质、采油和钻井工艺的要求与限制，以保证高产、安全、低成本目的的实现。

1. 水平段长度设计

对水平段的井径与方位，已经作过讨论。对水平段长度，除了前面论及的影响因素外，在实际设计中，有时还受到油田开发方案及油区许用边界的限制。设计方法是：根据油井产量要求，按照所期望的产量比值（即水平井日产量是邻近直井日产量的几倍），来求解满足钻井工艺方面的约束条件的最佳水平段长度值。这些约束主要是指包括钻柱摩阻、钻机能力、井眼稳定周期及油层伤害状况等因素的限制。

2. 水平段井斜角确定

确定水平段井斜角的设计值一般应综合考虑地层倾角、地层走向、油层厚度以及具体的勘探或开发要求，我国对石油水平井的水平段井斜角设计值的要求一般是不小于86°。

在通常情况下，水平段与油层面平行，其井斜角为：

$$\alpha_h = 90° \pm \beta \tag{10-1}$$

式中　α_h——水平段设计井斜角，(°)；
　　　β——油层地层倾角，(°)。

式中"±"选择依井眼方向与地层倾向的关系而定：若沿地层上倾方向，取"+"；若沿地层下倾方向，取"－"。

当地层倾角较大而水平段斜穿油层时，则应考虑地层视倾角对水平段设计井斜角的影响，即：

$$\alpha_h = 90° - \arctan[\tan\beta\cos(\phi_d - \phi_h)] \tag{10-2}$$

式中　ϕ_d——地层下倾方位角，(°)；
　　　ϕ_h——水平段设计方位角，(°)。

3. 水平段的垂向位置的确定

油藏性质决定了水平段的设计位置。对于无底水、无气顶的油藏，水平段宜置于油层中部；对于有底水或气顶存在的油藏，设计原则是水平段应尽量远离油水或气水界面；对于同时存在底水和气顶的油藏，应以尽量减小水锥和气锥速度为原则来确定水平段位置；对于重油油藏，为提高采收率，水平段应在油层下部，以便使密度较大的稠油借助重力流入水平井眼。

4. 水平井靶体设计

水平井的靶体设计实质上就是要确定水平段位置的允许偏差范围，它将受两方面的限制：其一，严格控制允许偏差有利于把井眼轨道控制在最有利的地质储层内；其二，对允许偏差限制过严会加大实际钻井中井眼控制的难度，加大钻井成本。因此，在进行靶体设计时应综合考虑所钻油层的地质特性、钻井技术水平和经济成本等因素，在满足钻井目的的前提下，尽量放宽允许偏差，以降低控制难度和钻井成本。靶体的垂向允许偏差即靶体的高度，它与油层厚度及油藏形态有关，必须等于或小于油层厚度。靶体的上下边界应避开气顶和底水的影响，保证把水平段的井眼轨道限定在有利的范围内。一般来说，靶体上下边界对称于水平段的设计位置，但在有特殊要求的情况下并不必须对称，即上、下偏差可以是不等值的。靶体的宽度（即横向允许偏差）一般是其高度（即垂向允许偏差）的几倍（多为5倍）。靶体的前端面称为靶窗，后端面称为靶底，常见的靶体是以矩形靶窗为端面的长方体，或拟长方体，如图10-1所示。加大靶窗的宽度，有利于降低着陆控制即中靶的难度。有时在地质设计允许的前提下，加大长方靶体两侧的方位允差，以减少在水平钻进时纠方位的麻烦，因而得到的是靶底大于靶窗的棱台形靶体。

对有特殊勘探开发目的的水平井，如巷道式开发井、注蒸汽进行热采的成对水平井，靶体尺寸要求十分严格，其靶窗是一个尺寸较小的矩形或者圆形，相应的靶体是一个不允许加宽的长方体或圆柱体。

二、水平井的剖面设计

剖面设计就是要确定水平井段以上的井眼几何轨道。除了在特殊情况下因需绕障而要

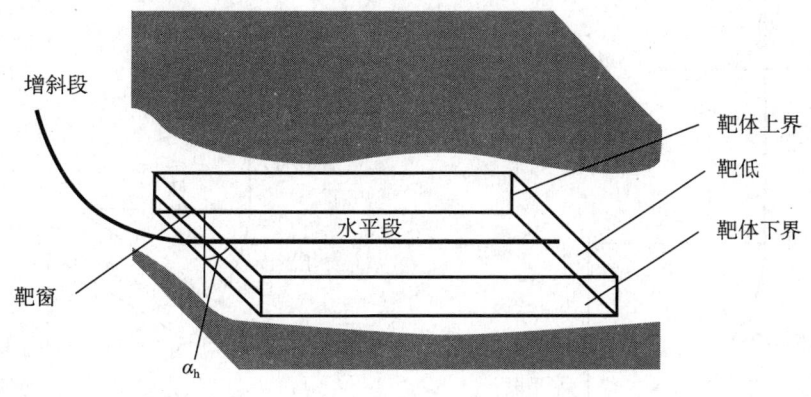

图 10-1 水平井靶体示意图

对井身轨道进行三维设计外,一般情况下都是二维设计,即把井身轨道设计成通过水平段的铅垂平面内的曲线或曲、直线段组合。

井眼轨道设计是轨道控制的基础和依据。最好的井眼轨道设计应是最接近施工实际,降低控制难度的设计。因此,在某种意义上说,比较实钻轨道与设计轨道的误差,结合施工难度和钻井成本,可对井眼轨道设计水平的优劣作出"事后评价"。

从理论上讲,水平井的井身剖面可根据实际需要而设计成多种不同类型。但实际上应用最多、最有代表性的有 3 种类型。

1. 单弧剖面

如图 10-2 所示,又称"直—增—水平"剖面,它由直井段、增斜段和水平段组成,其突出特点是用一种造斜率使井身由 0° 造至最大井斜角 α_h。这种剖面适用目的层顶界与工具造斜率都十分确定条件下的水平井剖面设计。通常可用于侧钻短半径水平井的井身剖面设计。

2. 双弧剖面

如图 10-3 所示,又称"直—增—稳—增—水平"剖面,它由直井段、第一增斜段、稳斜段、第二增斜段和水平段组成,其突出特点是在两段增斜段之间设计了一段较短的稳斜调整段,以调整由于工具造斜率的误差造成的轨道偏离。这种剖面适用于目的层顶界确定而工具造斜率尚不十分确定的情况,是中、长半径水平井比较普遍采用的一种剖面设计。

3. 三弧剖面

如图 10-4 所示,又称"直—增—稳—增—稳—增—水平"剖面,它是由直井段、第一增斜段、第一稳斜段、第二增斜段、第二稳斜段、第三增斜段和水平段组成,其突出特点是在三个增斜段之间相继设计了两个稳斜段,第一稳斜段用于调整工具造斜率的误差,第二稳斜段则用于探油顶,即调整目的层顶界误差。这种剖面适用于目的层顶界和工具造斜率都有一定误差的条件下,尤其适用于薄油层水平井设计。

尽管靶窗的上、下限可在一定程度上对油层顶界误差和工具造斜率误差进行一定的调整,但这种调整是微乎其微的,尤其对于长半径水平井和当油层顶界有较大偏差时更是如此。

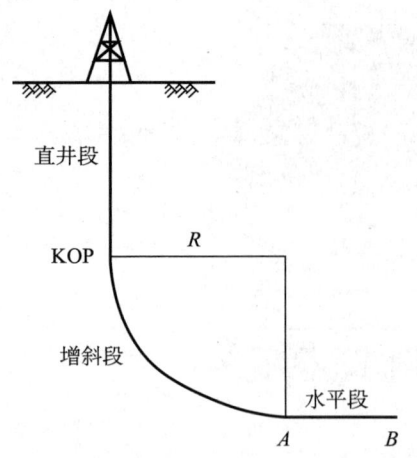
图 10-2 单弧剖面水平井示意图

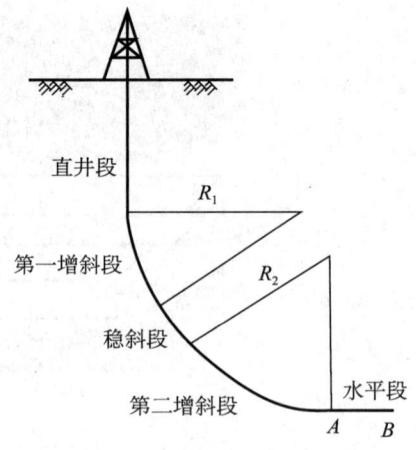
图 10-3 双弧剖面水平井示意图

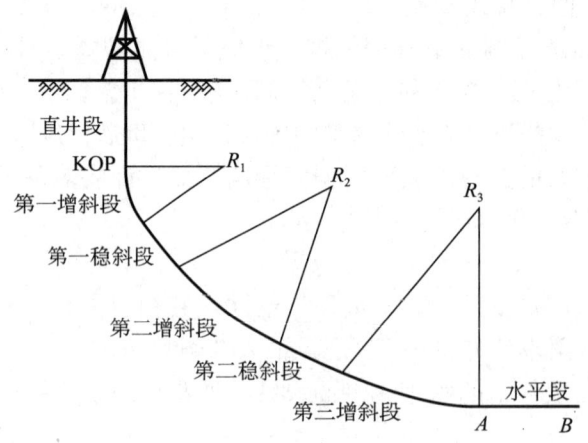
图 10-4 三弧剖面水平井示意图

第二节 水平井段轨道设计

随着水平井技术的不断发展和完善,实现了用一口水平井开发两个甚至多个连续薄油层,层叠状油层,断块油层等,相当于2口甚至2口以上水平井的开发效果,可以节约钻井投资,提高单井产能及采收率、取得显著的经济效益。

从几何形状上来看,常规的水平井段是连接两个靶点的直线段。当靶点的位置确定之后,该直线段的长度和井斜角、方位角就随之确定了,设计方法和设计过程都很简单,这里,主要研究特殊形状水平井段的设计方法。

一、拱形水平井段设计

拱形水平井段以单圆弧为过渡井段,用一口水平井开发两个具有不同井斜角的油气层如图 10-5 所示。在井眼轨道的设计方法上，拱形水平井段与常规的三段式剖面（J 形剖面）相似，可以借鉴三段式剖面的设计方法。

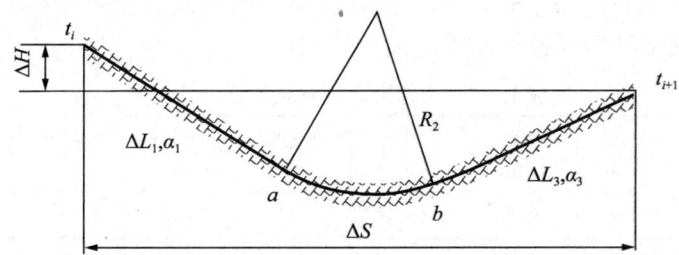

图 10-5 拱形水平井段示意图

拱形水平井段由 2 个稳斜段和 1 个圆弧段组成，井眼轨道的参数以井段序号作为标示，当两个相邻靶点 t_i 和 t_{i+1} 的位置确定之后，它们之间的垂深增量 ΔH 和水平位移增量 ΔA 也就随之确定了。如前所述，根据储层的倾角、走向（或下倾方向）以及水平井段的设计方位或与下倾方向的夹角，可以确定出两个稳斜段的井斜角，所以 α_1 和 α_3 往往是作为设计的已知参数。此外，由于 α_1 和 α_3 一般相差很小，所以圆弧段往往是较短的。可以认为是一种过渡井段或调整井段。因此，拱形水平井段设计的实质就变成了如何确定两个稳斜段的段长 ΔL_1 和 ΔL_2。

根据几何关系，容易得出

$$\begin{cases} \Delta L_1 = \dfrac{\Delta H \sin\alpha_3 - \Delta A \cos\alpha_3}{\sin(\alpha_3 - \alpha_1)} - R_2 \tan\dfrac{\alpha_3 - \alpha_1}{2} \\ \Delta L_3 = \dfrac{\Delta A \cos\alpha_1 - \Delta H \sin\alpha_1}{\sin(\alpha_3 - \alpha_1)} - R_2 \tan\dfrac{\alpha_3 - \alpha_1}{2} \end{cases} \quad (10-3)$$

显然，上式要求 $\alpha_1 \neq \alpha_3$，即两个稳斜段的井斜角不应相等，事实上，这是理所当然的，否则就无需设计成拱形剖面。此外，很容易看出 ΔL_1 和 ΔL_2 与 R_2 呈线性变化关系。

例 10-1 某水平井设计方位为 60°，用于开发具有泥岩隔层的 2 个薄油层。根据储层的倾角和走向，要求在设计方位上 2 个油层井段的井倾斜角分别为 $\alpha_1 = 87°$ 和 $\alpha_3 = 92°$。地质设计所给出的首末靶垂深差为 $\Delta H = 2\text{m}$、水平位移 $\Delta A = 500\text{m}$。若选用 $\kappa_2 = 4°/30\text{m}$ 的造斜率在泥岩隔层段调整井斜角，试设计该水平井段。

根据要求，应采用下拱形轨道设计方案。由式（10-3）得：$\Delta L_1 = 204.38\text{m}$，$\Delta L_3 = 258.57\text{m}$。如果坐标数据以首靶为基准（即相对于首靶的坐标增量），则水平井段的设计结果见表 10-1。

表 10-1 下拱形水平井段的设计结果

井深 m	井斜角 (°)	方位角 (°)	垂深 m	北坐标 m	东坐标 m	水平位移 m	平移方位 (°)	水平长度 m	备注
0.00	87.00	60.00	0.00	0.00	0.00	0.00	—	0.00	t_1 点
204.39	87.00	60.00	10.70	102.05	176.76	204.10	60.00	204.10	a 点
241.89	92.00	60.00	11.02	120.80	209.22	241.59	60.00	241.59	b 点
500.45	92.00	60.00	2.00	250.00	433.01	500.00	60.00	500.00	t_2 点

例 10-2 某水平井的设计方位为 200°，2 个油层井段的井斜角依次为 $\alpha_1 = 92°$ 和 $\alpha_3 = 89°$，首末靶的垂深差为 $\Delta H = -8m$、水平位移为 $\Delta A = 460m$。根据要求，应采用上拱形轨道设计方案。若选用 $\kappa_2 = 4°/30m$ 的降斜率，则由式（10-3）得：$\Delta L_1 = 294.98m$，$\Delta L_3 = 142.73m$。水平井段的设计结果见表 10-2。

表 10-2 上拱形水平井段的设计结果

井深 m	井斜角 (°)	方位角 (°)	垂深 m	北坐标 m	东坐标 m	水平位移 m	平移方位 (°)	水平长度 m	备注
0.00	92.00	200.00	0.00	0.00	0.00	0.00	—	0.00	t_1 点
294.98	92.00	200.00	−10.29	−277.02	−100.83	294.80	200.00	294.80	a 点
317.48	89.00	200.00	−10.49	−298.16	−108.52	317.30	200.00	317.30	b 点
460.21	89.00	200.00	−8.00	−432.26	−157.33	460.00	200.00	460.00	t_2 点

可以验证：对于例 10-1 和例 10-2 在相同的设计条件下，与三段式剖面的设计结果完全吻合。

拱形水平井段分为上拱形和下拱形两种，设计和施工时要重点考虑第 2 个油层井段所带来的相关问题。上拱形水平井段需要考虑携带岩屑问题，注意保持井眼清洁；下拱形水平井段需要考虑钻压传递问题，保证送钻顺利和具有足够的井底钻压。过渡井段的造斜率是拱形水平井段设计的一个关键参数，它不仅影响到井眼曲率和钻柱摩阻，还会影响到钻穿两个油层的有效长度。

二、阶梯形水平井段设计

阶梯水平井是用一个或多个阶梯形的井眼轨道，开发具有一定高度差的两个或两个以上的油气藏。井眼轨道的优化设计可以减小钻柱摩阻和扭矩，降低产生键槽的可能性，有利于井眼清洁，两个相邻靶点 t_i 和 t_{i+1} 之间的阶梯形水平井段一般由 2 个稳斜段和 2 个圆弧段组成，如图 10-6 所示。

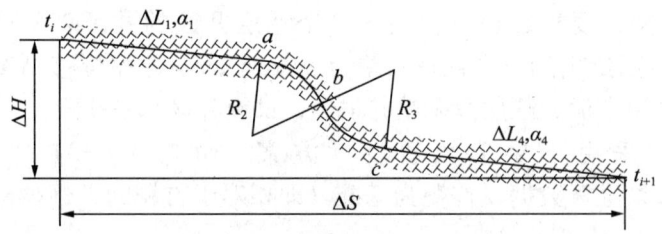

图 10-6 阶梯形水平井段示意图

水平井段多采用旋转钻进方式施工，钻具组合的造斜率一般不大。这样，不仅可以提高机械钻速，而且有利于减小摩阻和保证井下安全；大曲率井眼会增加钻柱摩阻，甚至引起键槽卡钻。如前所述，两个靶点间的垂深增量 ΔH 和水平位移增量 ΔA 一般是确定的，而且两个油层井段（稳斜段）的井斜角 α_1 和 α_4 往往也是作为设计的已知参数。此外，两个油层井段的长度以及钻具组合的造斜率一般是容易估算和确定的，所以可以当作设计的已知参数。但是，拐点 b 处的井斜角往往是作为待求参数，否则可能需要经过多次试算才能得到满意的设计结果。

理论上，可以任意选取阶梯形水平井段的 2 个特征参数来进行设计。但是，对于阶梯形水平井段来说，有些求解组合很少用到（例如，将 2 个油层井段的井斜角作为待求参数的求解组合）。此外，考虑到往往会采用一套钻具组合，连续完成阶梯形过渡井段，其增降斜率的绝对值可能相同，所以这里给出了二维阶梯形水平井段设计的 3 种常用求解组合[30]。

1. 求解第 1 油层段的长度 ΔL_1 和拐点处的井斜角 α_b

$$\tan\frac{\alpha_b}{2} = \begin{cases} \dfrac{B - \sqrt{A^2 + B^2 - C^2}}{C + A}, & \text{当} C+A \neq 0 \\ \dfrac{C - A}{2B}, & \text{当} C+A = 0 \end{cases} \tag{10-4}$$

$$\Delta L_1 = D - \sqrt{D^2 - E} \tag{10-5}$$

其中

$$A = (R_2 - R_3)\cos\alpha_1$$
$$B = (R_2 - R_3)\sin\alpha_1$$
$$C = \Delta H\sin\alpha_1 - \Delta A\cos\alpha_1 + R_2 - R_3\cos(\alpha_4 - \alpha_1) + \Delta L_4\sin(\alpha_4 - \alpha_1)$$
$$D = U\cos\alpha_1 + V\sin\alpha_1$$
$$E = U^2 + V^2 - (R_2 - R_3)^2$$
$$U = \Delta H + R_2\sin\alpha_1 - R_3\sin\alpha_4 - \Delta L_4\cos\alpha_4$$
$$V = \Delta A - R_2\cos\alpha_1 + R_3\cos\alpha_4 - \Delta L_4\sin\alpha_4$$

2. 求解第 2 油层段的长度 ΔL_4 和拐点处的井斜角 α_b

$$\tan\frac{\alpha_b}{2} = \begin{cases} \dfrac{B - \sqrt{A^2 + B^2 - C^2}}{C + A} & \text{当} C+A \neq 0 \\ \dfrac{C - A}{2B} & \text{当} C+A = 0 \end{cases} \tag{10-6}$$

$$\Delta L_4 = D - \sqrt{D^2 - E} \tag{10-7}$$

其中

$$A = (R_2 - R_3)\cos\alpha_4$$
$$B = (R_2 - R_3)\sin\alpha_4$$
$$C = \Delta H\sin\alpha_4 - \Delta A\cos\alpha_4 - R_3 + R_2\cos(\alpha_4 - \alpha_1) - \Delta L_1\sin(\alpha_4 - \alpha_1)$$
$$D = U\cos\alpha_4 + V\sin\alpha_4$$
$$E = U^2 + V^2 - (R_2 - R_3)^2$$
$$U = \Delta H - \Delta L_1\cos\alpha_1 + R_2\sin\alpha_1 - R_3\sin\alpha_4$$
$$V = \Delta A - \Delta L_1\sin\alpha_1 - R_2\cos\alpha_1 + R_3\cos\alpha_4$$

3. 求解阶梯形过渡井段的增降斜率（当 $\kappa_2 = -\kappa_3$ 时）和拐点处的井斜角 α_b

$$\tan\frac{\alpha_b}{2} = \begin{cases} \dfrac{B+\sqrt{A^2+B^2-C^2}}{C+A} & \text{当 } C+A \neq 0 \\ \dfrac{C-A}{2B} & \text{当 } C+A = 0 \end{cases} \quad (10-8)$$

$$R_3 = -R_2 = D + \sqrt{D^2 + E} \quad (10-9)$$

其中

$$A = \Delta H - \Delta L_1 \cos\alpha_1 - \Delta L_4 \cos\alpha_4$$
$$B = \Delta A - \Delta L_1 \sin\alpha_1 - \Delta L_4 \sin\alpha_4$$
$$C = -0.5A(\cos\alpha_1 + \cos\alpha_4) - 0.5B(\sin\alpha_1 + \sin\alpha_4)$$

$$D = \frac{B(\cos\alpha_1 + \cos\alpha_4) - A(\sin\alpha_1 + \sin\alpha_4)}{1 - \cos(\alpha_4 - \alpha_1)}$$

$$E = \frac{A^2 + B^2}{1 - \cos(\alpha_4 - \alpha_1)}$$

显然，式（10-9）要求 $\alpha_1 \neq \alpha_4$，即两个油层井段的井斜角不相等。否则

$$R_3 = -R_2 = \frac{A^2 + B^2}{2\left[A(\sin\alpha_1 + \sin\alpha_4) - B(\cos\alpha_1 + \cos\alpha_4)\right]} \quad (10-10)$$

例 10-3 某水平井设计方位为 30°，用于开发 2 个不同深度的薄油层。根据油层的倾角和走向，计算得 2 个油层井段的井斜角分别为 $\alpha_1 = 88°$ 和 $\alpha_4 = 90°$。地质设计所给出的首末靶垂深差 $\Delta H = 10\text{m}$、水平位移 $\Delta A = 420\text{m}$。根据上述要求，应采用下阶梯形轨道设计方案。若 2 个圆弧段分别选用 $K_2 = -3°/30\text{m}$ 和 $K_3 = 4.5°/30\text{m}$ 的造斜率，并且要求第 2 油层井段的长度 $\Delta L_4 = 150\text{m}$，则由式（10-4）和式（10-5），得：拐点处的井斜角 $\alpha_b = 85.65°$，第 1 油层井段的长度 $\Delta L_1 = 217.68\text{m}$。水平井段井眼轨道的设计结果，见表 10-3。

表 10-3　例 10-3 的设计结果

井深 m	井斜角 (°)	方位角 (°)	垂深 m	北坐标 m	东坐标 m	水平位移 m	平移方位 (°)	水平长度 m	备注
0.00	88.00	30.00	0.00	0.00	0.00	0.00	—	0.00	t_i 点
217.68	88.00	30.00	7.60	188.40	108.78	217.55	30.00	217.55	a 点
241.19	85.65	30.00	8.90	208.73	120.51	241.02	30.00	241.02	b 点
270.20	90.00	30.00	10.00	233.83	135.00	270.00	30.00	270.00	c 点
420.20	90.00	30.00	10.00	363.73	210.00	420.00	30.00	420.00	t_{i+1} 点

例 10-4 在例 10-3 的条件下，如果第 1 油层井段的长度 $\Delta L_1 = 200\text{m}$，则由式（10-6）和式（10-7），得：拐点处的井斜角 $\alpha_b = 85.19°$，第 2 油层井段的长度 $\Delta L_4 = 159.97\text{m}$。设计结果见表 10-4。

表 10-4 例 10-4 的设计结果

井深 m	井斜角 (°)	方位角 (°)	垂深 m	北坐标 m	东坐标 m	水平位移 m	平移方位 (°)	水平长度 m	备注
0.00	88.00	30.00	0.00	0.00	0.00	0.00	—	0.00	t_i 点
200.00	88.00	30.00	6.98	173.10	99.94	199.88	30.00	199.88	a 点
228.14	85.19	30.00	8.65	197.43	113.98	227.97	30.00	227.97	b 点
260.24	90.00	30.00	10.00	225.19	130.01	260.03	30.00	260.03	c 点
420.21	90.00	30.00	10.00	363.73	210.00	420.00	30.00	420.00	t_{i+1} 点

例 10-5 在例 10-4 的条件下，假设给定 2 个油层井段的长度分别为 $\Delta L_1 = 210$m 和 $\Delta L_4 = 150$m。如果选用一套具有相同增降斜率的钻具组合，连续完成阶梯形调整井段，则由式（10-8）和式（10-9），得：$\alpha_b = 85.62°$，$K_3 = -K_2 = 3.37°/30$m。设计结果见表 10-5。

表 10-5 例 10-5 的设计结果

井深 m	井斜角 (°)	方位角 (°)	垂深 m	北坐标 m	东坐标 m	水平位移 m	平移方位 (°)	水平长度 m	备注
0.00	88.00	30.00	0.00	0.00	0.00	0.00	—	0.00	t_i 点
210.00	88.00	30.00	7.33	181.75	104.94	209.87	30.00	209.87	a 点
231.20	85.62	30.00	8.51	200.08	115.52	231.04	30.00	231.04	b 点
270.20	90.00	30.00	10.00	233.83	135.00	270.00	30.00	270.00	c 点
420.20	90.00	30.00	10.00	363.73	210.00	420.00	30.00	420.00	t_{i+1} 点

例 10-6 某水平井设计方位为 150°，采用上阶梯形水平井段开发 2 个不同深度的薄油层。首末靶的垂深差 $\Delta H = -4$m、水平位移 $\Delta A = 460$m，2 个油层井段的井斜角 $\alpha_1 = \alpha_4 = 90°$。若 2 个圆弧段分别选用 $K_2 = 4°/30$m 和 $K_3 = -3°/30$m 的造斜率，且第 1 油层井段的长度 $\Delta L_1 = 200$m，则由式（10-6）和式（10-7），得：拐点处的井斜角 $\alpha_b = 95.12°$，第 2 油层井段的长度 $\Delta L_4 = 170.53$m。设计结果见表 10-6。

表 10-6 例 10-6 的设计结果

井深 m	井斜角 (°)	方位角 (°)	垂深 m	北坐标 m	东坐标 m	水平位移 m	平移方位 (°)	水平长度 m	备注
0.00	90.00	150.00	0.00	0.00	0.00	0.00	—	0.00	t_i 点
200.00	90.00	150.00	0.00	−173.21	100.00	200.00	150.00	200.00	a 点
238.40	95.12	150.00	−1.71	−206.41	119.17	238.35	150.00	238.35	b 点
289.59	90.00	150.00	−4.00	−250.69	144.74	289.47	150.00	289.47	c 点
46012	90.00	150.00	−4.00	−398.37	230.37	460.00	150.00	460.00	t_{i+1} 点

在设计下阶梯形水平井段时，第 1 圆弧段的造斜率取负值（表示降斜），第 2 圆弧段的造斜率取正值（表示增斜）；设计上阶梯形水平井段时，反之。在设计方法上，上阶梯形水平井段与下阶梯形水平井段没有本质的区别。

第三节 水平井井眼轨道控制

水平井的井眼轨道控制理论与技术,是水平井钻井成套技术中的关键环节。研究这项理论和技术的目的,就是要使水平井的实钻轨道尽量靠近预先设计的理论轨道,准确地钻入靶窗后并在靶体界定的范围内钻出水平井段,保证钻井的成功率;同时,要尽量加快机械钻速,降低钻井成本。简而言之,在保证成功的前提下追求钻井的低成本,成功和成本始终是评价水平井井眼轨道控制技术的两个重要方面。

常规的水平井都由直井段、增斜段和水平段 3 部分组成。由直井段末端的造斜点(KOP)到钻至靶窗的增斜井段,这一控制过程称为着陆控制;在靶体内钻水平段这一控制过程称为水平控制。水平井的垂直井段与常规直井及定向井的直井段控制没有根本区别。水平井井眼轨道控制的突出特点集中体现在着陆控制和水平控制,涉及一些新的概念指标和特殊的控制方法。

一、基本概念和控制指标

下面结合设计轨道和实钻轨道介绍水平井井眼轨道控制的几个基本概念和控制指标。

图 10-7 是水平井井眼轨道控制的设计示意图,由前可知,矩形 $a_1b_1c_1d_1$ 为靶体的前端面即靶窗(俗称窗口),矩形 $a_2b_2c_2d_2$ 为靶体的后端面即靶底。水平井的增斜段设计线与靶窗的交点称为设计着陆点(又称设计瞄准点),通常用 A 表示,其井斜角 α_A 即为水平段的设计井斜角 α_h。水平井段设计线与靶底的交点称为设计终止点,通常用 B 表示。在这里,"水平"是广义概念,α_h 可以是 90°,也可以略小于或大于 90°(按我国石油水平井的规定,α_h 一般应大于 86°)。

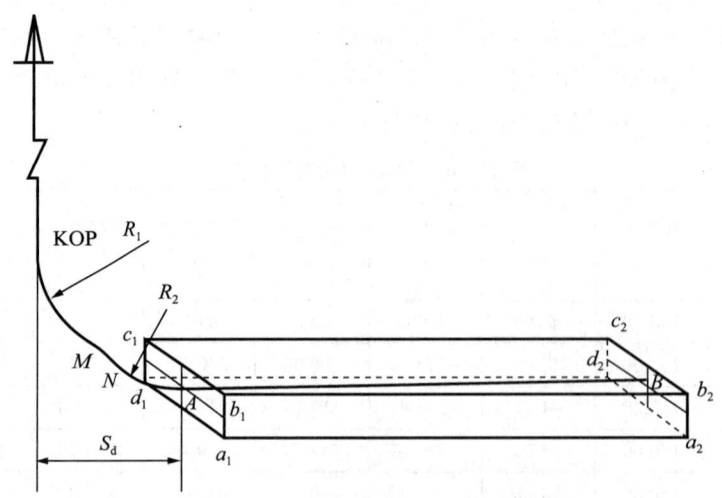

图 10-7 水平井井眼轨道设计示意图

靶窗内通过 A 点的两条正交的基准线称为设计靶心线,因此设计着陆点 A 又习惯上称为靶心。靶心 A 可以是也可以不是靶窗的形心,即设计靶心线可以是也可以不是靶窗的对称轴。靶心 A 应是设计人员最希望达到的位置,需要考虑油藏情况和开发要求加以确定。

由于多种误差的影响，水平井的实钻轨道与设计轨道间必有误差，如图 10-8 所示，水平段的实钻轨道为曲线 $A'B'$。靶窗内的 A' 点即实钻轨道与靶窗平面的交点称为实际着陆点，其井斜角值即为水平段井斜角设计值 α_h。靶底内的 B' 点即水平段实钻轨道与靶底平面的交点称为实际终止点。A' 点到靶窗内两条设计靶心线（横、纵两轴）的距离分别称为着陆点纵距和着陆点横距，以 $h_{A'v}$ 和 $h_{A'h}$ 表示。同样，也可以定义靶底内终止点 B' 的纵距 $h_{B'v}$ 和横距 $h_{B'h}$。

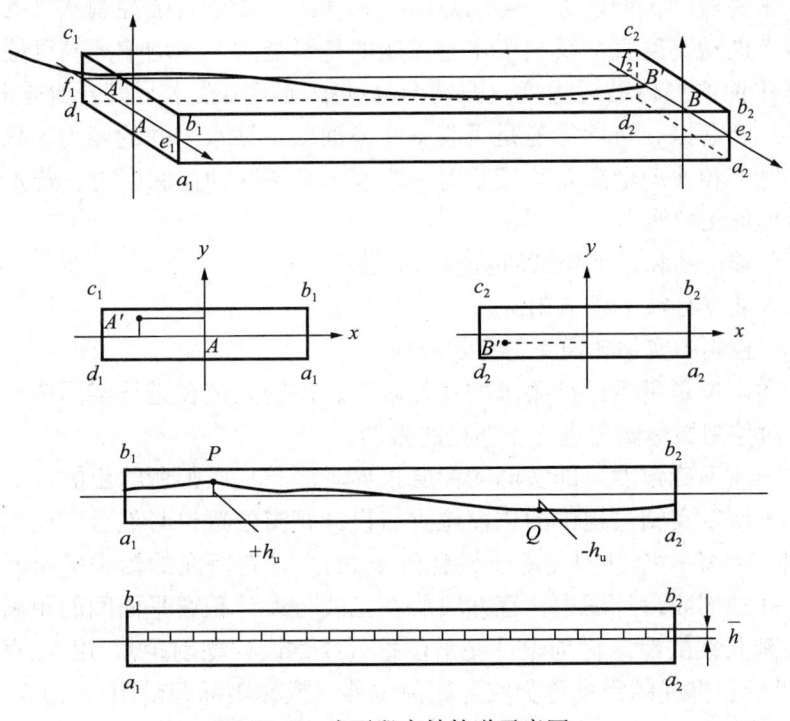

图 10-8　水平段实钻轨道示意图

通过靶窗、靶底内水平靶心线的平面称为靶心设计平面。通过实钻的水平段曲线 $A'B'$ 上某点的铅垂线与靶心设计平面的交点称为该点的铅垂投影点。$A'B'$ 曲线上的某点到其铅垂投影点间的距离称为该实钻点到靶心设计平面的铅垂距。实钻水平段曲线 $A'B'$ 在靶心平面以上部分的最大铅垂距，称为靶上最大波动高度，用 $+h_u$ 表示（加"+"号表示靶上）；$A'B'$ 在靶心平面以下部分的最大铅垂距，称为靶下最大波动高度，用 $-h_d$ 表示（加"-"号表示靶下，参见图 10-8）。实钻水平段 $A'B'$ 上所有点的铅垂距（均取正值）的平均值，称为平均偏离高度，用 $\bar{h}$ 表示，其值由下式求出：

$$\bar{h} = \frac{1}{L}\int_0^L |h_i| dL_i \tag{10-11}$$

或

$$\bar{h} = \frac{1}{L}(F_u + F_d) \tag{10-12}$$

以上两式中，L 表示水平段设计长度 $|AB|$，F_u 和 F_d 分别表示实钻水平段曲线 $A'B'$ 在水平段设计线 AB 上下部分与 AB 所围成的曲边图形的面积。

水平段实钻轨道的波动高度，以 h_t 表示，可分为两种情况：

(1) 当实钻水平段曲线 $A'B'$ 在靶心设计平面同侧（上侧或下侧），波动全高是指 $A'B'$ 上的最大、最小铅垂距的绝对值之差。

(2) 当实钻水平段曲线 $A'B'$ 在靶心平面两侧，波动全高是指靶上、靶下的最大波动高度的绝对值之和。

提出上述概念和指标是为了定量描述水平井井眼轨道控制的质量和水平，这些参数直接反映了对水平井段的控制能力。着陆点纵距和横距是衡量着陆控制水平的主要指标。靶上、靶下的最大波动高度直接反映了水平控制的稳平能力。平均偏离高度描述了实钻水平段对靶心设计平面的总体贴近程度。波动全高则描述了实钻水平段自身垂向的敛聚程度。把这两个指标结合起来，可以衡量是否具备在薄油层中钻水平井的能力。只有当水平井段的平均偏离高度 h 和波动全高 h_t 均较小时，才表示具备这种控制能力。若 h 和 h_t 有一项偏大，即表示不具备此种能力。

对水平井着陆控制和水平控制的基本要求是：

(1) 实际着陆点必须不超出靶窗。
(2) 在水平控制中实钻轨道不得穿出靶体。

当然，上述两条是满足设计要求的最低限制。控制人员在进行实际施工之前，为了留有余地，必须对控制指标做出进一步严格的限制。

由于存在地质不确定度，即实际的油层顶界垂深与地质师所给出的设计垂深必然会存在一定的误差，所以实钻过程中的靶窗位置与设计靶窗位置也必然会有误差。实际着陆点 A' 应是增斜井段中第一个井斜角等于设计值 α_h 的点，它所在的铅垂平面就是实际的靶窗平面。在水平井的剖面设计图中，直井段所在直线与设计靶窗平面间的距离，或设计着陆点 A 到直井段延长线的距离称为设计靶前位移（或称设计靶前距），用 S_A 表示。实钻着陆点 A' 至直井段所在直线的距离称为实际靶前位移（或称实际靶前距），用 $S_{A'}$ 表示。实际靶前距与设计靶前距间的差值 ΔS，即：

$$\Delta S = S_{A'} - S_A$$

ΔS 称为平差，它是表示实际靶窗较设计靶窗的位置移动的一项参数。

一般来说，由于实际着陆点 A' 前的一段增斜段和其后的整个水平段都是在目的油层内钻进的，具有一定的平差值不会影响水平井的产量，而且适当地放宽对平差的限制，还会在一定程度上减少着陆控制的难度和钻井费用。但是，当开发方案对靶前位移做出严格限制（例如对特殊的水平探井、丛式水平井、短半径水平井以及地界的限制）时，控制人员即应把平差作为一个重要指标。

二、误差来源与对水平井轨道控制的要求

由于存在下述多方面的误差，总会造成水平井的实钻轨道偏离其设计轨道。

1. 地质误差

由于地质不确定度的影响，开钻前地质设计的油顶垂深与实际的油顶垂深总会存在误差，这种地质误差常给着陆控制造成困难。当这种误差较大或在薄油层中钻水平井时，其影响尤为突出。

2. 工具能力误差

因受地层作用、工艺操作方法（如工具面角的偏摆较大，送钻压的不匀程度等）和理论计算方法准确程度的影响，工具的实际造斜率和设计能力之间也会存在一些差异。

3. 轨道预测误差

由于 MWD 的方向参数传感器离开钻头尚有一段距离（一般为 13～17m），以及测量与显示的时间差，造成了实钻过程的信息滞后。在实钻过程中，需要根据显示的参数值来预测当前的钻头参数，并进一步预测下一段进尺的钻进结果，以进行决策。信息滞后带来的误差以及测量方法的系统误差会给钻进过程带来一定影响，尤其是在薄油层中以较大的造斜率控制着陆进靶时影响更大。

现对地质误差和工具能力误差的影响做如下定量分析。

如图 10-9 所示，水平井靶窗高度为 $2h$，水平段设计井斜角为 90°，设计着陆点为 A，靶前距为 S_A，A 点相应的增斜半径为 R。由图示几何关系可知，当实际着陆点分别位于靶体的下极限位置 A_2' 和上极限位置 A_1' 时，对应的曲率半径为：

$$R' = R \pm h \tag{10-13}$$

相应的设计造斜率 K' 为：

$$K' = \frac{1}{R \pm h} \tag{10-14}$$

与设计造斜率 $K = \frac{1}{R}$ 的误差为：

$$\Delta K = \frac{\pm h}{R(R \pm h)} \tag{10-15}$$

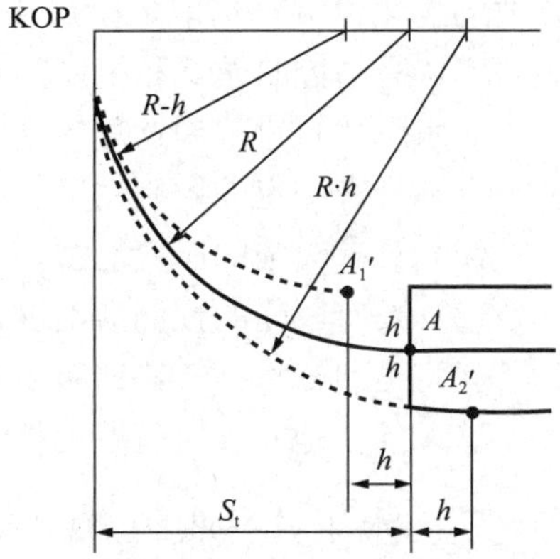

图 10-9 误差影响分析

造斜率的相对误差为：

$$\frac{\Delta K}{K'} = \pm \frac{h}{R} \tag{10-16}$$

以上凡有"±"之处，"+"号用于实际着陆点位于靶体下底面的情况，"-"号用于实际着陆点位于靶体上底面的情况。

着陆控制对工具造斜率的要求范围是：

$$\frac{1}{R+h} \leq K' \leq \frac{1}{R-h} \tag{10-17}$$

结合实例会加深工具造斜能力误差对着陆控制影响的认识。设某一中曲率半径水平井，目的层设计垂深为 $H = 2000\text{m}$，靶窗高度为 6m（$h = 3\text{m}$），则相应的设计曲率半径 $R = 814.875\text{m}$，保证中靶的工具造斜率范围为：

$$7.890°/30\text{m} \leq K' \leq 8.113°/30\text{m}$$

造斜率的相对误差为 1.396%。

显然，这种严格的造斜率范围和这样小的造斜率误差，对于实际的钻井工具和受多种因素影响的钻进过程来说都是难以实现的。如果不采取特殊措施，极易造成失控脱靶。

进一步分析式（10-52）可知，井眼曲率半径越大，或油层越薄（相应靶窗越小），则要求工具造斜率的相对误差越小。

另外，如果地质误差值大于h，则必然造成脱靶。换言之，为保证命中靶窗，则必须把地质误差限制在靶窗高度的一半以内（这是指多数情况，即设计靶心线穿过靶窗中心的对称靶窗情况。对于非对称靶窗，另当别论，读者可自行分析）。

对于薄油层水平井，地质误差影响很大，因此对地质误差的限制也更严格。仍以图10-10为例，因$h=3m$，则要求地质误差不应大于3m。这对于目的层垂深为2000m的条件而言，实现这一精度的确具有相当的难度。

综上所述，开展深入细致的理论研究，以尽量缩小地质误差、工具能力误差和轨道预测误差，是提高水平井轨道控制质量的根本途径。同时在此基础上，采取合理的轨道控制方案的优化设计，选取风险最小、成功率最高的控制方案，是在现有误差条件下保证控制成功率，提高控制质量和精度的重要途径。

对水平井轨道控制的总体要求是：
(1) 具有一定的控制精度。
(2) 具有较强的应变能力。
(3) 具有较高的预测准确度。
(4) 达到较稳、较快的施工水平。

这4条，是井眼轨道控制技术的"成功"、"成本"目标在水平井中的具体体现。

三、水平井井眼轨道控制技术的特点和研究内容

水平井钻井技术是定向井技术的延伸和发展。水平井的井眼轨道控制技术与定向井相比有类似之处，但也有显著差异，体现了水平井轨道控制的突出技术特征。

(1) 中靶要求高。

定向井的靶区为目的层上的一个圆形，通称靶圆，靶圆中心称为靶心。靶心是井身设计轨道中靶的理论位置，而靶圆是考虑到因误差影响而造成的实钻轨道中靶的允差范围。一般来说，定向井的目的层越深，其靶圆半径相应也越大。例如一口垂深为1800～2100m的定向井，其靶圆半径通常为30～45m，如上所述，水平井的靶体是一个以矩形靶窗为前端面的、呈水平或近似水平放置的长方体或与之接近的几何体（如拟柱体、棱台等）。靶窗的高度与油层状况有关，宽度一般是高度的5倍，水平段长度则和水平井的增斜段曲率半径类型有关。例如，对厚油层，其靶窗高度可达20m，但对薄油层，该高度可小到4m甚至更小。按我国对石油水平井的规定，水平段井斜角一般应在86°以上；长、中、短半径3类水平井的水平段长度一般分别不得小于500m、300m和60m。

很显然，水平井的目标（靶体）比定向井的目标（靶圆）要求苛刻，前者是立体的（三维），后者是平面的（二维），因此中靶要求更高。对水平井来说，井眼轨道进入目标窗口（靶窗）还不够，还要防止在钻水平段的过程中钻头穿出靶体造成脱靶；而对定向井来说，只要保证钻入靶圆即为成功。

(2) 控制难度大。

由上述定向井和水平井的目标性质与要求对比可知，水平井的轨道控制难度要大于定

向井。而且，由于常规定向井的最大井斜角一般在 60°以内，不存在因目的层的地质误差造成脱靶的问题。无论目的层的实际垂深是大于还是小于设计垂深，井眼轨道总是可以钻入目的层。但水平井则不同，目的层的地质误差往往可以造成井眼轨道不能进入目的层。所以对垂深的控制，水平井比定向井要重要和严格得多。多数的定向井由直井段、增斜段和稳斜段组成。而水平井因没有稳斜段，或能用以进行调整的稳斜段一般很短，这样当工具造斜率发生误差或地质不确定度造成油层垂深发生波动时，能进行纠正和调整的余地往往很小。对水平井而言，着陆控制是控制过程的第一阶段，而进靶着陆是该阶段的关键环节。在进靶钻进过程中，往往因井段短和测量信息滞后而加大控制难度。此时方位的控制也至关重要，在水平井轨道控制中也曾有一些因方位控制失当，虽然成功钻入靶窗但在水平段被迫强行扭方位的实例，造成控制难度加大和钻井成本增高。

(3) 特殊工具多。

上述几个特点造成了水平井轨道控制所用的特殊工具多于常规定向井。例如在水平井中，一般要用 MWD 进行方向参数（α，β，Ω）监测；在薄油层中还需用带有伽马参数（普通 γ 和聚焦 γ）的 MWD 来探测油顶和辨识油层状况；在中半径水平井中，一般要用特殊类型的井下动力钻具（如固定弯壳体、可变弯壳体等）进行造斜；在水平井的水平段及长半径水平井的造斜段，常用小角度弯壳体或反向双弯壳体等带有稳定器的导向动力钻具；在短半径水平井中，要采用铰接式动力钻具或柔性转盘钻组合；当水平段很长，摩阻很大，加压困难时，要采用经特殊设计的水力推加器等。这些特殊工具和仪器一般都是常规定向井所未采用的。

第四节 着 陆 控 制

着陆控制是指从直井段末端的造斜点（KOP）开始钻至油层内的靶窗这一过程。增斜钻进是着陆控制的主要特征，进靶控制（着陆控制过程中的最后一次增斜钻进）是着陆控制的关键和结果，而动态监控则是着陆控制的技术手段。

一、着陆控制的技术要点

着陆控制的技术要点可以概括为如下口诀：略高勿低、先高后低、寸高必争、早扭方位、稳斜探顶、动态监控、矢量进靶。

1. 略高勿低

"略高勿低"集中体现了选择工具造斜率的指导思想，即为了保证使实钻造斜率不低于井身设计造斜率，为了防止因各种因素造成工具实钻造斜率低于其理论预测值，要按比理论值高 10%～20% 来选择或设计工具。当然也不能使造斜率高出太多，否则会给后续的钻进过程带来麻烦。

2. 先高后低

在着陆控制中实钻造斜率若高于井身设计造斜率，控制人员一般总有办法把它降下来，例如，通过导向钻进方式（用小弯角动力钻具并开转盘，其理论造斜率接近于零），或通过更换造斜率低一档次的钻具组合。但是，若实钻造斜率低于井身设计造斜率，则不敢保证一定可以把下一段造斜率增上去，尤其是在着陆控制的后一阶段（大井斜区段），这是因为所需要调整的造斜率值可能很高，而它对于当前的工具是无法实现的，或即使技术上可以实现但现场并无这种工具储备。由上述可知，实钻造斜率的"先高后低"或"先低后高"对控制人员的难易程度截然不同。因此，除了极少数实钻造斜率基本等于井身设计造斜率这种理想情况外，采用"先高后低"这一控制策略有着重要的实际意义。

3. 寸高必争

"寸高必争"是控制人员在水平着陆控制中必须确立的观念，它集中体现了着陆控制过程的特点。从某种意义上说，着陆控制就是对"高度"（垂深）和"角度"（井斜）的匹配关系的控制。而"高度"往往对"角度"有着某种误差放大作用，尤其是着陆控制后期以及前期。通过实例分析可以加深这方面的定量认识。例如：设井身设计造斜率 $K=8°/30m$，着陆垂增 $\Delta H=214.875m$；若分别以 $K_1=6°/30m$、$K_2=12°/30m$ 假想钻进 30m，相应的井斜角和垂增则分别为 $\alpha_1=6°$ 和 $\alpha_2=12°$，$\Delta H_2'=29.783m$，可见二者的垂增相差甚微；但如果按 K_1、K_2 分别继续钻进直至着陆，前者垂增 $\Delta H_1=286.5m$，将比设计值 $\Delta H=214.875m$ 滞后 71.625m 进靶着陆；但后者垂增 $\Delta H_2=143.25m$，将提前 71.625m 进靶着陆。又如，按原设计井身造斜率 $K=8°/30m$ 钻至井斜角 $\alpha=80°$，此时钻头距靶中垂增 $\Delta h=3.264m$，按 $K=8°/30m$ 进靶可击中靶窗中线；但若采用 $K_1=7.91°/30m$ 的实钻造斜率钻至 $\alpha=80°$，此时钻头距靶中垂增 $\Delta h_1=0.875m$，若要击中靶窗中线，所要求的实钻造斜率 $K_1'=30.473°/30m$。之所以会造成如此高的造斜率（在中曲率钻井中一般都不准备此种相应工具），完全是由实钻造成的高差（2.407m）所致。须知这种高差是在着陆钻进过程中（$\Delta H=214.875m$，相对误差率 1.12%）一寸一寸很容易地积累起来的，其结果对造斜率起到了显著的"放大"作用。同时此例也说明了采取"先高后低"控制策略的重要性和必要性。

4. 早扭方位

在着陆控制中，方位控制也很重要，否则很难使钻头进入靶窗。由于中曲率水平井井斜角增加较快，晚扭方位将会增加扭方位的难度。由于采取"先高后低"的控制策略，在着陆控制的初始阶段一般都采用弯壳体动力钻具（配随钻测斜仪）且其造斜率略高于井身造斜率的设计值，这就为早扭方位提供了条件和机会。因此"早扭方位"应作为着陆控制的一项原则，而且在钻井过程中，通过调整动力钻具的工具面角加强对方位的动态监控。

5. 稳斜探顶

在中、长半径水平井中，采用"稳斜探顶"的总控方案设计，是克服地质不确定度的有效方法，它保证可以准确地探知油顶位置，并保证进靶钻进是按预定的技术方案进行，提高了控制的成功率。"稳斜探顶"的条件是要在预定的提前高度上达到预定的进入角值（α_C），这实际上是给前期的着陆控制设置了一个阶段控制指标。

6. 矢量进靶

所谓"矢量进靶"，是指在进靶钻进中不仅要控制钻头与靶窗平面的交点（着陆点）位置，而且还要控制钻头进靶时的方向。"矢量进靶"直观地给出了对着陆点位置、井斜角、方位角等状态参数的综合控制要求，形象地表现为靶窗内的一个位置矢量。进靶不仅是着陆控制的结束，同时也是水平控制的开始。为了在水平段内能高效地钻出优质的井身轨道，就要按"矢量进靶"的要求控制好着陆点位置和进靶方向（井斜和方位），以免在钻入水平段不久就被迫过早地调整井斜和方位,影响井身质量和钻进效率。

7. 动态监控

再精确的控制都会产生偏差。因为控制是对偏差的制约,没有偏差即不存在控制。井眼轨道控制也是这样,因此"动态监控"是贯彻着陆控制过程始终的最重要的技术手段,它包括对已钻轨道的计算描述、设计轨道参数的对比与偏差认定;对当前在用工具的已钻井眼造斜率的过后分析和误差计算;对钻头处状态参数(α,ϕ)的预测;对待钻井眼所需造斜率的计算;对当前在用工具和技术方案的评价和决策,例如是否需要调整操作参数(钻压、工具面角、钻进状态(定向/导向)转换等),起钻时机的选择(是否必须立即起钻或继续向下钻进多少米再起钻)等。动态监控一般是用水平井井眼轨道预测控制软件包在计算机上实施,但是轨道控制人员对着陆控制过程进行随时的抽检和监督,还是非常必要的。

二、进靶分析

如前所述,进靶钻进是着陆控制过程的最后一个阶段,也是该过程最关键,有时也是难度最大的一个阶段。其难度主要表现在:

(1) 进靶钻进的起始点(上一趟钻进的井底)的井斜角、方位不能直接测得而要靠预测确定,总会存在误差。

(2) 进靶钻进的增斜井段往往很短,尤其是起始点离靶中线垂增较小时,MWD 的方向传感器离钻头有一定距离,可能造成在进靶井段内很少有测点信息,甚至无测点。

(3) 工具造斜率存在一定误差。

(4) 在较短的进尺内因信息缺乏,很难进行有效的动态监控,因而加重了对计算和方案设计的依赖程度。

(5) 当靶窗较小时对造斜率精度要求较高,若不能中靶则表示着陆控制失败,给后续工作带来困难。

综上所述,在进靶钻进前要做好充分的准备工作,精心计算和设计方案,分析误差,调整钻具组合,使之对造斜率掌握得更为准确,制订好控制方案和工艺措施。

1. 确定起始点的井斜角和方位角

根据"矢量进靶"的要求,在稳斜探顶中或之前,就应使井眼轨道方位符合要求。在进靶钻进过程中要采取的措施之一就是要保持方位不致产生不希望的变化,而最好不要在进靶钻进过程中再去扭方位。

核准起始点处的井斜角值,它是决定进靶井段长度的关键参数。根据造斜率外推进行计算。

2. 进靶钻进的长度和所需的造斜率

设进靶井段的起始点 T 的井斜角为 α_T,如图 10-10 所示,靶窗高度为 $2h$,着陆点 A 的井斜角(亦即水平井段的设计井斜角)为 α_h,T 点至靶中的垂增为 ΔH_{TA},则进靶井段的长度 ΔL_{TA} 为:

$$K_{TA} = \frac{1719}{\Delta H_{TA}}(\sin\alpha_h - \sin\alpha_T) \tag{10-18}$$

$$\Delta L_{TA} = \frac{30(\alpha_h - \alpha_T)}{K_{TA}} \tag{10-19}$$

或

$$\Delta L_{TA} = \frac{\Delta H_{TA}(\alpha_h - \alpha_T)}{57.3(\sin\alpha_h - \sin\alpha_T)} \tag{10-20}$$

其平差为：

$$\Delta S_{TA} = \frac{1719}{K_{TA}}(\cos\alpha_C - \cos\alpha_h) \tag{10-21}$$

3. 着陆点的靶心纵距、平差和造斜率

如图 10-10 所示，由式（10-54）所求的造斜率 K_{TA} 可钻至靶中线，着陆点纵距为零。但实际上所用工具的造斜率会有误差，于是实际的着陆点纵距可能不等于零。对高度为 $2h$（$\pm h$）的靶窗，设着陆点纵距分别为 A，A_3，A_4，A_1 及 A_2，相应的垂增分别为 ΔH_{TA}，ΔH_{TA3}，ΔH_{TA4}，ΔH_{TA1} 及 ΔH_{TA2}。

$$\Delta H_{TA3} = \Delta H_{TA} - \frac{h}{2}$$

$$\Delta H_{TA4} = \Delta H_{TA} - h$$

$$\Delta H_{TA1} = \Delta H_{TA} + \frac{h}{2}$$

$$\Delta H_{TA2} = \Delta H_{TA} + h$$

将其分别代入式（10-54）—式（10-57）可求出相应的造斜率、进靶井段长和平差值。

根据靶窗上、下边界，可求出保证不脱靶的取值范围，并根据实际工具的造斜率及其误差，来推算实际着陆点的所在位置区域。

若 $H_{TA} < h$，即着陆纵距不可能等于或大于 H_{TA}，因相应的造斜率为 $K_{T\alpha} = \infty$。这一区域（如图 10-11 中阴影区）称为"造斜率"空白区。因找不到对应的工具，又称为"工具空白区"。对于实际的一口水平井，因工具的储备是有限的，所以实际的工具空白区还会大于造斜率空白区。

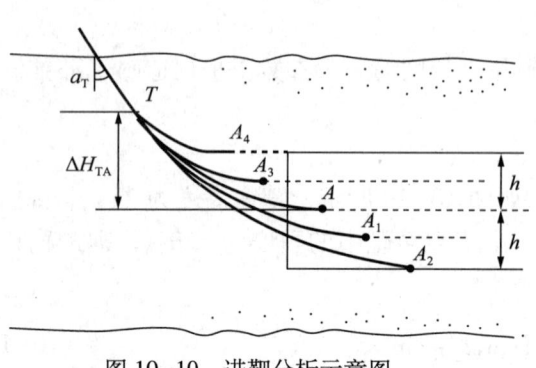

图 10-10 进靶分析示意图

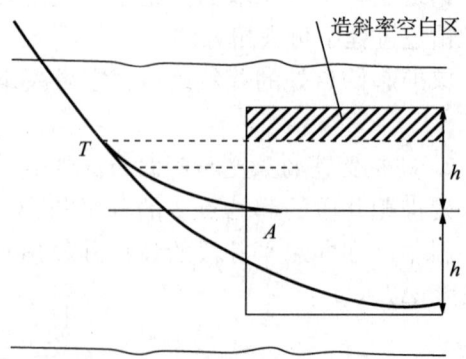

图 10-11 造斜率空白区示意图

造斜率空白区对于薄油层是常会发生的,它相当于进一步缩小了靶区的有效面积和高度,增加了进靶钻进的难度;但同时它又自然保证不会从上边界脱靶,行程"单边控制",在这种意义上讲相当于降低了控制难度。

通过实例计算会增加对进靶分析的定量认识。设某一薄油层中的靶窗高度为4m(h=2m),起始点T距靶中面垂增ΔH_{TA}=1.5m,α_T = 80°,α_H = 90°,现状着陆点靶心距分别为0、±0.5m、±1m、±1.5m、±2m情况下的造斜率K、进靶长度ΔL、平差ΔS。计算结果见表10–8。表中"/"处表示为造斜率空白区。

表10–7 进靶分析计算结果

h_{Av} m	ΔH m	K (°)/30m	ΔL m	ΔS m
2	−0.5	—	—	—
1.5	0	∞	—	—
1	0.5	52.23	5.744	5.715
0.5	1	26.12	11.485	11.481
0	1.5	17.41	17.231	17.145
−0.5	2	13.06	22.971	22.856
−1	2.5	10.45	28.708	28.565
−1.5	3	8.71	34.443	34.271
−2	3.5	7.46	40.214	40.014

根据中、长半径水平井的工具储备情况,由表中数据可知存在很大的工具空白区,着陆点位于靶窗下半部的可能性很大。如果进靶所有的工具实际造斜率$K_{T\alpha}$ = 10°/30m,则可求出实际的着陆点纵距h_{Av}= −1.112m。

在进靶钻进时,实际的进尺应略大于计算值ΔL,以避免因$K_{T\alpha}$值的计算误差造成终点井斜角$\alpha < \alpha_h$,即未达到着陆点的情况。

由于进靶既是着陆控制的结果,又是水平控制的开端,因此在制定方案时应使着陆点尽量不要靠近靶区的上限和下限,以免在水平控制的初期就可能被迫进行降斜或增斜操作。当然,对着陆点的横距也有类似要求,即不应太靠近靶窗的左右边界,以免在水平控制的初期就可能被迫进行扭方位作业。

在进靶钻进中,最好不要使钻具组合的造斜率过高,这对后续的水平钻进及其他作业会带来不良影响,应当予以重视。

另外需要说明,虽然在上述分析中提到停钻、换钻具组合的问题,这是出于对井身质量精确控制方面的考虑。但是,从经济方面看,在制定控制方案时要尽量减少起下钻次数,尽量以较少的组合更换次数达到着陆控制要求。实现的方法可以有几种,例如设置调整段(短稳斜段),以补偿造斜率误差;在钻进过程中调整工具面角来调整造斜率,这种对造斜率的改变实质上也属于"变更钻具组合"的广义内涵。

第五节　水平井段控制技术要点

水平井段控制是着陆进靶之后在给定的靶体内钻出整个水平段的过程。除了经济性方面的要求（降低钻井成本）外，水平井段控制在技术方面的要求就是实钻轨道不得穿出靶体之外。实钻水平段实际上是一条弯曲的空间三维曲线。在铅垂平面内水平段投影为一条相对于设计线上、下起伏的波浪线。在水平井段控制中，动态监控仍然是主要的技术手段。

水平井段控制的技术要点可以概括为如下口诀：钻具稳平、上下调整、多开转盘、注意短起、动态监控、留有余地、少扭方位。

(1) 钻具稳平。

"钻具稳平"的含意是从钻具组合设计和选型方面来提高和加强稳平能力。这是水平控制的基础。具有较高稳平能力的钻具组合可以在很大程度上减少轨道调整的工作量。

(2) 上下调整。

"上下调整"体现了水平井段控制的主要技术特征。在水平段中，方位调整相对很少，控制主要表现为对钻头的铅垂位置和井斜角（增降）的上下调整。尽管在选择或设计钻具组合时已注意提高其稳平能力，但绝对的稳平是不可能的，上下调整仍然是必不可少的。在水平井段控制中，要求钻具组合有一定的纠斜能力，最常用的钻具组合是带有小弯角（一般 $\gamma \leqslant 1°$）的单弯动力钻具或反向双弯动力钻具等导向钻具组合。采用这种组合，可在定向状态进行有效的增斜、降斜和扭方位操作（主要靠调整工具面实现），可在导向状态（开动转盘）基本上钻出稳斜（也可能是微降斜或微增斜）。当需要调整钻头的铅垂位置和井斜时，则设置工具面按定向状态进行钻进。

(3) 多开转盘。

开转盘的导向钻进状态与不开转盘的定向钻进状态相比有如下显著优点：减少摩阻，易加钻压；破坏岩屑床，清洁井眼；提高机械钻速；提高井眼质量；可增加水平段的钻进长度。因此，在水平井段钻进中应尽量多地采用导向钻进状态方式，即应多开转盘，在水平井段开转盘的进尺应不小于水平段总进尺的 75%。但转盘转速应不大于 60r/min。

(4) 注意短起。

为保证井壁质量，减少摩阻和避免发生井下复杂情况，在水平井段中每钻进一段距离（如 50m 左右，尤其是对定向纠斜井段）应进行一次短程起下钻。

(5) 动态监控。

水平井控制的动态监控和着陆控制一样重要，内容也基本相同。具体来说，就是要对已钻井段进行计算，并和设计轨道进行对比和偏差认定；对钻具组合和稳平能力（导向状态）和纠斜能力（定向状态）进行过后分析和评价；随时分析钻头位置距上、下、左、右 4 个边界的距离，并对长距离待钻井眼（如靶底或水平井段中某一位置）做出是否需要调整井斜（上下）和调整方位（左右）、何时进行调整（时机选择）的判断和决策等。除了在计算机上进行水平井段的跟踪监控外，轨道控制人员应随时关注钻进过程，进行抽检，把握发展动态，及时作出判断和决策。

(6) 留有余地。

如图 10-12 所示，水平井段控制的实钻井眼轨道在竖直平面中是一条上、下起伏的波浪线，钻头位置距靶体上、下边界的距离是控制的关键。需要特别注意的是，当判定钻头到达边界较近的某一位置（如图 10-12，由 D_1 至 D_2 继续下降），直至达到一个转折点（图中的 D_2 点），然后才会按预想的要求发生变化（如自 D_2 起钻头位置开始上升）。这种情况无论是对增斜还是降斜都存在。如果不考虑这种滞后现象，很有可能造成在进行调整的井段中出靶。因此对水平井段的控制强调"留有余地"，就是分析计算这种滞后现象带来的增量，保证在转折点（极限位置）也不出靶，以留出足够的进尺来确定调整时机，实施调控。例如在增斜过程中，在 D_3 点就开始考虑进行降斜（$K<0$），直至达到新的转折点 D_4 后或后续某点 D_5，即采取导向稳斜钻进。

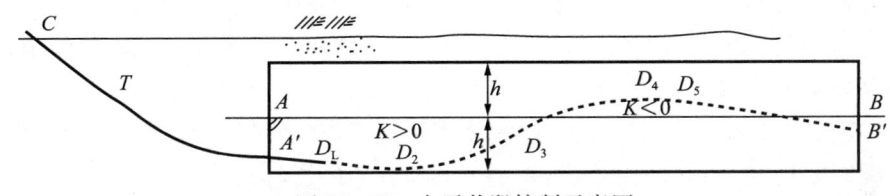

图 10-12 水平井段控制示意图

在动态调控中，要对调整段进尺做出精确计算。变换导向方向后，要估算至下次调整开始可连续钻进多少进尺。应尽量减少调整次数以提高机械钻速，降低钻井成本。

(7) 少扭方位。

由于水平井段一般较长，进靶后轨道的少量方位偏差都会造成井眼轨道从靶体的左、右边界出靶（俗称"穿帮"）。控制好着陆进靶的轨道方位（矢量控制）是减少水平段少扭方位的关键，但在水平井段中也往往在适当位置对方位加以调控。控制的方法是采用一定的工具面角定向钻进扭方位。应尽量减少扭方位的次数，而且宜尽早把方位调整好，这样即可利用靶底宽度造成的方位允差直接钻完水平段。否则，后期的方位调整会显著加大扭方位的度数。

第六节 钻井液、钻进参数和测量

一、水平井钻井液

1. 水平井与钻井液有关的特殊问题

(1) 携屑能力降低。水平井、大斜度井与直井、常规定向井相比，在同样条件下，钻井液的携屑能力明显降低。很多文献都指出，当井斜角 α 为 40°～55° 时很容易形成岩屑床，增加钻进与起下钻时的摩阻，甚至会造成卡钻事故。

(2) 井眼稳定性变差。随着井斜角的增加，裸眼井段在易坍塌地层中的长度会大幅度增加；随着水平段加长，施工周期也相应较长。增加了井壁失稳坍塌的可能性。

(3) 井漏的可能性变大。在水平井中，由于岩屑床会增加流动阻力和循环当量密度，长水平段也会增加流动阻力，从而导致钻井液对地层的压力变大，使井漏发生的可能性也变大。由于水平段是在储层内进行钻进，基本上不允许封堵以免伤害油层，一旦发生漏失，非常棘手。

（4）摩阻增大。水平井中，重力的影响使钻柱与井壁摩阻增大，使钻柱和套管磨损增加；摩阻严重时会造成钻头难以加上钻压，钻柱难以送进，限制了水平段的钻进长度，并增加钻机的起升负荷。在设计水平井钻井液体系时，减小摩阻是要考虑的重要问题。

2. 对水平井钻井液的要求和选型原则

（1）要考虑保护油层。水平井钻井液，既要有"钻井液"的特点（在造斜段），又要求有"完井液"的特点（在水平段）。由于造斜段一般会下套管封固，相对难度较小，故水平段钻井液要重点考虑保护油层问题。

（2）要有较好的流变性，以保持井眼清洁，不形成岩屑床，顺利进行固井和测井作业。

（3）要有较好的润滑性，以减少摩阻，施加钻压，避免卡钻。

（4）要有合适的密度（井壁稳定的关键之一在于钻井液密度在要求的临界值以上）以保持井眼稳定并防止井漏。

（5）要有较好的抑制性和滤失性，以免伤害地层或发生卡钻，以便进行测井作业。

（6）井漏时采用的堵漏材料不能对井下工具和仪器的工作造成影响。

（7）钻井液体系应易于调整维护；

（8）要符合环保要求。

根据上述的各项要求，水平井钻井液的选型原则可概括为：在保护油层的前提下优选指标适宜的钻井液体系。也就是说，首先选择或设计有利于保护油气层或易转化成完井液的钻井液体系，并满足上述各条基本要求，同时应考虑降低成本。

3. 水平井钻井液体系

（1）油基钻井液体系。这是目前适合钻水平井，应用最普遍的一种体系。有资料介绍，国外40%的水平井采用油基钻井液钻进成功。

（2）水包油钻井液体系。阴离子型或阳离子型，密度可保持小于$1.00g/cm^3$，其携屑能力、抑制能力、润滑性、保护油层的能力均较好。

（3）阳离子聚合物水基钻井液体系。有较好的防塌能力，有利于保护油气层性能较稳定。

（4）正电胶体系，又称MMH体系，是在水基聚合物体系中加入MMH处理剂（混合层状金属氢氧化物），有较好的悬浮能力和保护储层能力。

（5）聚乙二醇钻井液体系。是在水基钻井液中加入聚乙二醇处理剂，可有效地提高钻井液的润滑性，据称可以代替油基钻井液。

二、钻进参数选择

钻进参数，包括钻压、转速和水力参数（排量、压力），在钻井设计中都做了明确规定，但在轨道控制过程中，根据特殊情况可能进行适当调整。因此，了解水平井钻进参数设计的注意事项，对轨道控制人员综合考虑合理选择是必要的。

1. 钻压

（1）钻压选择与钻头有关。不同的钻头类型，不同的钻头尺寸，允许使用的工作钻压与最大钻压是不同的（如相同直径，PDC钻头的工作钻压明显低于牙轮钻头的工作钻压）。

(2) 钻压选择与转速有关。例如牙轮钻头存在钻压—转速关系曲线以及钻头轴承能力常数，因此，在选择钻压时应考虑到钻头转速的影响。

(3) 螺杆钻具的推荐钻压值与最大钻压值对钻压选择提出了限制，最好选择推荐钻压值。

(4) 控制要求影响钻压选择。在轨道控制过程中，最便于调整的控制参数是钻压。根据经验在采用动力钻具造斜时，减少钻压降低钻速有助于提高造斜率。在采用 Giliigan 钻具组合时，加大钻压会提高造斜率。

2. 转速

(1) 转速选择与钻头有关。如 PDC 钻头、金刚石钻头的常用转速远远高于牙轮钻头。

(2) 转速选择与钻压有关。

(3) 井下动力钻具的特性基本上决定了转速。

(4) 在导向钻进方式下，转盘转速选最低挡速（不超过 70r/min，如有可能最好再低些）。

3. 排量

(1) 水平井的排量主要取决于工艺需要。较好的携屑能力要求环空钻井液返速不低于 1m/s，由此可决定所需的排量。

由于不同井段的井眼尺寸和环空面积有一定差异，致使在给定排量下不同井段的钻井液返速差别较大。携屑对排量和流态的基本要求是：当井斜角大于 45°，应以大排量紊流方式清洁井眼。由于在紊流状态下岩屑运移基本不受钻井液流变性能影响，此时应采用低静切力（YP）、低黏度钻井液，以便于在较低返速下进入紊流，对保护井壁是有利的；当井斜角在 0°～45°范围内，可采用层流流态洗井。但为了提高携屑能力，应注意提高钻井液的静切力、黏度及比值 YP/PV。

(2) 井下动力钻具的额定排量基本上决定了工作排量。一般井下动力钻具的额定排量与钻井工作排量是相容的（这在设计钻具时已进行了充分考虑），二者之间的较小值只会在一定程度上影响钻头转速，但在某种情况下，工作排量（携屑需要）会大幅度（甚至成倍）高于动力钻具的额定排量，此时可选用中空转子螺杆钻具，以扩大钻具的额定排量。

(3) 排量选择与钻头有关。如金刚石钻头、PDC 钻头应采用大排量，以防止小排量容易造成的散热不良以致出现"烧齿"，牙轮钻头也有类似要求。工作排量要保证钻头的正常工作。

(4) 排量选择要考虑循环系统能力和地面设备的要求，防止因排量过大造成系统总压力过高。

4. 压力

压力选择，主要是钻头水眼压力（压降）选择，要综合考虑破岩和清洁井底要求，马达承压能力（传动轴轴承节的结构级别）和轴承受力状况，MWD 的工作压力及地面设备的限制后做出决定。

三、钻井操作的有关注意事项

以下给出有关钻井操作的几点注意事项，供水平井轨道控制人员和施工操作人员参考。

1. 了解 MWD 功能特性

(1) 确定当地磁偏角、磁倾角和磁场强度值，输入 MWD 系统的地面计算机进行数据校正。

(2) 熟悉 MWD 的测量操作规程（如不同测量状态对停泵、开泵间歇时间的要求；测量时须把钻头提离井底适当距离，如 1～2m）。

(3) 了解钻井液脉冲式 MWD 的脉冲发生器要求的工作压差范围，以配置适当的钻头水眼。

(4) 其他注意事项，如了解 MWD 仪器电池的工作时间和工作寿命，以免造成在钻井过程中须更换电池而提前起钻。

2. 组装钻柱组合

(1) 按钻柱组合设计方案连接。要量准每个部件的长度并做好记录。对有紧扣力矩规定的部件，按规定上扣连接。

(2) 对动力钻具要坚持井口试运转，记录泵压，检查旁通阀的开闭是否符合要求。

(3) 严格检查稳定器（尤其是近钻头稳定器外径）尺寸是否与设计一致，作好记录。

(4) 接 PDC 钻头时，要用钻头盒紧扣，以免损坏复合片。

(5) 把导向钻具与 MWD 进行连接时，紧扣后测量钻具高边（弯角内侧）刻线标记与 MWD 基线间的夹角，作为初相角输入 MWD 系统的地面计算机。

3. 下钻过程

(1) 下钻一定要慢，以免损坏钻头。

(2) 下钻遇阻时，先不要开泵，把钻具旋转不同角度试一下，如遇阻严重，可开泵循环钻井液，并用 MWD 定向，使导向马达的工具面对准井眼高边划眼下入。

4. 钻进过程

(1) 开始钻进前，要提前开泵，钻头离开井底 1～2m 循环冲洗井底后，再平缓加钻压钻进。

(2) 使用 PDC 钻头时要按照推荐范围加压，不要超过规定的最大钻压。

(3) 估算摩阻，推算加在钻头上的真实钻压值。对螺杆钻具，要以其负荷压降为标准判断是否加了钻压。

(4) 由 MWD 的井口显示器监控工具面。当显示的工具面值与规定值发生较大偏离时，要适时转动转盘进行调整。适当提起钻具上下活动钻柱，使储存在下部钻柱上的弹性扭转变形能释放，让井底动力钻具回到预定位置。

(5) 加强测斜。在着陆控制过程中每单根测斜一次，在新钻具下井后钻出的第一个单根所对应的井段，要保证测斜不少于 2 次，迅速核算实际造斜率是否与要求相符，并预测当前钻头处的井斜、方位是否超差，以便做出评价和决策。

(6) 加强钻进过程中的轨迹控制和预测，预测距离 30m 以上。如果预测超差，可先通过调整工具面和钻压来调整造斜率，若无效，则应果断决策，更换钻具组合。

(7) 在地层倾角、地层各向异性指数较小的地区，一般加大钻压可降低造斜率（用 Gilligan 与之相反）；反之，可提高造斜率。在水平控制中，加大钻压快速钻进可减小井斜角的变化。

(8) 开动转盘导向钻进时，转盘转速宜在 40r/min 左右，且水平段转盘的进尺应不小于总进尺的 75%。

(9) 每钻进一定距离（如 50m 左右），应进行一次短程起下钻，使井壁光滑，以避免井下发生复杂情况。

（10）停钻时不要让钻具在井底长久静置，要开泵循环，上下活动钻具，或适当转动转盘以防岩屑沉积可能导致卡钻。

（11）安排适当机会通井洗井。在钻进较长距离后（如100m左右）宜下入转盘钻具组合配大水眼钻头，加大排量通井洗井，携带岩屑。

（12）及时作好数据记录和进行数据处理，及时进行钻后分析，为决策提供依据。

5. 起钻过程

（1）起钻过程中，当钻头接近技术套管时要减慢提升速度，遇卡时要采取相应措施小心处理。

（2）起出钻头后，认真描述钻头作好记录。

（3）严防井下落物。

（4）钻具起出后进行认真检查，保证钻具随时处于安全、备用状态。

四、水平井测量有关注意事项

1. 仪器选择

（1）直井段轨迹测量选用电子多点测斜仪。

（2）短半径水平井选择能满足井眼曲率要求的随钻测斜仪。

（3）采用充气或泡沫钻井液的水平井，选择电磁波无线随钻测斜仪或有线随钻测斜仪。

（4）薄油层水平井，地质设计有要求的水平井，选择LWD无线随钻测斜仪。

2. 资料收集

施工前收集以下资料：

（1）磁场强度、地磁倾角、磁偏角；

（2）井身结构和井身剖面设计数据；

（3）钻头类型、钻具水眼尺寸、下部钻具组合、造斜工具角度、无磁钻具长度及尺寸；

（4）钻井泵工作参数、钻井液类型及性能。

3. 无磁钻具和仪器加长杆长度的确定

（1）无磁钻具长度不小于9m。当设计方位角90°±30°或270°±30°、井斜角超过30°时，无磁钻具长度不小于15m。无线随钻测斜仪磁通门上、下无磁钻具长度不小于3m。

（2）仪器加长杆长度不小于3m。当设计方位角90°±30°或270°±30°、井斜角超过30°时，加长杆长度不小于4.5m。

4. 电子多点测量

（1）无磁钻具底部应放挡板。

（2）当井斜角≥65°时，起钻至井斜角＜65°，向钻具内投放测斜仪，下钻送入。

（3）测量时要记录井深及对应时间。

（4）出现下列情况不测斜：

①钻具悬重异常；

②泵压异常；

③起下钻不正常；

④钻具内有落物；

⑤未放测斜挡板。

(5) 井口取仪器时，应盖好井口，先取仪器后卸钻头。

5. 有线随钻测量

(1) 井斜角大于 60° 时，按泵送测量方式施工。

(2) 仪器下放速度不大于 1m/s。

(3) 根据工具面角和地磁参数，判断仪器是否进入无磁钻具。

(4) 仪器坐键后留电缆余量 0.5～1m。

(5) 测量静态数据时，应停泵并将钻具提离井底 1m。

(6) 活动钻具不得过快过猛，防止电缆打扭或拉断电缆。

6. 无线随钻测量

(1) 应使用钻杆滤清器。

(2) 下钻速度控制在 15 柱每小时内，每 20 柱一次灌满钻井液。

(3) 钻井液不应加入固相堵漏材料和固体润滑材料，含砂量 ≤ 0.5%。

(4) 钻井泵空气包充气压力应为最高立管压力的 30%～40%。

(5) 测量静态数据时应将钻具提离井底 1m，开泵并静止钻具。

(6) 采用 LWD 无线随钻测量施工的井段，最大造斜率不超过所用仪器允许的最大弯曲度。

(7) 循环排量应满足仪器工作要求。

(8) 钻井液产生气泡或出现气侵时，应采取措施除气。

第七节 应 用 实 例

在前面的有关章节中，已经对中长半径水平井井眼轨迹设计、控制理论、施工工艺及操作方法进行了介绍，本节以超深水平井、高密度水平井、短半径侧钻水平井的控制实例进一步加以说明。

一、TK318CH（调整）井短半径侧钻水平井

TK318CH（调整）井，是西北石油局塔河油田艾协克 1 号构造南部的一口短半径侧钻水平井。TK318CH（调整）井于 2004 年 8 月 1 日开钻，5757～5783m 又钻遇断裂段，西北油田分公司决定提前完钻，完钻井深 5793.86m。

1. 基本数据

1) 井身剖面设计

剖面类型：直—增—稳（水平）

2) 靶区数据及造斜点

造斜井深：5399.99m

闭合方位：256.22°

靶前位移：60.00m

AB 段段长：429.58m

靶区倾角：94.38°

靶区：前窗（*A* 点）　10m×20m　靶区垂深：5463m
　　　后窗（*B* 点）　10m×20m　靶区垂深：5431m

3）设计轨迹数据

TK318CH（调整）井设计轨迹数据如表 10-8 所示。

表 10-8　TK318CH（调整）侧钻水平井井身剖面设计数据表

井段	井深 m	垂深 m	水平位移 m	造斜率 (°)/m	井斜角，(°)
直井段	5399.99	5399.99	14.85	0	3.59
侧钻段	5514.56	5464.10	62.41	1.07	94.38
水平段	5945.56	5431.17	491.59	0	94.38

4）井眼结构

TK318CH 井（调整）井眼结构如图 10-13 所示。

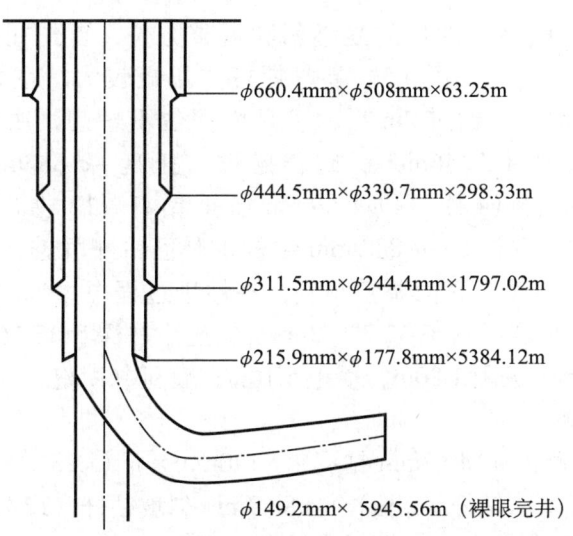

图 10-13　TK318CH 井（调整）井身结构示意图

2. 井眼轨迹控制

1）侧钻井段的控制

由于有原直井眼和第一水平段两个回填井眼，扫水泥塞时进入原来两个老井眼的可能性都存在，并且两个水平井眼的设计方位仅相差 7°，侧钻点垂深仅距 3m，侧钻难度相当大。由于直井段有少量的反向位移（闭合距 14.73m，闭合方位 109.05°），同时考虑到上一侧钻井眼，为此采用 1.5°单弯螺杆，朝 180°～200°方向侧钻，待侧钻成功再调整方位。这样一来，不管扫水泥进入哪一个老井眼，通过弯螺杆的造斜能力和侧钻方位两个方面保证侧钻都能成功。实钻结果证明，侧钻 7m 就进入地层。

（1）侧钻钻具组合：ϕ149.2mm 钻头 + ϕ120mm×1.5°单弯螺杆 + ϕ120mm 定向接头 +

φ88.9mm 无磁承压钻杆（1 根）+φ88.9mm 斜坡钻杆（2 柱）+φ88.9mm 加重钻杆（12 柱）+φ121mm 随钻震击器+φ88.9mm 加重钻杆（3 柱）+φ88.9mm 钻杆。

（2）随钻监测仪器为：柔性加长杆组合 YST-25H 有线随钻。

（3）钻进井段：5399.99～5414.66m。

（4）侧钻参数：排量 10L/s，泵压 17MPa，钻压 0～20kN。

（5）自 5399.99m 开始侧钻，侧钻前 5m 钻速严格控制在 0.3～0.6m/h；钻进 7m 后，通过砂样分析，地层岩屑达 80%～90%，说明已经侧钻出去，钻进 9m 后，钻压加至 20～40kN，磁性工具面摆在 255°～265°。在整个侧钻过程中，最重要的是工具面按施工要求进行设置，确保侧钻方位的准确性，侧钻一次成功。

2）增斜井段的控制

（1）增斜段钻具组合：φ149.2mm 钻头+φ120mm×3.5°单弯螺杆+φ120mm 定向接头+φ88.9mm 无磁承压钻杆（2 根）+φ88.9mm 斜坡钻杆（2 柱）+φ88.9mm 加重钻杆（12 柱）+φ121mm 随钻震击器+φ88.9mm 加重钻杆（3 柱）+φ88.9mm 钻杆。

（2）随钻监测仪器为：柔性加长杆组合 YST-25H 有线随钻。

（3）钻进井段：5414.66～5517.16m。

（4）钻进参数：排量 10～12L/s，泵压 18～20MPa，钻压 30～50kN。

（5）轨迹控制：本段施工的目的是增斜和调整方位，首先在井斜较小时将方位调整准，便于后续增斜。由于采用 3.5°单弯螺杆，扭矩较大，在 5407.66m 将磁性工具面摆在 260°～270°钻进，钻进 3m 后，工具面摆位不理想，决定起钻通井，下入通井钻具：φ149.2mm 钻头+φ146mm 螺旋稳定器+托盘+φ88.9mm 无磁承压钻杆（2 根）+φ88.9mm 斜坡钻杆（4 柱）+φ88.9mm 加重钻杆（12 柱）+φ121mm 随钻震击器+φ88.9mm 加重钻杆（3 柱）+φ88.9mm 钻杆，对已钻井段进行通井划眼，保证下趟钻定向正常。此后在定向时工具面调整顺利，在钻进过程中每米测斜一次，计算井下螺杆钻具的增斜率，该段平均增斜率 32.7°/30m，钻进至井深 5517.16m，井斜 93.56°，方位 256.84°，闭合位移 60m，纵距 1.80m，横距 5.10m，顺利中 A 靶。

3）水平井段的控制

（1）水平段钻具组合：φ149.2mm 钻头+φ120mm×1°(1.25°)单弯螺杆+φ120mm 定向接头+φ88.9mm 无磁承压钻杆（2 根）+φ88.9mm 斜坡钻杆（12 柱）+φ88.9mm 加重钻杆（12 柱）+φ121mm 随钻震击器+φ88.9mm 加重钻杆（3 柱）+φ88.9mm 钻杆。

（2）随钻监测仪器为：柔性加长杆组合 YST-25H 有线随钻。

（3）钻进井段：5517.16～5793.86m。

（4）钻进参数：排量 10～12L/s，泵压 18～20MPa，钻压 30～50kN，转盘转速 20～30r/min（双驱钻进）。

（5）轨迹控制：本段以双驱钻进为主，实现稳斜稳方位的效果。在钻进过程中发现在上述钻进参数条件下，1°螺杆微降斜，增斜率 1.34°/30m，1.25°单弯螺杆微增斜，增斜率 1.24°/30m。因此在施工时我们交互应用两种规格的螺杆，并跟踪测斜，保证了井眼轨迹在靶区运行。

4）实钻数据与井眼轨迹

实钻井眼轨迹数据见表 10-9，轨迹图如图 10-14 所示。

表10-9 TK318CH井（调整）实钻数据表

测深 m	井斜角 (°)	方位角 (°)	垂深 m	投影位移 m	南北 m	东西 m	闭合距 m	闭合方位 (°)	全角 (°)/m
5391.06	1.54	210.74	5390.87	−12.12	−5.61	13.87	14.96	112.03	0.17
5400.06	2.46	190.56	5399.86	−11.96	−5.89	13.77	14.98	113.17	0.15
5424.06	9.26	279.22	5423.78	−10.51	−6.85	12.51	14.26	118.72	1.12
5445.06	35.42	253.31	5443.02	−2.65	−7.91	4.68	9.19	149.38	1.42
5460.06	53.05	249.66	5453.72	7.73	−11.27	−5.18	12.41	204.69	1.13
5517.76	93.61	256.84	5464.76	62.71	−27.40	−57.84	64.00	244.65	0.08
5603.54	95.01	259.16	5457.88	148.13	−44.15	−141.68	148.40	252.69	0.09
5793.86	94.50	258.75	5444.98	337.81	−81.74	−327.77	337.81	256.00	0.02

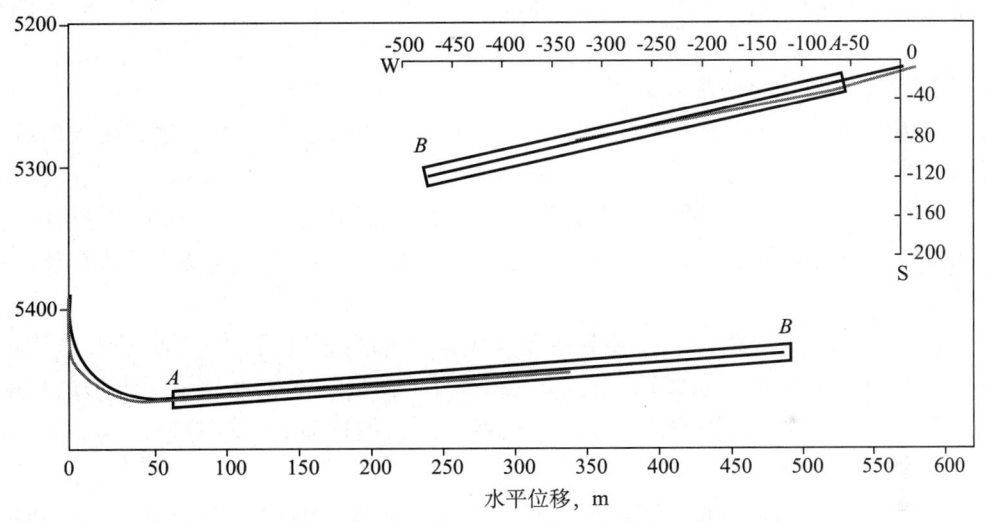

图10-14 TK318CH井（调整）井眼轨迹图

二、普光气田水平井钻井技术

普光气田位于四川盆地达县宣汉地区，产层为三叠系下统飞仙关组和二叠系上统长兴组，埋藏深度一般在4800～5800m。

普光气田钻井难度极大，上部陆相地层裂缝发育，承压能力低，漏失严重；属高陡构造，地层倾角大，倾角30°～75°，井斜控制困难；须家河组含高压气层，压力系数在1.55左右。海相地层有大段盐膏层；产层富含H_2S和CO_2。见表10-10。

表10-10 水平井井身质量指标

井号	设计/实钻	井深 m	最大井斜 (°)	垂深 m	水平位移 m	水平段长 m	Ⅰ靶半高 m	Ⅰ靶半宽 m	Ⅱ靶半高 m	Ⅱ靶半宽 m	中靶情况
普光101−2H	设计	6476.8	75.32	5678	1401	656	10	20	10	30	Ⅱ中靶
	实钻	6670	79	5718.52	1402.26	843	0.8	1.5	2.2	19.8	
普光204−2H	设计	7001	81.63	5942	1612.78	445	10	20	10	30	Ⅱ中靶
	实钻	7010	81	5942.2	1628.10	453	5.57	16	5.74	36	

续表

井号	设计/实钻	井深 m	最大井斜 (°)	垂深 m	水平位移 m	水平段长 m	Ⅰ靶半高 m	Ⅰ靶半宽 m	Ⅱ靶半高 m	Ⅱ靶半宽 m	中靶情况
普光202-2H	设计	5964	71.55	5331	1025.57	335	10	30	10	30	Ⅱ中靶
	实钻	5820	77.03	5331.45	807.45	340.45	2.44	5.6	1.62	1.68	
普光107-2H	设计	6415	80.56	5828	856.05	515	10	20	10	30	Ⅱ中靶
	实钻	6460	87.63	5755.51	1032.54	381.06	3.36	14	4.91	18.70	
普光105-2H	设计	6537.4	87.3	5866	943.67	440	10	20	10	20	Ⅱ中靶
	实钻	6538	87.6	5882.77	976.92	448	1.20	0.47	0.44	11.19	
普光106-2H	设计	6884	73.66	5760	1717	214	20	50	20	50	Ⅱ中靶
	实钻	6805	75.78	5803.84	1717.52	215	9.08		2.49		
普光405-2H	设计	5848	87.55	4895	1273.4	540	10	50	10	50	Ⅱ中靶
	实钻	5860	86.30	4898.53	1261.5	546	2.45	3.84	5.14	18.3	
平均		6451.86	82.05	5618.97	1260.90	460.93					

1. 普光气田开发井身结构设计

(1) ϕ508mm 导管：一般设计下深 50m，原则上进入基岩 10m，封隔地表松散流砂、砂砾层。

(2) ϕ346.1mm（339.7mm）表层套管：一般设计下深为 700～710m，主要因为普光构造开孔地层不稳定，易漏、易坍塌，表层套管必须封隔上部不稳定易垮层段，建立井口，安装防喷器。

(3) ϕ273.1mm 技术套管：主要封隔须家河组底部高压气层，由于侏罗系陆相地层岩性以砂岩与泥岩互层为主，地层软硬交错，砂岩可钻性低，泥岩易坍塌，可能潜在地层应力变化、地层不稳定等复杂情况。须家河组四段、二段普遍发育高压气层，为非主要产层，储量小。

(4) 三叠系下统为本井的主要目的层段，岩性以灰岩、泥岩互层为主；三开钻进至设计井深，下入 ϕ177.8mm 油层套管。

普光气田典型井身结构如下（以 P101-2H 井为例）（图 10-15）：

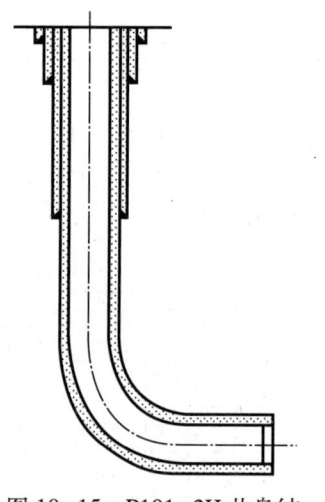

图 10-15 P101-2H 井身结构示意图

导管：
井眼直径（mm）：660.40
所钻深度（m）：55.40
套管外径（mm）：508.00
套管下深（m）：55.40
水泥返高（m）：地面

一开：
井眼直径（mm）：444.50
所钻深度（m）：710.500
套管外径（mm）：346.08
套管下深（m）：710.38
阻流环深度（m）：699.34～699.89
水泥返高（m）：地面

二开：

井眼直径（mm）：314.10

所钻深度（m）：4202.00

套管外径（mm）：273.05

套管下深（m）：4199.89

阻流环深度（m）：

三开：

井眼直径（mm）：241.30

所钻深度（m）：6670

套管外径（mm）：177.80

套管下深（m）：6668.01

悬挂器位置（m）：4048.91

球座位置（m）：6624.95

水泥返高（m）：地面

合金钢井段：5497.65～6668.01m

回接井段：11.2～4043.54m

造斜点：4780m

2. 水平井主要技术措施

根据普光地质资料提供的地层特点及钻探难点，以往积累的大斜度定向井、水平井钻井经验，为了确保超深水平井钻井的成功，必须重点解决井眼净化、减阻润滑、井壁稳定、防漏保护储层、抗温稳定等技术难题。

1）钻井液技术

选择合适的钻井液体系性能是钻井成功的关键，根据普光地区地层特征和钻井工程的要求，首先进行了钻井液体系性能的优选。

（1）润滑性。利用润滑仪对几种润滑剂进行了优选润滑性能评价。结果表明，加重基浆、聚磺钾盐钻井液、聚磺钾盐防卡钻井液的润滑系数分别为0.354、0.1146、0.055。由此可知，聚磺钾盐钻井液复配5% CFK-2液体防卡剂、3%固体润滑剂的润滑系数降低幅度50%以上，液体防卡剂和固体润滑剂形成的复合润滑膜能大幅度降低钻井液的摩阻系数。

（2）抑制性。页岩回收率采用本井须家河段的泥岩钻屑进行热滚回收率试验，试验数据如表10-11所示。由表10-11可以看出，聚磺钾盐钻井液对泥岩的水化抑制性明显增强，可以较好地与地层相容，稳定井壁。

表10-11 钻井液体系的热滚回收率试验

配方	热滚回收率 R1 %	热滚回收率 R2 %
清水	47	32
聚合物钻井液	73	57
聚磺钻井液	85	71
聚磺钻井液+5%KCl	96	83

注：页岩回收率试验120℃×16h。

(3) 抗温抗污染稳定性。优选聚磺钾盐钻井液，复配液体防卡剂和固体润滑剂，添加盐膏样品，进行高温滚动试验。钻井液体系的试验数据见表 10-12。从表 10-12 可以看出，钻井液的流变性基本变化不大，降滤失功效基本稳定。

表 10-12 钻井液体系的抗温稳定性试验

钻井液体系	PV mPa·s	YP Pa	FL mL	HTHPFL mL	MBT g/L	Cl⁻ mg/L
聚磺钾盐钻井液	29	11	2.5	8	35.8	3.5×10^3
聚磺钾盐钻井液 +15%NaCl+1%CaO	35	9.5	3.5	10.8		9.1×10^4
聚磺钾盐防卡钻井液	38	12.5	3.2	9.6		

注：PV、YP、FL 是 150℃下滚动 16h 后测得的塑性黏度、动切力和滤失量。

通过以上试验优选的聚磺钾盐防卡钻井液体系，主要配方为：4% 膨润土浆 +0.5%PAMS900+0.5%LP+++1%MF-1+1%LV-PAC（LV-CMC）+3%PSP+3%BY-2+3%PMC+0.2%NaOH+5%KCl+5%CFK-2 防卡剂 +3% 无荧光封堵润滑剂。该体系配伍性能良好泥饼致密，具有良好的润滑、抗温、抑制性能和稳定的流变性能，抗盐膏污染能力强，该钻井液体系能够满足普光超深水平井钻井施工的需要。

2）井眼轨迹控制技术

(1) 直井段防斜打直技术。

上部陆相地层普遍存在着地层倾角大，局部小褶皱多，自然造斜率较强等特点，在一开和二开须家河以上地层采用空气、氮气、雾化钻井技术，低钻压、低转速负压钻进，能有效地控制井斜，提高钻进速度。

典型钻具组合：空气钻井井段：ϕ320mm 空气锤钻头 + 空气锤 + 浮阀 +ϕ228mm 钻铤 ×6 根 +ϕ203mm 无磁钻铤 ×1 根 +ϕ203mm 钻铤 ×2 根 +ϕ203mm 震击器 +ϕ127mm 加重钻杆 ×9 根 +ϕ127mm 钻杆。

钻井液钻进井段：ϕ320mm 牙轮钻头 + 浮阀 +ϕ228mm 减震器 +ϕ228mm 钻铤 ×6 根 +ϕ203mm 无磁钻铤 ×1 根 +ϕ203mm 钻铤 ×2 根 +ϕ203mm 震击器 +ϕ203mm 钻铤 ×1 根 +ϕ127mm 加重钻杆 ×11 根 +ϕ127mm 钻杆。

(2) 三开井段定向技术。

普光气田水平井设计定向点靠上，造斜率低，属于长半径水平井，控制段长，为了减少定向工作量，同时提高机械钻速，通过优化钻具组合，利用改变钻井参数提高造斜率和降低造斜率的方法，根据设计增斜率选择合适的螺杆钻具组合增斜钻进，并根据实际增斜率及时调整钻井参数或更换钻具组合，又可以加大钻压钻掉可钻性差的地层，必要时采用动力钻具滑动钻进进行井斜角和方位角的修正，调整复合钻进造斜率的偏差和调整井眼垂深，使之满足轨迹点的位置和矢量方向的综合控制，这样既提高了机械钻速，又保证了轨迹的平滑和中靶几率。

定向段控制造斜率，保证井眼轨迹圆滑，为全井的安全钻进提供一个良好的基础。严格按设计井眼轨迹造斜，5000m 前造斜率控制在 4.5°/30m，5000～5400m 造斜率为 2°/30m，避免全角变化率超标。定向后采用 MWD 密切监测井眼轨迹情况，每钻进一个单根测斜一次，及时计算井眼轨迹，掌握好井眼轨迹的变化趋势。为了控制造斜率，采用随钻一根或半根然后复合一根甚至更多的方法来钻进，严格按设计井眼轨迹造斜，优化井身轨迹。

造斜段钻具组合：ϕ241.3mmPDC（6刀翼）+ϕ172mm螺杆（1°单扶）+ϕ158mm无磁钻铤×1根+ϕ158mm短无磁×1根+ϕ158mm无磁钻铤×1根+旁通阀+止回阀+ϕ127mm加重钻杆×20根+ϕ127mm钻杆。

钻井参数：钻压：40～60kN，排量：26～30L/s，泵压：16～21MPa。

（3）水平段稳斜技术。

井眼轨迹不采用降斜的方法来控制，全井采用增斜法控制，减少产生键槽的理论依据。水平段采用常规稳斜组合复合钻进，提高了机械钻速，又保证了井身质量。

ϕ241.3mmPDC钻头+ϕ185mm双扶0.75°螺杆+单流阀+ϕ127mm无磁钻杆×1根+MWD短节+ϕ127mm无磁钻杆×1根+ϕ127mm加重钻杆×3根+ϕ127mm钻杆+旁通阀+ϕ127mm钻杆×9根+ϕ127mm加重钻杆×15根+ϕ177.8mm随钻震击器×1只+ϕ127mm钻杆微增斜组合钻进。

ϕ241.3mmPDC钻头+ϕ185mm双扶0.75°螺杆+单流阀+ϕ127mm无磁钻杆×1根+MWD短节+ϕ127mm无磁钻杆×1根+ϕ127mm加重钻杆×3根+ϕ127mm钻杆+旁通阀+ϕ127mm钻杆×9根+ϕ127mm加重钻杆×15根+ϕ177.8mm随钻震击器×1只+ϕ127mm钻杆稳斜组合钻进。

钻井参数：钻压40～50 kN；转速60r/min+螺杆；泵压21～22MPa；排量28L/s。

3）防止气侵的技术措施

对于水平井，油气层段长，油气裸露面积大，钻进中易发生气侵，同时易发生井漏，进而造成卡钻事故，应采取如下技术措施：

（1）进入水平段前150m，要及时循环观察，充分循环排气，防止侵入钻井液中的气体形成气柱，全烃值下降后才可继续钻进。

（2）在产层水平井段钻进时，严格控制钻进速度，每天钻地层不超过50m，要充分循环除气，观察钻井液的密度，黏度有无变化，以便及时调整钻井液密度和其他性能。每天进行短起下作业，修整井壁，清除虚泥饼和岩屑。

（3）控制钻井液的高温高压滤失量在10mL以内，保持钻井液性能稳定，尤其是密度和黏切要相对稳定，勤维护、处理，保证钻井液具有良好的黏切，既保证钻井液能有效的携砂、悬砂，又有利于下钻及开泵。

（4）在裸眼井段控制起钻速度小于0.5m/s，尽力减轻钻具对井壁的碰撞和减轻压力激动。

（5）储备560m³密度为1.55g/cm³重钻井液，280m³密度为1.15g/cm³轻钻井液，200t加重材料，10t除硫剂，30t堵漏材料。

4）井漏复杂主要采用的预防措施

（1）钻进中尽量保持近平衡钻井，不能一味地追求钻井液设计上限。

（2）钻井液黏度、切力要适当，保持钻井液有较好的流变性。

（3）在多种工况下，开泵排量都要由小逐渐增大；不得人为憋漏地层；裸眼段长时要中途循环钻井液破坏其结构力。

（4）钻进中发生渗透性漏失，漏失速度小于3m³/h时，可采取降低排量，提高钻井液黏度；大于 10m³/h 的漏失时，立即停止钻进，起钻至套管内，先用静止堵漏的方法堵漏，如果无效果，就用 FCR-Ⅱ、核桃壳与 JD-2 加其他桥堵材料桥塞堵漏。

(5) 非油层段可选择高效堵漏材料，憋压挤堵，提高其抗压能力，满足下部施工的要求，减少油气层出现喷漏并存的复杂情况。

(6) 钻进中根据实钻和 dc 指数跟踪情况，确定合理的钻井液密度，维护微超平衡地层压力。

5) 防卡技术措施

(1) 控制造斜率，保证井眼轨迹圆滑，为全井的安全钻进提供一个良好的基础。严格按设计井眼轨迹造斜，5000.00m 前造斜率控制在 4.5°/30m，5000.00～5400.00m 造斜率为 2°/30m，避免全角变化率超标。

(2) 简化钻具结构，满足井下防卡、井口抗拉、抗硫及降低循环压耗、提高循环排量的要求。在井口以下 2000m 使用 ϕ139mm18°斜坡 G105 钻杆，下部井段使用 ϕ127mm18°斜坡 G105 钻杆，底部使用 ϕ127mm 无磁承压钻杆和加重钻杆 30 根，不使用钻铤，防止发生粘卡，并在钻具中使用套管减磨接头 10 只，裸眼井段如果转动扭矩过大，可使用减阻接头；进入水平段，加重钻杆倒换到上部井斜 45°以上井段，起到降低井下摩阻和施加钻压的作用。

(3) 改变钻具结构后的第一次起下钻，特别是滑动定向井段要精心操作，遇到阻卡划眼通过。记录每趟钻的摩阻。起钻遇卡除正常摩阻外，多提不超过 5t，严禁强提硬拔，导致卡钻事故。加强活动钻具，井内钻具静止不能超过 2min，上下活动范围应在 10m 以上。

(4) 钻进中发现泵压升高、钻屑返出减少、接单根前摩阻和扭矩不正常等现象，应停止钻进或接单根，上提钻具到正常井段后，采用划眼的办法，使井眼恢复正常，然后继续作业；钻进中发现泵压下降，必须停钻找出原因，如果在地面上找不出问题，应起钻检查钻具。

(5) 短起下钻时钻头应起到井斜 30°井段，保证有效清砂。

(6) 在起钻过程中如果发现在造斜井段或全角变化率大的井段出现键槽，应下破键工具对其进行破坏。

(7) 使用强抑制的钻井液体系，使用 CFK-1、聚合醇等液体润滑剂，加入液体树脂以降低钻井液滤失量，改善泥饼的润滑性，保证形成的滤饼薄而致密，防止压差卡钻。

(8) 加强钻井液净化，用好四级固控设备，利用激光粒度仪，分析钻井液中固相颗粒直径的分布范围，有针对性的降低有害固相含量，保持良好的钻井液性能。

(9) 起钻前处理好钻井液，大排量循环洗井，循环两周以上方可起钻。下钻应分段开泵循环正常后再下。

(10) 钻具组合中在井斜 30°位置加安全旁通阀，保证能在遇到复杂情况下投球憋通安全旁通阀。

6) 钻头事故的预防

(1) 钻压、转速应在推荐范围内，必须避免大钻压、高转速同时使用。

(2) 入井钻头必须记录其生产日期、编号。

(3) 调研邻井牙轮钻头的使用寿命，控制钻头的平均使用时间。

(4) 结合钻头的机械钻速，地层变化和转盘扭矩，综合分析钻头使用情况，防止牙轮落井。

(5) 出井钻头必须对其进行外径测量,防止新钻头入井,卡入小井眼内。

(6) 钻头掉齿较多时,下趟钻要带随钻捞杯进行打捞,并及时更换钻头型号,适应地层变化。

(7) 配备一定数量其型号与井眼和钻具尺寸相符的打捞工具,如反循环打捞篮、卡瓦打捞筒、锥、磨鞋、强磁打捞器等。

7) 防止坍塌掉块卡钻的技术措施

由于构造应力的作用,沙溪庙组、自流井组和须家河组的泥、页岩地层易垮塌,并且夹煤层,裂缝发育,断层交错,在钻遇这些井段时,极易发生井壁垮塌,为防止井塌卡钻事故发生,制定了以下预防措施并在操作中逐一落实。

(1) 认真分析井下情况,弄清地层破裂压力、地层压力、地层坍塌压力,及时调整钻井液密度,控制由于力学不稳定因素造成的坍塌。

(2) 在易坍塌层调整钻井液流型,减轻钻井液对井壁的冲刷。

(3) 在坍塌地层必须保证泥饼质量,提高钻井液的造壁、护壁性能及对微细裂缝的封堵能力。

(4) 勤维护、处理,保证钻井液具有良好的黏切,既保证钻井液能有效的携砂、悬砂,又有利于下钻及开泵。

(5) 起钻时连续灌满钻井液,控制起钻速度,防止抽吸造成井塌。

(6) 气体钻进期间,注意控制钻速,避免钻速过快带砂效果不好;每次起钻和接单根时进行充分循环带砂,有效地避免卡钻事故的发生。

三、CLH-03H 羽状井钻井技术

CLH-03V 是在山西柳林施工的一口直井,为了提高单井煤层气产收率和单井控制储量,决定钻一口大位移多分支水平井 CLH-03H 跟 CLH-03V 井进行连通,形成所谓的"羽状"井,深入产层,水平井筒作为排泄通道,达到增产增收的目的。水平羽状井其主要机理在于多分支井眼在煤层中形成网状通道,促进微裂隙的扩展,又能连通微裂隙和裂缝系统,提高单位面积内的气液两相流的导流能力,大幅度提高了井眼波及面积,降低煤层气和游离水的渗流阻力,提高气液两相流的流动速度,进而提高煤层气产收率。

CLH-03H 井位于鄂尔多斯盆地东缘离石鼻状构造,是我国煤层气勘探的重要选区之一。本井设计总进尺 3643.50m,M1、M2 两个主井眼和 6 个分支,最大井斜 93°,地层多变、漏失严重、施工环境恶劣等,以 16 天 23 小时安全顺利打完进尺,创区块钻井高指标。

1. 钻井工程设计

1) 井身轨迹

(1) 主井眼需要入 M1、M2 两个靶点。

(2) 主井眼 M1 设计 3 个分支 L1、L2、L3,主井眼 M2 设计 3 个分支 L4、L5、L6。井身轨迹如图 10-16 所示。

2) 井身结构

一开结构:ϕ311.15mm 钻头 ×237.20m,ϕ244.5mm 表层套管 ×236.70m;

二开结构:ϕ215.90mm 钻头 ×643.5m,ϕ139.7mm 技套 ×642.00m;

三开结构：φ120.65mm 钻头 × 1550.00m（2 主井眼及 6 分支）× 裸眼完井。

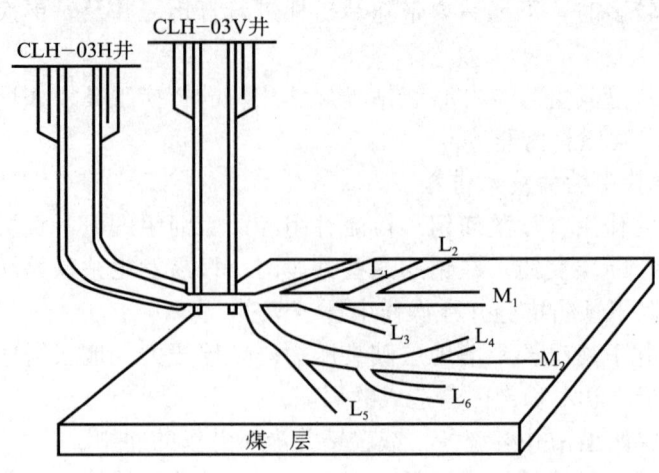

图 10-16　CLH-03H 井井身设计轨迹

2. 事故提示及预防

（1）表层为新生界第四系砂、砾石等冲积、洪积物和黄土层，含大块的鹅卵石较多。因此，表层钻进钻头尺寸大，钻头单位钻压小，跳钻严重；石块不易破碎，且胶结不好，易从井壁剥落，造成卡钻等事故；石块对钻头的侧向作用力，易造成表层井眼倾斜，影响下部钻井作业。因此，表层钻井低排量、控制机械钻速和井斜是关键，并注意防漏失。

（2）二开古生界地层井段长，钻遇层位多，注意胶结疏松井段及层间漏失，以及井壁剥落的掉块造成卡钻事故。

（3）工区范围内总体上地质构造较为简单，但在地层倾角变化部位、地层软硬交界面等处均易造成井斜。因此要坚持每 50m 单点测斜，当钻具的钟摆力不能克服地层的造斜力，造成井斜超标时，应下入动力钻具纠斜。

（4）煤层段防止井壁坍塌和井漏。在水平井钻进时，钻井液工程师密切观察和记录钻井液量的变化，一旦发现涌水、钻井液漏失迹象，应及时提醒钻探工程师，同时也要注意工程参数的变化，预防井下卡钻等复杂事故的发生。

3. 技术难点

（1）该井所钻地层复杂多变，施工地区地质资料掌握不准，着陆点选择困难，过早或过晚都将使井眼轨迹不够圆滑，增加井眼延伸时的摩阻，给以后的工程施工增加难度。

（2）钻至煤层后要实现与生产井 CLH-03V 的连通。生产井虽然在煤层段经扩孔后直径可以达到 12in，但要让一个直径 6in 的钻头在位移百十米后钻到一个直径只有 12in 的靶点上难度也相当大。这需要有非常精准的定位仪器，确保一次成功，否则反复寻找靶点将耗费大量的时间。

（3）钻井过程中有效控制井眼始终在煤层中难度也很大。原因是煤层有起伏，在钻进的过程中需要不断调整钻具的工具面；随钻测量仪有效测量部位的安装位置距离钻头有 20m 左右，使得随钻测量仪不能及时发现钻头已经偏离煤层。

（4）定向羽状水平井的钻井液也可以视作是直接与煤层接触的完井液，它如果对煤层造成伤害的话将大大降低该井的产量,因此必须选择与地层水接近的液体作为钻井液。通常情况下选择清水,但清水进入煤层深部过多仍会因为引起黏土膨胀而降低煤层的渗透性。本井所施工地区煤层基本处于欠压状态,因此,清水钻井液会由于压差的作用进入煤层深部。为尽量减少钻井液对煤储层的伤害,需利用空气压缩机实现欠平衡,至少是近平衡钻进。

(5)由于井眼随煤层的起伏,钻柱在水平井段将与井壁摩擦产生很大的阻力,使水平段延伸困难,这要求钻机能够对钻具加上一定的压力,同时需要一些特殊的工具来减阻,通常应用减震器来实现。

(6)该井水平段长,分支井眼多,大部分进尺依靠井下动力钻具滑动钻进方式完成,在大斜度井段易形成岩屑床,井眼净化、降低摩阻与扭矩难度大。

4. 现场施工

本井是在CLH-03V井的基础上采取割套并起出套管,沿用CLH-03V井一开表套,下钻至305m处开窗侧钻的方法进行二开作业的。

1)坐封隔器及拔套管

CLH-03H井于2010年3月9日接封隔器下钻,采用Y441-114封隔器+ϕ73mm钻杆钻具组合。下钻过程中刹把操作平稳,注意控制下钻速度,并在下钻同时灌入清水。下至395m接顶驱缓慢开泵4MPa稳压2min;第二次开泵9MPa稳压15min。封隔器充分扩张,开泵憋压液压丢手,憋压17MPa,泵压突然至零。上提钻具悬重无变化,下放钻具至原方入,遇阻40kN,起钻丢手成功。2010年3月10日组合水利割刀+ϕ73mm钻杆下入,接顶驱开泵,泵压2MPa刀片伸出,停泵后刀片自动收回。下至353m接顶驱开泵,缓慢转动顶驱,转速5r/min、排量10L/s、扭矩由4kN突降至0kN。扭矩最高5~8kN·m起钻后接联顶节起出套管。起套管时灌入高黏钻井液。

2)二开井段

二开自井深305m开始侧钻,采用钻具组合:ϕ215.9mm钻头+ϕ165mmMotor钻进,以及轨迹位于3#煤层的中上部层位,以利于悬空侧钻。

钻进至1546m主井眼完钻,起钻至910.00m,准备CLH-03H井L1(M1)侧钻。循环反复划槽10min,开始侧钻。侧钻过程中,控制钻时,根据岩屑新旧、粗细,钻时扭矩变化情况以及通过停泵下放钻具看悬重变化来判断井眼造台阶是否成功。

悬空侧钻工作程序:

(1)起钻至侧钻位置,开泵将工具面摆至230.00°。

(2)保持工具面在230.00°,慢慢上提下放钻具8~10m,控制下放速度100m/h以内,反复划槽3~5次。

(3)将钻头放至侧钻点,开始侧钻。

(4)控制钻速在2m/h,钻进1m,然后控制钻时在3m/h钻进2m,再控制钻时在4m/h钻进2m。最后控制钻时在5m/h钻进3m,然后将工具面摆至270°控制钻时6~10m/h再钻进4m。悬空侧钻结束。

悬空侧钻结束后地质导向师利用LWD随钻测井数据超前预测和识别钻头在煤层相对位置,地层走向,地层倾角,并指导钻井工程师根据需要来调整井眼轨迹,引导钻头准确在煤层钻进。

钻进参数为：钻压 0～50kN，顶驱转速 30r/min，排量 600L/min。控制钻速为 50～70m/h。钻进过程中每立柱测斜一次。

L1（M1）进至 1546m，CLH-03H 井 L1（M1）完钻。起钻至 792m 开始侧钻 CLH-03H 井 L2（M1）。钻至 1200.00m 因漏失严重 CLH-03H 井 L2（M1）完钻。

自井深 772m，开始侧钻 M2 主井眼。钻进至 1224m 因漏失严重 CLH-03H 井 M2 主井眼完钻。在三个侧钻点 L4 点、L5 点、L6 点 6 次尝试侧钻，均漏失严重，钻井液只进不出，甲方决定提前完钻。钻头起出转盘面，CLH-03H 井完钻，全井进尺 2737m，煤层进尺 2363m。钻井周期见表 10-13。

表 10-13 钻井周期

序号	井段，m	施工作业项目	计划天数	实际天数	实际累计天数
1		井眼准备	3	3.85	3.85
2	305～643	二开井段	18	4.31	8.16
3	643～710	三开连通段	1	0.50	8.66
4	710～1546	M1	4	2.25	10.91
5	910～1545	L1（M1）	2	1.46	12.37
6	792～1200	L2（M1）	2	1.02	13.39
7	772～1224	M2	3	1.60	14.99
8		停待		7.13	22.12
9		完井作业	3	0.13	22.25

5. 主要技术

1）摩阻与扭矩控制技术

在定向钻进过程中随着井斜和位移的不断增加，使钻具在井筒里的摩擦阻力以及扭矩不断增大，为确保井眼净化、降低摩阻与扭矩，主要采用以下办法：

（1）在钻井液中加入 HV-CMC 和 COP-HFL 胶液降低滤失量、改善泥饼质量并加入防卡润滑剂降低摩阻，保证井下安全。

（2）充分使用好四级固控设备及时清除钻井液中有害固相，勤清锥形罐保持钻井液清洁。

（3）二开完钻后，为了保证完井作业的安全顺利施工，起钻甩掉螺杆与钻铤，下钻通井修整井壁，大排量充分循环洗井清除井内钻屑，保证井眼清洁畅通。在起钻前泵入高黏度 HV-CMC 胶液封闭下部井段，提高钻井液悬浮能力，防止岩屑下沉积聚在下部井段，阻碍下套管及固井施工的顺利进行。

（4）在煤层中水平钻进由于段长岩屑不易带出，滞留在井筒内易形成岩屑床，从而增加了钻具在井内的摩阻和扭矩，给安全生产带来隐患。采取每 100～200m 拉井壁一次清砂，每天清一次锥形罐，振动筛使用 200 目筛布，使用好除砂器、离心机、液气分离器及时排砂等方法保持井眼清洁畅通，保持钻井液密度在 1.02g/cm^3 以下，漏斗黏度维持在 28s 左右。

2）堵漏防漏技术

由于该井在施工过程中遭遇严重漏失地层，几乎是打开一层漏一层，因此在钻进过程中如何堵漏防漏是打好本井的关键。

(1) 在本井开钻前先配制膨润土浆 60m³ 并加大膨润土含量，等充分水化后进行钻水泥塞及二开作业。为了防止水泥污染加入 0.5% 纯碱液清除钻井液中钙离子，钻完水泥塞后提起钻具循环，加入随钻堵漏剂 SD 和锯末预堵漏；并加入 HV-CMC 提高钻井液黏度在 60s 以上；加入中分子聚合物 COP-HFL 降低滤失量、抑制钻屑分散。低压循环均匀后钻井液黏度 68s，密度 1.03g/cm³，其性能携带悬浮能力强，有利于清洁井眼，堵漏效果好，抑制泥岩分散能较强，滤失量低有利于井壁稳定。

(2) 二开施工作业过程中为了防止井漏，采取降低柴油机转速减小泵排量；开泵时缓慢开泵、下放钻具时放慢速度减小井底激动压力；每打完一根立柱划眼一次修整井壁，消除下井壁沉积的岩屑，保证井眼畅通减小循环阻力；并及时补充加入 SD、锯末保证钻井液中有足够的堵漏材料。

(3) 在钻至井深 592m 及 615～643m 井段时地层有渗透性漏失现象，采取加大 SD 和锯末加入量进行堵漏并强行钻进的方法进行施工作业。

(4) 微泡钻井液防漏堵漏：微泡钻井液基本上是一种含空气气核的泡沫，是一种由各种组分组成的电子壳状微泡，微泡通过加强气核壁的强度提高了气泡的稳定性。微泡钻井液由剪切稀释性聚合物和能产生稳定的组分复配而成。其微泡体积一般能达到 8%～14%，失水量小，利用钻井液中的微气泡进入地层孔隙，产生暂堵作用，阻止钻井液滤液进入地层，减少漏失。这种在地层缝隙中的堵塞，不同于固相和液相的封堵，小气泡在井下温度和压力的作用下，体积趋于变大的能量较大，从而对地层缝隙的适应性较强。

3）煤层保护技术

(1) 降低钻井液密度，减少循环流体所形成的液柱压力与煤层孔隙压力之间的差值，实现近平衡钻井，从而减少钻井液侵入煤层。

(2) 钻至煤层段，为防止钻井液对煤层的伤害，改为清水钻井液体系，并用黄源胶配好的高黏度胶液替出井内钻井液。在钻进过程中采用充气欠平衡钻井技术，从 CLH-03V 井进行注气平衡地层压力。

(3) 控制钻井液中的固相及高分子化合物的含量，防止固相颗粒对煤层裂缝的堵塞。

(4) 对完成井在压力作业前后进行有效的洗井解堵作业，以使煤层气运移通道得以充分连通。

第十一章 套管开窗侧钻技术

第一节 概 述

侧钻技术在国外起始于 20 世纪 30 年代,于 80 年代得到深入发展。我国于 80 年代开始研究侧钻技术,10 年间内迅速成熟起来。该项技术在全国各油田得到了广泛的推广应用,并取得了明显的经济效益和社会效益,成为油田特别是老油区节支增效、节约挖潜的重要手段和措施。

井眼的侧钻技术一般分为两种类型:一是裸眼井内侧钻技术,即在裸眼井内打入水泥造成人工井底,然后侧钻或条件允许时直接进行悬空侧钻形成侧向井眼的工艺技术;二是套管开窗技术,即依据设计要求,在套管内某位置开一窗口或铣掉一段套管,侧向钻出一新井眼,实现重新完井的工艺技术。

侧钻技术是在普通定向钻井技术的基础上发展起来的,除具有普通定向井和水平井的共性之外,也有其自己的独特性,正是这些独特性才形成了专门的侧钻工艺技术。侧钻的主要目的是实现:"死井复活"、提高采收率、降低成本。侧钻技术主要应用于:

(1) 钻井过程中套管内有落鱼或落物而无法打捞不能继续进行钻井、完井作业。
(2) 钻井及采油过程中套管变形,影响生产。
(3) 采油过程中砂堵砂埋严重,通过修井作业无法恢复生产的井。
(4) 直井落空,偏离油层位置,经勘探其周围还有有开采价值的油藏。
(5) 有特殊作业要求的多底井和泄油井等。
(6) 油田开发后期,已无开采价值的井,为了节约钻井成本,充分挖掘潜力,利用原井眼开窗侧钻成定向井开采边角油气藏。

开窗工具主要分为两大类:一是锻铣式开窗工具,主要由锻铣器和锻铣刀片组成。二是斜向器式开窗工具,分为:(1) 固定地锚斜向器式;(2) 一体化式地锚斜向器。主要由地锚总成、斜向器总成和磨铣工具组成。

第二节 锻铣开窗侧钻工艺

一、套管锻铣器的结构设计和工作原理

套管锻铣器的结构见图 11-1,主要由保护接头、壳体、泵压显示装置、活塞总成、弹簧、刀片、下扶正器组成。其工作原理为:

锻铣器下入设计井深后,启动转盘、开泵。此时钻井液流经活塞上的喷嘴产生压力降,

形成的压力推动活塞下行，支撑6个刀片外张切割套管。当套管切断后，刀片达到最大外张位置，泵压将明显下降，这时可加压进行套管磨铣作业。作业完毕后，停泵，压力降消失，活塞在弹簧的反力作用下复位，刀片凭自重或外力收回刀槽内。

二、锻铣器结构设计的特点

（1）锻铣器有6个刀片，可同时伸出切割或锻铣，寿命长、速度快。

（2）采用水力活塞结构，依靠压力降推动活塞运动，设计有泵压显示装置，当刀片切割套管后，在立管压力表上立即反映出2MPa的压力降，易于判断。

（3）锻铣器下部增设稳定器，限位块中设有扶正块，两处形成两点扶正系统，以保证扶正器工作平稳，延长了刀片的使用寿命，提高了磨铣速度。

三、最小排量的确定

套管锻铣器利用喷嘴压降推动活塞，并克服弹簧反力支撑刀片外张。首先考虑弹簧最大反力，计算最小排量。

已知压力降：

$$p_b = 0.827 \rho Q^2/C^2 d_e^4 \quad \text{kgf/cm}^2 \tag{11-1}$$

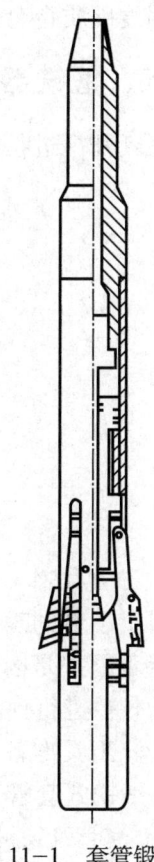

图11-1 套管锻铣器

式中　ρ——钻井液密度；
　　　Q——排量，L/s；
　　　C——流量系数；
　　　d_e——喷嘴当量直径。

活塞承压面积：

$$A = \pi (D_腔^2 - d_e^2)/4 \tag{11-2}$$

式中　$D_腔$——活塞面积，cm；
　　　d_e——喷嘴直径，cm。

弹簧最大反力$F_弹$：

$$F_弹 = p_b \cdot A$$

锻铣器在工作时，理论上只要达到上述最小排量就可以克服弹簧阻力，支撑刀片外张。

四、切削元件的特性

衡量切削元件的主要技术指标是磨铣套管长度和速度，而这两项指标主要取决于切削元件材料和形状。

井下磨铣工况要求切削元件有足够的韧性，又要求有足够的耐磨性，两者必须统一才能保证较长的工作寿命和转速。设计中常采用抗弯强度大于180kg/mm²，硬度大于HRA90

的高强度硬质合金作为切削元件。

五、锻铣器开窗侧钻工艺过程

截断开窗过程如图 11-2 所示。

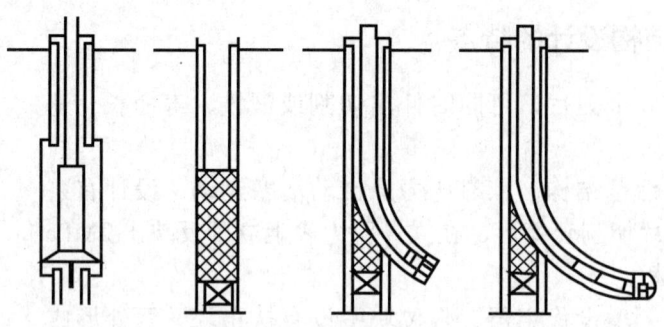

图 11-2 截断开窗过程示意图

1. 准备工作

(1) 项目的确立：首先要进行地质调查，分析论证，查阅原井及临井地质资料，完井资料，若原井是因采油过程中发生事故，要对原井的产能及效益进行分析对比，对侧钻完井后的效益进行预测，经论证后立项。

(2) 工具准备：根据施工需要，工艺要求，经济效益分析对比，准备适合本井的开窗工具。锻铣式套管开窗定向开窗侧钻需准备下列工具（7in 套管为例）：

7in 套管开窗锻铣器	1～2 套
锻铣刀片（根据锻铣段长）	6～8 付
1.5°、1.75° 单弯动力钻具	各 1 套
定向接头（随钻测量用可循环式）	2 只
$3\frac{1}{2}$in 钻杆	根据完钻井深
$4\frac{3}{4}$in 钻铤	4 柱
$4\frac{3}{4}$in 无磁钻铤	1～2 根
$4\frac{3}{4}$in 短钻铤	2 根
6inPDC 钻头及牙轮钻头	若干
随钻测量仪器，电缆及绞车	应满足施工需要
单多点测斜仪器	各 1～2 套
直径 152mm 螺旋扶正器	4～6 只
强磁打捞器	1 只
备齐各种尺寸事故处理工具	

(3) 井眼准备工作：

① 查阅原井资料，确定开窗侧钻位置，应尽量避开套管接箍，选择水泥封固质量好有利于侧钻的地层。

② 分析井口至侧钻点井段的原井身数据，查阅套管钢级、壁厚、内外径。

③ 测量套管压力及液面高度，若原井眼套管压力较高，液面上长较快，应预先在开窗侧钻点以下 100m 处打水泥塞封固。

④ 通套管内径、刮蜡,清除原井眼内原油及污物,检查套管是否有损坏或变形。

⑤ 测磁性定位,检查套管有无损坏变形,应在钻杆内测套管接箍,把所有误差校正至钻杆上。

⑥ 作出套管定向开窗侧钻设计,制定施工方案、技术措施、作业参数。

(4) 钻具准备工作:

① 所有下井工具下井前都要进行检查探伤,各种工具要有产品合格证书。

② 钻杆、钻铤、无磁钻铤下井前要用直径55mm通径规通径,清除钻具水眼内杂物。

③ 配足钻井液,调整钻井液性能符合开窗侧钻井眼地层的钻进要求。

2. 套管锻铣开窗工作

套管锻铣开窗工作步骤:

(1) 锻铣工具下井前安装调试,开泵检查刀片能否全部张开,停泵刀片能否收回。

(2) 检查工具灵活好用后,将刀片捆住,防止下井过程中刀片误打开,损坏套管及刀片。

(3) 钻具下井过程中控制下放速度,严禁猛刹猛放,中途不得开泵循环,不能转动转盘。

(4) 下钻中途遇阻,不能硬压硬冲,遇阻不能超过1t,否则应起钻通井,井眼畅通后再下开窗工具。

(5) 保护好井口,严格防止井口落物,以防发生重大井下事故。

(6) 开窗锻铣工具下到开窗位置,开泵转动转盘20~30min,慢慢加压0.5~1t,观察钻具能否吃住钻压。

(7) 钻具能承受住钻压后,继续磨铣,并观察有无碎铁屑返出,根据铁屑返出量和形状分析锻铣工具工作状况。

(8) 磨铣过程中钻压不能超过10t,防止压坏锻铣工具,致使工具不能完全磨穿套管,出现套管内拔皮现象。

(9) 每磨铣0.5m,停止转盘转动,增大钻井液排量,循环清洗井眼,观察铁屑返出情况及数量,防止铁屑在井内相互缠绕,形成"鸟窝"状铁屑团,造成卡钻事故的发生。

(10) 每磨铣套管1~2m,停泵停转盘慢慢上提钻具,检查锻铣工具刀片闭合开启情况,上提钻具,观察锻铣工具经过窗顶时有无挂卡现象。

(11) 时刻注意记录磨铣速度,当磨铣速度明显降低时,应及时起钻检查锻铣工具以及刀片磨损情况,分析原因制定下一步措施。

(12) 确定原因,换锻铣刀片继续磨铣,直至磨完设计段长,满足侧钻要求为止。

(13) 每次换刀片下钻到上窗口位置,开泵转动转盘反复进行划眼,以保证套管锻铣质量。

(14) 锻铣完后,调整钻井液性能,增大排量循环洗井,下入强磁打捞器清除井底铁屑,并用稠钻井液将锻铣段封往。

3. 打水泥塞封固锻铣井段作业

打水泥塞封固锻铣井段作业需完成如下工作:

(1) 为了确保水泥塞封固质量,封固井段应从窗底以下50m到窗顶以上50m,打水泥前应做水泥浆性能检查,做流动试验和凝固时间试验。

(2) 打完水泥浆立即起钻至窗顶以上 60m 处，循环洗井，将多余水泥浆排出井眼，并不断活动钻具，防止将钻具固在井内。

(3) 彻底清洗井眼，观察记录水泥浆返出量，确定井眼内多余水泥浆全部返出井眼后起钻候凝。

(4) 候凝 48h，下钻探水泥塞面，将水泥塞钻至设计侧钻井深，检查水泥塞凝固质量。

(5) 调整钻井液性能，尽量减少钻井液中的固相含量，彻底清洗井眼。

4. 定向侧钻作业

定向侧钻作业钻具组合、钻进参数及施工步骤：

(1) 钻具组合：6in 钻头 +4in 单弯动力钻具 + 定向接头 +4$\frac{3}{4}$in 磁钻铤 +3$\frac{1}{2}$in 钻杆。

(2) 钻进参数：钻压 2～4t，泵压 10～12MPa，排量 10～12L/s，转盘转速 50～60r/min。

(3) 施工步骤及注意事项：

① 按设计要求配好钻具，进行地面动力钻具检查试运转，一切正常开始下钻，同时准备好随钻测量仪器，测量绞车就位。

② 控制钻具下放速度，不能开泵运转和转动转盘，防止碰坏套管和钻头。

③ 钻头下到侧钻位置，开泵运转动力钻具，开泵要缓慢，防止开泵过猛憋坏动力钻具。

④ 动力钻具运转正常后，停泵下随钻测量仪器定向，各方人员做好准备工作，积极配合，服从指挥。

⑤ 定向完毕开泵侧钻，严禁转动转盘，首先让钻头在同一位置空转 20～30min，使其能在井壁造出台阶。

⑥ 加压 2t 均匀下放钻具，并随时调整工具面方向，使其一直在预定方位钻进。

⑦ 随时捞取砂样，分析砂样中地层岩屑含量，判断侧钻情况，当砂样全为地层岩屑时钻头已全部进入地层，侧钻基本成功。

⑧ 调整工具面方向，使所钻井眼方向与预定方位相吻合，井斜角、方位角达到设计要求，起钻换转盘钻进。

第三节 磨铣开窗工艺技术

一、固定锚磨铣工具的结构和工作原理

固定地锚式磨铣工具的结构如图 11-3 所示，主要由固定地锚、斜向器、起始铣、开窗铣、锥形铣、钻柱铣、西瓜铣、小磨鞋组成。其工作原理为：在套管内将斜向器固定，通过仪器测量定向，使斜向器斜面方向与设计开窗侧钻方位一至，下入磨铣工具，利用斜向面施加给磨铣工具的侧向力，将套管磨铣出一椭圆形窗口，用扩眼工具将窗口扩大，使钻具能顺利通过，侧钻成新井眼重新完钻。

二、固定锚磨铣工艺的几个重要名词

(1) "死点"位置：磨铣工具在磨铣套管过程中，某一点的线速度为零，对套管失去切

削力，该点位置称为"死点"位置。所有圆周动力的切削工具加工过程中都存在"死点"，有的是在工具设计制造中克服，有的是在切削过程中克服。

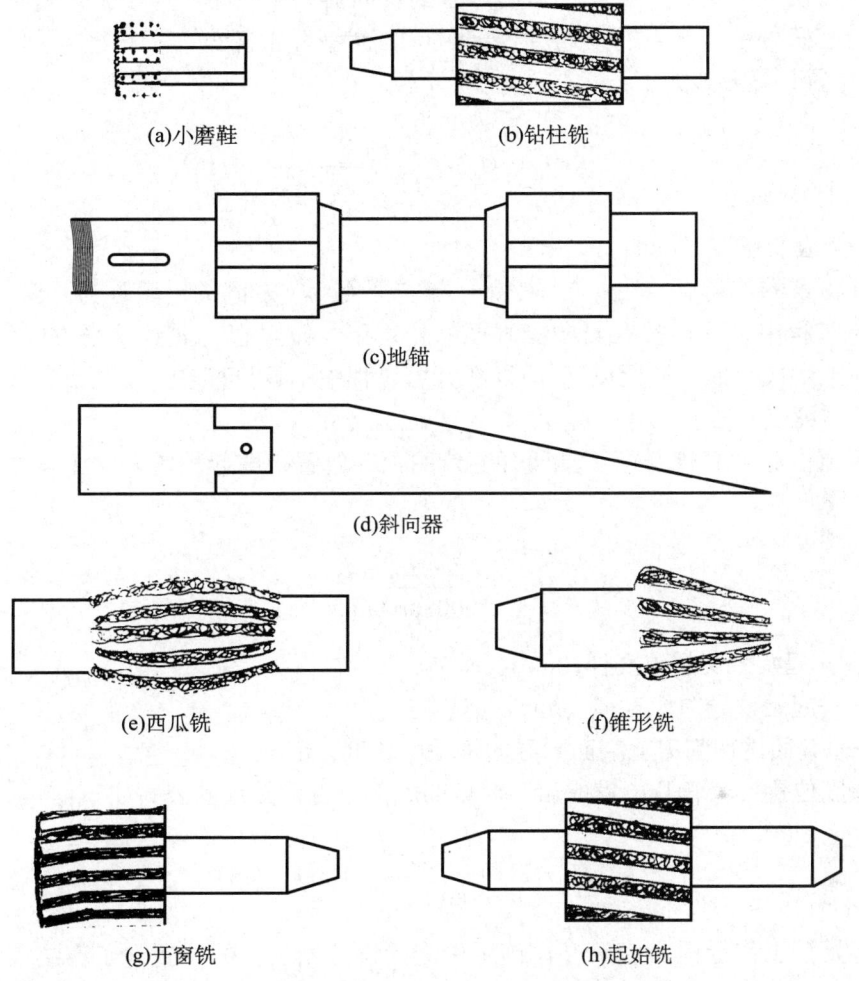

图 11-3　固定锚磨铣工具示意图

（2）开窗铣"上死点"位置：开窗过程中，开窗铣磨至套管内壁到斜向器斜面的距离等于开窗铣半径时，开窗铣轴心线与套管内壁上某一点的线速度为零，形成"死点"，该点的位置称为开窗铣的"上死点"位置。开窗铣"上死点"位置计算公式如下：

$$H_1 = H_x \frac{2D-d}{2000 \cdot \arctan X} \quad (m) \tag{11-3}$$

其中

$$X = A + \arctan \frac{D-d}{2 \cdot s}$$

式中　H_x——斜向器顶部深度，m；
　　　D——套管内径，mm；
　　　d——开窗铣切削刃直径，mm；
　　　X——斜向器在套管内的倾斜角，(°)；

A——斜向器的斜度,(°);

s——斜向器顶到铰链的长度,mm。

(3) 开窗铣"下死点"位置：套管外壁到斜向器斜面的距离等于开窗铣半径时,开窗铣轴心线与套管外壁某一点的线速度为零的点位置称为开窗铣的"下死点"位置。开窗铣"下死点"位置计算公式如下：

$$H_2 = H_x + \frac{2D - d + K}{2000 \cdot \arctan X} \quad (m) \tag{11-4}$$

式中 K——套管壁厚,mm。

(4) 开窗铣的"死点"段："上死点"与"下死点"之间的一段称为开窗铣的"死点"段。在开窗过程中,开窗铣在斜向器斜面的作用下,做垂直方向到水平方向的复合运动,在套管端面上形成无数个"死点",所以在开窗过程中不是只存在"上死点"和"下死点",而是存在一"死点"段。

(5) 窗顶位置：套管开窗工具所开窗口的顶部位置,即起始铣开始工作位置,其计算公式如下：

$$H_2 = H_x + \frac{2D - D_2 - d_2}{2000 \cdot \arctan X} - L \quad (m) \tag{11-5}$$

式中 D_2——起始铣切削刃直径,mm;

d_2——起始铣导向杆直径,mm;

L——起始铣切削刃上端面到导向杆顶的长度,m。

(6) 窗底位置：套管开窗完成后,窗口的底部位置,其计算公式如下：

$$H_d = H_x + \frac{D}{\arctan X}\bigg/1000 \quad (m) \tag{11-6}$$

(7) 起始铣工作行程：套管开窗施工中起始铣开始工作的位置到工作结束的位置,称为起始铣的工作行程。其计算公式如下：

$$\Delta L = \frac{2D - D_2 - d_1}{2 \cdot \arctan X} \quad (mm) \tag{11-7}$$

三、固定锚斜向器式套管定向开窗侧钻工艺技术

1. 准备工作

(1) 工具的准备：选择适合本井尺寸的套管开窗工具,斜向器式套管定向开窗侧钻应准备下列工具：

地锚总成	1套
斜向器总成	1套
起始铣	2只
开窗铣	6只
小磨鞋	2只

钻柱铣	4只
西瓜铣	4只
锥形铣	2只
钻杆胶塞（55mm 直径钢球）	1只

（2）井眼的准备：与锻铣式套管开窗井眼准备工作相同。

2．定向开窗工作步骤

（1）工具的地面检查：

① 检查工具是否齐全，配足配齐所需备件，并对所有工具进行包装，防止运输过程中损坏。

② 检查地锚护送装置是否灵活好用，内外定向键方向是否一致，是否完好，悬挂钢球是否齐全，有无损坏。

③ 检查完后，各部位涂好黄油，装配好备用。

（2）下地锚作业及注意事项：

① 把尾管连接起来，在尾管的底端焊接一盲眼旧钻头，并在尾管的下部割三个直径为 15～20mm 的旋流孔。

② 选择开窗位置尽量避开套管接箍，根据开窗位置与井底的深度定出尾管长度。

③ 下尾管一定要紧好螺纹并用螺纹胶粘住或用电焊焊住，隔一根尾管加一个扶正器，尾管顶部连接地锚。

④ 下地锚尾管一定要控制下钻速度，严格禁止猛刹猛放，遇阻不能超过 1t，防止尾管落井。

⑤ 下钻过程中严禁转动转盘，所有下井工具必须用直径 65mm 的通径规，全部探伤后方可下井。

⑥ 下钻过程中注意井口安全，防止井口落物。钻台上所有仪表必须灵活好用。

⑦ 准备长钻杆（12m）短钻杆（3m）各两根，用于调节转盘面以下钻杆长度符合设计开窗位置要求。

⑧ 工程技术人员要坚持盯在钻台上，加强责任心，监督检查井队严格执行技术措施。

（3）定向固地锚作业及注意事项：

① 下钻完接触井底加压不得超过 1t，小排量慢慢开泵，不得调整钻井液性能。

② 陀螺测量仪器下井定向工作期间不得停电断电，定向完后坐好钻具，锁住转盘，各方人员要积极配合协调工作。

③ 固井人员检查并装好水泥头及钻杆胶塞，固井管汇要用软管线连接，以保证在替钻井液时能上提活动钻具。

④ 水泥浆稠化时间大于 360min，流动度大于 20cm，水泥浆相对密度 1.80～1.90。

⑤ 注水泥浆前注入前置液 $1m^3$，水泥浆量根据封固井段，相对密度达到要求后开始计量，注完水泥浆立即压胶塞替钻井液剪销钉，保证整个作业过程连续进行。

⑥ 剪销钉后钻具坐在转盘上继续循环，清洗地锚头 20～30min 后，上提钻具 1m，继续循环将多余水泥浆全部替出井口。

⑦ 接方钻杆循环钻井液清洗井眼，每隔 5min 活动钻具一次，循环二周后起钻候凝 48h。

(4) 通井探地锚头作业：

① 下钻过程中一定要平稳缓慢，防止溜钻，严禁猛刹猛放，遇阻下压不得超过 1t，注意井口安全，防止井口落物。

② 地锚对接内筒一定要清洗干净，斜向器与送入接头之连接销钉要焊牢，斜向器吊往钻台时要用绷绳抬起。

③ 各方技术人员要密切配合，听从开窗技术人员指挥，对接地锚时司钻操作一定要平稳。

④ 整个下钻过程中不得转动钻具，以保证斜向器与地锚安全对接一次成功。

⑤ 下钻至锚头顶部位置，加压 0.5t，慢慢转动转盘，进行对键，钻压回零后继续下放钻具。

⑥ 测量方入是否与计算方入相吻合，转动转盘 3~5 圈，观察转盘倒车情况及上提钻具悬重是否增加。

⑦ 若方入相吻合，转盘全部回车，上提钻具悬重增加 5~8t 提不脱，说明斜向器与地锚已对接好。

⑧ 下放钻具慢慢加压，观察指重表，当灵敏表突然回零，说明销钉已剪断，斜向器已甩下。

(5) 起始铣下井作业：

① 钻具结构：起始铣 + 钻铤 3 柱 + 钻杆。

② 详细测量起始铣内外径，绘制草图，下钻速度一定要缓慢，中途遇阻不能硬压，应起钻通井。

③ 下钻至斜向器顶端以上 10m，开泵循环，探方入及遇阻深度，空钻压转动钻具 30min。

④ 加钻压 1~2t，转盘转速 50~60r/min，钻井液性能应满足携带铁屑的能力。

⑤ 磨铣到起始铣死点位置，起钻并计算目前窗口能否满足下开窗铣的要求，若不能满足则再下导向杆直径小的起始铣。

⑥ 满足下开窗铣的条件是起始铣所开窗口底部套管外壁到斜向器斜面的距离应小于开窗铣的直径。

(6) 开窗铣下井作业：

① 钻具结构：开窗铣 + 钻铤 3 柱 + 钻杆。

② 下钻过程中不能转动钻具，开窗铣下到斜向器顶部位置时要缓慢下放钻具，遇阻转动转盘 3~5 圈继续下放。

③ 开窗铣下至起始铣所开窗口底部，加压 3~5t 磨铣，转盘转速控制在 60r/min 左右，钻井液排量及性能应满足携岩要求。

④ 磨铣过程中钻压一定要平稳，送钻要均匀，及时捞取井口返出的铁屑，分析开窗铣在井下工作状况。

⑤ 当开窗铣磨铣到"上死点"位置时（套管内壁至斜向器斜面的距离等于开窗铣半径），起钻下小磨鞋过"死点"段。

⑥ 小磨鞋磨过"下死点"位置后，继续下开窗铣把下部窗口开完，开下窗口时，钻压降到 3t，防止开窗铣滑入地层。

⑦ 开窗过程中磨铣速度变慢，应起钻检查开窗铣或换开窗铣后继续磨铣，否则可能将斜向器磨坏。

⑧ 窗口开完后，利用开窗铣钻进地层 3～5m，为修窗口作业做好准备。加大排量循环洗井，把钻井液中固相含量降低。

（7）小磨鞋下井作业：

① 钻具结构：小磨鞋＋钻铤 3 柱＋钻杆。

② 下钻至开窗铣"上死点"位置，转动转盘，加压 3t，转盘转速 0r/min。

③ 小磨鞋磨过"下死点"位置，起钻检查小磨鞋磨损情况，确认小磨鞋过"下死点"位置后换开窗铣继续磨铣。

（8）修窗口作业注意事项：

① 钻具结构：锥形铣＋西瓜铣＋钻柱铣＋钻铤 3 柱＋钻杆。

② 锥形铣、西瓜铣、钻柱铣之间螺纹上紧段焊牢固，防止作业过程中脱扣落入井眼内。

③ 下钻到斜向器顶部位置遇阻加压 1～2t，转盘转速 60r/min，修窗口。

④ 反复划修窗口直至上提下放钻具过窗口无任何显示，起钻换钻具组合侧钻钻进。

⑤ 作业过程中注意井口安全，防止井口落物造成复杂事故。

四、一体式地锚斜向器的结构和工作原理

一体式地锚斜向器（图 11-4）主要由护送器、导向器和地锚总成组成，地锚总成由悬挂系统、液压系统等部分组成，护送器和导向器之间用销钉连接，并有安全销，从而保证在地锚遇阻时，销钉不被剪断，导向器与地锚之间用液压管连接。工作原理是：地锚斜向器下到设计井深后，通过护送器内定向键与斜向器斜面在同一方向上这一特定结构，下入测量仪器定向，把斜向器斜面面对开窗方位，然后缓缓开泵，液体通过斜向器背面的传压管传递压力推动液压系统中的活塞下行，活塞推倒传压杆，使剪切套剪切销钉，小球落入井内，激活悬挂系统，在压缩弹簧的作用下，推动瓦片上行，接触套管并产生一定的外挤力，而后下放钻柱加压，剪切护送螺栓，完成地锚斜向器的锚定工作。

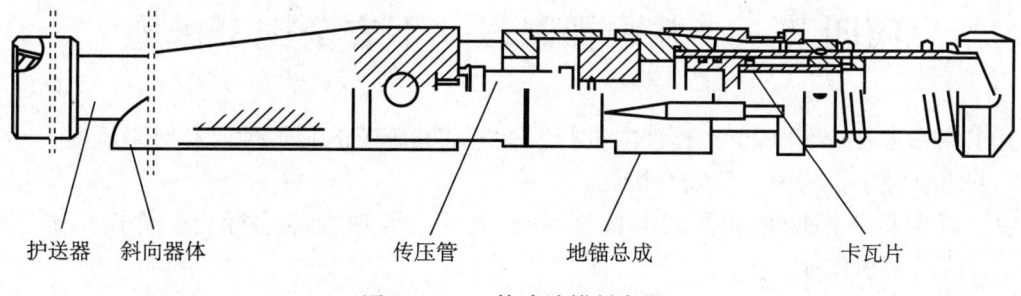

图 11-4　一体式地锚斜向器

五、一体式地锚开窗侧钻工艺

1. 井眼的准备

一体式地锚开窗侧钻井眼准备工作同套管锻铣开窗。

2. 下一体式地锚下作业

(1) 在地面检查一体式地锚是否完好，有无损坏；
(2) 选择开窗位置，尽量避开套管接箍；
(3) 下地锚，控制下放速度，严禁猛刹猛放，遇阻不超过20kN；
(4) 下放过程中严禁开泵，以防提前坐封。

3. 定向坐封地锚斜向器

(1) 一体式地锚斜向器下入预定位置后，下入陀螺测量仪进行定向；
(2) 开泵循环，靠液力剪断安全销，地锚打开卡瓦；
(3) 加压剪断护送销钉，甩掉地锚斜向器，完成坐封。

4. 下复式铣锥作业

(1) 下入如下钻具组合：复式铣锥+钻柱铣+钻铤3柱+钻杆。
(2) 下钻至斜向器顶端以上10m，开泵循环，探方入；
(3) 缓慢启动钻盘，低速旋转，慢慢下方入，先磨出一个均匀光滑的接触面。

开窗磨铣分以下3个阶段：

(1) 开窗第一阶段：从铣锥磨铣斜向器顶部到铣锥底部与套管内壁接触为开窗第一阶段。此段开始要轻压慢转，然后中压中速磨铣，钻压应控制在0~5kN，转速60~80r/min，目的是使铣鞋先磨铣出一个均匀接触面并达到磨铣切削的目的；

(2) 开窗第二阶段：从铣锥底圆接触套管内壁到底圆刚出套管外壁为开窗第二阶段。此段加大钻压很容易提前外滑，但不加钻压又不容易磨铣切削套管，因此钻压应控制在5~15kN，转速80~120r/min，使铣锥沿套管外壁均匀磨铣，保证窗口长度；

(3) 开窗第三阶段：从铣锥底圆出套管到铣锥最大直径全部铣过套管为开窗第三阶段。此段是保证下套管圆滑的关键阶段，只要稍一加压就会滑出套管，因此钻压应控制在1~5kN，转速120~150r/min，定点快速铣进，其长度等于一个铣锥长度。

(4) 以上3个阶段，修井液上返速度均应大于0.6m/s，否则磨铣套管过程中的碎物不宜携带出来。

第四节　小井眼裸眼段井下安全施工措施

开窗侧钻多在 $\phi 139.7$mm 套管内进行，决定了其施工的独特性，针对泵压高、环空间隙小、井眼直径小，需要一套安全措施：

(1) 开窗前，根据井下要求准备好50m³老浆，各项性能达标后，替换出井下污水（油），再进行开窗作业。

(2) 认真查找注水井，开窗时必须保证其停注泄压至规定要求，坚持每天至少检查两遍注水井。

(3) 下钻遇阻时严禁硬压，遇阻不能超过50kN，经反复活动不能解除时应及时上提钻具至安全井段，接方钻杆开泵划眼，如果井下钻具带螺杆遇阻较为严重时，应立即起钻甩掉螺杆通井。

(4) 起钻遇卡时严禁硬拔，上提钻具最大负荷新钻杆不能超过900kN，旧钻杆不能超过 800kN。

（5）拉井壁、起钻时裸眼段内要严格控制起钻速度，密切观察井口灌钻井液情况，防止"抽汲"及"拔活塞"现象发生，如果发生上述现象，必须及时从钻具水眼内灌钻井液。

（6）对起下钻遇阻、卡较长的复杂井段，应考虑使用双心钻头，采取"划眼"、"扩眼"的措施，彻底消除"拔活塞"现象。

（7）在钻进时如果发生严重井漏，应立即起钻至窗口，同时向井内连续灌钻井液。

（8）钻进中发生严重返水时不能在裸眼段内循环加重、处理钻井液，应立即起钻至套管内，边加重边向甲方汇报，如果夜间联系不便，可采取"先加重 后汇报"的办法。

（9）裸眼段发生严重水浸时应分段下钻通井划眼，划眼时应严格遵守"一通、二冲、三划眼"的原则，切不可盲目追求速度、大井段下钻、强行开泵、强转转盘，杜绝划出新眼，以免造成井下复杂情况。

（10）钻进时泵压超过 26MPa，可用两个阀排量钻进，以减少修泵时间，提高纯钻时效。如果钻速较快，应根据井下实际情况，每 30～50m 拉一次井壁或间歇性使用三个阀大排量循环清砂，每次循环时间在 1h 以上。

（11）钻进中遇快钻速（正常钻时的 1/3 以下，进尺不能超过 1m）、放空、跳钻、油气水显示等复杂情况，应停钻观察，确认无溢流，井下正常后方可继续钻进。

（12）使用双心钻头扩眼，如果甲方强制要求使用水力扩孔器扩眼时，必须严格执行甲方派往现场厂家技术人员制定的各项措施，由此发生的问题由甲方负责。

（13）严格遵守扩眼技术规程，每扩 1m 应确保达到扩孔目的，对小井径段每根扩完后应再重复扩眼 2～3 遍。

（14）合理使用螺杆，认真分析、判断其在井下的工作状况，严防"断螺杆"现象发生，除特殊要求外，不允许使用 1.5°单弯螺杆复合钻进。

（15）测斜时应保证井下无阻卡，井口无外溢现象，循环 1h 后方可测斜。

（16）严格按照井控标准安装井控设备并试压合格，严格座岗，起下钻认真核对钻井液的灌入、返出量，严禁提前或滞后填写《座岗记录》。

第十二章 定向井井下复杂与事故

第一节 概 述

一、由垂直井眼变成倾斜（水平）井眼带来的特性

（1）钻具贴井壁，受力状况发生变化。

从造斜段开始，钻具受力状况相对直井发生了根本的变化。

① 造斜段：由于斜井段钻具的斜向拉力造成此处钻具被"拉向"上井壁。造斜点较高的井可明显在井口出现钻具向定向方向的"偏移"。随着井深增加，造斜点以下钻具重量随着造斜率的增大，在造斜段出现的侧向力 $F_{侧}$ 随之增大、起下的摩阻增大，随着时间的延长，起下钻和转动在此处形成键槽（图12-1）。

② 斜井段：由于钻具自重，钻具"躺在"下井壁，对井壁侧压力的增大，带来摩阻（起下）和扭矩的增大（旋转）（图12-2）。

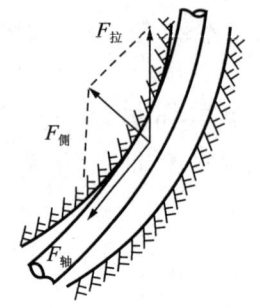
图12-1 造斜段钻具受力分析

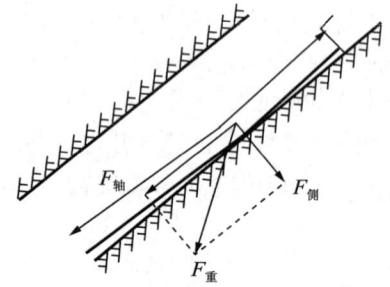
图12-2 钻具躺下井壁受力分析

③ 钻头的受力变化出现侧向分力，当使用增斜钻具结构时，由于近钻头扶正器的"支点"作用而产生向高边的侧向力；使用降斜组合时，由于"钟摆力"作用而向低边产生侧向力；由于下部钻具结构和钻头重力作用，始终产生"降斜"趋势，需用刚性组合来保持井斜的稳定或大于此趋势产生增斜力（图12-3、图12-4）。

（2）偏心环空和岩屑床。

国外专家和"七五"攻关项目中刘希圣教授等专家研究表明，由于斜井钻具偏向下井壁而形成了"偏心环空"，岩屑的沉降、运移与直井相比发生了根本的变化，岩屑出现向井壁径向沉降的趋势，由于偏心环空流速的不均匀，在下井壁形成岩屑床，在一定条件下还会发生岩屑床的滑移和堆积，给大斜度井及水平井施工带来威胁。如何正确认识此特点和采取相应的措施是定向井，尤其是大斜度井和水平井成功与否的关键（图12-5）。

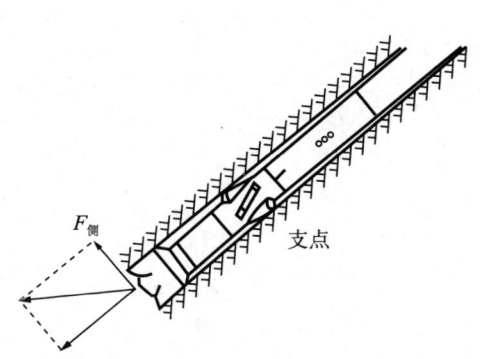
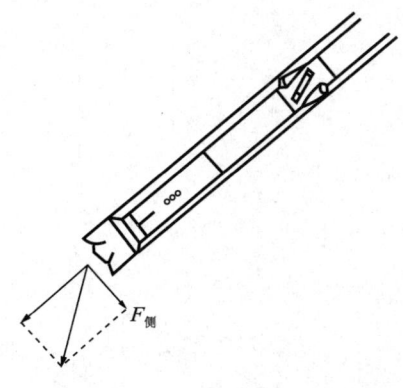

图 12-3 增斜钻具受力分析　　　　图 12-4 降斜钻具受力分析

研究的主要结论有：

① 偏心环空中，大环隙处流速大，小环隙处流速小，促使岩屑床的产生。

② 岩屑床厚度随流速的减少和井眼斜度的增加而增加，但倾角大于一定值后，其岩屑床厚度基本保持不变。

③ 环空岩屑浓度在临界角（$30° \leqslant \theta \leqslant 60°$）范围内最大。环空岩屑浓度随流速的增加而降低。

注：对临界角的界限，有人认为 $35° \sim 70°$，但总的范围是相近的。

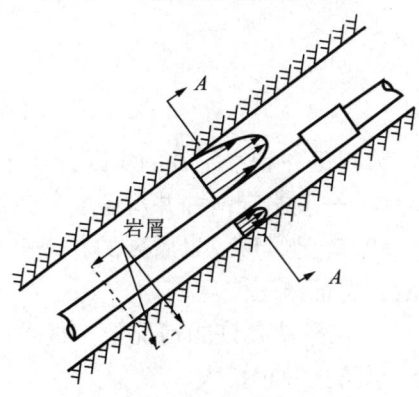

图 12-5 岩屑在斜井段分析

④ 当井眼倾角处于临界倾角范围内时，由于岩屑床的形成及滑移，岩屑势必下滑堆积，容易造成钻具的阻卡。

⑤ 各倾角都存在一个"临界流速"。当环空流速大于该临界流速时，理论认为不会产生岩屑床。

⑥ 流体黏度升高导致岩屑床厚度降低，岩屑浓度降低，提高了岩屑输送效果。

下面就斜井几种状态下的井屑运动方式进行分析，以临界角为界把斜井分为 3 种类型：

第一种：小于临界角的范围（$< 30°$），只有垂直沉降，而无径向沉降。v_s 为垂直沉降速度，v_{sr} 为径向沉降速度，v_{sa} 为轴向沉降速度（图 12-6a）。

θ 升高则 v_{sa} 越大，该范围最易形成岩屑床，越接近上界越易产生岩屑床下滑堆集，是大斜度井和水平井施工中主要清除岩屑床的井段。该种情况可近似为直井状态，不易形成岩屑床（图 12-6b）。

第二种：临界范围内（$> 30°$，$> 60°$）

$$v_{sa} = v_s \cdot \cos\theta \quad v_{sr} \approx v_s \cdot \sin\theta$$

θ 升高则 v_{sa} 越大，该范围最易形成岩屑床，越接近上界越易产生岩屑床下滑堆集，是大斜度井和水平井施工中主要清除岩屑床的井段（图 12-6c）。

第三种：大于临界角（$\alpha > 60°$ 或有的认为 $\alpha > 65°$）

该情况可近似视为水平井段的状况，岩屑床受洗井液的冲刷厚度不再增加，也不产生滑移，聚集，此井段的岩屑往往被洗井液带到临界角附近聚集（$60° \sim 70°$ 范围）（图 12-6d）。

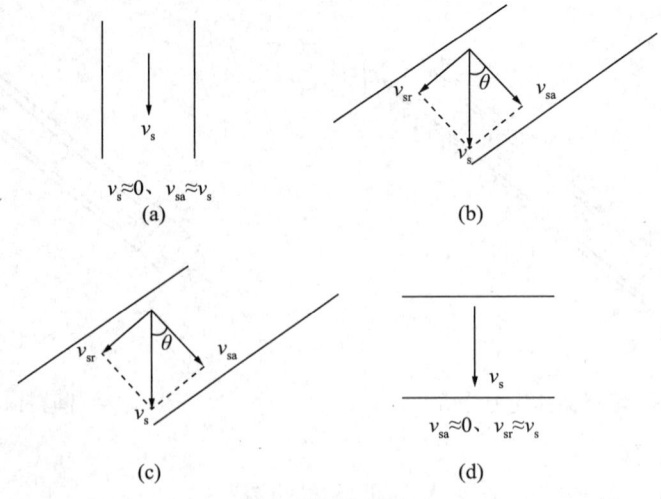

图 12-6 岩屑运动分析方式

大斜度井和水平井的实践证实了以上理论是正确的，解决的办法是：
① 一般的定向井井斜角度尽量选择在 30°～35°，不易形成岩屑床，施工较安全。
② 对已经形成岩屑床的井或大井斜角度的井采用以下 3 种方法减少岩屑床厚度，清洁井眼、保证施工安全。

a. 在条件允许的情况下，尽可能提高循环排量，使其接近临界返速而削弱岩屑床，但要注意防止井径扩大。

b. 提高钻井液的屈服值（YP），增强携岩能力，减缓岩屑的径向沉积，也是减少岩屑床厚度的有效办法。

c. 由于以上两种办法的限制，最有效的办法则是利用机械办法除砂：有顶部驱动手段的可利用边起钻边转动钻具的办法搅动岩屑床。同时循环钻井液，清除岩屑床；在没有顶部驱动条件的施工中，则采用定时定井段的短起下钻手段，起一段循环一段的办法清除大斜度井段（或水平段）的岩屑床。随着井斜的增大，大斜度井段的增长，短起下的时间间隙缩短。现在施工中，可从振动筛返出岩屑量的减少和扭矩、摩阻的增加来判断是否需要短起下。

（3）被钻开的岩层受力状况发生变化。

在地层倾角较小的直井，被钻开的岩层层面与井眼轴线是垂直的。由于岩层纵向的压实程度较高，钻开的井眼部分相对较稳定。随着井斜角的增大，岩层层面与井眼轴线夹角变小，不稳定岩层（如易吸水膨胀的泥岩层）暴露面积增大，受垂直压力影响，容易吸水膨胀，剥蚀掉块，造成井壁不稳定。对于水平井来说，水平段则完全在油层中延伸，其稳定性值得重视，这就提出了比直井更为严格的要求，钻井液防塌性要好，失水要小。

（4）椭圆井眼的形成和键槽的产生。

① 由于斜井段钻具靠井壁，起下钻和旋转使下井壁逐渐掏大，形成椭圆井眼：左右井壁基本保持近钻头的井眼 R_1，而上下方向则形成了长轴 R_2，在双井径测井曲线上可以明显地看到长短轴的存在，往往在下井壁还存在钻具旋转磨出的直径与钻杆接头接近的槽沟 R_3，井眼倾角越大，施工时间越长形成的椭圆井眼越严重。在大斜度井段，由于地层软硬交错和泥岩井径的扩大，还容易在下井壁被旋转的钻具磨出硬地层凸出处的键槽。这些"键槽"

与扩大的泥岩井径形成"台阶",造成起钻时,稍大于钻杆接头的7in、8in钻铤遇阻,严重时起不出钻(特点是定深遇阻,能下放但上提遇卡)(图12-7、图12-8)。

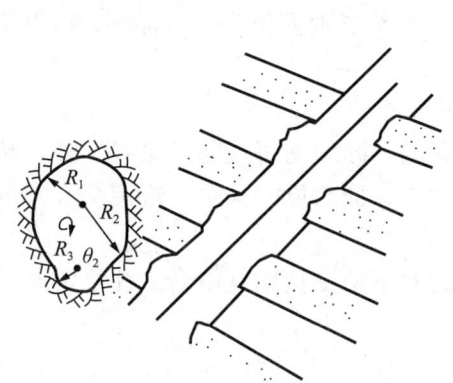
图12-7 井斜角的增大地层不稳定

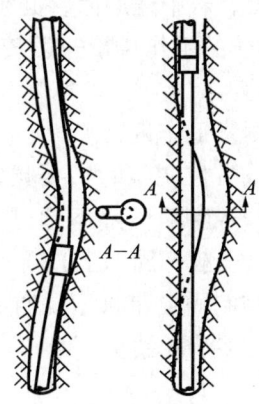
图12-8 键槽的形成

椭圆井眼带来的影响有:
  a. 井径扩大,循环上返速度降低,不利于洗井。
  b. 形成"键槽"和"台阶",造成复杂情况和事故。
  c. 影响固井质量。
② 造斜点附近在上井壁提出"键槽"。

如前所述,造斜段由于下部钻具拉力作用,使钻具靠向"上井壁",产生侧向力,在钻具旋转和起下钻的刮削作用下,逐渐形成直径与钻杆接头外径相近的"键槽",起钻时,易使稍大于钻杆接头尺寸的7in、8in钻铤被拉入槽内而卡钻。一般在槽深大于被卡钻具半径后发生。

键槽形成的程度与以下因素有关:
  a. 造斜率(即造斜段狗腿度)越大,形成键槽越快、越严重。
  b. 造斜点以下井段越长,钻具越重,形成键槽越严重。
  c. 斜井段井斜角越大,侧向拉力越大,形成键槽越严重。
  d. 随钻井作业时间而加深。

(5)对悬重和钻压的影响。
① 躺在下井壁的钻具使得悬重变"轻",上提钻具摩阻使得悬重大于钻具总重,下放则小于悬重。对正常井眼来说,悬重的增减是有规律的,超过正常增减范围,则是有了阻卡。
② 同样,"钻压"的确定也要考虑摩阻的影响。

二、由井身轨迹控制需要带来的特性

(1)由于定向和方位角调整的需要,增加定向作业。
① 使用动力马达定向及调方位时,钻柱不旋转,定向测量时钻具相对静止时间长,则要求钻井液性能稳定,携岩性和润滑性良好。这就是为什么在定向前要调整好钻井液和适当混油的理由。
② 由于弯接头或弯外壳动力钻具的使用,使得下部钻具弯曲。要求定向前井眼畅通,

而且对弯接头的度数有限制（一般不大于3°），避免钻头偏离井眼轴线太大而下不去。

③ 由于弯曲钻具的方向性（工具面方向），决定了动力钻具在井内不得随意开泵和使用动力马达划眼。若中途遇阻，必须起出换转盘钻具通井。

④ 动力马达的工作排量一般较小，又不允许长时间停在一处循环，所以定向完后，通井是十分必要的。

(2) 增加测量工作量。

除定向（或方位调整时）要频繁单点测斜（随钻则每根起下电缆）外，转盘钻也需定点测斜监控。一般测量间隔不超过50m。为了保证测量的安全，规定每次测量前要充分循环钻井液除砂（一般一周以上）。

(3) 轨迹控制需要带来了比直井更多的起下钻更换钻具组合。往往定向井比直井多发生起下钻作业、多消耗钻头。

第二节　影响定向井安全的因素

一、合理的剖面设计

1. 剖面类型的选择

除了多目标井和开发有特殊要求的定向井（如限定造斜点深度、要求垂直进入油层等）外，剖面越简单，越安全易打。常常采用的是"三段制"剖面，获得的位移大，相对摩阻小，而"S"形井眼（四、五段制）的摩阻较大，一般尽量避免。

国外有人认为变造斜率打出的"悬链式"剖面使钻具受力最小、摩阻最小，但这种"变造斜率"在实施过程中难以实现，并使施工变得十分复杂。

2. 造斜点和造斜率的选择

(1) 造斜点高使得定向容易（起下钻和测量快，容易定准，进尺快，动力钻具工作时间短）；上部地层软，形成的键槽软，易破坏掉；用较小的井斜获得的位移大。其缺点是轨迹控制井段变长，后面井段长，钻具重，更容易形成键槽。通常达到稳斜段后，下一层技术套管封固造斜段可避免键槽带来的麻烦。

(2) 造斜点低则定向困难，需要的造斜率和最大井斜相对要大。但需要控制的井段大大缩短，为了准确，往往采用随钻测量工具定向。

(3) 造斜率的选择。

高造斜点选用高造斜率是十分危险的。形成的狗腿角大，很容易在下部（长井段）钻具重量作用下形成严重的键槽，造成卡钻。

相反，为了减少轨迹控制的工作量，提高定向井建井速度，在位移条件允许情况下，可采用低造斜点高造斜率施工，全井的摩阻也会因斜井段减少而变小。同样，需要随钻测量的手段保证定向的准确。

3. 最大井斜的选择

根据实际位移的需要，尽可能把井斜角选在大于15°和小于35°之间，井斜过小，方位不易控制，井斜过大则带来岩屑床沉积，增大不安全性。

4. 有关的约束条件

目的层深度、现有的工具造斜能力、测量手段、安全性、经济性都是定向井设计的约束条件，应综合考虑，使得设计出的定向井切实可行，安全经济。

二、井身结构的选择

1. 套管层次和井眼尺寸的选择原则

（1）尽可能下技术套管封住造斜段和增斜段，有利于保护上部松软地层和造斜狗腿。

（2）避免斜井裸眼段过长（尤其是大斜度井和水平井）。

（3）避免 $17\frac{1}{2}$in 以上井眼尺寸中定向造斜（尤其是大斜度井和水平井），过大的扭矩会带来钻具事故。

2. 技术套管下深的确定原则

（1）封住易垮易塌和其他特殊地层。

（2）一般为进入稳斜段 50m，有利于保护套管鞋。

（3）有利于"岩屑床"的消除和保护井眼。

（4）水平井一般在进入靶盒前下入技术套管。

三、对定向井钻井液的要求

（1）良好的润滑原理。

常混入 6%～15% 的原油或柴油做润滑剂，同时加乳化剂和提高 pH 值使之乳化良好，有特殊要求的井可采用"无荧光类"润滑剂，在电测和下套管时可加入少量的固体润滑剂减小摩阻。

（2）良好的防塌性和低失水。

（3）良好的流变性和较高的携岩能力。要十分注意定向井钻井液的动切力（YP）保持较高值，一般使 $PV:YP$ 值接近 1:1（老计量单位）。

（4）十分重视定向井钻井液的"净化"工作。

光滑，干净的泥饼是定向井防黏卡，低摩阻的关键，要求达到三级净化，有条件的使用离心分离机降低有害的固相。

四、井眼轨迹控制因素

（1）轨迹"光滑"，避免来回扭动和井斜的上下摆动。

（2）及时调整方位，防止"狗腿角"过大。

① 选择合适的井段调整方位，使工作量最小。随着井深的增加地层变硬，方位调整工作越困难，形成的狗腿角也越大。

② 定向造斜段方位不稳定，需要及时作图分析。方位出现偏差时及时调整非常重要，方位漂移的同时，井斜角较快增加，调整越晚，狗腿严重度越大，调整工作越困难，对井眼安全危害越大。

（3）采用尽可能简化的钻具结构。

① 由于斜井钻具承压能力大大增加（一次弯曲的临界值随井斜的增大而大幅度提高），为定向井少用钻铤提供了有利条件。

② 避免下部结构井中，最上扶正器以上光钻铤的使用，而用加重钻杆代替（在大斜度情况下可用光钻杆代替），可大大减少与井壁的接触面积而有效防止黏卡。

③ 尽量避免在下部组合的最上端出现 7in 钻铤，7in 钻铤往往是最容易钻进键槽到起卡钻的尺寸。

④ 使用随钻震击器，一般放在钻铤的上面，其尺寸不大于钻铤的尺寸，上部常加 5～10 柱加重钻杆作为震击的锤击力量。

⑤ 只要能有效地控制住井斜、方位，尽可能少用扶正器，以减少钻具组合的刚度。

五、司钻操作要求

（1）严格控制钻具在斜井内的静止时间，防止黏卡的发生。过去规定静止时间不超过 3min，随着钻井液体系的进步和净化工作的加强，静止时间允许延长，为了养成及时活动的好习惯，一般仍规定静止时间限制。

（2）为防止沉砂和黏卡事故的发生，常规定"三不"接单根：

① 泵压不正常不接单根。

② 悬重不正常不接单根。

③ 井口准备工作没做好不接单根。

井口动作较慢的情况下，中途应强调司钻活动一下钻具（或转动转盘）。

（3）要求在斜井段起钻一律采用低速，避免快速起车遇阻提死，一旦遇卡后，严禁硬拔，而采用上提下砸加循环的办法消除阻卡，必要时倒划眼通过。

（4）由于斜井钻具走上井壁，常遇阻和碰到台阶（有时是扶正器受阻），在划眼方法上要讲究，采用"点拨法"，即放一点，拨动几圈转盘，待悬重恢复后，再压一点，再拨一下转盘，视钻井液返出情况加压划眼，以避免造成出新井眼。轻微的遇阻时，可用"点刹下放"的办法，克服井壁摩擦，避免划眼。

（5）保护井眼的做法：

① 循环钻井液或停钻时，活动钻具应以上提下放为主，每次活动幅度大于 3m，避免在原地刹车转动，防止划出台阶、"大肚子"。

② 起钻正确判断"拔活塞"并及时循环消除，防拔垮井眼。

③ 保证轨迹控制的前提下，尽量提高机械钻速，缩短钻井周期，减少钻井液浸泡时间。稳斜井段可采用高压喷射和新型喷嘴技术。

④ 减少一切不必要的划眼。

⑤ 保持井眼液柱压力的平衡，防止因液柱压力大幅度变化，井壁压力平衡破坏，而带来的塌垮和黏卡。

（6）通过转盘扭矩仪（或判断转盘、钻机负荷）判断井下扭矩大小，及时循环，划眼处理，防止扭断钻具。

（7）深井及硬地层井段，经常有计划地倒换钻柱位置，一般取上倒到最下，防止对钻具的"偏磨"。定期对下部组合的钻铤、扶正器、震击器、加重钻杆进行探伤、防断。

（8）关于防止键槽卡钻的要求：

① 造斜点高的井，下技术套管前应对短起下钻的间隔时间做明确规定，防止时间过长形成键槽卡钻，用短起下办法拉掉槽子。

② 短起下的行程规定：

a. 定向后第一趟转盘钻具起下时必须起到表层套管内。

b. 其他情况则必须经常起过造斜点以上 100m。

③ 下部硬地层的短起下，也根据实际情况决定其时间间隔或进尺间隔，其行程一般超过新打井段 100m 以上，发现有易造成下井壁台阶的井段尽量起到技套鞋内。

④ 各次电测前裸眼井段必须短起下一次。

⑤ 已知键槽发生位置，每次起钻下部组合起到此位置，应十分小心操作，防止拔死。

⑥ 起钻过程中因键槽造成阻卡的处理方法：

a. 超过正常拉力情况下，采用每次少增加几吨拉力（条件是下放能砸开）用上下大幅度活动的方法拉掉键槽，正常后继续上起。

b. 用上述办法消除不了，必须接方钻杆用卡瓦倒划眼，每次上提少一点，逐渐划掉，避免提得过多划不动或卡死。

c. 倒划无效则用键槽破坏器处理，其直径大于最大钻铤外径，井口接上能下到键槽位置的，可破槽到起出，若键槽位置过深，则需倒扣后下钻破槽。

⑦ 主动破槽的办法：已知键槽位置，则在钻具中接一破槽器（外径选择同上），使钻头下到井底附近时，它处于键槽位置以上 30m 左右，利用钻进条件，造斜钻具被拉向上井壁，破槽器才能有效地工作，对于破稳斜段由于地层原因形成的台阶类键槽则需要算好位置，在破槽器两端加一定重量的加重钻杆，帮助破槽，直至正常为至。

⑧ 用旧扶正器两端斜台肩上铺焊颗粒硬质合金做破槽器比专用破槽器更安全可靠。

(9) 正确判断悬重和"钻压"。

下钻到接近井底，循环正常后，慢转动转盘，此时的"悬重"相对稳定，可作为加压的依据。在此基础下钻头接触井底，"悬重"减少的值为"钻压"。用此法较准。

六、使用满眼扶正器（稳定器）的下部结构带来的"满眼"问题

(1) 下钻易发生遇阻，螺旋稳定器还会在小井眼段造成钻柱的"旋转"。不严重的阻卡往往可以通过有控制的"下砸"和"提放"通过。

(2) 起钻易带来抽吸（拔活塞）问题。

由于"满眼"，在易吸水膨胀井段起钻拔活塞，胜利油田曾发生在斜井中拔活塞引起的气层井喷失控，教训是惨痛的。正因为这样，要求斜井钻井液抑制性要好，井壁泥饼要薄，操作中要十分小心拔活塞的发生，并正确处理。

(3) 弯曲井眼对钻具刚度变化的敏感问题。

已钻过的弯曲井眼曲率是一定的。当钻具组合同轨迹控制需要刚性变大时（增加扶正器只数和缩短扶正器间隔），易遇阻遇卡，下钻要格外小心，划眼是必要的。

特别值得提醒的是，定向或调整完方位后，先用较"软"的转盘钻具组合通井十分必要。

第三节 造斜率低原因分析及措施

在定向造斜作业过程中，经常会出现造斜率太低（特别是浅地层），达不到设计所要求

的造斜率，可能的原因及其相应的措施分析如下：

（1）马达弯角（或者弯接头）度数不够。对设计的某一造斜率，通常我们都能找到合适的弯角，但是地层走向、硬度、钻头喷嘴大小、钻压等情况的变化，增斜速度不一定能达到作业要求。在实际作业过程中，当增斜速度比设计要求低30%以上，在考虑最大井斜角的大小以后，可以考虑换较大度数的弯角。

（2）地层太软，钻头水眼相对太小，钻压跟不上，钻头来不及侧向切削地层，水力喷射流就已冲掉地层。针对此情况，我们在满足井眼安全的情况下，适当放大钻头水眼面积，降低钻井泵排量，尽可能地跟上钻压（至少2t以上）。

（3）钻具刚性太强，不能产生足够的侧向力。如果钻井马达上钻铤数量太多、上下扶正器距离太近，合理的做法就是尽量少加钻铤、合理的扶正器间距，确保井下钻具的柔性。

（4）造斜工具面没有掌握好，工具面反复调整不容易获得稳定的造斜率。在实际操作中，应该确保工具面相对稳定，调整时，要逐步调节，避免工具面变化太大。

（5）水泥塞太软。在侧钻作业中，如果水泥塞没有足够的强度，则难以侧钻脱离老井眼，尤其在深井侧钻时，一般情况下地层比水泥强度高得多，要采取小钻压低机械钻速的方法，同时必须保证水泥塞有足够的强度。在侧钻前，对水泥强度进行试验，静钻压10t如能静止5~10min，则说明水泥强度符合侧钻要求。

（6）马达性能不好（包括弯角有偏差、转速快、输出扭矩小等）。一种情况是马达不能正常工作，应加以更换；另一种可能情况是马达工作，且有较快的进尺，但造斜率远不如其他马达或达不到设计要求，这种情况的原因可能是马达本体太长或者轴承处横向间隙太大，使钻头偏移量减小。因此，当遇到造斜不成功时，则具体分析原因，采取合理补救措施。

（7）钻井液性能不符合造斜要求，这种情况主要是发生在表层作业的浅层造斜。如：使用清水造斜钻进，低黏度的钻井液等，针对这种情况，我们应该使用闭路循环及较高黏度的钻井液造斜钻进，避免钻头对地层的过度冲蚀。

第四节　方位偏差大原因分析及措施

方位偏差太大的原因及采取的措施如下：

（1）井眼轨迹发生意想不到的漂移，如上部井段严重左漂或右漂。针对此情况，我们可以重新优化钻具组合，增加钻具刚性，采用高钻压、高转速等。

（2）测量仪器故障，如探管损坏，使得真实方位不是测量仪显示的方位，致使方位偏差太大。解决方位偏差太大的办法是进行扭方位作业，但是扭方位作业时主要应考虑可能带来的较大狗腿和本井及相邻井眼的安全问题，特别是在裸眼段较长的井段扭方位。如果偏差值差得很多，工程上又不好满足，那只有填井侧钻。

（3）测量工程师的失误，如地磁参数输入不对或者忘记输入、测量仪器到马达弯角方向偏差值错误或者是忘记输入。如果真实方位与仪器测出来的方位偏差太大，其解决办法同上。针对此情况，我们应该增强工作的责任心，避免低级错误的出现。

（4）测出来的方位是用短测量模式测的，无法知道是否存在磁干扰。如果存在较强磁干扰，那么仪器测量所显示的方位跟实际方位可能差别很大，在这种情况下就应该使用有磁干扰检测的模式测量，以便能够知道方位的准确性，然后根据具体情况采取下步措施。

（5）井眼的设计方位在 90°或者 270°，此方向的测量方位容易引起较大偏差，如果井眼的前进方向确实是在该方向附近，那我们应该尽可能地使用长的质量好的无磁钻铤、质量好的 MWD 探管，以减小地磁场对方位的影响。

第五节　钻出新井眼原因分析及措施

在定向井作业过程中，新井眼往往在以下情况中可能出现：
（1）较浅、较软和较疏松的地层；
（2）狗腿较大的井段，如造斜段、扭方位井段；
（3）钻具刚性发生变化以后；
（4）循环划眼时（每次钻具下钻到同一个位置，容易在该位置形成台阶）；
（5）钻井作业中，出泥球，循环掏泥球（钻具经常在某一位置循环，特别容易在松软地层中形成台阶）；
（6）钻井液性能不好，导致井眼缩径或者垮塌；
（7）井眼"大肚子"位置。

为避免出新井眼，定向井作业时应注意以下几方面：
（1）如造斜是在较浅和较疏松的地层，造斜过程中应尽量使井斜及方位平缓变化，避免急剧狗腿特别是方位的变化。如增斜结束后，要下入刚性较强的稳斜组合，下钻要小心，不可轻易划眼；如遇阻严重，则应开泵冲下，如仍遇阻，则应考虑起钻用刚性较小的增斜组合通井。有时也可采取划眼的方式，但应在井斜较大的井段中进行，必须注意划眼时钻压和扭矩等的变化；
（2）在轨迹过渡井段、扭方位井段以及地层交接面，采用多次短起下钻，修正井壁，光滑井眼；
（3）不管是在什么情况下，避免钻具在同一位置长时间循环，以免形成台阶或者是"大肚子"；
（4）每次在裸眼地层中下钻前，确保井眼顺畅、平滑；
（5）如果下钻遇阻，则需要严格按照《定向井防止产生新井眼措施》执行。

《定向井遇阻防止产生新井眼措施》如下：
（1）造斜井段遇阻：
① 将钻具提离井底，用大钳将钻具转动一个角度，然后下放钻具，如此往复进行几次，假如不行采取步骤②。
② 首先要提离遇阻点 2～5m，钻具静止不动，循环出工具面，将马达高边调至井眼方向，停泵下放钻具看是否能够通过，停泵往复上下活动钻具，继而通过（通过后，倒划眼破坏台阶），否则采取步骤③。
③ 提离井底开泵，低排量（$12\frac{1}{4}$in 2500L/min 左右；$8\frac{1}{2}$in 1400L/min 左右）、低转速（30～50r/min）划眼，划眼速度要远高于打钻速度，并密切注意指重表变化，遇阻钻压不

得高于2t（PDC钻头），通过后，倒划眼破坏台阶。以上方法如果还不能通过，则需要具体分析井下情况：如果是已经产生新井眼（一般情况下新井眼的产生是出现在井眼低边），那我们应该使用牙轮钻头，调整马达工具面到井眼高边，正常钻进排量，增斜钻进以确保钻头能够回到老井眼；如果是大块泥块堵塞井眼，我们也应该使用牙轮钻头（降低出现新井眼的风险），严格按照前面作业的滑动与旋转井段"钻进"（清洗堵塞泥块）。

（2）扭方位井段遇阻：

① 在扭方位井段遇阻，先将钻具提离井底，用大钳将钻具转动一个角度，然后下放钻具，如此往复进行几次，假如不行采取步骤②。

② 将钻具提离遇阻点2~5m，钻具静止不动，循环出工具面，将马达高边调至扭方位方向，停泵下放钻具看是否能够通过，停泵往复上下活动钻具，继而通过（通过后，倒划眼破坏台阶），否则采取步骤③。

③ 提离井底开泵，低排量、低转盘转速（50~60r/min）划眼，划眼速度要远高于打钻速度，并密切注意指重表变化，遇阻钻压不得高于2t，通过后，倒划眼破坏台阶。

（3）带马达钻具组合通井遇阻（以12¼in井眼为例）：

钻具组合：12¼in BIT+9⅝in PDM（1.15°~1.5°）+STB（或不带扶正器）+8in NMDC+8in MWD+8in S.NMDC+8in F/V+7¾in（F/J+JAR）+SUB+5in HWDP14。

一旦下钻遇阻迅速提离遇阻点，同时通知钻井监督和定向井工程师，得到钻井监督的指令后，司钻方可在钻井监督和定向井工程师的亲自指挥下划眼：

① 通井钻具要采用牙轮钻头，在遇阻段要采取"一通、二开、三划眼"的原则。

② 将钻具提离遇阻点3~5m，用大钳将钻具转动一个角度，然后下放钻具。如通过，下放钻具远离遇阻点以下至少3m，开泵倒划眼直至井眼顺畅。如此往复进行，仍然遇阻采取下面步骤③。

③ 提离遇阻点3~5m，钻具静止不动，开泵循环找到MWD工具面，将马达高边调至井眼前进方向，停泵，下放钻具。如通过，下放钻具远离遇阻点以下至少3m，开泵倒划眼直至井眼顺畅。如此往复进行，仍然遇阻采取下面步骤④。

④ 提离遇阻点5~10m，首先转动顶驱（30~50r/min），开泵（并将指重表钻压调零），低排量（12¼in井眼2000~2500L/min），下放划眼的速度高于正常钻进速度2~3倍，并密切注意指重表变化，遇阻钻压不得高于5t，通过后，倒划眼几次直至破坏台阶。

⑤ 仍无法通过则请示领导，根据具体情况决定下步作业措施。

（4）LWD测井钻具和通井钻具遇阻（以12¼in井眼为例）：

LWD测井钻具组合：12¼in BIT+8in SUB+8in LWD+8in F/V+7¾in（F/J+JAR）+SUB+5in HWDP14。

通井钻具组合：12¼in BIT+8in SUB+12in STB+8in DC2+12in STB+8in DC4+7¾in（F/J+JAR）+SUB+5in HWDP14。

上述两套钻具均使用牙轮钻头，该组合的刚性较强，下钻时在造斜段、滑动调整井段、泥砂岩交界面、"大肚子"和缩径井段等很容易遇阻。因此，采用以下方法避免产生新井眼：

① 采用起钻测井模式，即先下钻至井底，倒划眼起钻测井。

② 一旦下钻遇阻迅速提离遇阻点，同时通知钻井监督和定向井工程师。

③ 在钻井监督和定向井工程的指导下，司钻方可进行处理。

④ 司钻下钻（不转动钻具）遇阻不超过 10t（扣除正常摩阻之外的遇阻），否则司钻立即通知钻井监督和定向井工程师。

⑤ 在钻井监督和定向井工程师亲自指导下，下放遇阻（不转动钻具）不超过 15t（扣除正常摩阻之外的遇阻）钻压，尝试通过。

⑥ 若仍无法通过，提离遇阻点 5m 以上，接顶驱，首先转动顶驱（30～50r/min），开泵（并将指重表钻压调零），低排量（$12\frac{1}{4}$in 井眼 2000～2500L/min），下放划眼的速度高于正常钻进速度 2～3 倍，并密切注意指重表变化，遇阻钻压不得高于 5t，通过后，开到正常排量倒划眼几次直至破坏台阶

⑦ 否则请示相关领导是否起钻通井。

第六节 黏附卡钻原因分析及措施

钻井过程中，由于各种原因造成的钻具陷在井内不能自由活动的现象称为卡钻。

一、黏附卡钻的原因

钻井中由于井眼不可能完全垂直，当井下钻具静止不动时，在井下压差作用下，钻柱的一些部位会贴于井壁，与井壁泥饼黏合在一起，静止时间越长则钻具与泥饼接触面积越大，由此而产生的卡钻称为压差卡钻，也称为黏附卡钻或泥饼卡钻。

产生压差卡钻的原因主要是：
(1) 钻柱在井内静止时间长；
(2) 井内压差大；
(3) 钻井液性能不好，泥饼质量差造成摩阻系数大；
(4) 井身质量差。

二、黏附卡钻的现象

黏卡的现象是钻具不能上提下放或转动，开泵正常且泵压稳定，钻具的伸长随卡钻时间的延长越来越少（卡点上移）。

三、预防黏附卡钻的措施

(1) 钻井时采用具有良好防卡性能的钻井液，降低黏度和失水量，增强泥饼的可压缩性；
(2) 采用近平衡压力钻井；
(3) 在高密度的钻井液中混油、石墨粉，或加入减摩擦塑料珠及表面活性剂等，降低泥饼的黏滞系数；
(4) 及时活动钻具，在钻柱中加扶正器以减少钻具与井壁的接触面积；
(5) 确保井身质量。

四、黏附卡钻的处理

黏附卡钻发生之后，可以采取如下办法处理：

1. 强力活动

黏附卡钻随着时间的延长而越趋严重。故在发现黏附卡钻的最初阶段，就应在设备（特别是井架和悬吊系统）和钻柱的安全负荷以内尽最大的力量进行活动。上提不超过薄弱环节的安全负荷极限，下压可以把全部钻柱的重量压上，也可以进行适当的转动，但不能超过钻杆限制扭转圈数。正转圈数应限制在钻杆抗扭强度允许的安全圈数内（表12-1）。

表 12-1　钻杆允许扭转圈数

钢级	外径, mm	自由钻柱长度, m						
		1000	2000	3000	4000	5000	6000	7000
S-135	62.3	21.0	42.0	62.0	80.0	97.0	111.0	121.0
	73.0	34.0	34.0	51.0	66.0	79.5	91.0	99.7
	88.9	14.0	28.0	41.8	54.0	65.0	74.8	81.8
	102	12.5	24.7	36.6	47.0	57.0	65.5	71.5
	114	11.0	22.0	32.5	42.0	50.8	58.0	63.5
	127	10.0	19.7	29.0	38.0	45.7	52.3	57.3
	140	9.0	17.5	26.5	33.7	41.5	47.6	52.0
	168	7.5	14.9	22.0	28.0	34.5	39.5	43.2
G-105	60.3	16.4	32.3	47.0	59.8	70.0	76.3	77.2
	73.0	13.5	26.5	38.6	49.2	57.5	62.7	63.4
	88.9	11.1	21.8	31.7	40.5	47.2	51.5	52.0
	102	9.7	19.0	27.9	35.4	41.5	45.1	45.5
	114	8.6	16.9	24.8	31.5	36.9	40.0	40.5
	127	7.8	15.2	22.3	28.3	33.2	36.0	36.5
	140	7.0	14.0	20.0	25.7	30.0	32.7	33.5
	168	5.8	11.6	16.7	21.3	25.1	27.2	27.5

表 12-1 中所列数据为一级钻杆的限制扭转圈数，如使用的是二级钻杆、三级钻杆，情况就比较复杂，一般二级钻杆强度是一级钻杆强度的 70%～80%，三级钻杆是一级钻杆强度的 60%，扭转圈数应按比例降低。

有些钻井手册，把扭转系数简化为 $N=KH$（表 12-2），严格来说扭转是一个曲线方程，如果按照直线方程来计算，则会出现比较大的误差，尤其是井深的情况下。

表 12-2 钻杆扭转系数 K 值表

钻杆外径, mm (in)	扭矩系数 K 值, 圈/m							
	API 规范钻杆					国产钻杆		
	D 级	E 级	X95	G105	S135	D55	D65	D75
60.3 (2³/₈)	0.00851	0.01160	0.01469	0.01624	0.02087	0.01210	0.01430	0.01650
73 (2⁷/₈)	0.00703	0.00957	0.01213	0.01340	0.01724	0.00999	0.01180	0.01362
88.9 (3¹/₂)	0.00577	0.00787	0.00996	0.01101	0.01416	0.00820	0.00970	0.01119
114.3 (4¹/₂)	0.00449	0.00612	0.00775	0.00856	0.01101	0.00638	0.00754	0.0080
127 (5)	0.00404	0.00551	0.00697	0.00771	0.00991	0.00574	0.00679	0.00784

2. 震击解卡

如果钻柱上带有随钻震击器,应立即启动上击器上击或启动下击器下击,以求解卡,这比单纯的上提、下压的力量要集中。

3. 浸泡解卡剂

浸泡解卡剂是解除黏附卡钻的最常用最重要的办法。解卡剂种类很多,广义上讲,包括原油、柴油、油类混合物、盐酸、土酸、清水、盐水、碱水等;狭义上讲,是指用专门物料配成的用于解除黏附卡钻的特殊溶液,有油基的,也有水基的,它们的密度可以根据需要随意调整。如何选用解卡剂,要视各个地区的具体情况而定,低压井可以随意选用,高压井只能选用高密度解卡剂。

(1) 确定卡点位置。

卡点位置可按下列公式计算:

$$L = 9.8K \frac{\Delta L}{P} \tag{12-1}$$

式中 L——卡点深度,m;

P——上提拉力,kN;

ΔL——钻具绝对伸长,cm;

K——卡点计算系数,可由钻井手册查出(表 12-3)。

表 12-3 钻杆强度表

外径, mm (in)	壁厚, mm	F, cm²	K	备注	外径, mm (in)	壁厚, mm	F, cm²	K	备注
60.3 (2³/₈)	7.112	11.89	250	API	88.9 (3¹/₂)	11.405	27.77	583	API
	8	13.10	275	国产		11	26.80	566	国产
73 (2⁷/₈)	9.195	18.43	387	API	114.3 (4¹/₂)	10.922	35.47	745	API
	9	18.00	378	国产		11	35.7	747	国产
88.9 (3¹/₂)	9.347	23.36	491	API	127 (5)	9.195	34.03	715	API
	9	22.5	473	国产		11	40.09	842	国产

注:API——指符合 API 规范的钻杆,国产——指符合中国有关标准的钻杆。

为了使卡点计算比较准确，首先在钻杆的弹性范围内大力活动数次，以减少或消除自由段钻杆与井壁的摩阻力，然后再拉卡点。

具体做法是：上提钻具使拉力稍大于原悬重（如悬重为450kN，可提至500kN），这时沿转盘面位置在方钻杆上做一记号A，再增加拉力上提（如从原来的500kN，提至750kN），并在转盘面位置的方钻杆上再做记号B，量出A、B间的距离，即在拉力250（750-500）kN时，钻杆的伸长ΔL。

为了使卡点计算得相对准确，还可多拉几次分别取拉力和伸长的平均值进行计算。

（2）求解卡剂用量。

求得卡点位置后，用下列公式计算解卡剂用量：

$$Q = K\frac{\pi}{4}(D^2 - d_{外}^2)H + \frac{\pi}{4}d_{内}^2 h \tag{12-2}$$

式中　Q——解卡剂用量，m³；

　　　K——井径附加系数，一般取1.2～1.25；

　　　D——钻头直径，m；

　　　$d_{外}$——钻杆外径，m；

　　　$d_{内}$——钻杆内径，m；

　　　H——管外浸泡高度，一般要求泡过卡点以上100m；

　　　h——管内解卡剂高度，m（根据浸泡时间决定）。

（3）计算注入井内时的最高泵压。

如果解卡剂密度与井浆相近，泵压不会有大的变化，可不必计算。如果解卡剂密度低于钻井液密度，在顶替时会有压差存在，最高泵压即为循环泵压与管内外液柱压差之和。如解卡剂总用量小于钻柱内容积，则解卡剂完全泵入钻柱时即达最高泵压。若解卡剂总用量大于钻柱内容积，则解卡剂到达钻头时，即达最高泵压。

可用下式求得：

$$p = p_1 + p_2 = p_1 + 0.01(\rho_1 - \rho_2)h \tag{12-3}$$

式中　p——最高泵压，MPa；

　　　p_1——循环泵压，MPa；

　　　p_2——解卡剂与钻井液的液柱压差，MPa；

　　　ρ_1——井浆密度，g/cm³；

　　　ρ_2——解卡剂密度，g/cm³；

　　　h——解卡剂在钻柱内的液柱高度，m。

（4）注解卡剂施工。

① 准备工作：

a. 检查压风机、钻井泵、绞车、发电机等主要设备，确保正常运转。

b. 循环好钻井液，改善其性能，保证流动性好，失水量小。大排量充分洗井，加强净化，降低含砂量。

c. 注解卡剂的水泥车性能要好，管线尽量少而直，与高压管线相接的高压短节上接一个高压阀门，并配双弯头以抵消管线的震动。地面管线最好用钻杆代替，认真试压，确保不刺不漏。

d. 施工前，明确岗位分工、专人负责，做到配合协调、连续施工。

② 操作步骤：

a. 停泵倒好阀门，启动水泥车，先注入100kg有机稀释剂或2m³原油作隔离液，然后连续注进解卡剂。

b. 解卡剂注完，再注入少量隔离液，停水泥车，立即倒回阀门，开泵顶替解卡剂，替完停泵开始浸泡。

c. 浸泡期间，每间隔1～2h顶替一次，每次顶替量500L。每0.5h活动一次钻具，不活动时将钻具压弯，以防卡点上移。

d. 解卡后立即开泵循环，同时用I挡转动。排完解卡剂，待岩屑减少后方可上下活动钻具，处理好钻井液起钻。

③ 技术要求：

a. 卡点要计算准确，保证解卡剂一次泡过卡点以上。

b. 解卡剂密度应等于或略高于原钻井液密度0.01～0.02g/cm³。

c. 注解卡剂时应采用大排量以防窜槽，替入钻井液一般用钻井泵，要求准确计算替入量。

④ 常见事故的预防：

a. 活动钻具的拉力范围应经常变换，以防长时间单区间活动造成应力集中而拉断钻具。

b. 浸泡期间司钻不得离开刹把，要随时注意解卡。

c. 顶替钻井液时，出现下述情况应停止浸泡，立即排出解卡剂。

(i) 泵压升高。

(ii) 钻井液返出量异常。

(iii) 管内解卡剂替完而未解卡。

d. 排解卡剂中途不得停泵，以防憋泵使事故复杂。

五、处理黏卡应注意的问题

黏吸卡钻是各类卡钻事故中最好处理的事故，但处理不当，往往会引发别的事故，使事故复杂化。所以在处理的每个步骤，都必须谨慎从事。

(1) 使用什么样的解卡剂，要根据各个地区的具体情况而定，最好是使用可以调整密度的油基解卡剂。

(2) 注入解卡剂前，最好做一次钻井液循环周试验，确证钻具没有刺漏现象，方可注入。

(3) 注解卡剂前，特别是注低密度解卡剂前，必须在钻柱上或方钻杆上接回压阀或旋塞。

(4) 要保持钻头水眼和环空不被堵塞，这种堵塞往往是液体倒流造成的。

(5) 如果一次浸泡，解卡剂用量过大，有引起井涌、井喷的危险时，可以分段浸泡，先浸泡被卡钻柱的下部若干时间，然后一次性地将解卡剂顶到卡点位置，浸泡被卡钻柱的上部。

(6) 解卡剂在井内浸泡的时间，随地层特性和钻井液性能而异，少则十几分钟，多则几十小时。

第七节 坍塌卡钻原因分析及措施

由于钻井液性能不好，滤失量太大把地层浸泡变松，或者在地层倾角太大的井段浸泡后的泥页岩膨胀，剥落入井造成卡钻。

一、地层坍塌的原因

地层坍塌的原因有：
(1) 钻井液失水量大，矿化度小，浸泡地层的时间长，把页岩、泥页地层泡垮。
(2) 钻井液密度过小。使用低密度钻井液时，当钻遇地层倾角大或胶结不好的井段则容易垮塌。
(3) 因起钻未灌钻井液发生井塌或钻头泥包而产生拔活塞的抽汲作用等而造成垮塌。

二、井壁坍塌的现象

井塌现象有：
(1) 钻井中突然蹩钻，泵压上升甚至憋泵，悬重下降，转盘负荷增大甚至转不动。
(2) 起下钻时钻井液倒返，上提下放有阻卡。

三、井壁坍塌的预防措施

井壁坍塌的预防措施有：
(1) 使用低失水、高矿化度和适当黏度的防塌钻井液。
(2) 在钻进破碎地层时要适当增大钻井液的密度。
(3) 起钻时连续灌钻井液。
(4) 避免钻头泥包，以防因抽汲作用而引起垮塌。

四、坍塌卡钻的处理

坍塌卡钻以后，可能有两种情况，一种是可以小排量循环，一种是根本建立不起循环。如果能小排量循环的话，万万不能失去这一线希望，但是必须控制进口流量与出口流量的基本平衡。在循环稳定之后，逐渐提高钻井液的黏度和切力，以提高它的携砂能力，然后逐渐提高排量，争取把坍塌的岩块带到地面。这一步走好之后，即使发生了黏吸卡钻，也好处理了。

如果是石灰岩、白云岩坍塌形成的卡钻，同时坍塌井段不太长的话，可以考虑泵入抑制性盐酸来解卡。

如果失去循环，只有一条路可走，就是套铣倒扣。我们应该为少倒扣和容易倒扣创造条件。往往有这种情况，在发生严重井塌之后，不能循环但能转动，上下也有一定的活动距离，但活动距离越来越小，转动扭矩越来越大，说明砂子越挤越死，最终非卡死不可，此时就不应以转动求解脱，要严格控制扭矩，为容易倒扣留一条后路。同时我们也注意到，坍塌发生后的初期阶段掩埋的钻具不多,且砂子比较疏松,但随着时间的延长,砂子越聚越多,越聚越实,卡点会迅速上移,因此只要确定是坍塌卡钻,就应及早倒扣。倒扣的时间越早,可能倒出的钻具越多,给下一步留下的困难就越少。

下一步就只能是套铣倒扣了,在松软地层宜采用长筒套铣,或者采用带公锥或打捞矛的长筒套铣,使套铣与倒扣一次完成,以加快进度。较硬地层,宜减少套铣筒长度,尽量减少套铣过程中的失误。套铣至扶正器时,宜下震击器震击解卡,因为大量事实证明,扶正器以下很少有砂子堆集,没有必要去做磨铣扶正器的工作。

第八节 砂桥卡钻原因分析及措施

一、砂桥形成的原因

下面的情况都是形成砂桥的原因:
(1) 在软地层中用清水钻进时极易发生;
(2) 表层套管下得太少,松软地层暴露太多;
(3) 在钻井液中加入絮凝剂过量;
(4) 机械钻速快,钻井液排量跟不上;
(5) 改变井内原有的钻进液体系或急剧地改变钻进液性能时。

二、砂桥卡钻的现象

砂桥卡钻的现象有:
(1) 下钻时井口不返钻井液或者钻杆内反喷钻井液;
(2) 钻具的遇阻是软遇阻,没有固定的突发性遇阻点;
(3) 起钻时若发生砂桥,则环空液面不降,而钻具水眼内的液面下降很快;
(4) 钻具进入砂桥后,在未开泵以前,上下活动与转动自如,如要开泵循环,则泵压升高,悬重下降,井口不返钻井液或返出很少;
(5) 在钻进时,如钻井液排量小或携砂能力不好,在开泵循环过程,钻具上下活动转动均无阻力,一旦停泵则钻具提不起来,特别是无固相钻井液,这种情况发生的较多。

三、砂桥卡钻的预防

砂桥卡钻的预防措施有:
(1) 最好不用清水钻进;
(2) 裸眼井段,钻井液静止的时间不能过长;
(3) 优化钻井液设计;
(4) 钻进时,要根据地层特性选用适当的排量;
(5) 要维持钻井液体系性能的稳定。

四、砂桥卡钻的处理

各种情况下砂桥卡钻的处理办法：

(1) 如果开泵时，钻井液只进不出，钻具遇卡，无法活动，就应算准卡点位置，争取时间从卡点附近倒开。

(2) 砂桥形成的位置，可能在上部，也可能在下部，但它的井段不会太长，不可能把落井钻具全部埋死。如果砂桥在上部，第一次倒出的钻具虽然不多，但有可能利用一次长筒套铣即可把砂桥解除，再下钻具对扣，恢复循环，以后的事情就比较好办了。如果砂桥在下部，应利用爆松倒扣的办法，一次将未卡钻具倒完，以下的钻具只能套铣倒扣解卡了。

(3) 砂桥卡钻往往是在起下钻过程中发生的，钻头不在井底，因此在套铣过程中，落鱼有可能下沉，遇到这种情况，就应立即对扣，活动钻具，有可能在活动中解卡。如果还能循环通钻井液，一切问题可迎刃而解了。

(4) 如果钻柱上带有扶正器的话，砂桥往往在最上一个扶正器的上面，因此，套铣到扶正器以后，不必再扩眼去套铣扶正器，就可以接震击器震击解卡了。

第九节　沉砂卡钻原因分析及措施

一、沉砂卡钻的原因

用清水钻进或用黏度小、切力低的钻井液钻进时，由于其悬浮岩屑的能力差，稍一停泵岩屑就会下沉，停泵时间越长，沉砂量越多，尤其是在钻速较快时更是如此，严重时就可能造成下沉的岩屑堵死环空、埋住钻头与部分钻具形成卡钻。此时若开泵过猛还会蹩漏地层或卡得更紧。

二、沉砂卡钻的现象

沉砂卡钻的现象有：
(1) 接单根或起钻卸开立柱后，钻井液倒返甚至喷势很大；
(2) 重新开泵循环，泵压升高或憋泵；
(3) 上提遇卡、下放遇阻且钻具的上提或下放越来越困难，转动时阻力很大甚至不能转动。

三、沉砂卡钻的预防

沉砂卡钻的预防措施：
(1) 适当增大排量钻进，并提高钻井液的悬浮能力。
(2) 尽量缩短停泵时间，以减少岩屑下沉机会。
(3) 发现泵压升高及岩屑返出较少时，应控制钻速或停钻活动钻具，加大排量循环，正常后再钻进。
(4) 下钻遇阻不得硬压，必须划眼通畅才能下入，上提遇卡不要硬拔，应开泵循环和活动钻具。

(5) 开泵不要过猛，避免因泵压过高憋漏地层。

第十节 缩径卡钻原因分析及措施

一、缩径卡钻的原因

缩径经常发生在膨胀性地层和渗透性、孔隙度良好的井段（如疏松的砂岩，孔隙度较大的灰岩）。由于钻井液性能不好、失水量大，在井壁形成胶状疏松的滤饼，当泵排量小，返回速度低时，易在滤饼上面沉积较多的黏土颗粒、岩屑及加重剂，致使井径缩小。另外，由于钻井液滤失量太大，自由水渗入疏松的泥岩使地层膨胀而缩径。

二、缩径卡钻的现象

缩径卡钻的现象有：
(1) 遇卡位置固定；
(2) 循环时泵压升高；
(3) 上提困难，下放容易；
(4) 起出的钻杆接头的上部经常有松软滤饼。

三、缩径卡钻的预防

缩径卡钻的预防措施：
(1) 采用低固相、低失水的优质钻井液；
(2) 使用重钻井液时应混油，钻具在井内要勤活动以防卡；
(3) 下钻时在遇阻井段应划眼，使缩径处井径增大。

四、缩径卡钻的处理

各种情况下缩径卡钻的处理办法：
(1) 遇卡初期，应大力活动钻具，争取解卡。
(2) 用震击器震击解卡。
(3) 若是缩径与黏吸的复合式卡钻，应先浸泡解卡剂，然后再进行震击。
(4) 若缩径是盐层造成的，且能维持循环，可泵入淡水至盐层缩径井段以溶化盐层，同时配合震击器震击。
(5) 若缩径是泥页岩造成的卡钻，可泵入油类和清洗剂或润滑剂，并配合震击器进行震击。
(6) 若大力活动钻具与震击均无效，只好用爆松倒扣和套铣倒扣的方法。
(7) 若经测算，套铣倒扣在时间上、经济上不合算，或者在套铣倒扣过程中发生了其他问题，使套铣倒扣工作无法继续进行，那就只有侧钻。

第十一节　键槽卡钻原因分析及措施

钻井中，由于钻柱自重产生的拉力在井眼全角变化率较大的井段产生很大的水平分力，使钻柱紧靠此处旋转，起下钻时在此处上、下拉刮，逐渐在井壁上磨出一条细槽（即键槽）。槽的直径稍大于钻杆接头，但小于钻头直径，起钻时钻头拉入槽的底部被卡住，称为键槽卡钻。

一、键槽形成的原因

键槽形成的原因有：
（1）井眼有全角变化率较大（急弯）的井段；
（2）钻井周期较长；
（3）多发生在中、硬地层。

二、键槽卡钻的现象

卡钻前钻杆接头偏磨严重，下钻不遇阻，钻井也正常，但起钻到全角变化率较大的井段常遇卡，并随井深增加而逐渐严重；能下放而不能上提；能循环且泵压正常。钻具卡死后循环正常。

三、键槽卡钻的预防

键槽卡钻的预防措施：
（1）保证井眼质量，使全角变化率不超过标准，避免钻出急弯井段。
（2）使用高效能钻头，提高钻进速度，减少起下钻，不在急弯处久磨，在未形成键槽前完钻。
（3）全角变化率大的井段应常划眼，及时破坏键槽。
（4）起钻到键槽井段应用低速慢起，严禁使用高速起升。

四、键槽卡钻的处理

各种情况下键槽卡钻的处理办法：
（1）大力下压。键槽遇阻遇卡时，如上提拉力不大，利用钻具的重量可以压开，此时就不要逐渐加压，而应一次将压力加上去，直至解卡为止。
（2）用下击器下击。如钻柱上带有随钻震击器，应立即启动下击器下击。如未带随钻震击器，可接地面震击器下击。必要时，可把钻柱从下部倒开，把下击器接在靠近卡点的位置，进行下击。
（3）套铣解卡。如震击无效，只好用原钻具倒扣或爆松倒扣，然后套铣解卡。
（4）在石灰岩、白云岩地层形成的键槽卡钻，可用抑制性盐酸解除。

第十二节 落物卡钻原因分析及措施

一、落物卡钻的原因

由于操作不小心，责任心不强，没有严格执行操作规程等原因，将卡瓦牙、吊钳牙或其他小工具掉落井内，卡于井壁与钻具或套管与钻具之间而造成落物卡钻。

落物的来源各不相同，有的从井口落入，如井口工具、手工具等。有的从井下落入，如钻头、牙轮、刮刀片、电测仪器等。有的从井壁落入，如砾石、岩块、水泥块及原来附在井壁上的其他落物。

二、落物卡钻的现象

落物卡钻的现象有：

（1）在钻进中有落物在环空会有憋钻现象发生，上提钻具有阻力，小落物尚有可能提脱，大落物则越提越死。

（2）起钻过程遇有落物则会突然遇阻，只要上提力量不大，下放比较容易。若落物所处的位置固定，则阻卡点也固定。若落物随钻具上下移动，则只能下放不能上提，阻卡点随钻头的下移而下移。在下放无阻力时可以转动，在上提有阻力时则很难转动。

（3）落物卡钻的卡点一般在钻头或扶正器位置，较大的东西也可能卡在钻杆接头位置。

（4）在因有落物造成遇阻遇卡的情况下，开泵循环正常，泵压、排量、钻井液性能均无变化。

三、落物卡钻的预防

落物卡钻的预防措施：

（1）严格执行操作规程，杜绝违章操作。
（2）起下钻、钻进时使用刮泥器。
（3）空井时首先盖好井口。
（4）加强井口工具的交接与检查。
（5）表层口袋不得超过 2m，技套口袋不得超过 5m。
（6）钻水泥塞时要轻压慢转，保护好套管鞋处的水泥环。

四、落物卡钻的处理

各种情况下落物卡钻的处理办法：

（1）钻头在井底时发生的落物卡钻：
① 争取转动解卡。
② 在安全的条件下，尽最大力量上提。
③ 用震击器向上震击，反过来再下压或下击。
（2）在起钻过程中发生落物卡钻：

① 猛力下压。可以把全部钻具的重量压上去，但是不许多提，必要时可以多提 100kN 左右，然后快速下压，形成来回错动的作用，这种错动在地面上是很难察觉的，但活动次数多了，会逐渐扩大范围，最终促成解卡。

② 用震击器下击。如钻柱中带有随钻震击器，应立即启动下击器下击。如无，可接地面震击器下击，或者在倒扣或爆松倒扣后，将震击器接到距卡点最近的地方向下震击。

③ 倒扣。如下压、震击均不起作用，应立即用原钻具倒扣，一方面利用倒转的力量有可能解卡，一方面有可能倒出尽可能多的钻具，为下一步的处理创造了良好的条件。

④ 如果是水泥块造成的卡钻，可考虑泵入抑制性盐酸来溶解水泥块，并配合震击器震击来破碎水泥块。

⑤ 套铣。如果是地层塌块或水泥掉块造成的卡钻，套铣是很容易解卡的。如果是钢铁等碎物造成的卡钻，因环形井底不平，极易发生蹩钻，宜轻压慢铣，不可性急，如果加压大了，在磨铣工具上形成一个纵向力偶，破坏连接螺纹，有可能使铣鞋脱落，更有甚者，迫使铣鞋铣入被卡钻具，这就完全失去了套铣的意义。如果铣至钻头仍不能解卡，可以再接震击器震击解卡。

第十三节　钻具事故原因分析及措施

钻具事故是指钻杆、钻铤、各种工具接头及辅助工具在井下发生的各种事故的总称。

一、引起钻具事故的原因

引起钻具事故的原因有：
(1) 钻具受拉、压、扭等多变应力作用，产生疲劳破坏。
(2) 在强力震击、顿钻等冲击力的作用下，折断钻杆。
(3) 螺纹过度磨损而脱扣。
(4) 硫化氢使钻具氢脆破坏。
(5) 长期磨损、腐蚀、冲蚀而破坏。

二、钻具事故的现象

钻具事故的现象有泵压下降，悬重下降，转盘负荷变轻，无进尺等。

三、钻具事故的预防

钻具事故的预防措施：
(1) 钻具入井必须做到"三级"检查。
(2) 严格遵守操作规程，不顿钻、不溜钻。
(3) 处理事故时避免一个吨位反复猛提、猛放。
(4) 泵压变化，地面查不出原因，立即起钻检查钻具。
(5) 起钻扣好吊卡，防单吊环起钻。

四、钻具事故的处理

1. 公母锥打捞操作

(1) 公锥打捞钻具。

① 准备工作：

a. 根据鱼头水眼尺寸，选择合适的公锥。

b. 检查公锥表面的硬度，造扣丝扣必须完好。造扣位置宜距公锥顶 10cm 左右。

c. 绘制公锥草图，注明尺寸。

d. 组合钻具（钻柱结构：公锥 + 安全接头 + 钻杆）。

② 使用方法：

a. 下钻至距鱼顶 1～2m 处开泵循环，冲洗鱼头，然后改为小排量，在方钻杆上画出鱼顶方入和造扣方入记号。

b. 慢慢下放钻具探鱼顶。探到鱼顶后，随即使公锥插入落鱼水眼。判断是否插入的方法是：悬重下降，泵压上升，手扶方钻杆有挂丝感觉，说明已进；若泵压不变，方入不对，说明未进。

c. 插入落鱼水眼后，停泵造扣。现以打捞 ϕ127mm 钻杆为例说明造扣方法：先加压 5～10kN，转动 2 圈引扣，注意观察重量指示仪，若悬重慢慢升高，证明已进扣，然后逐渐加压至 30～40kN 造扣。1：16 锥度、8 扣/in 的公锥造扣（指进扣圈数）就可以了。

d. 造好扣后，应提起钻柱，然后下放至距井底 2～3m 猛刹两次，确认扣已造牢，方可起钻。

③ 安全注意事项：

a. 探鱼时，若探不到鱼顶，可转动钻具从不同方向下探，但不得下过鱼顶 1m；若仍探不到，则应起出公锥，换弯钻杆找鱼头。

b. 造扣时，方补心（滚子方补心除外）应拴保险绳，人员离开井口附近。

c. 捞获起钻时，操作要平稳，轻提轻放，严禁转盘卸扣。

d. 下反扣公锥必须用反扣钻杆，造扣时转盘也应反转。

(2) 母锥打捞钻具。

母锥也有正扣和反扣两种，母锥与公锥的使用方法基本相同。不同之处是：公锥适用于打捞壁厚较大的管体，如钻铤、钻杆接头或加厚部分等，并且是在管体水眼中造扣；而母锥适用于打捞壁厚较薄的管体，如钻杆本体等，并且是从管体外表进行造扣。母锥可参照公锥打捞钻具使用方法进行操作。

2. 卡瓦打捞筒的使用操作

(1) 准备工作：

① 根据井眼直径和落鱼情况，选择合适的卡瓦打捞筒。

② 画出卡瓦打捞筒草图，注明尺寸。

③ 组合钻具（钻柱结构：卡瓦打捞筒 + 安全接头 + 下击器 + 钻杆）。

(2) 打捞方法：

① 下钻距鱼顶 0.3～0.5m 处开泵冲洗鱼头，并记下泵压和实际鱼顶方入，停泵打捞。

② 打捞时，慢慢转动转盘，同时慢慢下放钻具，将鱼头套入引鞋，即可停止转动。若

发现在卡瓦处遇阻，应加压（其压力视卡瓦与落鱼尺寸的差值而定，一般在 5~50kN 范围内），使鱼头进入卡瓦。

③ 上提钻具，若悬重增加，证明抓住落鱼。

④ 起钻前，开泵充分循环钻井液，并将落鱼提离井底 1~2m 猛刹两次，若悬重未降，证明落鱼已卡牢，方可起钻。

⑤ 起钻完，在钻台上卸卡瓦打捞筒时，可用下击器击一下，后用吊钳正转拉开。如无下击器，可用方钻杆向下顿一下再退开。

⑥ 如果落鱼卡死，又循环不通时，可下放钻柱，给打捞筒加压 200~500kN（或用下击器下击），使卡瓦松开落鱼，然后正转转盘，同时慢慢上提钻具，直到卡瓦全部退出落鱼，即可起出打捞钻具。

(3) 安全注意事项：

① 卡瓦的内径与鱼头外径差应在 1~2mm。

② 打捞和松脱落鱼，必须正转，禁止反转。

③ 下钻打捞前应算准 3 个方入：引鞋碰鱼方入、铣鞋碰鱼方入和鱼头进卡瓦方入。

④ 引鞋套不上鱼头，说明鱼头偏斜，须改变打捞钻具结构。如下弯钻杆或活动肘节进行打捞。

⑤ 鱼头入铣鞋时遇阻，说明鱼顶有毛刺或变形，这时可加压 10~20kN，并用低转速磨铣 30min。若无效，应起钻下磨鞋，修好鱼头后再行打捞。

⑥ 鱼头进不了卡瓦或进入卡瓦而又捞不住，说明卡瓦尺寸太小或太大，应重新选择卡瓦。

3. 打捞矛的打捞操作

(1) 准备工作：

① 根据落鱼水眼尺寸，选择打捞矛的规格。

② 画出打捞矛草图，并标明尺寸。

③ 组合钻具（钻具结构：打捞矛 + 下击器 + 钻杆）。

④ 核算鱼顶方入、打捞方入。

(2) 打捞方法：

① 下钻至鱼顶 0.5m 处开泵循环，冲洗鱼头，停泵（也可开泵，但应改用小排量，并注意泵压变化）。慢慢下放探鱼头，使打捞矛进入落鱼内，直至预计深度。

② 逆时针旋转钻柱 1~1.5 圈，再上提钻柱。若落鱼被卡，可在允许范围内提钻柱；若不解卡，可施行震击解卡；若仍不解卡，则应退出打捞矛，起钻。

③ 退出打捞矛的方法是：上提钻柱，迅速下放。待下击器震击后，顺时针旋转钻柱 2~3 圈。重复此操作，直至打捞矛离开落鱼。

④ 落鱼捞获后起钻完，在钻台上卸打捞矛时，也可用上述退出打捞矛的方法。

(3) 安全注意事项：

① 若探不到鱼顶，可旋转钻具以不同方向下探，但不得下过鱼顶 1.0m；若仍探不到，则应起出打捞矛，换弯钻杆找鱼头。

② 捞获起钻时，操作要平稳，轻提轻放，严禁转盘卸扣。

③ 地面下击退打捞矛时，必须防井下落物，人员退离井口。

4. 安全接头的使用操作

安全接头有正扣和反扣两种。它们的使用方法基本类似。不同之处在于其旋转方向正好相反。下面以正扣安全接头为例，介绍它们的使用和安全注意事项。

（1）下井前的检查：

① 将安全接头卸开并记录退扣圈数。检查"O"形密封圈是否完好。螺纹涂好黄油，台阶不得有刻痕。

② 画出安全接头草图，并注明尺寸。

③ 记录安全接头的安装位置。

（2）使用操作：

①井内退扣。

a. 在安全接头上施加 5～10kN 拉力。

b. 反时针转动转盘 1～2 圈（定向井或深井转 2～3 圈），若无回转且悬重下降，证明扣已倒松。此时参照原退扣圈数转动转盘退扣，直到扣开为止。

c. 上提钻柱，悬重为安全接头以上钻柱重量，证明已从安全接头处退开，可起钻。

② 井内对扣。

a. 入井前，外螺纹接头涂好螺纹油。

b. 下钻到鱼顶 0.5m 处开泵循环冲洗鱼顶。

c. 停泵，记录悬重。逐渐下放钻柱对扣。对上扣后，施加 3～6kN 压力，慢慢正转转盘。若扭矩增加，停转盘有倒车现象，且悬重增加，证明井内对扣成功。

（3）安全注意事项：

① 反扣安全接头不能作为随钻工具，只能用于倒扣打捞作业。

② 装卸安全接头时，应避免夹持锯齿宽螺纹和密封部位。

③ 卸"O"形圈，不得用尖锐之物挑出或钩出。装"O"形圈时，在槽内应用手拨动数圈，胶圈不得扭曲。

④ 若接头扣卸不开，允许用大锤垫木块敲击母接头表面。

5. 上下震击器的使用操作

（1）上击器。

当钻具被卡需要向上震击时，即可下入 YS 型上击器。下面以 YS178 型为例，介绍上击器的使用和安全注意事项。

①准备工作：

a. 根据被卡钻具情况，选择合适的上击器。

b. 组合钻具（钻柱结构：打捞工具 + 安全接头 + 上击器 + 钻铤 + 钻杆）。

c. 根据卡点以上钻具重量和上击器的负荷计算上提拉力（上提拉力 = 上击器以上钻具重量 + 选定的上击力）。

② 使用操作：

a. 当打捞工具捞住落鱼后，先下放钻柱使上击器完全关闭。

b. 上提钻柱，使拉力提到计算值，迫使钻柱产生相应的伸长量。这时，刹住滚筒，等待震击。震击后未解卡，可下放钻柱，使震击器完全关闭并复位，再上提钻柱进行第二次震击。如此反复多次操作，直至解卡。

c. 如果不能产生第一次震击，可能是上提拉力不足，应把钻柱提到所需拉力（最大不能超过井内钻具和上击器最大提拉力），然后刹住刹把，直到上击器发生震击。

d. 如果不能产生第二次震击，可能是上击器没有完全关闭复位，此时应让钻具多放一些，直至完全关闭复位。

e. 如果发生震击需要的时间过长，就不能让它完全关闭，即下放钻柱的距离比先前提拉的距离小些。

③ 安全注意事项：

a. 震击作业前，检查大钩、吊环的固定情况，栓好保险绳，要检查好天车并防大绳跳槽。

b. 指重表必须灵敏可靠。

c. 震击拉力应从小到大逐渐增加，但不能超过上击器允许最大拉力。

d. 井内温度超过该上击器的允许温度时，应避免使用，以防橡胶密封件失效。

e. 在定向井、复杂井内，为了增强上击效果，可配接加速器。

f. 防止井下落物。

(2) 下击器。

下击器品种很多，但其使用操作基本相同。下面以 XJ-J178 型为例介绍下击器的使用操作和安全注意事项。

① 准备工作：

a. 根据被卡钻具情况，选择合适的下击器。

b. 钻具组合（钻柱结构：打捞工具 + 安全接头 + 下击器 + 钻柱）。

c. 计算下击器拉开、闭合时的方入，并在方钻杆上标明记号。

② 使用操作：

a. 落鱼捞获后，在方钻杆上（以转盘面为基准）划上方入记号。

b. 井内下击。

(i) 上提钻柱，使下击器完全拉开（参照方钻杆上划出的下击器拉开记号），使钻柱产生相应的伸长。

(ii) 将钻柱快速下放，直到放完提拉长（即下放到捞获落鱼后，在方钻杆上划出的记号），立即刹住滚筒，使下击器产生一个强烈的下击力。如果一次震击不解卡，可按上述方法反复多次操作，直至解卡。

c. 井内连续下击（这种操作只在较深的井内使用）。

(i) 上提钻柱，使下击器完全拉开，钻柱产生足够的弹性伸长。

(ii) 急剧下放钻柱（下放的距离等于钻柱的弹性伸长加下击器离完全关闭差 150mm）时，突然刹住滚筒，使下击器产生连续震击。如果一次操作不能解卡，可按上述方法反复多次操作，直至解卡。

d. 井内上击。

(i) 上提钻柱，使下击器完全拉开，钻柱产生足够伸长。

(ii) 急剧下放钻柱，下放的距离接近钻柱的伸长长度时，突然刹住滚筒，从而产生向上的震击。

③ 安全注意事项：

a. 提拉力不能超过下击器最大允许拉力。
b. 震击作业时，不能转动钻具。
c. 震击作业前，检查大钩、吊环的固定情况，拴好保险绳，要检查好天车并防大绳跳槽。
d. 指重表必须灵敏可靠。
e. 防止井下落物。

6. 铅印模的使用操作

(1) 操作方法：

① 铅印模入井前必须画好草图，并注明尺寸。

② 铅印模直接接在钻杆上入井。

③ 下钻控制速度，下至距鱼顶0.5m处开泵冲洗鱼顶。

④ 停泵，下放钻具并加压15～50kN，如果鱼顶呈尖刃形时，加压要小，不得超过15kN。

⑤ 打印完毕，即刻起钻。

(2) 安全注意事项：

① 下印模前，应先通井修好井眼，调整好钻井液性能。

② 下印模时，若遇阻可提起转动一下转盘，换个方向下入，严禁硬冲硬通。

③ 打印时，不要探鱼顶，应下放钻具一次打成。

7. 套铣操作

套铣是为了倒扣作业做准备的重要工作。套铣刹把操作和安全注意事项如下：

(1) 准备工作：

① 检修好设备，钻井泵上水良好。

② 根据井眼及落鱼结构选择好铣鞋和铣筒尺寸。根据井身质量情况和鱼头的深度来确定铣管的长度。

③ 核算落鱼鱼顶及铣鞋碰鱼方入。

④ 连接套铣钻具（铣鞋＋铣筒＋钻杆）下井。

(2) 操作方法：

① 铣鞋下至距鱼顶1m时，开泵冲洗并记录悬重和泵压。

② 根据铣鞋碰鱼方入慢慢下放钻柱探鱼顶。铣鞋碰到鱼头刹车，微合转盘，转动铣筒套鱼。套进后泵压略有升高，此时可采用轻压、慢转、大排量进行套铣。对直径为215mm的井眼，钻压为30～50kN，转盘转速为60～70r/min，排量为30L/s。

③ 套铣过程中，铣出半个单根，上提钻柱划眼一次。上提时，注意不要提过鱼顶。

④ 套完方入，接单根二次进鱼头时，如果无遇阻，可稍加压，用大钳转动钻具。这时如果方钻杆略有跳动，重量指示仪指针摆回原悬重，下放钻具无遇阻且能放到原套铣井深，说明已套进，可继续套铣。

⑤ 每次套铣至最后，应套过单根母扣以下2m，作为下次套铣的"引子"。

(3) 安全技术措施：

① 铣筒下井遇阻不准划眼，以防出新眼。遇阻时，应起出铣筒，修好井眼再下。

② 铣鞋进鱼头时要慢，有遇阻立即停止下放，配合间断转动，以不同方向套入。也可

在铣鞋内焊销钉,用鱼头顶断销子的显示来判明铣鞋已套进鱼头。

③ 套铣中,若发生憋泵,立即停止套铣。应停泵放回水,上提钻柱,选择畅通井段开泵。先小排量开泵循环,后逐渐加大排量,正常后才能恢复套铣作业。

④ 铣鞋上端第一根铣筒最易损坏,应严格检查并倒换使用。每根铣筒使用 50h 应更换。

⑤ 套铣落鱼时,若鱼尾在井底应全部铣完;若悬空卡钻,则在套铣到离鱼尾 1～2m 时,起出铣筒,以防落鱼下溜。

8. 倒扣操作

(1) 准备工作:

① 一次性准备全强度大于井内钻具且尺寸相同的反扣钻杆、反扣公锥、反扣安全接头及井口工具等。

② 全面检查设备,特别是绞车离合器和链条,准备好事故销。

③ 第一次正扣倒开后,处理好钻井液,起出钻具。方钻杆下接正反扣接头(正扣烧涂松香),用钢丝绳双钳拉紧,然后电焊 3 条钢板;方钻杆与水龙头中心管之间所有连接螺纹均电焊 3 条钢板(如用倒扣器,方钻杆下的接头则不需加焊钢板条)。

④ 组合钻具(钻柱结构:倒扣捞筒、捞矛、公(母)锥等 + 倒扣安全接头 + 反扣震击器 + 倒扣器 + 反扣钻杆)。

(2) 倒扣操作:

① 下钻至距鱼头 0.5m 处开泵冲洗,销住大方瓦和方补心,调整指重表,并保证灵敏可靠,改成倒车准备造扣。

② 造扣(造扣方法与公锥打捞相同)。造扣完后,改成正车,上提钻柱,使拉力稍大于打捞钻具重量,刹住刹把,再改成倒车,挂合转盘离合器,开始倒扣。

③ 倒扣过程中,密切注意悬重和转盘倒转负荷变化。若悬重增加,转盘蹩劲不大,并旋转稳定,说明扣已倒开;若悬重上升至原钻进时的悬重,同时又没有蹩劲,说明被卡钻具全部活动,此时应马上改为正车开泵循环(排量由小到大),并慢慢上提下放活动钻柱,此时不准转转盘。解卡后即可起钻;若悬重不断上升,蹩劲很大,这时,应慢慢下放钻具,等蹩劲消失后再倒扣;若落鱼扣很紧,转盘离合器打滑时,停总车,用事故销销死转盘离合器,控制总车气开关进行倒扣。

④ 扣倒开后,改为正车,探明方入。开泵顶通水眼即可起钻。

(3) 安全注意事项:

① 下井公锥、安全接头等必须准确测量并绘出草图。

② 下反扣钻具必须用双钳紧扣,严禁转盘上扣。

③ 倒扣前,方补心(滚子方补心除外)必须用钢丝绳绑牢。倒扣时,人员退离到安全位置,多余人员离开钻台。

④ 倒扣时应根据钻具的钢级和磨损程度限制扭转圈数。

⑤ 起钻不得用转盘崩扣和卸扣,必须吊钳松扣,旋绳卸扣。

⑥ 严禁用钳牙代替防退扣用的钢板条。

第十四节　复杂井的通井划眼操作

一、准备工作

（1）全套设备进行检修，重点是钻井泵、水龙头及高压管汇。
（2）准备足够的钻井液处理剂。配制适合井下情况的钻井液。
（3）把全套循环罐、池清理干净，净化设备保证工作正常。
（4）把钻台上所用的钻杆立柱全部卸成单根（能下立柱的井除外），重新丈量编号。为了安全，尽量不采用打替根下立柱的办法。
（5）上部软地层钻具结构：尖刮刀钻头＋钻铤2柱＋钻杆。注意钻头应保持原有的小喷嘴。下部地层钻具结构：牙轮钻头＋钻铤1柱＋钻杆。

二、操作步骤

复杂井的通井划眼操作步骤：
（1）"一冲、二通、三划"法。具体做法是：接上单根开泵正常后先冲下去；上提钻具转动一个方位再通下去；再提起钻具转动划下去。
（2）"拨放点划"法。遇到冲不动，通不下去，非划不可的情况，应采用"拨放点划"法。先加压 $20 \sim 30kN$，转动转盘，直到拨放点划到底再提起下划一次。注意不得加压连续转动。
通井划眼要坚持中途循环，划一段巩固一段，处理和调整好钻井液以形成新井壁。上部地层防止出现新眼，下部地层防憋泵。

三、常见事故的预防

复杂井在通井划眼中常见事故的预防：
（1）停泵后活动钻具正常，能放到底方可接单根。接单根要晚停泵，早开泵，尽量缩短停泵时间，并加快接单根速度防止沉砂卡钻。
（2）通井划眼过程中，设备出现故障无法循环而修理时间又较长时，要坚决起钻，并设法灌满钻井液。起钻倒返严重时，若为井塌所致，不得开泵以防憋漏发生卡钻事故，应快速强行起钻。
（3）划眼过程中发生憋泵时应立即停泵，上提钻具至畅通井段，连续转动，用小排量开泵正常后，逐渐加大排量恢复划眼。
（4）预防出新眼的措施：
① 坚持"一冲、二通、三划"的办法。
② 上部软地层使用尖刮刀钻头。
③ 不得加压连续转动。

四、倒划眼操作

1. 准备工作

倒划眼操作应准备以下工具：

（1）钻杆卡瓦。

（2）直径 9.5mm 钢丝绳 2m（做卡瓦保险绳）。

2. 操作步骤

倒划眼操作步骤：

（1）起钻至遇卡位置接方钻杆开泵循环，调整好钻井液性能。

（2）眼看指重表，慢慢上提钻柱并施加 5kN 拉力，刹住滚筒。

（3）井口放入钻杆卡瓦卡紧钻具，慢慢正转转盘，开始倒划眼。

（4）转盘转动负荷减小到正常后，停转盘再上提钻柱并施加 5kN 拉力，坐好钻杆卡瓦转动转盘。重复操作，直到提出钻柱为止。

3. 技术要求

倒划眼的技术要求：

（1）倒划眼施加拉力不要超过 5kN，以防把钻柱提死。

（2）钻杆卡瓦要拴好保险绳，防止转盘打倒车甩出卡瓦伤人。

（3）指重表必须灵敏可靠。

（4）上提钻柱时注意泵压变化，以防憋泵。

第十五节　井漏原因分析及措施

井漏是当井眼内的液柱压力大于地层压力时，钻井液进入地层内的现象。

只要采用过平衡或近平衡钻井，井漏总是存在的，只要漏失量不超过规定的范围，就属于正常漏失。

一、井漏的原因

井漏的原因有：

（1）井内液柱压力大于地层压力；

（2）地层孔隙大渗透性好，或者有裂缝、溶洞而造成漏失；

（3）下钻速度快，激动压力过大；开泵过猛，泵压高而造成漏失。

二、井漏的现象

井漏时会有下列现象：

（1）泵压下降；

（2）循环池液面下降；

（3）井口返出钻井液量明显减少；

（4）严重时钻井液只进不出。

三、井漏的危害

钻井过程中经常发生井漏，轻微的漏失会使钻井工作中断，严重的漏失要耽误大量的生产时间，耗费大量的人力物力和财力，如井漏得不到及时处理，还会引起井塌、井喷和卡钻事故，导致部分井段或全井段的报废。

四、井漏的类型

井漏时，每小时钻井液漏失量可用漏速（单位：m^3/h）来表示。根据漏层性质、漏速、井漏原因进行分类：

1. 渗透性漏失

漏速一般在 $10m^3/h$ 左右的漏失为渗漏。发生地段：浅井段胶结疏松的砂、砾岩中，这些地层的渗透性好。在中深井段也可发生。

2. 裂缝性漏失

漏失速度一般在 $20\sim100m^3/h$ 的漏失。因岩石中存在自然裂缝，在这样的地层中钻进会发生不同程度的漏失；其次是使用高密度钻井液或因钻头泥包，开泵猛、下钻快等，在钻井液柱压力超过自然裂缝的扩张力时，还会造成诱发裂缝性漏失，从而使井漏增大。

3. 溶洞性漏失

漏失速度一般在 $100m^3/h$ 以上。井漏后易喷或塌，难处理。石灰岩地层中，经地下水长期溶蚀而形成大溶洞。钻时钻具放空，有时达 $4\sim5m$，随之循环失灵，有进无出（但很少见，常限于碳酸岩地层。

五、漏层的判断

1. 漏层位置的判断

一般情况下，井底漏失较易判断。在钻井时，没有提高钻井液密度或憋泵而发生漏失，多属井底漏失。在漏失量小，漏速慢或在钻进中未发现漏失，但钻过以后发现上部地层漏失，此时判断漏层位置就较困难。这种漏失常伴随措施不当而发生，如加重钻井液密度过大，下钻过猛，发生憋泵等。判断这种漏层位置应结合本井地层及本地区井漏资料综合分析，必要时采用电测方法确定。

2. 漏失程度的判断

当发现井漏时，首先根据钻井液返出情况估计漏失量。并及时测定漏失速度，即每小时漏失的钻井液量。一般用漏失速度表示漏失程度的大小。

六、井漏的处理

1. 渗透性漏失的处理

漏失速度小于 $5\ m^3/h$ 的渗漏，在允许的范围内，尽量降低钻井液密度以减少液柱压力；同时提高黏度以增加渗入阻力；降低泵排量减少因流动阻力而增加的井底压力。循环钻井液直至堵住。

若无效，可在漏失井段注入高黏度的钻井液，立即起钻静止堵漏。下钻时分段循环，然后恢复钻进。

2. 裂缝溶洞漏失的处理

(1) 锯末、谷壳、贝壳渣充填法。

① 对已知的漏层，在钻达漏层以上 10m 左右停钻处理钻井液，起钻换钻头。根据地层选择合适的普通牙轮并取下喷嘴，检修设备，搞好穿漏设计。

② 穿漏前全井钻井液提高黏度不低于 100mPa·s。1 号泵上水罐搅拌好贝壳渣备用，2 号泵上水罐准备好锯末钻井液。

③ 开 2 号泵循环，慢慢活动牙轮，待锯末返出井口可加足钻压，用 Ⅱ 挡或 Ⅲ 挡钻进，泵压不超过 6 MPa。若进入漏层后憋钻严重可改为 Ⅰ 挡钻进。

④ 密切观察井口返出情况，若返出量很少可强行钻进，穿过漏层 10m 立即罐钻井液起钻静止堵漏。若只进不出，在钻井液充足的情况下可继续钻进，同时用 1 号泵注入贝壳渣钻井液，井眼注满即可起钻静止堵漏。钻井液不足不可冒险钻进，应留有两倍于井眼容积的钻井液应付强行起钻。

(2) 注水泥封堵。

对已知的漏层，下钻距漏层以上 10～20m，循环钻井液，泵压不超过 5 MPa。待水泥车、灰罐车等一切准备好后方可强行钻进。一旦井漏即注入水泥封堵，然后起钻候凝 24h。

3. 下钻太快或开泵过猛造成的漏失的处理

停止下钻，改小排量开泵（或起出部分钻柱改换位置，小排量开泵）循环，提高黏度以利于尽快形成新井壁，直到漏失消失再恢复下钻或钻进。

但必须注意：漏失速度超过 5 m^3/h，不得继续开泵，以防造成蹩漏井塌卡钻。应立即起钻并连续灌满钻井液，静止堵漏或准备充填堵漏。

七、井漏处理的技术要求

处理井漏按以下技术要求进行：

(1) 静止堵漏后再下钻必须分段循环。

(2) 强行穿漏时，设备必须完好；堵漏钻井液和堵漏材料准备充足。

(3) 钻井液加入堵漏材料后，不能使用振动筛。

(4) 穿过漏层并堵住后，严禁在漏失井段开泵。穿过漏层 50m 可逐渐降低钻井液黏度，但最低不小于 40mPa·s。

(5) 堵漏使用的固相材料粒径应与漏层孔隙相当。

参 考 文 献

[1] 苏义脑．水平井井眼轨迹控制．北京：石油工业出版社，2000
[2] 陈平．钻井与完井工程．北京：石油工业出版社，2006
[3] 孙清德，李占英．复合钻井技术在中原油田的应用．钻井工程，2003（3）
[4] 李金贵，赵相泽．韩应合双驱钻井井眼轨迹控制技术．钻井工程，2004（7）
[5] 狄勤丰，彭国荣．下部钻具组合造斜能力的预测方法研究．石油钻采工艺，2000（3）
[6] 周大千．井眼轨迹实用理论基础．北京：石油工业出版社，1993
[7] 狄勤丰．滑动式导向钻具组合复合钻井时导向力计算分析 [J]．石油钻采工艺，2001（1）
[8] 赵金洲，张桂林．钻井工程技术手册．北京：中国石化出版社，2005
[9] 高绍智，赵相泽．石油钻井工综合知识读本．北京：石油工业出版社，2004
[10] 赵相泽，韩应和，张联波．深井侧钻技术．河南石油，2003（9）
[11] 赵相泽．白 73 井钻井技术．钻井工程，2005（4）
[12] 魏学敬．工程测井在钻井事故处理中的应用．石油钻探技术，2009（5）
[13] 魏学敬．中空螺杆在塔木察格地区的应用．钻井工程，2010（3）
[14] 王清江，毛建华，韩贵金，曾明昌．定向钻井技术．北京：石油工业出版社，2009
[15] 杜晓瑞，王桂文，王德良．钻井工具手册．北京：石油工业出版社，1999
[16] 刘亚，狄勤丰．新型防斜打快技术．钻井工程，2003（9）
[17] 赵金海，施太和．导向钻井系统导向钻进水平井段的理论与实践．西南石油学报，2001 年 6 月
[18] 刘修善．井眼轨道几何学．北京：石油工业出版社，2006